건 축 기 사 실 기 완 벽 대 비 서

Architecture

2025

미듬

산업인력공단의
최신 출제기준을 반영한

건축기사 실기 과년도 기출문제

10+5개년

임근재 · 김진우 공저

멘토스

정오표 바로가기

미듬 건축기사 실기는 학습자의 편의를 위하여 수시로 정오표를 업로드하고 있습니다. QR 코드를 스캔하여 바로 정오표를 확인하세요!

머리말

최근 산업의 발전과 생활수준의 향상으로 건축물 또한 대형화, 고층화,
다양화되어가고 있으며, 이에 따라 시공기술에 대한 중요성도 점차 부각되고 있다.
다시 말해 한 사람의 건축가가 전체 프로젝트를 총괄하던 과거와는 달리,
디자인, 환경, 시공기술 등 건축 전반에 걸쳐 전문화 · 세분화가 급속히 진행되면서
새로운 기술과 공법들을 필요로 하고 있는 것이다.
이러한 시대적 요구에 따라 자격증 시험에서도 그러한 변화가 나타나고 있으며,
시험을 준비하는 수험생들은 이에 대한 적극적 대비가 필요하다.

이 책은
오랫동안 학생들을 가르쳐 온 강의 경험과 현장에서의 실무 경력을 바탕으로
최근의 출제 경향을 분석하여 수험생들이 효율적으로 시험 준비를
할 수 있도록 정리하는 데 중점을 두었다.

실전 적응력을 높이도록 문제와 해설(정답)을 따로 분리하여
문제를 풀고나서 해설과 비교하면서 스스로 학습 점검을 하여
실전에 대한 완벽한 적응을 마칠 수 있도록 구성하였다.

최대한의 노력과 정성을 들였으나 미흡한 부분이 있을 것이다.
이에 대해서는 향후 지속적으로 보완해 더 좋은 교재가 되도록 노력할 것을 약속드린다.
부디 건축기사 실기를 준비하는 수험생들에게 요긴한 길잡이가 되길 바라며,
출간을 위해 애써주신 모든 분들께 감사드린다.

저자 일동

시험정보

세세항목은 생략하였으며 큐넷 홈페이지(http://www.q-net.or.kr)에서 확인할 수 있습니다.

직무 분야	건설	중직무 분야	건축	자격 종목	건축기사	적용 기간	2025. 1. 1. ~ 2029. 12. 31.

○ 직무내용 : 건축시공 및 구조에 관한 공학적 기술이론을 활용하여, 건축물 공사의 공정, 품질, 안전, 환경, 공무관리 등을 통해 건축 프로젝트를 전체적으로 관리하고 공종별 공사를 진행하며 시공에 필요한 기술적 지원을 하는 등의 업무를 수행하는 직무이다.

○ 수행준거 : 1. 견적, 발주, 설계변경, 원가관리 등 현장 행정업무를 처리할 수 있다.
2. 건축물 공사에서 공사기간, 시공방법, 작업자의 투입규모, 건설기계 및 건설자재 투입량 등을 관리하고 감독할 수 있다.
3. 건축물 공사에서 안전사고 예방, 시공품질관리, 공정관리, 환경관리 업무 등을 수행할 수 있다.
4. 건축 시공에 필요한 기술적인 지원을 할 수 있다.

실기검정방법	필답형	시험시간	3시간

실기 과목명	주요항목	세부항목
건축시공실무	1. 해당 공사 분석	1. 계약사항 파악하기 2. 공사내용 분석하기 3. 유사공사 관련자료 분석하기
	2. 공정표작성	1. 공종별세부공정관리계획서 작성하기 2. 세부공정내용 파악하기 3. 요소작업(Activity)별 산출내역서 작성하기 4. 요소작업(Activity) 소요공기 산정하기 5. 작업순서관계 표시하기 6. 공정표 작성하기
	3. 진도관리	1. 투입계획 검토하기 2. 자원관리 실시하기 3. 진도관리계획 수립하기 4. 진도율 모니터링하기 5. 진도 관리하기 6. 보고서 작성하기
	4. 품질관리 자료관리	1. 품질관리 관련자료 파악하기 2. 해당 공사 품질관리 관련자료 작성하기
	5. 자재 품질관리	1. 시공기자재보관계획수립하기 2. 시공기자재검사하기 3. 검사 · 측정시험장비관리하기
	6. 현장환경점검	1. 환경점검계획수립하기 2. 환경점검표작성하기 3. 점검실시 및 조치하기
	7. 현장착공관리(6수준)	1. 현장사무실개설하기 2. 공동도급관리하기 3. 착공관련인 · 허가법규검토하기 4. 보고서작성/신고하기 5. 착공계(변경)제출하기
	8. 계약관리	1. 계약관리하기 2. 실정보고하기 3. 설계변경하기

	9. 현장자원관리	1. 노무관리하기 2. 자재관리하기 3. 장비관리하기
	10. 하도급관리	1. 발주하기 2. 하도급업체선정하기 3. 계약/발주처신고하기 4. 하도급업체계약변경하기
	11. 현장준공관리	1. 예비준공검사하기 2. 준공하기 3. 사업종료보고하기 4. 현장사무실철거 및 원상복구하기 5. 시설물인수 · 인계하기
	12. 프로젝트파악	1. 건축물의 용도파악하기
	13. 자료조사	1. 사례조사하기 2. 관련도서검토하기 3. 지중주변환경조사하기
	14. 하중검토	1. 수직하중검토하기 2. 수평하중검토하기 3. 하중조합검토하기
	15. 도서작성	1. 도면작성하기
	16. 구조계획	1. 부재단면 가정하기
	17. 구조시스템계획	1. 구조형식 사례검토하기 2. 구조시스템 검토하기 3. 구조형식 결정하기
	18. 철근콘크리트 부재	1. 철근콘크리트 구조 부재 설계하기
	19. 강구조 부재설계	1. 강구조 부재 설계하기
	20. 건축목공시공계획수립	1. 설계도면검토하기 2. 공정표작성하기 3. 인원투입계획하기 4. 자재장비투입계획하기
	21. 검사하자보수	1. 시공결과확인하기 2. 재작업검토하기 3. 하자원인파악하기 4. 하자보수계획하기 5. 보수보강하기
	22. 조적미장공사시공계획수립	1. 설계도서검토하기 2. 공정관리계획하기 3. 품질관리계획하기 4. 안전관리계획하기 5. 환경관리계획하기
	23. 방수시공계획수립	1. 설계도서검토하기 2. 내역검토하기 3. 가설계획하기 4. 공정관리계획하기 5. 작업인원투입계획하기 6. 자재투입계획하기 7. 품질관리계획하기 8. 안전관리계획하기 9. 환경관리계획하기
	24. 방수검사	1. 외관검사하기 2. 누수검사하기 3. 검사부위손보기
	25. 타일석공시공계획수립	1. 설계도서검토하기 2. 현장실측하기 3. 시공상세도작성하기 4. 시공방법절차검토하기 5. 시공물량산출하기 6. 작업인원자재투입계획하기 7. 안전관리계획하기

	26. 검사보수	1. 품질기준확인하기 3. 보수하기	2. 시공품질확인하기
	27. 건축도장시공계획수립	1. 내역검토하기 3. 공정표작성하기 5. 자재투입계획하기 7. 품질관리계획하기 9. 환경관리계획하기	2. 설계도서검토하기 4. 인원투입계획하기 6. 장비투입계획하기 8. 안전관리계획하기
	28. 건축도장시공검사	1. 도장면의 상태 확인하기 3. 도막두께확인하기	2. 도장면의 색상 확인하기
	29. 철근콘크리트시공계획수립	1. 설계도서검토하기 3. 공정표작성하기 5. 품질관리계획하기 7. 환경관리계획하기	2. 내역검토하기 4. 시공계획서작성하기 6. 안전관리계획하기
	30. 시공 전 준비	1. 시공상세도 작성하기 3. 철근가공 조립계획하기	2. 거푸집 설치 계획하기 4. 콘크리트 타설 계획하기
	31. 자재관리	1. 거푸집 반입 · 보관하기 3. 콘크리트 반입검사하기	2. 철근 반입 · 보관하기
	32. 철근가공조립검사	1. 철근절단가공하기 3. 철근조립검사하기	2. 철근조립하기
	33. 콘크리트양생 후 검사보수	1. 표면상태 확인하기 3. 콘크리트보수하기	2. 균열상태검사하기
	34. 창호시공계획수립	1. 사전조사실측하기 3. 안전관리계획하기 5. 시공순서계획하기	2. 협의조정하기 4. 환경관리계획하기
	35. 공통가설계획수립	1. 가설측량하기 3. 가설동력 및 용수확보하기 5. 가설환경시설 설치하기	2. 가설건축물시공하기 4. 가설양중시설 설치하기
	36. 비계시공계획수립	1. 설계도서작성검토하기 3. 공정계획작성하기 5. 비계구조검토하기	2. 지반상태확인보강하기 4. 안전품질환경관리계획하기
	37. 비계검사점검	1. 받침철물기자재설치검사하기 3. 작업발판안전시설재설치검사하기	2. 가설기자재조립결속상태검사하기
	38. 거푸집동바리시공 계획수립	1. 설계도서작성검토하기 3. 안전품질환경관리계획하기	2. 공정계획작성하기 4. 거푸집동바리구조검토하기
	39. 거푸집동바리검사점검	1. 동바리설치검사하기 3. 타설 전 · 중 점검보정하기	2. 거푸집설치검사하기

	40. 가설안전시설물설치 점검해체	1. 가설통로설치점검해체하기 2. 안전난간설치점검해체하기 3. 방호선반설치점검해체하기 4. 안전방망설치점검해체하기 5. 낙하물방지망설치점검해체하기 6. 수직보호망설치점검해체하기 7. 안전시설물해체점검정리하기
	41. 수장시공계획수립	1. 현장조사하기 2. 설계도서검토하기 3. 공정관리계획하기 4. 품질관리계획하기 5. 안전환경관리계획하기 6. 자재인력장비투입계획하기
	42. 검사마무리	1. 도배지검사하기 2. 바닥재검사하기 3. 보수하기
	43. 공정관리계획수립	1. 공법 검토하기 2. 공정관리계획하기 3. 공정표작성하기
	44. 단열시공계획수립	1. 자재투입양중계획하기 2. 인원투입계획하기 3. 품질관리계획하기 4. 안전환경관리계획하기
	45. 검사	1. 육안검사하기 2. 물리적 검사하기 3. 화학적 검사하기
	46. 지붕시공계획수립	1. 설계도서확인하기 2. 공사여건분석하기 3. 공정관리계획하기 4. 품질관리계획하기 5. 안전관리계획하기 6. 환경관리계획하기
	47. 부재제작	1. 재료관리하기 2. 공장제작하기 3. 방청도장하기
	48. 부재설치	1. 조립준비하기 2. 가조립하기 3. 조립검사하기
	49. 용접접합	1. 용접준비하기 2. 용접하기 3. 용접후검사하기
	50. 볼트접합	1. 재료검사하기 2. 접합면관리하기 3. 체결하기 4. 조임검사하기
	51. 도장	1. 표면처리하기 2. 내화도장하기 3. 검사보수하기
	52. 내화피복	1. 재료공법선정하기 2. 내화피복시공하기 3. 검사보수하기
	53. 공사준비	1. 설계도서 검토하기 2. 공작도 작성하기 3. 품질관리 검토하기 4. 공정관리 검토하기
	54. 준공 관리	1. 기성검사준비하기 2. 준공도서작성하기 3. 준공검사하기 4. 인수 · 인계하기

수험자 유의사항

1. 시험문제지를 받는 즉시 응시하고자 하는 종목의 문제지가 맞는지 여부를 확인하여야 합니다.
2. 시험문제지 총면수 · 문제번호 순서 · 인쇄상태 등을 확인하고, 수험번호 및 설명을 답안지에 기재하여야 합니다.
3. 부정행위 방지를 위하여 답안작성(계산식 포함)은 흑색 또는 청색 필기구만 사용하되, 동일한 한가지 색의 필기구만 사용하여야 하며, 흑색, 청색을 제외한 유색 필기구 또는 연필류를 사용하거나 2가지 이상의 색을 혼합 사용하였을 경우 그 문항은 0점 처리됩니다.
4. 답란에는 문제와 관련 없는 불필요한 낙서나 특이한 기록사항 등을 기재하여서는 안 되며, 부정의 목적으로 특이한 표식을 하였다고 판단될 경우에는 모든 득점이 0점 처리됩니다.
5. 답안을 정정할 때에는 반드시 정정부분을 두 줄로 그어 표시하여야 하며, 두 줄로 긋지 않은 답안은 정정하지 않은 것으로 간주합니다.
6. 계산문제는 반드시 계산과정과 답 란에 계산과정과 답을 정확히 기재하여야 하며 계산과정이 틀리거나 없는 경우 0점 처리됩니다.(단, 계산연습이 필요한 경우는 연습란을 이용하여야 하며, 연습란은 채점대상이 아닙니다.)
7. 계산문제는 최종 결과 값(답)에서 소수 셋째 자리에서 반올림하여 둘째 자리까지 구하여야 하나 개별 문제에서 소수 처리에 대한 요구사항이 있을 경우 그 요구사항에 따라야 합니다.(단, 문제의 특수한 성격에 따라 정수로 표기하는 문제도 있으며, 반올림한 값이 0이 되는 경우는 첫 유효숫자까지 기재하되 반올림하여 기재하여야 합니다.)
8. 답에 단위가 없으면 오답으로 처리됩니다.(단, 문제의 요구사항에 단위가 주어졌을 경우는 생략되어도 무방합니다.)
9. 문제에서 요구한 가지 수(항수) 이상을 답란에 표기한 경우에는 답란기재 순으로 요구한 가지 수(항수)만 채점하여 한 항에 여러 가지를 기재하더라도 한 가지로 보며 그중 정답과 오답이 함께 기재되어 있을 경우 오답으로 처리됩니다.
10. 한 문제에서 소문제로 파생되는 문제나, 가지 수를 요구하는 문제는 대부분의 경우 부분배점을 적용합니다.
11. 부정 또는 불공정한 방법으로 시험을 치른 자는 부정행위자로 처리되어 당해 시험을 중지 또는 무효로 하고, 3년간 국가기술자격시험의 응시자격이 정지됩니다.
12. 복합형 시험의 경우 시험의 전 과정(필답형, 작업형)을 응시하지 않은 경우 채점대상에서 제외됩니다.
13. 저장용량이 큰 전자계산기 및 유사 전자제품 사용 시에는 반드시 저장된 메모리를 초기화한 후 사용하여야 하며 시험 위원이 초기화 여부를 확인할 시 협조하여야 합니다. 초기화되지 않은 전자계산기 및 유사 전자제품을 사용하여 적발 시에는 부정행위로 간주합니다.
14. 시험위원이 시험 중 신분확인을 위하여 신분증과 수험표를 요구할 경우 반드시 제시하여야 합니다.
15. 시험 중에는 통신기기 및 전자기기(휴대용 전화기 등)를 지참하거나 사용할 수 없습니다.
16. 문제 및 답안(지), 채점기준은 일체 공개하지 않습니다.
17. 국가기술자격 시험문제는 일부 또는 전부가 저작권법상 보호되는 저작물이고, 저작권자는 한국산업인력공단입니다. 문제의 일부 또는 전부를 무단 복제, 배포, 출판, 전자출판 하는 등 저작권을 침해하는 일체의 행위를 금합니다.

※ 수험자 유의사항 미준수로 인한 채점상의 불이익은 수험자 본인에게 책임이 있음

국가기술자격검정 실기시험 문제 및 답안지

2023년도 기사 일반 검정 제1회

자격종목(선택분야)	시험시간	수험번호	성명	형별
건축기사				A

감독위원 확인란

* 다음 물음의 답을 해당 답란에 답하시오.

1. 흙막이 공법에서 구체공법의 종류 4가지만 쓰시오.

득점	배점
	4

가. 나.
다. 라.

2. 흙막이가 붕괴되는 여러 가지 원인들 중 히빙, 보일링, 파이핑을 제외한 대책을 4가지만 쓰시오.

득점	배점
	4

가.
나.
다.
라.

3. 다음 용어를 설명하시오.

득점	배점
	4

가. 압밀 :
나. 다짐 :
다. 사운딩 :
라. 주상도 :

목 차

문제편

해설 및 정답편

건축자격증 전문가가 설계한

● 더 쉽고 빠른 합격 전략서 ●

Engineer Architecture

2024년 기출문제 및 해설

CONTENTS

2024년 1회 과년도 기출문제

01 콘크리트 헤드(Con'c Head)에 대하여 간단히 설명하시오.

득점	배점
	3

02 어스앵커공법의 특징 4가지를 쓰시오.

득점	배점
	4

가.

나.

다.

라.

03 유리공사 시 발생하는 열파손에 대하여 설명하시오.

득점	배점
	3

04 레미콘 공장 선정 시 유의사항 3가지를 쓰시오.

득점	배점
	3

가.

나.

다.

05 품질시험계획서에 기입해야 하는 항목 3가지를 쓰시오.

득점	배점
	3

가.

나.

다.

06 다음 용어에 대하여 간단히 설명하시오.

득점	배점
	4

가. 로이유리 :

나. 단열간봉 :

07 다음 용어에 대하여 간단히 설명하시오.

득점	배점
	4

가. 콜드조인트(Cold Joint) :

나. 시공줄눈(Construction Joint) :

08 조적쌓기 방법 중 영식 쌓기에 대하여 설명하시오.

득점	배점
	3

09 커튼월 알루미늄바 설치 시 누수방지대책을 시공적 측면에서 4가지 기재하시오.

득점	배점
	4

가.

나.

다.

라.

10 다음 데이터를 이용하여 네트워크 공정표를 작성하시오.

득점	배점
	8

작업명	선행작업	작업일수	비 고
A	없음	3일	주공정선은 굵은 선으로 표시하고 결합점에서는 다음과 같이 표시하시오. 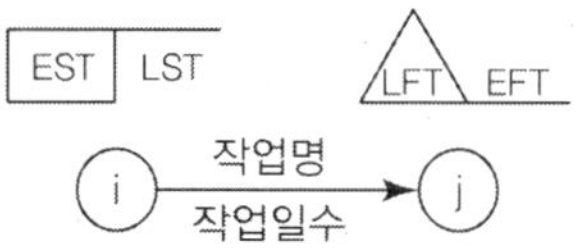 EST LST LFT EFT i 작업명 작업일수 j
B	없음	4일	
C	A	4일	
D	A	6일	
E	A	5일	
F	B, C, D	3일	

〈표준 네트워크 공정표〉

11 기성 콘크리트 말뚝 공사 후 검사 항목 3가지를 쓰시오.

득점	배점
	3

가.

나.

다.

12 **강판을 그림과 같이 가공하여 20개의 수량을 사용하고자 한다. 강판의 비중이 7.85일 때 소요량(kg)을 산출하고 스크랩의 발생량(kg)도 함께 산출하시오.**

득점	배점
	4

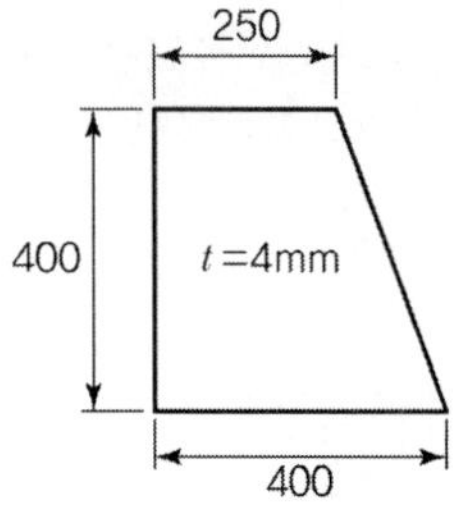

250
400
t =4mm
400

〈산출근거〉

가. 강판의 소요량 :

답 : .... kg

나. 스크랩 발생량 :

답 : .... kg

13 **다음 용어를 간단히 설명하시오.**

득점	배점
	4

가. 종합심사낙찰제도 :

나. 적격낙찰제도 :

14 건설공사에서 사용되는 잭 서포트를 간단히 설명하고 설치 위치 2개소를 쓰시오.

득점	배점
	4

가. 용어 :

나. 설치 장소

①

②

15 다음의 그림은 라멘조 철근콘크리트 기둥의 일부이다. 기둥 주철근을 횡방향으로 이음하려고 할 때, 기둥 주철근의 이음 위치가 가장 적절한 곳의 번호를 고르고, 해당 번호의 이음구간을 선정한 이유를 작성하시오.(왼쪽의 번호는 이음의 위치를 구분하기 위한 구간이다.)

득점	배점
	5

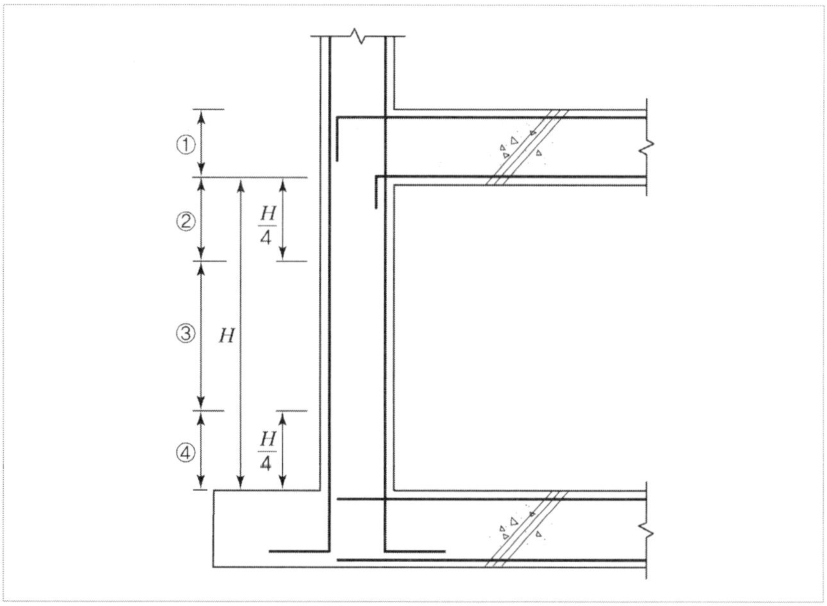
①
②
③
④
H
H/4
H/4

가.

나.

16 민간이 자금조달을 하여 시설을 준공한 후 소유권을 정부에 이전하되, 정부의 시설임대료를 통해 투자비를 회수하는 민간투자사업 계약방식의 명칭을 쓰시오.

득점	배점
	2

17 **철근콘크리트 기둥에서 띠(Hoop)철근의 역할 2가지를 쓰시오.**

득점	배점
	2

가.

나.

18 **시험에 관계되는 것을 〈보기〉에서 골라 그 번호를 쓰시오.**

득점	배점
	4

〈보기〉
① 신월 샘플링(Thin Wall Sampling) ② 베인시험
③ 표준관입시험 ④ 정량분석시험

가. 진흙의 점착력 ( ) 나. 지내력 ( )

다. 연한 점토 ( ) 라. 염분 ( )

19 **다음 조건에서 콘크리트 $1m^3$를 비비는 데 필요한 단위시멘트, 모래, 자갈의 양을 각각 중량(kg)으로 산출하시오.**

득점	배점
	6

① 시멘트 비중 : 3.15 ② 모래비중 2.5, 자갈 비중 : 2.6
③ 단위 수량 : $160kg/m^3$ ④ 잔골재율(S/A) : 40%
⑤ 공기량 : 1% ⑥ 물시멘트비 : 50%

가. 단위시멘트량(kg)

나. 모래량(kg)

다. 자갈량(kg)

20 다음은 건축공사표준시방서의 규정이다. (   ) 안에 적당한 수치를 쓰시오.

득점	배점
	2

> 터파기 공사에서 모래로 되메우기를 실시할 경우 충분한 물다짐을 실시하고, 일반 흙으로 되메우기를 할 경우 (   )mm 마다, 다짐밀도 95% 이상으로 다진다.

답 :

21 그림과 같은 철근콘크리트 보의 균열모멘트(M_{cr})의 값을 계산하시오.(단, 보통중량콘크리트를 사용하였으며, f_{ck} = 30MPa, f_y = 400MPa이다.)

득점	배점
	4

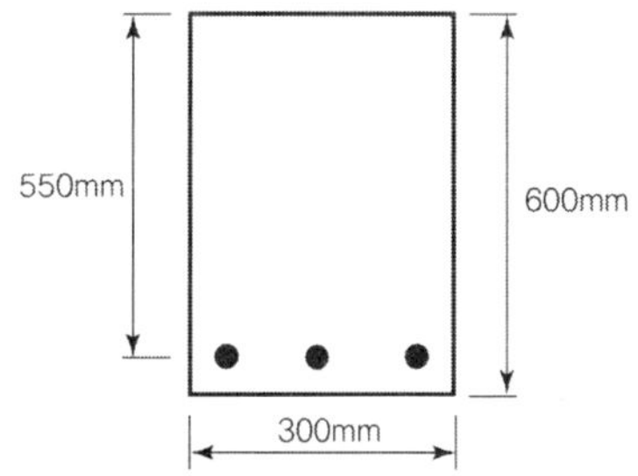

550mm
600mm
300mm

〈산출근거〉

답 :

22 다음은 콘크리트 휨 및 압축 설계기준에 대한 내용이다. 괄호 안을 채워 넣으시오.

득점	배점
	4

> 프리스트레스를 가하지 않은 휨부재는 공칭강도 상태에서 순인장변형률 ϵ_t가 휨부재의 최소 허용변형률 이상이어야 한다. 휨부재의 최소 허용변형률은 철근의 항복강도가 400MPa이하인 경우 (　　)로 하며, 철근의 항복강도가 400MPa을 초과하는 경우 철근 항복변형률의 (　　)배로 한다.

답 : ....

23 그림과 같은 기둥의 세장비를 구하시오.

득점	배점
	3

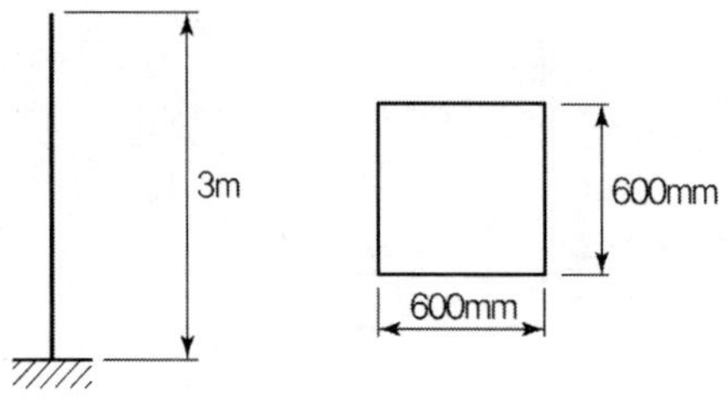
3m
600mm
600mm

〈산출근거〉

답 : ....

24 **다음은 내진설계의 종류이다. 각 구조의 개념을 간단하게 설명하시오.**

득점	배점
	6

가. 내진구조 :

나. 제진구조 :

다. 면진구조 :

25 **다음 도형의 x축에 대한 단면 1차 모멘트(mm³)를 계산하시오.**

득점	배점
	4

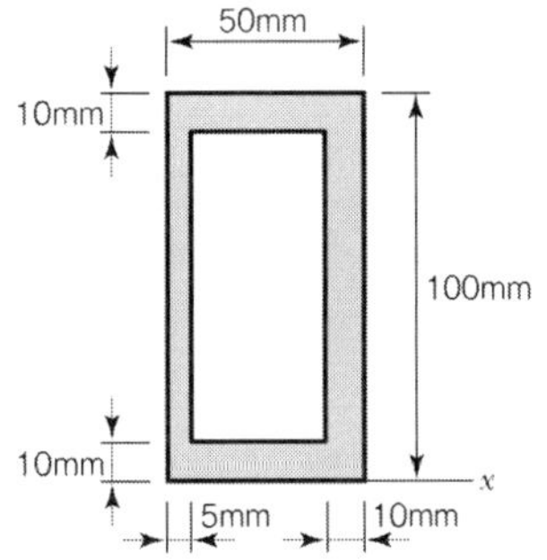
50mm
10mm
100mm
10mm
x
5mm
10mm

〈산출근거〉

답 :

26 다음 그림과 같은 독립기초에 발생하는 최대 압축응력(MPa)을 구하시오.

득점	배점
	4

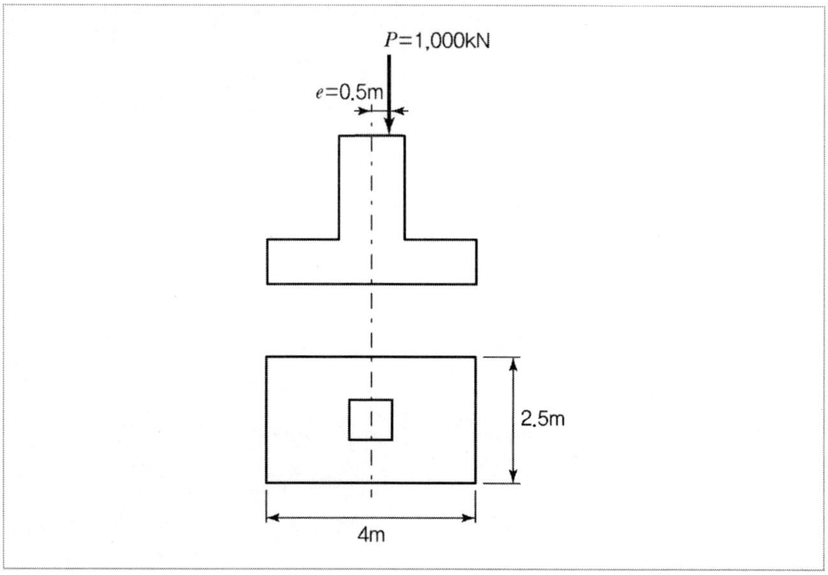

P=1,000kN
e=0.5m
2.5m
4m

〈산출근거〉

답 :

2024년 2회 과년도 기출문제

01 건축공사 표준시방서에 의한 석재의 물갈기 마감공정을 순서대로 쓰시오.

득점	배점
	3

가. 물갈기　　나. 정갈기　　다. 거친갈기　　라. 본갈기

답 :

02 석고보드 양면 취부(2번 기재)의 시공 순서를 〈보기〉에서 골라 쓰시오.

득점	배점
	4

① 벽체틀　② 석고보드 취부　③ 마무리　④ 단열재　⑤ 바탕처리

답 :

03 가연성 도료창고의 구비사항 3가지를 쓰시오.

득점	배점
	3

가.

나.

나.

04 다음 용어에 대하여 간단히 설명하시오.

득점	배점
	4

가. 달비계 :

나. 말비계 :

05 다음 도면을 보고 요구 물량을 산출하시오.

득점	배점
	6

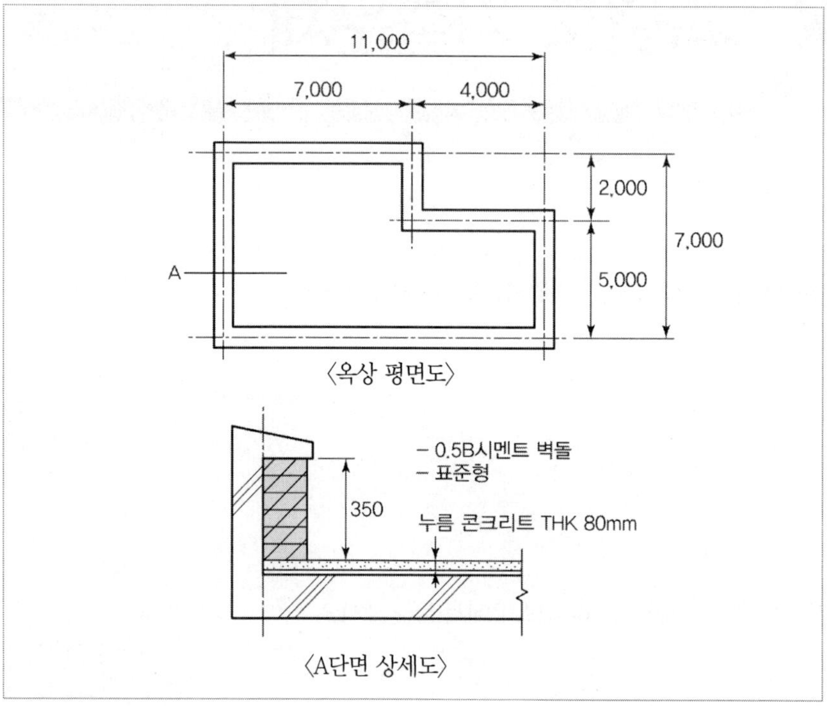

11,000
7,000
4,000
2,000
5,000
7,000
A
〈옥상 평면도〉
– 0.5B시멘트 벽돌
– 표준형
350
누름 콘크리트 THK 80mm
〈A단면 상세도〉

1) 옥상 방수 면적

답 : .... (m^2)

2) 누름 콘크리트량

답 : .... (m^3)

3) 보호벽돌 소요량

답 : .... (장)

득점	배점
	10

06 **다음 데이터를 이용하여 표준 네트워크 공정표를 작성하고 7일 공기단축한 네트워크 공정표를 완성하시오.**

작업명	선행 작업	공사 일수	1일 공기 단축 시 비용(천원)	비고
A(① → ②)	없음	2	50	단, 공기단축은 작업일수의 1/2을 초과할 수 없다. 결합점 위에 다음과 같이 표기한다.
B(① → ③)	없음	3	40	
C(① → ④)	없음	4	30	
D(② → ⑤)	A, B, C	5	20	
E(② → ⑥)	A, B, C	6	10	
F(③ → ⑤)	B, C	4	15	
G(④ → ⑥)	C	3	23	
H(⑤ → ⑦)	D, F	6	37	
I(⑥ → ⑦)	E, G	7	45	

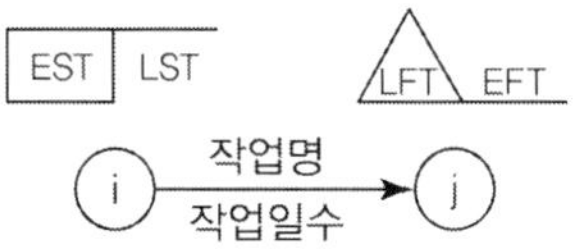
EST
LST
LFT
EFT
i
작업명
작업일수
j

가. 표준 네트워크 공정표

나. 공기단축 네트워크 공정표

07 흐트러진 상태의 흙 10m^{3}를 이용하여 10m^{2}의 면적에 다짐 상태로 50cm 두께를 터돋우기 할 때 시공 완료된 다음의 흐트러진 상태의 토량을 산출하시오.(C = 0.9, L = 1.2)

득점	배점
	4

〈산출근거〉

답 : ______________ m^3

08 천정 슬래브 위에 다음 〈보기〉를 시공순서대로 나열하여 번호로 쓰시오.

득점	배점
	4

〈보기〉
① 무근 콘크리트　② 고름 모르타르　③ 목재 데크
④ 보호 모르타르　⑤ 시트방수

답 : ______________

09 다음은 표준관입시험에 대한 설명이다. (　) 안에 맞는 내용을 기재하시오.

득점	배점
	4

Rod 선단에 샘플러를 부착하고, Rod 상단에 63.5±(가)kg의 해머로 (나)±10mm 높이에서 타격하여 Rod 끝의 (다) 부분을 (라) 관입시키는 데 필요한 타격횟수 N치를 구하여 지반의 밀도를 파악하는 시험

가.　　나.
다.　　라.

10 콘크리트의 알칼리 골재반응을 방지하기 위한 대책을 3가지 쓰시오.

득점	배점
	3

가.
나.
다.

11 390×190×190mm인 심네트 블록의 압축강도 시험에서 하중속도를 매초 0.2N/mm^2 한다면 압축강도 8MPa인 블록은 몇 초에서 붕괴되겠는지 붕괴시간을 구하시오.

득점	배점
	4

〈산출근거〉

답 : ______________ 초

12 다음 그림을 보고 맞는 줄눈 명칭을 기재하시오.

득점	배점
	4

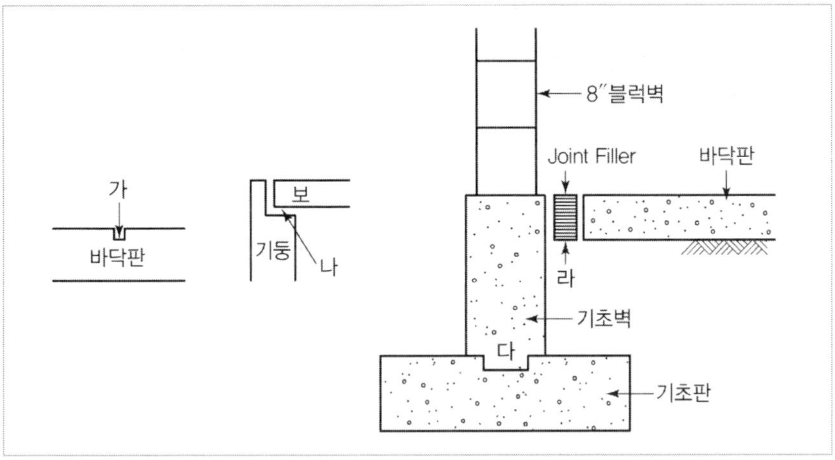
가
바닥판
보
기둥
나
8″블럭벽
Joint Filler
바닥판
라
기초벽
다
기초판

가. 　　　　　　　　나.

다. 　　　　　　　　라.

13 건축공사 표준시방서에 거푸집널 존치기간 중 평균기온이 10℃ 이상인 경우에 콘크리트의 압축강도 시험을 하지 않고 거푸집을 떼어낼 수 있는 콘크리트의 재령(일)을 나타낸 표이다. 빈칸에 알맞은 숫자를 표기하시오.

득점	배점
	4

시멘트 종류 / 평균 기온	조강포틀랜드 시멘트	보통포틀랜드 시멘트/ 고로슬래그 시멘트(1종)	고로슬래그 시멘트(2종)/ 포졸란 시멘트(2종)
20℃ 이상	2일	①	②
20℃ 미만 10℃ 이상	③	④	8일

① 　　　　　　　　②

③ 　　　　　　　　④

14 종합심사 낙찰제도에 대하여 간략히 설명하시오.

득점	배점
	3

15 아래 용접기호에 따라 시공된 상태의 상세도에 맞게 용접기호를 표기하시오.

득점	배점
	4

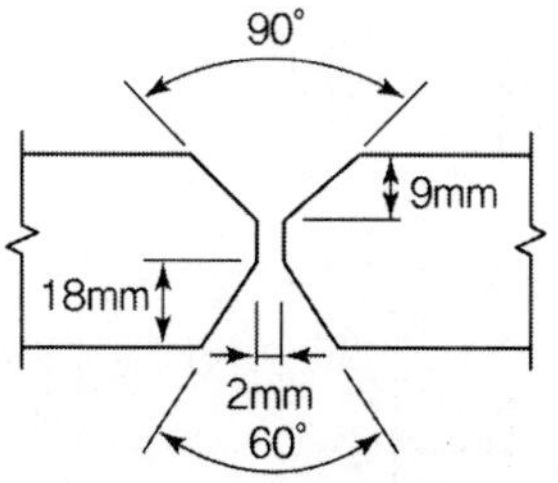

90°
9mm
18mm
2mm
60°

16 콘크리트 타설 시 온도 상승 후 냉각되면서 균열이 발생하는데 이러한 온도균열 방지 대책 3가지를 쓰시오.

득점	배점
	3

가.
나.
다.

17 철근콘크리트 2층 구조물 철근의 조립 순서이다. 〈보기〉에서 기호를 골라 순서대로 쓰시오.

득점	배점
	4

〈보기〉
① 벽 ② 보 ③ 기둥 ④ 기초 ⑤ 슬래브

답 : ....

18 어떤 골재의 밀도가 2.65g/cm^{3}이고, 단위용적중량이 1,800kg/m^{3}라면 이 골재의 실적률을 구하시오.

득점	배점
	3

〈산출근거〉

답 : ....

19 다음은 벽돌 쌓기에 대한 설명이다. 이에 맞는 쌓기법을 기재하시오.

득점	배점
	2

가. 담 또는 처마 부분에 내쌓기를 할 때 45도 각도로 모서리가 면에 나오도록 쌓는 방법 (　　　　　)

나. 난간벽과 같이 상부 하중을 지지하지 않는 벽에 있어서 장식적인 효과를 기대하기 위해 벽체에 구멍을 내어 쌓는 것 (　　　　　)

20 KS 규격상 시멘트의 오토 클레이브 팽창도는 0.80% 이하로 규정되어 있다. 반입된 시멘트의 안정성 시험결과가 다음과 같다고 할 때 합격 여부를 판정하시오.(단, 시험 전 시험체의 유효 표점길이는 254mm, 오토 클레이브 시험 후 시험체의 길이는 255.78mm 이었다.)

득점	배점
	4

〈산출근거〉

답 : ....

21 **다음 내용은 발포폴리스티렌 단열재의 종류에 대한 설명이다. 내용에 맞는 종류를 〈보기〉에서 골라 맞게 쓰시오.**

득점	배점
	3

〈보기〉
① 압출법　　② 비드법 1종　　③ 비드법 2종

가. 구슬 모양의 원료를 미리 가열하여 1차 발포시키고 적당한 시간을 숙성시킨 후 판 모양 또는 통 모양의 금형에 채우고 다시 가열하여 2차 발포에 의해 융착, 성형한 제품 (　　)

나. 원료를 가열, 용융하고 연속적으로 압출, 발포시켜 성형한 제품 (　　)

다. 첨가제 등에 의하여 개질된 폴리스티렌 원료를 사용하여 발포, 성형한 제품(　　)

22 **철근콘크리트구조에서 탄성계수비** $n=\dfrac{E_s}{E_c}=\dfrac{200,000}{8,500\cdot\sqrt[3]{f_{cm}}}$ $=\dfrac{200,000}{8,500\cdot\sqrt[3]{f_{ck}+\Delta f}}$ **식으로 표현할 수 있다. 다음 빈칸에 들어갈 수치를 쓰시오.**

득점	배점
	2

$f_{ck}\le 40$MPa	$40\text{MPa}<f_{ck}<60$MPa	$f_{ck}\ge 60$MPa
Δf=(①)	Δf=직선 보간	Δf=(②)

①　　　　　　　　　　　　　　　②

23 **평판구조(Flat Plate Slab)에서 2방향 전단보강방법 4가지를 쓰시오.**

득점	배점
	4

가.

나.

다.

라.

24 그림과 같은 인장부재의 순단면적을 구하시오.(단, 판재의 두께는 10mm이며, 구멍크기는 22mm)

득점	배점
	3

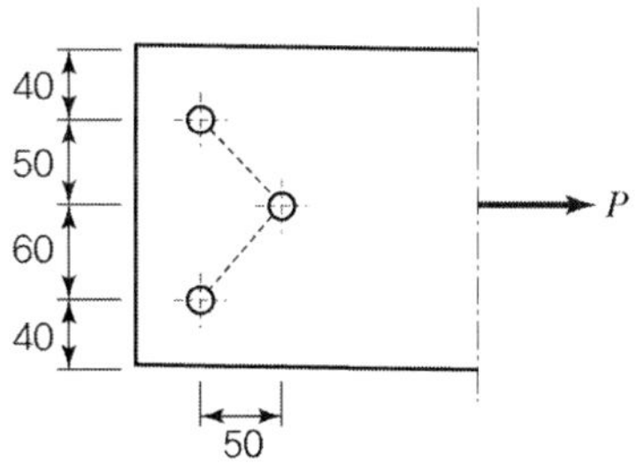

40
50
60
40
50
P

〈산출근거〉

답 :

25 단위하중을 받는 용수철(Spring) 시스템의 용수철계수 k값을 구하시오.(하중 P, 길이 L, 단면적 A, 탄성계수 E)

득점	배점
	4

〈산출근거〉

답 :

26 그림과 같은 하중을 받는 변단면 부재의 늘어난 길이(ΔL)를 구하시오. (단, 하중 P, 길이 L, 단면적 A, 탄성계수 E)

득점	배점
	4

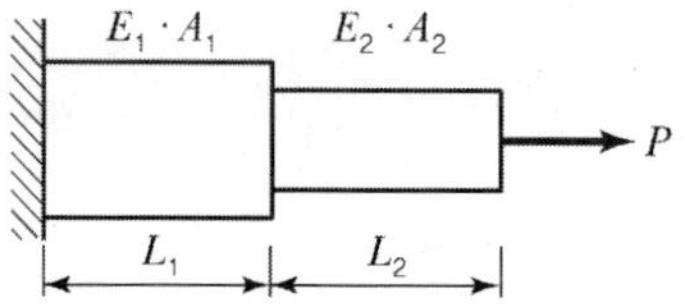

E1 · A1
E2 · A2
P
L1
L2

〈산출근거〉

답 : ....

2024년 3회 과년도 기출문제

01 수장공사 시 바닥 하부에서 1~1.5m의 높이까지 널을 댄 벽의 명칭을 쓰시오.

득점	배점
	2

02 마이크로 말뚝의 정의와 장점 2가지를 기재하시오.

득점	배점
	4

가. 정의 :

나. 장점

①

②

03 벽돌벽의 표면에 생기는 백화현상의 방지대책 2가지를 쓰시오.

득점	배점
	4

가.

나.

04 공업생산에 품질관리의 기초수법으로 이용되는 도구 4가지를 쓰시오.

득점	배점
	4

가. 나.

다. 라.

05 철골공사 용접 시 발생하는 라멜라 티어링에 대해 간단히 설명하시오.

득점	배점
	3

06 타일공사에서 타일의 박리 · 박락의 원인 2가지를 쓰시오.

득점	배점
	4

가.

나.

07 철골공사의 내화공법 중 습식 공법 4가지를 쓰시오.

득점	배점
	4

가. 나.

다. 라.

08 지정공사 중 CIP공법의 정의를 쓰시오.

득점	배점
	3

09 다음은 공사착공 전에 하여야 할 내용이다. ( ) 안에 적당한 계획서의 이름을 기재하시오.

득점	배점
	3

> 공사 착공 시 산업안전보건법에 의거하여 일정 규모 이상의 건축물은 (가)계획서와 건설기술진흥법에 의한 일정 규모 이상의 건축물은 (나)계획서를 작성하여야 한다.

가.

나.

10 **다음은 지반조사법 중 보링에 대한 설명이다. 각 설명에 맞는 보링의 종류를 쓰시오.**

득점	배점
	4

가. 충격날을 60~70 정도 낙하시키고 그 낙하 충격에 의해 파쇄된 토사를 퍼내어 지층 상태를 판단하는 공법
나. 충격날을 회전시켜 천공하므로 토층이 흐트러질 우려가 적은 방법
다. 깊이 30cm 정도의 연질층에 사용하며, 외경 50~60mm관을 이용, 천공하면서 흙과 물을 동시에 배출시키는 방법
라. 오거를 회전시키면서 지중에 압입, 굴착하고 여러 번 오거를 인발하여 교란시료를 채취하는 방법

가. 나.
다. 라.

11 **흙막이 벽에 발생하는 히빙파괴 방지대책 3가지를 쓰시오.**

득점	배점
	3

가. 나.
다.

12 **모래질 흙으로 된 지하실의 터파기량(자연상태) 12,000m^3 중에서 5,000m^3를 되메우기 하고 나머지 전부를 8t 트럭으로 잔토 처리할 경우 덤프트럭 1회 적재량과 필요한 차량대수를 산출하시오.(단, 흐트러진 상태에서의 토석의 단위중량 : 1,800kg/m^3, 토량변화율(L) : 1.25)**

득점	배점
	6

〈산출근거〉

가. 덤프트럭 1회 적재량

답 :

나. 필요 차량 대수

답 :

13 콘크리트 구조물의 압축강도를 추정하고 내구성 진단, 균열의 위치, 철근의 위치 등을 파악하는 데 있어서 구조체를 파괴하지 않고 비파괴적인 방법으로 측정하는 검사방법을 3가지 쓰시오.

득점	배점
	3

가.　　　　　　　　　　나.

다.

14 콘크리트 구조물의 화재 시 급격한 고열현상에 의하여 발생하는 폭렬현상 방지대책을 2가지 쓰시오.

득점	배점
	4

가.　　　　　　　　　　나.

15 철골공사의 기초 Anchor Bolt는 구조물 전체의 집중하중을 지탱하는 중요한 부분이다. 이 Anchor Bolt 매입공법의 종류 3가지를 쓰시오.

득점	배점
	3

가.　　　　　　　　　　나.

다.

16 다음 설명에 맞는 계측기기를 쓰시오.

득점	배점
	4

> 가. 굴착공사와 관련 지하수의 변화가 예상되는 곳에 설치하여 지하수위 측정
> 나. 연약지반 굴착공사 인접하여 중요한 지중 구조물이 매설된 경우 적용

가.　　　　　　　　　　나.

17 다음 설명에 해당하는 용접 결함의 용어를 쓰시오.

득점	배점
	4

가. 용접금속과 모재가 융합되지 않고 단순히 겹쳐지는 것 (　　　　)

나. 용접상부에 모재가 녹아 용착금속이 채워지지 않고 홈으로 남게 된 부분 (　　　　)

다. 용접봉이 피복재 용해물인 회분이 용착금속 내에 혼입된 것 (　　　　)

라. 용융금속이 응고할 때 방출되었어야 할 가스가 남아서 생기는 용접부의 빈자리 (　　　　)

18 다음 주어진 데이터를 이용하여 공정표를 작성하고 각 작업의 여유시간을 구하시오.

득점	배점
	10

작업명	작업일수	선행작업	비 고
A	2	없음	단, 크리티컬 패스는 굵은 선으로 표시하고, 결합점에서는 다음과 같이 표시한다.
B	5	없음	
C	3	없음	
D	4	A, B	
E	3	B, C	

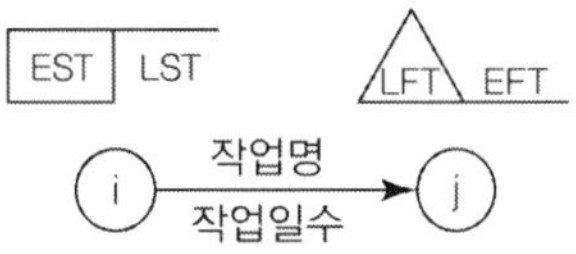

EST
LST
LFT
EFT
i
작업명
작업일수
j

가. 공정표

나. 각 작업의 여유시간

19 **목재의 방부법 중의 하나인 방부제 처리법 3가지를 쓰시오.**

득점	배점
	3

가. 나.

다.

20 **다음 ( ) 안에 공통적으로 들어가야 하는 단어를 적으시오.**

득점	배점
	3

> 토층의 평균 전단파속도(V_{S}.soil)는 ( )시험 결과가 있을 경우 이를 우선적으로 적용한다. 이때 ( )시험은 시추조사를 바탕으로 가장 불리한 시추공에서 행하는 것을 원칙으로 한다.

답 :

21 **그림과 같은 내민보의 전단력도(SFD)와 휨모멘트도(BMD)를 그리시오.**

득점	배점
	4

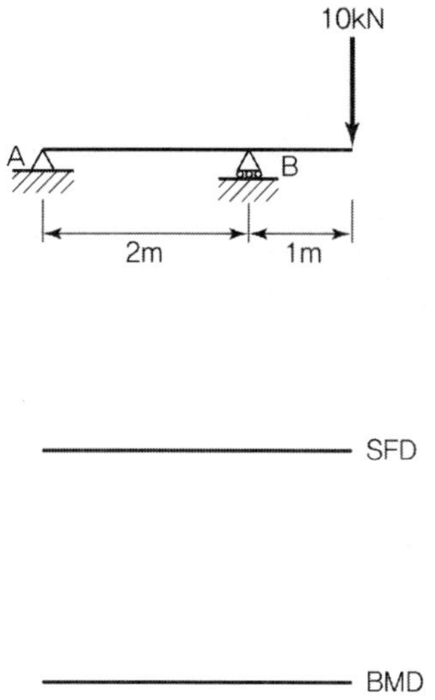
10kN
A
B
2m
1m
SFD
BMD

22 단순인장접합부의 사용성 한계상태에 대한 고장력볼트의 설계미끄럼강도를 구하시오.(단, 계산의 단순화를 위해 전단과 지압에 관한 안전검토는 생략, 강재는 SS275, 고장력볼트는 M22(F10T 표준구멍), 필러를 사용하지 않는 경우이며, 설계볼트장력 200kN, 미끄럼계수=0.5, 설계미끄럼강도 식 $\phi R_n = \phi \cdot \mu \cdot h_f \cdot T_o \cdot N_s$을 적용)

득점	배점
	5

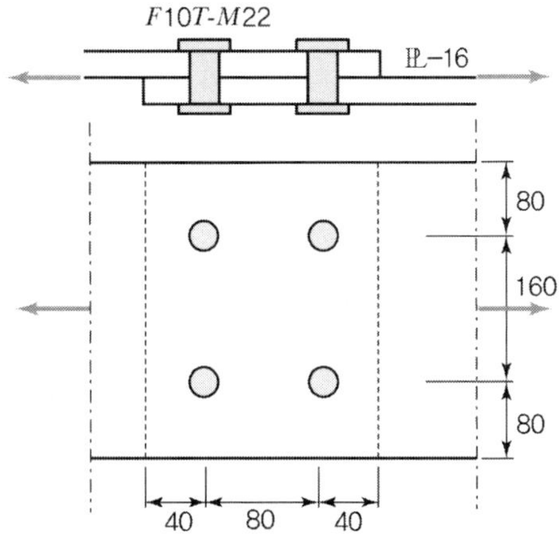

F10T-M22
PL-16
80
160
80
40
80
40

〈산출근거〉

답 :

23 강재의 탄성계수 210,000MPa, 단면적 10cm^2, 길이 4m, 외력으로 80kN의 인장력이 작용할 때 변형량(ΔL)을 구하시오.

득점	배점
	3

〈산출근거〉

답 :

24 다음은 지진력 저항시스템에 대한 설계계수이다. 빈칸을 채우시오.

득점	배점
	4

기본 지진력 저항시스템	설계계수		
	반응수정계수 R	시스템초과 강도계수 Ω_0	변위증폭계수 C_d
내력벽 시스템			
a. 철근콘크리트 특수전단벽	5	2.5	가
b. 철근콘크리트 보통전단벽	나	2.5	4
c. 철근보강 조적전단벽	2.5	다	1.5
d. 무보강 조적전단벽	라	2.5	1.5

가. 나.

다. 라.

25 내진설계 동적해석방법 3가지를 쓰시오.

득점	배점
	3

가.

나.

다.

26 다음이 설명하는 구조의 명칭을 쓰시오.

득점	배점
	3

> 건물과 지면 사이에 면진장치(적층고무 또는 미끄럼받이 등)를 설치하여 지진에 의한 진동이 구조물에 전달되지 않도록 하는 구조

답 : ....

Engineer Architecture

2023년 과년도 기출문제

CONTENTS

2023년 1회 과년도 기출문제

01 지반조사 방법 중 보링(Boring)의 정의와 종류 3가지를 쓰시오.

득점	배점
	4

가. 정의 :

나. 종류 : ①

②

③

02 레미콘(25 – 30 – 180)의 현장 반입 시 송장 표기 내용이다. 각각 의미하는 바를 간단히 쓰시오.(단, 단위 표기도 할 것)

득점	배점
	3

가. 25 :

나. 30 :

다. 180 :

03 LOB에 대하여 간단히 설명하시오.

득점	배점
	3

04 압밀과 다짐을 비교하여 설명하시오.

득점	배점
	4

05 Fastener는 커튼월을 구조체에 긴결시키는 부품을 말한다. 이는 외력에 대응할 수 있는 강도를 가져야 하며 설치가 용이하고 내구성 · 내화성 및 층간변위에 대한 추종성이 있어야 한다. 커튼월 공사에서 구조체의 층간변위, 커튼월의 열팽창, 변위 등을 해결하는 Fastener의 긴결방식 3가지를 쓰시오.

득점	배점
	3

가.

나.

다.

06 패스트 트랙 공법 설명을 간단히 설명하시오.

득점	배점
	3

07 블록의 1급 압축강도는 6MPa 이상으로 규정되어 있다. 현장에 반입된 블록의 규격이 다음 그림과 같을 때, 압축강도 시험을 실시한 결과 550kN, 500kN, 600kN에서 파괴되었다면 평균 압축강도를 구하고 규격을 상회하고 있는지 여부에 따라 합격 및 불합격 판정을 하시오.(단, 블록의 전단면적(19cm×39cm)은 741cm^{2}이고, 구멍을 공제한 중앙부의 순단면적은 460cm^{2}이다.)

득점	배점
	4

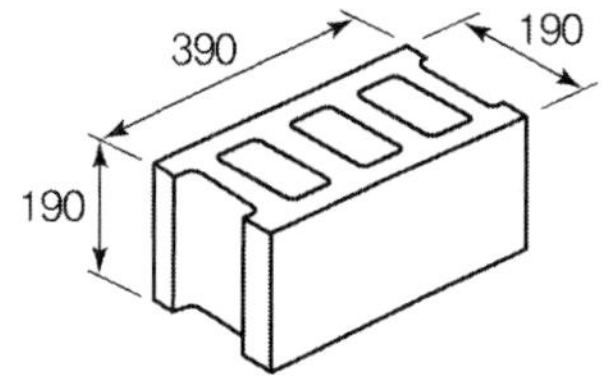
390
190
190

〈산출근거〉

답 :

08 다음 데이터를 이용하여 Normal Time 네트워크 공정표를 작성하고, 아울러 공기 3일을 단축한 네트워크 공정표 및 총공사금액을 산출하시오.(단, 공기단축된 공정표에 결합점의 일정은 표기하지 않는다.)

득점	배점
	12

Activity	Node		정상시간	정상비용	특급시간	특급비용
A	0	1	3일	20,000원	2일	26,000원
B	0	2	7일	40,000원	5일	50,000원
C	1	2	5일	45,000원	3일	59,000원
D	1	4	8일	50,000원	7일	60,000원
E	2	3	5일	35,000원	4일	44,000원
F	2	4	4일	15,000원	3일	20,000원
G	3	5	3일	15,000원	3일	15,000원
H	4	5	7일	60,000원	7일	60,000원

가. 표준 네트워크 공정표

나. 공기단축 공정표

다. 단축 시 총공사비

09 이어치기 시간이란 타설된 층에서 콘크리트 비비기부터 시작해서 다음 층에 콘크리트를 타설 및 마감하는 데 까지 소요되는 시간을 말한다. 계속 타설 중의 이어치기 시간 간격의 한도는 외기온이 25℃ 미만일 때는 (가)분, 25℃ 이상일 때는 (나)분 이하로 한다.

득점	배점
	4

가.

나.

10 지하연속벽(Slurry Wall) 공법에 사용되는 안정액의 역할 2가지를 쓰시오.

득점	배점
	4

가.

나.

11 ALC 제조 시 주재료와 기포제조 방법을 쓰시오.

득점	배점
	4

가.

나.

12 강구조 볼트 접합과 관련하여 용어를 쓰시오.

득점	배점
	3

가. 볼트 중심 사이의 간격 (　　　　　　)

나. 볼트 중심 사이를 연결 하는 선 (　　　　　　)

다. 볼트 중심 사이를 연결하는 선 사이의 거리 (　　　　　　)

13 자연시료의 강도가 8, 이긴 시료의 강도가 5일 때 예민비를 구하시오.

득점	배점
	4

14 고강도 콘크리트의 폭렬현상에 대하여 설명하시오.

득점	배점
	3

15 현장에서 반입하는 레미콘 품질 검사 항목 4가지를 쓰시오.

득점	배점
	4

가.　　　　　　　　　　나.

다.　　　　　　　　　　라.

16 다음 철근 콘크리트 부재의 부피와 중량(t)을 산출하시오.

득점	배점
	6

1) 기둥 : 450 × 600, 길이 4m, 수량 50개
2) 보 : 300 × 400, 길이 1m, 수량 150개

가. 부피

답 : .... m^3

나. 중량

답 : .... t

17 석재를 이용한 공사를 진행하다가 석재가 깨진 경우 사용되는 접착제를 기재하시오.

득점	배점
	3

18 철골공사를 시공할 때 베이스 플레이트와 기초 사이에 사용되는 충전재의 명칭을 쓰시오.

득점	배점
	3

19 지하 구조물은 지하수위에서 구조물 밑면까지의 깊이 만큼 부력을 받아 건물이 부상하게 되는데, 이것에 대한 방지대책을 2가지를 쓰시오.

득점	배점
	4

가. 나.

다. 라.

20 다음에서 설명하는 용어를 쓰시오.

득점	배점
	3

> 드라이비트라는 일종의 못박기 총을 사용하여 콘크리트나 강재 등에 박는 특수못 머리가 달린 것을 H형, 나사로 된 것을 T형이라고 한다.

답 :

21 다음 그림과 같은 트러스 구조물의 부정정 차수를 구하고, 안정구조인지 불안정구조인지 판별하시오.

득점	배점
	3

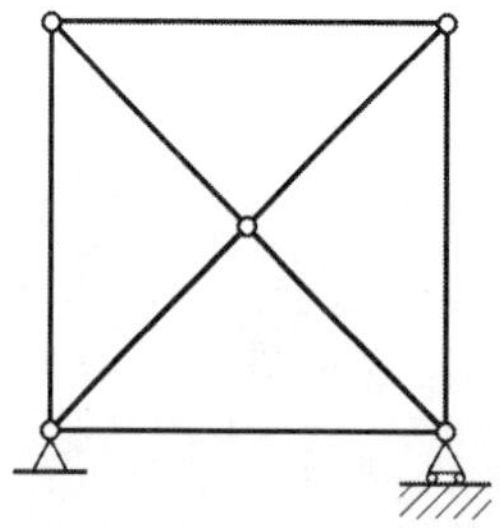

답 :

22 다음 그림과 같은 인장재의 순단면적을 구하시오.(단, 사용볼트는 M20(F10T, 표준구멍))

득점	배점
	3

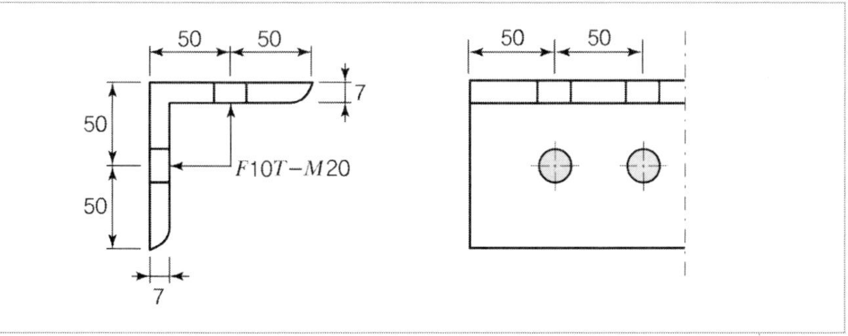
50
50
7
50
50
F10T−M20
7
50
50

답 :

23 한계상태설계법으로 구조물을 설계하는 경우 하중조합으로 소요강도를 산정해야 한다. 이때, 지진하중에 대한 하중계수는 얼마인가?

득점	배점
	3

24 그림과 같은 단면의 단면 2차 모멘트가 $I = 64{,}000\text{cm}^4$, 단면 2차 반경 $r = \dfrac{20}{\sqrt{3}}$ cm 일 때, b와 h를 구하시오.

득점	배점
	4

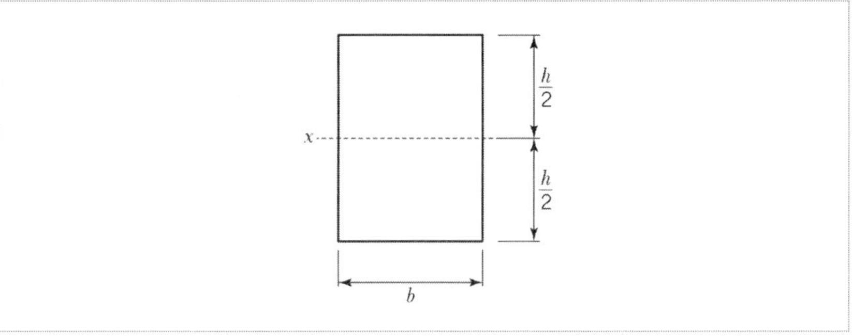
h/2
x
h/2
b

답 :

25 양단 연속인 T형보의 유효폭 산정 기준을 적으시오.

득점	배점
	3

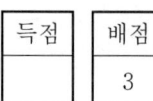

26 다음 그림과 같은 겔버보의 A, B, C 지점 반력을 각각 산정하시오.

득점	배점
	3

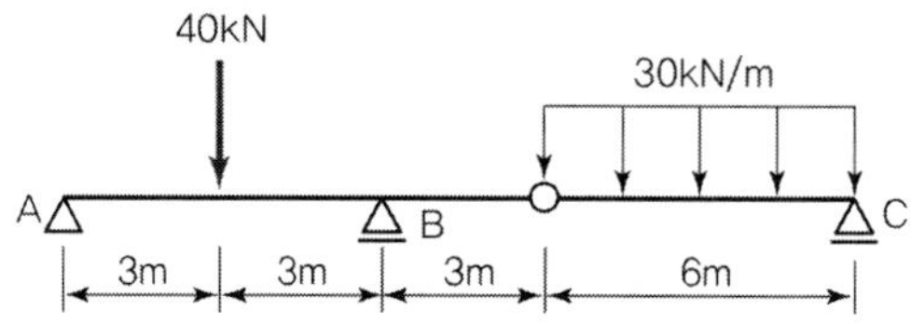

40kN
30kN/m
A
B
C
3m
3m
3m
6m

〈산출근거〉

답 :

2023년 2회 과년도 기출문제

01 컬럼쇼트닝이 무엇인지 간단히 설명하시오.

득점	배점
	3

02 건물의 부동침하를 방지하기 위한 대책을 2가지 쓰시오.

득점	배점
	2

가.

나.

03 연약지반개량 공법을 3가지 쓰시오.

득점	배점
	3

가.

나.

다.

04 철골 주각부의 현장 시공 순서에 맞게 번호를 나열하시오.

득점	배점
	4

가. 기초 상부 고름질	나. 가조립	다. 변형 바로잡기
라. 앵커 볼트 설치	마. 철골 세우기	바. 철골 도장

답 :

05 다음에 설명하는 내용에 맞는 입찰제도를 쓰시오.

득점	배점
	4

가. 비용 이외에 기술능력, 공법, 시공경험, 품질능력, 재무상태 등 공사 이행능력을 종합 심사하여 공사에 적격하다고 판단되는 입찰자에게 낙찰시키는 제도

( )

나. 입찰제 개선과 시공 품질 제고, 적정 공사비 확보를 정착시키기 위해 가격과 공사수행 능력 및 사회 책임의 점수를 합산하여 높은 점수의 입찰자를 낙찰자로 선정하는 제도

( )

06 지하 구조물은 지하수위에서 구조물 밑면까지의 깊이만큼 부력을 받아 건물이 부상하게 되는데 이것에 대한 방지대책을 2가지만 기술하시오.

득점	배점
	2

가.

나.

07 시방서와 설계도의 내용이 서로 달라서 시공상 부적당하다고 판단될 때 현장 책임자는 공사감리자와 협의하고 즉시 알려야 한다. 다음 〈보기〉에서 건축물의 설계도서 작성기준에서 시방서와 설계도서의 우선순위를 중요도에 따라 나열하시오.

득점	배점
	4

〈보기〉

가. 공사(산출)내역서　　나. 설계도면　　다. 공사시방서

라. 표준시방서　　마. 전문시방서

답 :

08 다음 그림과 같은 온통기초에서 터파기량, 되메우기량, 잔토처리량을 산출하시오. (C=0.9, L=1.3)

득점	배점
	9

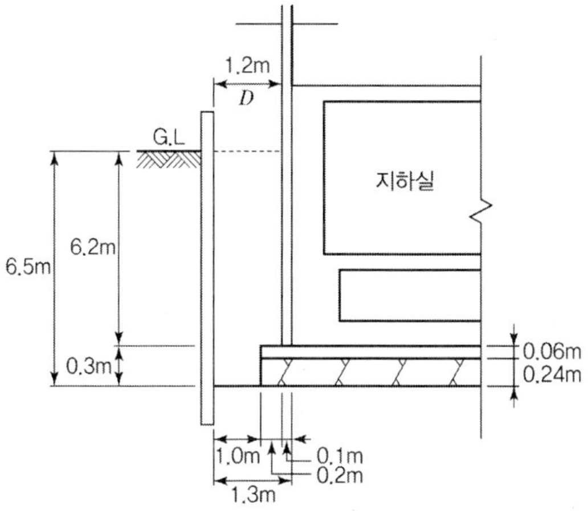

1.2m
D
G.L
지하실
6.5m
6.2m
0.3m
0.06m
0.24m
1.0m
0.1m
0.2m
1.3m

[터파기 여유폭 단면도]

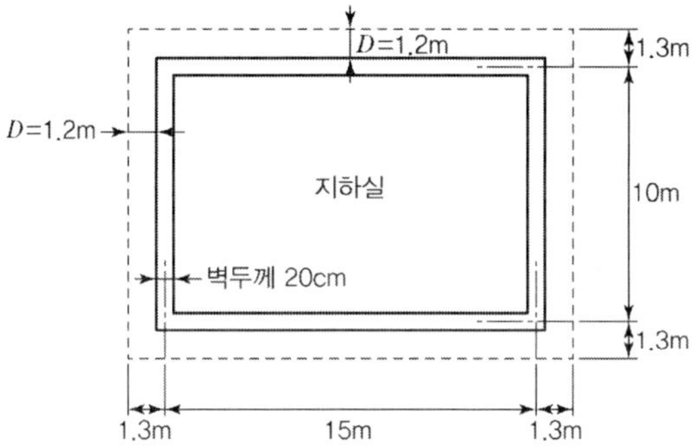

D=1.2m
D=1.2m
1.3m
10m
1.3m
지하실
벽두께 20cm
1.3m
15m
1.3m

[지하실 평면도]

(1) 터파기량 : m³ (2) 되메우기량 : m³

(3) 잔토처리량 : m³

(1) 터파기량

답 : .... m³

(2) 되메우기량 :

답 : .... m³

(3) 잔토처리량

답 : .... m³

득점	배점
	10

09 다음 데이터를 이용하여 정상공기를 산출한 결과 지정공기보다 3일이 지연되는 결과였다. 공기를 조정하여 3일의 공기를 단축한 네트워크 공정표를 작성하고 아울러 총공사금액을 산출하시오.

작업명	선행작업	정상(Normal)		특급(Crash)		비용구배 (Cost Slope) (원/일)	비고
		공기 (일)	공비 (원)	공기 (일)	공비 (원)		
A	없음	3	7,000	3	7,000	–	단축된 공정표에서 CP는 굵은 선으로 표기하고 각 결합점에서는 아래와 같이 표기한다. (단, 정상공기는 답지에 표기하지 않고 시험지 여백을 이용할 것)
B	A	5	5,000	3	7,000	1,000	
C	A	6	9,000	4	12,000	1,500	
D	A	7	6,000	4	15,000	3,000	
E	B	4	8,000	3	8,500	500	
F	B	10	15,000	6	19,000	1,000	
G	C, E	8	6,000	5	12,000	2,000	
H	D	9	10,000	7	18,000	4,000	
I	F, G, H	2	3,000	2	3,000	–	

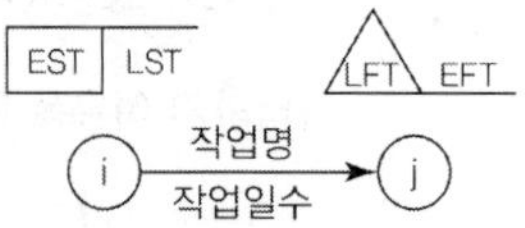
EST
LST
LFT
EFT
i
작업명
작업일수
j

가. 단축한 네트워크 공정표

나. 공기단축 및 비용

10 지반조사 시 실시하는 보링공법의 종류 3가지를 쓰시오.

득점	배점
	3

가.

나.

다.

11 다음 괄호 안에 적당한 수치를 기재하시오.

득점	배점
	3

> 수평철근의 순간격은 (가)mm 이상, 주철근의 지름의 (나)배 이상, 굵은 골재 최대치수의 (다) 이상 중 가장 큰 값으로 한다.

가.　　　　나.

다.

12 건축공사표준시방서에 거푸집널 존치기간 중 평균기온이 10℃ 이상인 경우에 콘크리트의 압축강도 시험을 하지 않고 거푸집을 떼어낼 수 있는 콘크리트의 재령(일)을 나타낸 표이다. 빈칸에 알맞은 숫자를 표기 하시오.

득점	배점
	4

시멘트 종류 / 평균 기온	조강포틀랜드 시멘트	보통포틀랜드 시멘트/ 고로슬래그 시멘트(1종)	고로슬래그 시멘트(2종)/ 포졸란 시멘트(2종)
20℃ 이상	①	③	5일
20℃ 미만 10℃ 이상	②	6일	④

①　　　　②

③　　　　④

13 미장재료 중 수경성 재료와 기경성 재료를 각각 2가지씩 쓰시오.

득점	배점
	4

가. 수경성 재료 : ①

②

나. 기경성 재료 : ①

②

14 다음 ( ) 안에 적당한 단어나 숫자를 기재하시오.

득점	배점
	4

고장력볼트의 마찰접합부의 마찰면은 최소 (가) 이상의 미끄럼계수가 반드시 확보되어야 하며, (나) 볼트장력은 (다) 볼트장력에 (라)%를 할증한 값으로 한다.

가. 나.

다. 라.

15 콘크리트 헤드를 간단히 설명하시오.

득점	배점
	3

16 목공사에서 방부 및 방충 처리된 목재를 사용해야 하는 경우 2가지만 쓰시오.

득점	배점
	4

가.

나.

17 쉬어커넥터가 하는 역할이 무엇인지 간단히 설명하시오.

득점	배점
	3

18 철골구조물 주위에 철근 배근을 하고 그 위에 콘크리트가 타설되어 일체가 되도록 한 구조물로 초고층 구조물 하층부의 복합구조로 많이 채택하는 구조를 쓰시오.

득점	배점
	3

19 가설출입구 설치 시 고려할 사항 3가지를 쓰시오.

득점	배점
	3

가.

나.

다.

20 다음에 설명하는 줄눈의 명칭을 쓰시오.

득점	배점
	3

지반 등 안정된 위치에 있는 바닥판이 건조수축에 의하여 표면에 균열이 생길 수 있는데, 이것을 막기 위하여 설치하는 줄눈

답 :

21 다음 괄호에 맞는 용어를 기재하시오.

득점	배점
	3

레디믹스트 콘크리트 배합표에 보통 골재는 (가) 상태의 질량, 인공경량골재는 (나)상태의 질량을 표시한다. (다)는 혼화재를 사용한 경우로 $\frac{\text{물}}{\text{시멘트} + \text{혼화재}}$ 의 질량의 백분율로 계산하여 기입한다.

가.

나.

다.

22 다음 평면의 건물높이가 13.5m일 때 비계면적을 산출하시오.(단, 쌍줄비계로 한다.)

득점	배점
	5

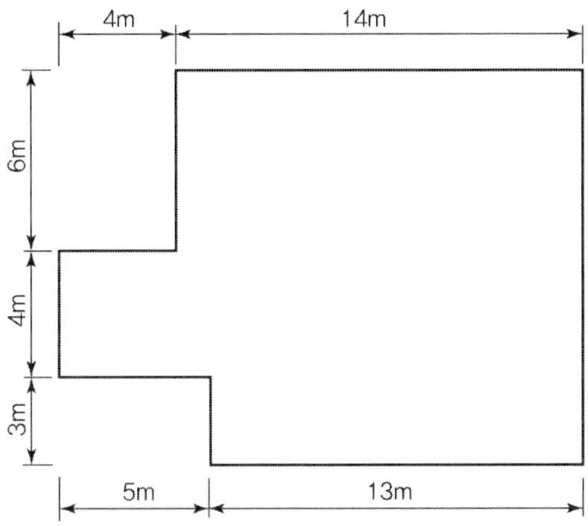

4m
14m
6m
4m
3m
5m
13m

〈산출근거〉

답 : ______ m^2

23 그림과 같은 비틀림 모멘트(T)가 작용하는 원형 강관의 비틀림 전단응력(τ_t)을 기호로 표현하시오.

득점	배점
	3

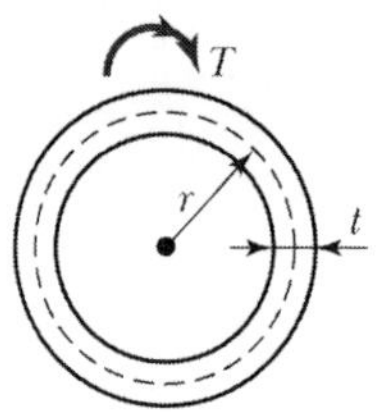
T
r
t

답 :

24 그림과 같은 단면의 X축에 대한 단면 2차 모멘트를 계산하시오.

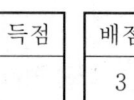

득점	배점
	3

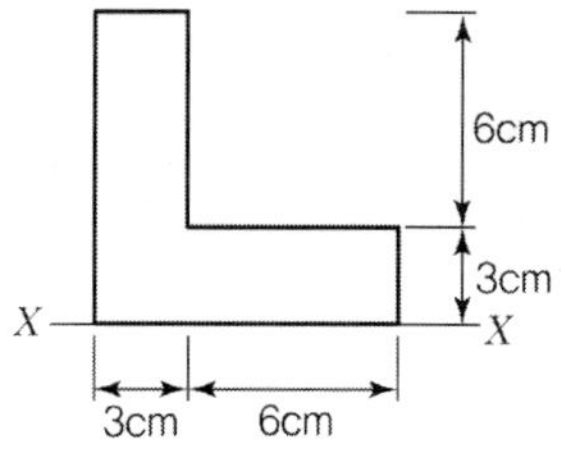
6cm
3cm
X
X
3cm
6cm

〈산출근거〉

답 :

25 다세대주택의 필로티 구조에서 1층과 2층의 구조가 상이하여 생기는 전이보에 대해 설명하시오.

득점	배점
	4

26 그림과 같이 기둥의 재질과 단면 크기가 모두 같은 4개 장주의 유효좌굴길이를 쓰시오.

득점	배점
	4

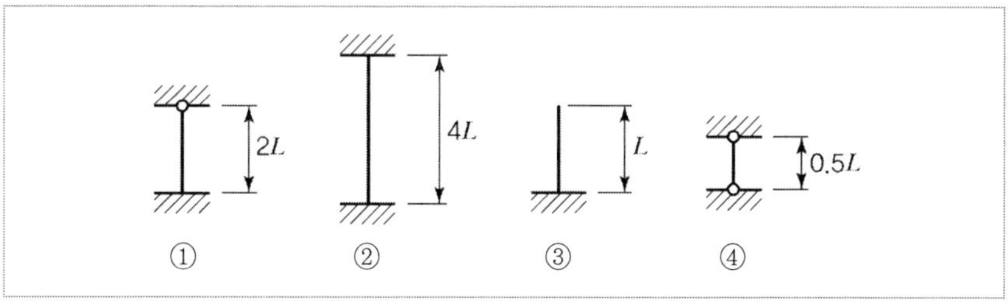
2L
4L
L
0.5L
①
②
③
④

① ②

③ ④

2023년 4회 과년도 기출문제

01 다음 용어에 대하여 간단히 설명하시오.

득점	배점
	4

가. 솟음 :

나. 토핑 콘크리트 :

02 다음 품질관리의 도구에 대하여 간단히 설명하시오.

득점	배점
	4

가. 특성요인도 :

나. 파레토도 :

다. 층별 :

라. 산점도 :

03 아래 그림은 철근콘크리트조 경비실 건물이다. 주어진 평면도 및 단면도를 보고 C_1, G_1, G_2, S_1에 해당되는 부분의 1층과 2층 콘크리트량과 거푸집량을 산출하시오.

득점	배점
	8

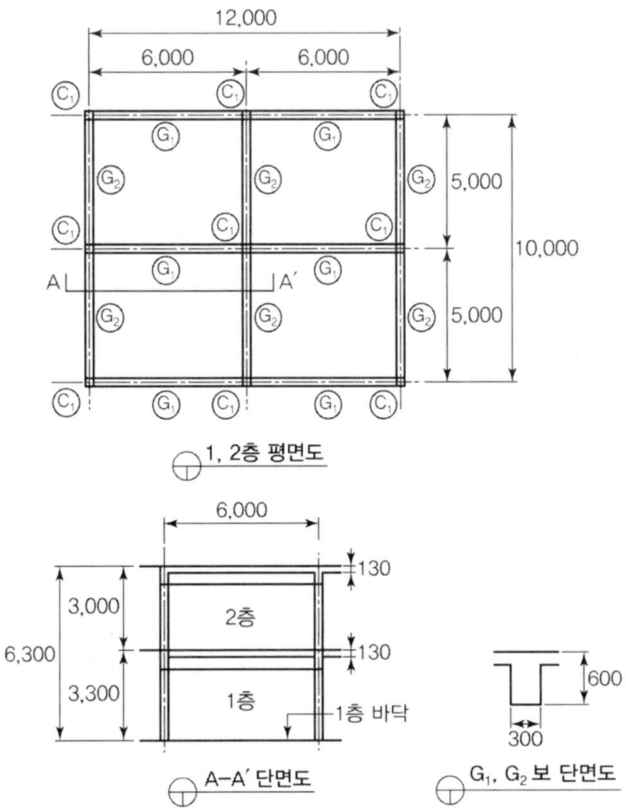
12,000
6,000
6,000
C1
G1
G2
5,000
10,000
5,000
A
A′
1, 2층 평면도
6,000
130
3,000
2층
6,300
130
3,300
1층
1층 바닥
A–A′ 단면도
600
300
G1, G2 보 단면도

1) 기둥단면(C_1) : 30cm×30cm
2) 보단면(G_1, G_2) : 30cm×60cm
3) 슬래브 두께(S_1) : 13cm
4) 층고 : 단면도 참조

단, 단면도에 표기된 1층 바닥선 이하는 계산하지 않는다.

〈산출근거〉

콘크리트량 : ....

거푸집량 : ....

04 크리프(Creep) 변형에 대하여 설명하시오.

득점	배점
	3

05 다음은 건축공사표준시방서의 한중 콘크리트 공사에 대한 설명이다. ( ) 안에 알맞은 숫자를 쓰시오.

득점	배점
	3

> 한중 콘크리트의 특징은 일평균 기온이 (가)℃ 이하 또는 콘크리트 타설 완료 후 24시간 동안 일최저기온이 (나)℃를 유지해야 하고, 물-결합재비는 원칙적으로 (다)% 이하이어야 한다.

가.　　　　　　　　　　나.

다.

06 다음 용어에 대하여 간단히 설명하시오.

득점	배점
	4

가. 물결합재비 :

나. 물시멘트비 :

07 벽타일의 붙임 공법을 2가지만 쓰시오.

득점	배점
	2

가.　　　　　　　　　　　　　　　　나.

08 목재면 바니쉬칠 공정의 작업순서를 〈보기〉에서 골라 기호로 쓰시오.

득점	배점
	4

〈보기〉
가. 색올림　　나. 왁스 문지름　　다. 바탕처리　　라. 눈먹임

답 :

09 주어진 자료(DATA)에 의하여 다음 물음에 답하시오.

득점	배점
	10

작업명	선행 작업	정상 공기	정상 비용	특급 공기	특급 비용	비 고
A	없음	5일	170,000	4일	210,000	각 결합점 위에는 다음과 같이 시간을 표시한다. 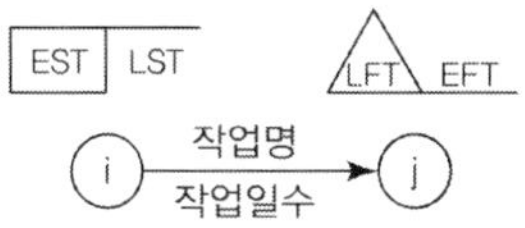 EST LST LFT EFT i 작업명 작업일수 j
B	없음	18일	300,000	13일	450,000	
C	없음	16일	320,000	12일	480,000	
D	A	8일	200,000	6일	260,000	
E	A	7일	110,000	6일	140,000	
F	A	6일	120,000	4일	200,000	
G	D, E, F	7일	150,000	5일	220,000	

가. 표준(Normal) Network 공정표를 작성하시오.
나. 표준공기 시 총공사비를 쓰시오.
다. 4일 단축하였을 때 총공사비를 쓰시오.

가. 표준 네트워크 공정표

나. 표준 공기 시 총공사비

다. 공기단축 시 총공사비

10 **시멘트 사용량이 500포이고 쌓기 단수 12단일 경우 시멘트를 저장하기 위한 창고면적을 산출하시오.**

득점	배점
	3

〈산출근거〉

답 : .... m^2

11 **다음 유리를 간단히 설명하시오.**

득점	배점
	4

가. 로이유리 :

나. 접합유리 :

12 **터파기 슬러리월 공법에서 안정액이 하는 기능 2가지를 쓰시오.**

득점	배점
	4

가.

나.

13 **건축주와 시공자가 공사 실비를 확인 정산하고 정해진 보수 지급 방법에 따라 시공자에게 보수를 지급하는 도급 방식을 무엇이라고 하는가?**

득점	배점
	3

14 **쇼트크리트 콘크리트의 장단점을 1개씩 설명하시오.**

득점	배점
	3

가. 장점 :

나. 단점 :

15 공사시공방식에서 페이퍼 조인트를 간단히 설명하시오.

득점	배점
	3

16 영구배수공법의 일종으로 롤 형태의 보드를 옹벽 뒤에 부착하여 시공하는 배수 자재를 무엇이라고 하는가?

득점	배점
	3

17 거푸집에서 벽체 전용거푸집 3개를 쓰시오.

득점	배점
	3

가. 나.

다.

18 매스 콘크리트에서 선행 냉각 방식과 사용재료를 설명하시오.

득점	배점
	4

가. 선행 냉각 방식 :

나. 사용재료 :

19 철골공사 용접 시 사용하는 스캘럽에 대해 간단히 설명하시오.

득점	배점
	3

20 콘크리트 타설 시 발생하는 신축줄눈에 대하여 간단히 설명하시오.

득점	배점
	3

21 다음 그림과 같은 철근콘크리트조 5층 건축물을 신축 시 필요한 귀규준틀과 평규준틀의 수량을 기재하시오.

득점	배점
	4

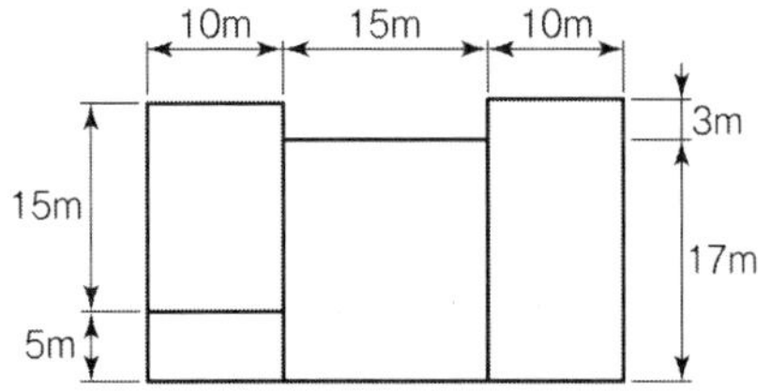

10m
15m
10m
3m
15m
17m
5m

가. 귀규준틀 : ____________개

나. 평규준틀 : ____________개

22 다음 조건에서 용접 유효길이(l_e)를 산정하시오.

득점	배점
	4

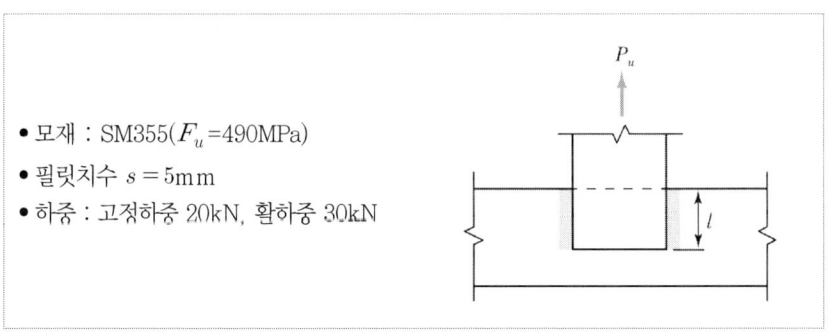

- 모재 : SM355(F_u=490MPa)
- 필릿치수 $s = 5$mm
- 하중 : 고정하중 20kN, 활하중 30kN

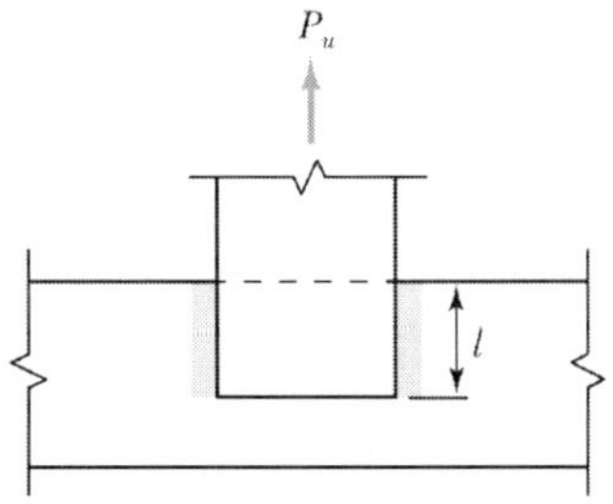

P_u
l

〈산출근거〉

답 : ____________

득점	배점
	3

23 양단 고정의 지름 100mm, 길이 3m인 원형 강봉의 세장비(λ)를 구하시오.

〈산출근거〉

답 :

득점	배점
	3

24 다음 그림과 같이 하중이 작용하는 구조물에서 A지점의 반력을 구하시오.

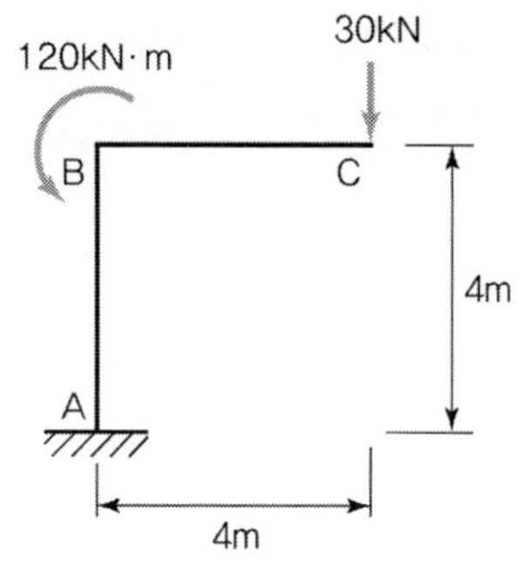

120kN·m
30kN
B
C
4m
A
4m

〈산출근거〉

답 :

25 다음 그림과 같은 T형보의 X축에 대한 단면 2차 모멘트를 구하시오.

득점	배점
	4

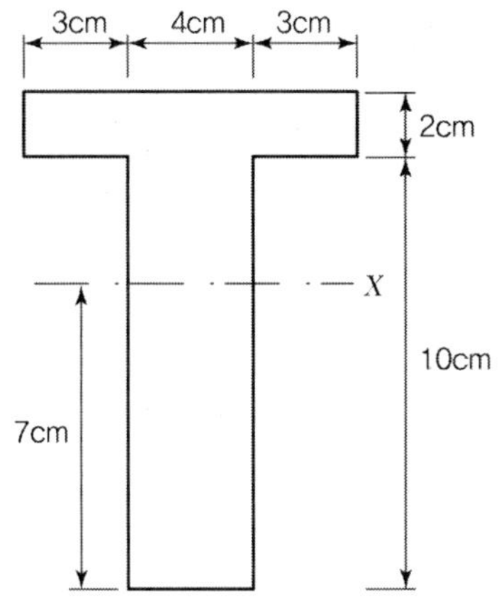

3cm
4cm
3cm
2cm
X
10cm
7cm

〈산출근거〉

답 :

득점	배점
	4

26 그림과 같은 철근콘크리트 단순보에서 계수집중하중(P_u)의 최댓값(kN)을 구하시오. (단, 보통중량콘크리트 $f_{ck}=28$MPa, $f_y=400$MPa, 인장철근 단면적 $A_s=$ 1,500mm^2, 휨에 대한 강도감소계수 $\phi=0.85$를 적용한다.)

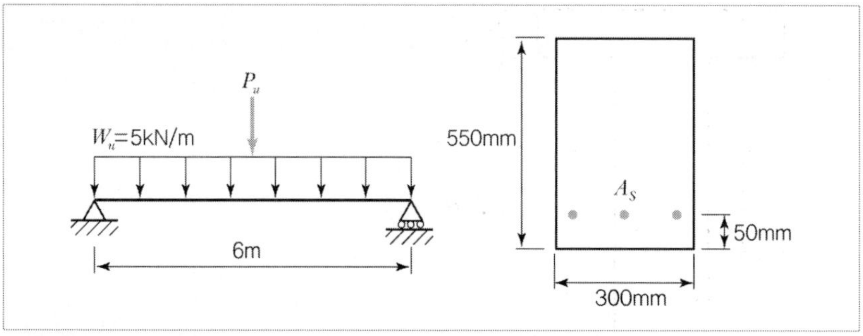

P_u
W_u=5kN/m
6m
550mm
A_s
50mm
300mm

〈산출근거〉

답 : ....

Engineer Architecture

2022년 과년도 기출문제

CONTENTS

2022년 1회 과년도 기출문제

01 수평버팀대의 흙막이에 작용하는 응력이 아래의 그림과 같을 때 번호에 알맞은 말을 보기에서 골라 기호로 쓰시오.

득점	배점
	3

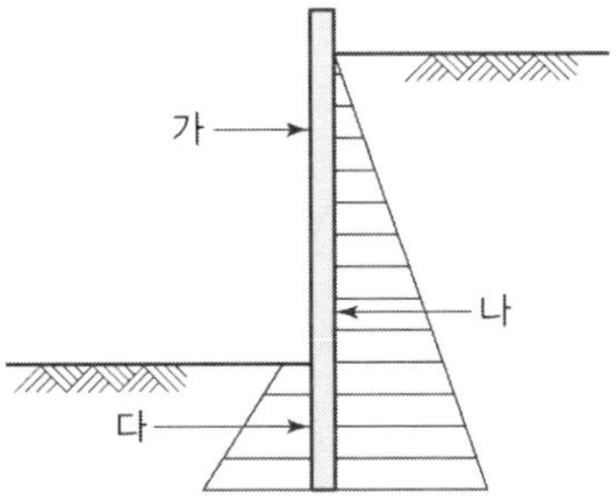

가
나
다

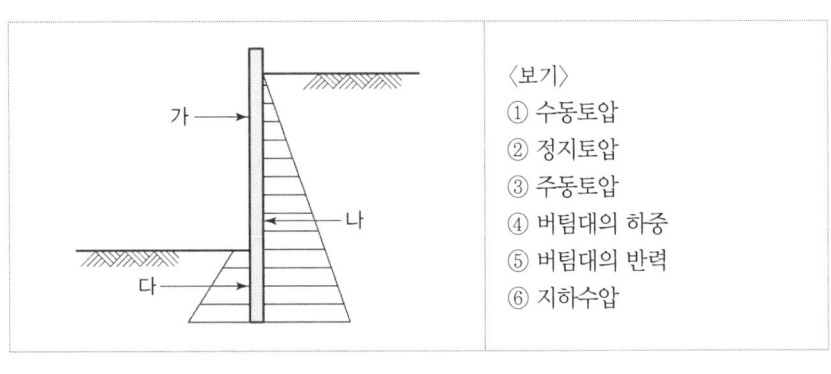

〈보기〉
① 수동토압
② 정지토압
③ 주동토압
④ 버팀대의 하중
⑤ 버팀대의 반력
⑥ 지하수압

가. 나. 다.

02 다음 그림과 같은 철근콘크리트조 건물에서 벽체와 기둥의 거푸집량(m^2)을 산출하시오.(단, 높이는 3m로 한다.)

득점	배점
	6

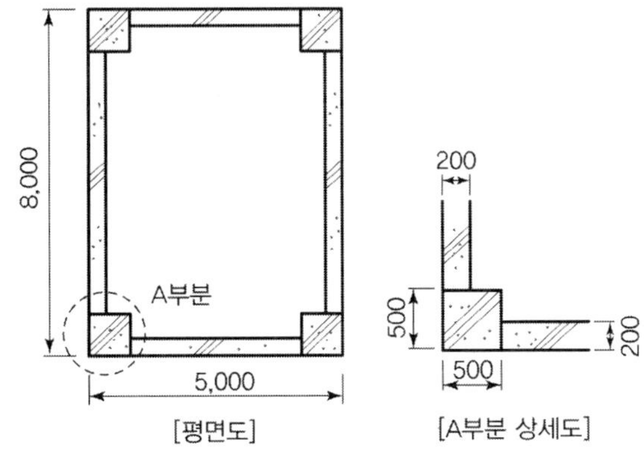

8,000
A부분
5,000
[평면도]
200
500
200
500
[A부분 상세도]

〈산출근거〉

답 :

03 벽면적 20m^2, 벽두께 1.5B, 줄눈 두께 10mm의 벽체에 소요되는 벽돌의 수량을 산출하시오.

득점	배점
	3

〈산출근거〉

답 : ....

04 통합공정관리 용어 중 WBS의 정의를 쓰시오.

득점	배점
	3

05 Life Cycle Cost(LCC)에 대해 간단히 설명하시오.

득점	배점
	3

06 다음 표에 제시된 창호틀 재료의 종류 및 창호별 기호를 참고하여, 우측의 창호기호표를 완성하시오.

득점	배점
	6

기호	창호틀 재료의 종류
A	알루미늄
G	유리
P	플라스틱
S	강철
SS	스테인리스
W	목재

영문기호	창문 구별
D	문
W	창
S	셔터

구분	창	문
목재	1	2
철재	3	4
알루미늄재	5	6

07 표면 건조 포화상태의 중량이 2,000g, 완전건조 중량 1,992g, 수중 중량이 1,300g 일 때 흡수율을 구하시오.

득점	배점
	4

〈산출근거〉

답 :

08 콘크리트 공시체 지름 300mm, 길이 500mm의 규격체로 인장강도를 시험한 결과 100kN에서 파괴되었다면 인장강도는 얼마인가?

득점	배점
	3

〈산출근거〉

답 :

09 콘크리트의 굳은 콘크리트 성질 중에서 크리프에 대하여 간단히 설명하시오.

득점	배점
	3

10 철골공사 현장 작업 중에서 녹막이 칠을 하지 않는 경우 4가지를 쓰시오.

득점	배점
	4

가.

나.

다.

라.

득점	배점
	10

11 아래 데이터를 보고 공정표를 작성하고 각 작업의 여유시간을 구하시오.

<table>
<tr><th>작업명</th><th>작업일수</th><th>선행작업</th><th>비 고</th></tr>
<tr><td>A</td><td>3</td><td>없음</td><td rowspan="8">단, 이벤트(Event)에는 번호를 기입하고,
주공정선은 굵은 선으로 표기한다.
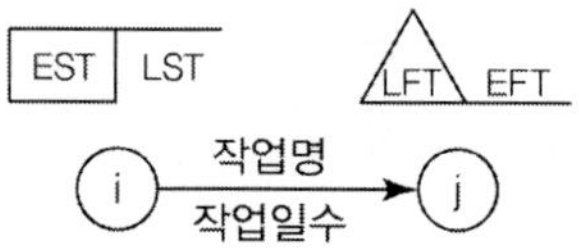
EST
LST
LFT
EFT
i
작업명
작업일수
j</td></tr>
<tr><td>B</td><td>2</td><td>없음</td></tr>
<tr><td>C</td><td>4</td><td>없음</td></tr>
<tr><td>D</td><td>5</td><td>C</td></tr>
<tr><td>E</td><td>2</td><td>B</td></tr>
<tr><td>F</td><td>3</td><td>A</td></tr>
<tr><td>G</td><td>3</td><td>A, C, E</td></tr>
<tr><td>H</td><td>4</td><td>D, F, G</td></tr>
</table>

가. 공정표

나. 작업의 여유시간

12 다음 그림은 철골 보-기둥 접합부의 개략적인 그림이다. 각 번호에 해당하는 구성재의 명칭을 쓰고, 다번 부재의 용접 방법의 종류 2가지를 쓰시오.

득점	배점
	5

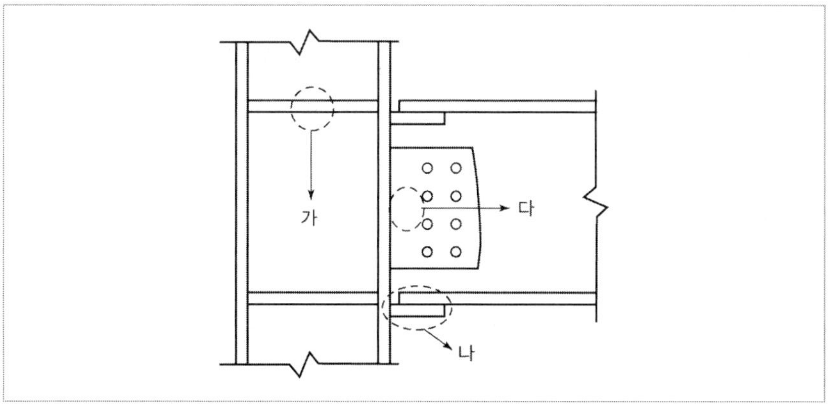

가
나
다

가.

나.

다.

라. 용접 종류 : ①

②

13 Value Engineering 개념에서 $V=\frac{F}{C}$ 에서 V, F, C가 의미하는 것을 적으시오.

득점	배점
	3

가. V :

나. F :

다. C :

14 콘크리트공사에 사용되는 거푸집 중 작업발판 일체형 거푸집 종류 3가지를 쓰시오.

득점	배점
	3

가.

나.

다.

15 다음 설명하는 내용을 기재하시오.

득점	배점
	4

가. 보, 슬래브 및 트러스 등에서 그의 정상적 위치 또는 형상으로부터 처짐을 고려하여 상향으로 들어 올리는 것 (　　　　　　　　)

나. 거푸집 및 콘크리트의 무게와 시공하중을 지지하기 위하여 설치하는 부재 또는 작업 장소가 높은 경우 발판, 재료 운반이나 위험물 낙하 방지를 위해 설치하는 임시 지지대 (　　　　　　　　)

16 레디믹스트 콘크리트가 현장에 도착하여 타설될 때 시공자가 현장에서 일반적으로 행하여야 하는 품질관리 항목을 〈보기〉에서 모두 골라 기호로 쓰시오.

득점	배점
	3

〈보기〉

① 슬럼프 시험	② 물의 염소 이온량 측정
③ 골재의 반응성	④ 공기량 시험
⑤ 압축강도 측정용 공시체 제작	⑥ 시멘트의 알칼리량

답 :

17 다음 기성 콘크리트 인방보에 대한 설명이다. (　　)에 적당한 수치나 단어를 기재하시오.

득점	배점
	4

인방보의 양끝을 벽체의 블록에 (가) 이상 걸치고, 또한 위에서 오는 하중을 전달할 충분한 길이로 한다. 인방보 상부의 벽은 균열이 생기지 않도록 주변의 벽과 강하게 연결되도록 (나)이나 (다)로 보강 연결하거나 인방보 좌우단 상향으로 (라)를 둔다.

가.　　　　　　　　나.

다.　　　　　　　　라.

18 아래 설명에 맞는 입찰 방법을 기재하시오.

득점	배점
	3

가. 최소한의 자격의 가진 모든 업체가 참여할 수 있는 입찰 방식 (　　　　　　　　)

나. 3~7개의 업체를 지명하여 입찰하는 방식 (　　　　　　　　)

다. 1개의 업체와 협의하여 계약하는 방식 (　　　　　　　　)

19 다음은 보강 블록조에 대한 설명이다. ( )에 적당한 수치나 단어를 기재하시오.

득점	배점
	3

> 벽 세로근은 원칙적으로 잇지 않고 배근하여 기초 및 테두리보에 정착길이는 철근 직경의 (가)배 이상으로 하며, 상단의 테두리보 등에 적정 연결 철물로 연결하며, 피복 두께는 (나) 이상으로 한다.

가.　　　　　　　　　　나.

20 강재의 항복비를 설명하시오.

득점	배점
	3

21 한계상태설계법에서 사용성 한계에 대하여 설명하시오.

득점	배점
	3

22 다음 응력-변형률 곡선의 가로축 구간과 각 점에 대해서 설명하시오.

득점	배점
	5

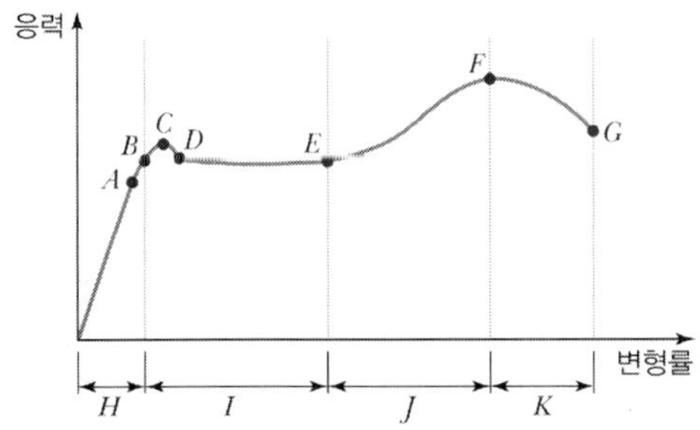
응력
A
B
C
D
E
F
G
변형률
H
I
J
K

〈보기〉
① 네킹영역
② 하위항복점
③ 극한강도점
④ 변형도경화점
⑤ 소성영역
⑥ 비례한계점
⑦ 상위항복점
⑧ 탄성한계점
⑨ 파괴점
⑩ 탄성영역
⑪ 변형도경화영역

A :　　　　B :　　　　C :

D :　　　　E :　　　　F :

G :　　　　H :　　　　I :

J :　　　　K :

23 다음 그림을 보고 유효좌굴길이 계수가 큰 순서대로 적으시오.

득점	배점
	3

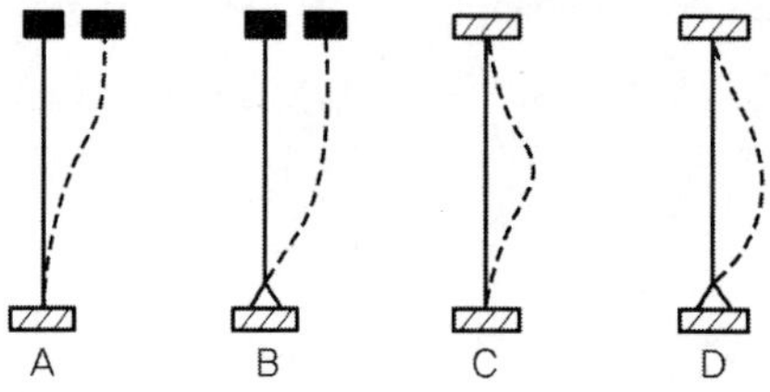
A
B
C
D

답 :

24 400×300 철근콘크리트 띠철근 기둥의 설계축하중을 구하시오.

(단, $A_{st} = 3{,}096\,\text{mm}^2$, $f_{ck} = 27\,\text{MPa}$, $f_y = 400\,\text{MPa}$)

득점	배점
	3

〈산출근거〉

답 :

25 다음 용어에 대하여 설명하시오.

득점	배점
	3

가. 공칭강도 :

나. 설계강도 :

26 다음과 같은 단순보에서 A단의 처짐각을 구하시오.

득점	배점
	4

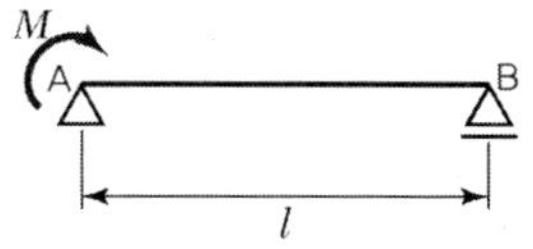
M
A
B
l

〈산출근거〉

답 :

2022년 2회 과년도 기출문제

01 역타설공법(Top－Down Method)의 장점을 3가지 쓰시오.

득점	배점
	3

가.

나.

다.

02 흙은 흙입자 · 물 · 공기로 구성되며, 도식화하면 다음 그림과 같다. 그림에 주어진 기호로 아래의 각종 용어를 표기하시오.

득점	배점
	3

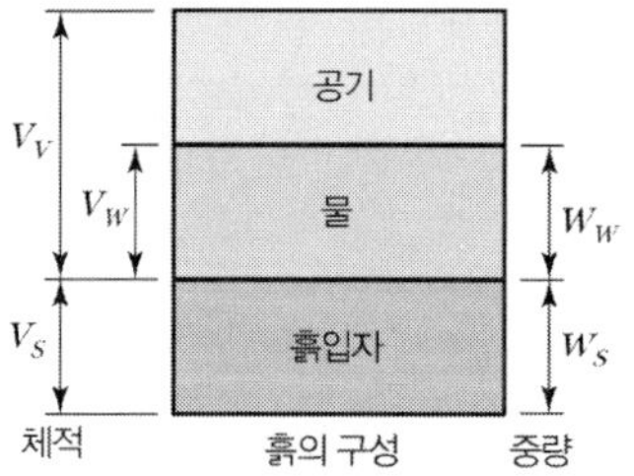

공기
물
흙입자
V_V
V_W
V_S
W_W
W_S
체적
흙의 구성
중량

가. 함수비 :

나. 간극비 :

다. 포화도 :

득점	배점
	10

03 다음에 제시된 화살표형 네트워크 공정표를 통해 일정계산 및 여유시간, 주공정선(CP)와 관련된 빈칸을 모두 채우시오.(단, CP에 해당하는 작업은 ※표시를 하시오.)

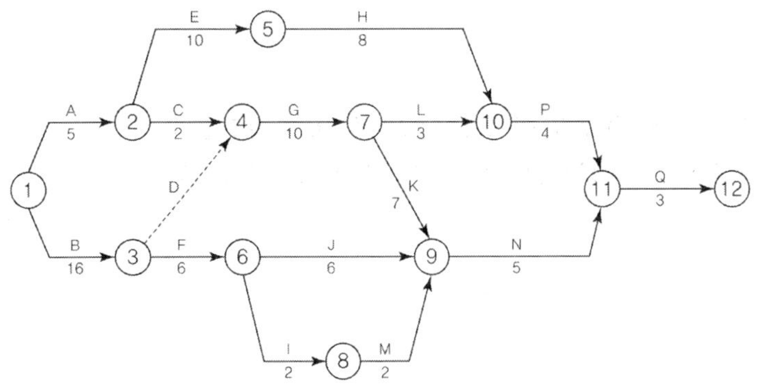

E 10
H 8
A 5
C 2
G 10
L 3
P 4
D
K 7
Q 3
B 16
F 6
J 6
N 5
I 2
M 2
1 2 3 4 5 6 7 8 9 10 11 12

작업명	EST	EFT	LST	LFT	TF	FF	DF	CP
A								
B								
C								
D								
E								
F								
G								
H								
I								
J								
K								
L								
M								
N								
P								
Q								

득점	배점
	4

04 용접공사 시 사용되는 다음 용어를 간단히 설명하시오.

가. 스캘럽(Scallop) :

나. 엔드탭(End Tab) :

05 목재의 천연건조(자연건조) 시 장점 2가지를 쓰시오.

득점	배점
	4

가.

나.

06 흐트러진 상태의 흙 $30m^3$를 이용하여 $30m^2$의 면적에 다짐상태로 60cm 두께를 터 돋우기 할 때 시공완료된 후 흐트러진 상태로 남은 흙의 양을 산출하시오.(단, 이 흙의 L = 1.2이고, C = 0.9이다.)

득점	배점
	3

〈산출근거〉

답 : .... m^3

07 흙의 성질 중 예민비의 식과 정의를 쓰시오.

득점	배점
	4

가. 식 :

나. 정의 :

08 약액주입공법 후 주입재가 지반에 양호하게 되었는지 판단하는 방법 3가지를 쓰시오.

득점	배점
	3

가.

나.

다.

09 다음 용어를 간단히 설명하시오.

득점	배점
	4

가. 복층유리 :

나. 배강도유리 :

10 **세로 규준틀 설치위치 1개소와 기입사항 2가지를 쓰시오.**

득점	배점
	4

가. 설치위치 :

나. 기입사항 : ①

②

11 **콘크리트 소성 수축균열의 정의와 발생 원인을 기재하시오.**

득점	배점
	4

가. 정의 :

나. 원인 :

12 **액상 하드너 시공 시 유의사항 2가지를 기재하시오.**

득점	배점
	4

가.

나.

13 **다음 그림을 보고 합격 불합격을 판정하시오.**

득점	배점
	6

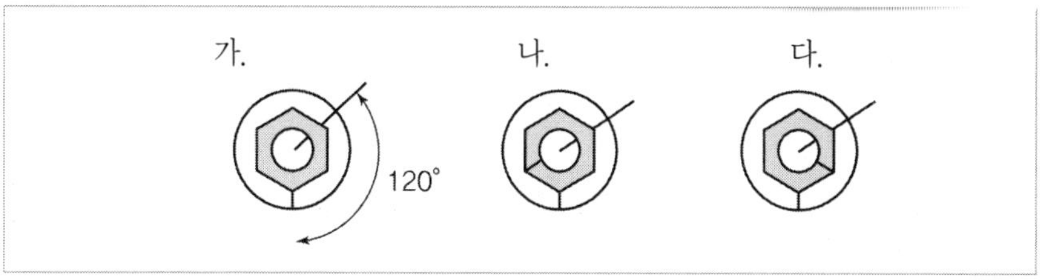
가.
나.
다.
120°

가. 나. 다.

14 **밀시트(강재 시험성적서)를 확인할 수 있는 사항을 1가지만 적으시오.**

득점	배점
	3

득점	배점
	4

15 다음 거푸집을 간단히 설명하시오.

가. 슬라이딩 폼 :

나. 워플 폼 :

득점	배점
	4

16 가설공사에서 사용되는 기준점의 정의와 설치시 유의사항 2가지를 기재하시오.

가. 정의 :

나. 주의사항 : ①

②

득점	배점
	4

17 콘크리트에 사용되는 골재의 다음 용어에 대하여 간단히 설명하시오.

가. 흡수량 :

나. 함수량 :

득점	배점
	3

18 주철근의 간격을 일정하게 유지하는 목적 3가지를 기재하시오.

가.

나.

다.

득점	배점
	4

19 용접결함 중 슬래그 혼입의 원인과 그에 따른 방지대책을 각각 2가지씩 기재하시오.

가. 원인 : ①

②

나. 대책 : ①

②

20 다음 설명에 맞는 용어를 기재하시오.

득점	배점
	3

철골부재의 접합에 사용되는 고장력볼트 중 볼트의 장력 관리를 손쉽게 하기 위한 목적으로 개발된 것으로 본조임 시 전용 조임기를 사용하여 볼트의 핀테일이 파단될 때까지 조임시공하는 볼트의 명칭

답 :

21 큰 처짐에 의하여 손상되기 쉬운 칸막이벽이나 기타 구조물을 지지 또는 부착하지 않은 부재의 경우, 다음 표에서 정한 최소 두께를 적용하여야 한다. 표의 ( ) 안에 알맞은 숫자를 써 넣으시오.(단, 표의 값은 보통중량콘크리트와 설계기준항복강도 400MPa의 철근을 사용한 부재에 대한 값임)

득점	배점
	3

[처짐을 계산하지 않는 경우의 보 또는 1방향 슬래브의 최소 두께 기준]

단순지지된 1방향 슬래브	L/( )
1단 연속된 보	L/( )
양단 연속된 리브가 있는 1방향 슬래브	L/( )

22 H형강 H-200×200×8×12의 설계인장강도를 산정하시오.(단, 항복강도 $F_y = 325\,\text{MPa}$, $A_g = 5{,}620\,\text{mm}^2$)

득점	배점
	3

〈산출근거〉

답 :

23 그림과 같은 트러스 구조물에서 T부재에 발생하는 부재력을 구하시오.

득점	배점
	3

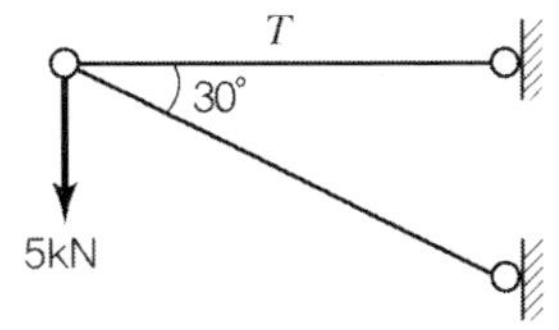
T
30°
5kN

〈산출근거〉

답 :

24 철근콘크리트 보의 춤이 700mm이고, 부모멘트를 받는 상부단면에 HD25철근이 배근되어 있을 때, 철근의 인장정착길이를 구하시오.(단, f_{ck}= 25MPa, f_y = 400MPa, 철근의 순간격과 피복두께는 철근직경 이상, 상부철근 보정계수는 1.3, 도막되지 않은 철근, 보통중량콘크리트를 사용)

득점	배점
	3

〈산출근거〉

답 :

25 다음과 같은 부정정 라멘구조에서 각 점의 휨모멘트 절댓값을 구하고 휨모멘트도를 작성하시오.

득점	배점
	4

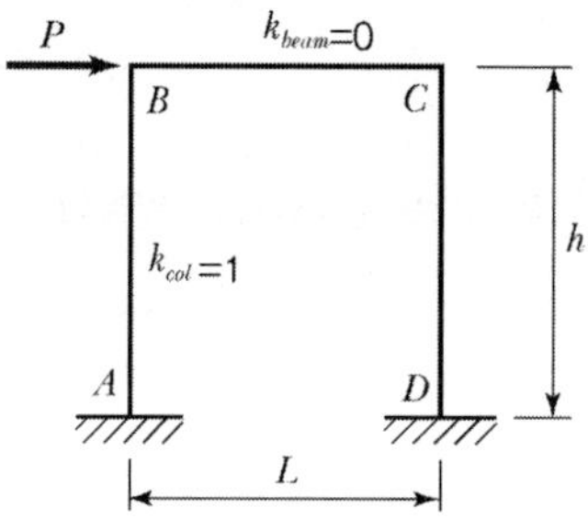

P
k_{beam}=0
B
C
k_{col}=1
h
A
D
L

〈산출근거〉

휨모멘트도 :

26 다음 괄호에 알맞은 답안을 적으시오.

득점	배점
	3

비합성 압축부재의 축방향 주철근 단면적은 전체 단면적 A_g의 (A) 배 이상, (B)배 이하로 하여야 한다. 축방향 주철근이 겹침이음되는 경우의 철근비는 (C)를 초과하지 않도록 하여야 한다.

A : B :

C :

2022년 4회 과년도 기출문제

01 다음에서 설명하는 줄눈의 명칭을 쓰시오.

득점	배점
	2

콘크리트 시공과정 중 휴식시간 등으로 응결하기 시작한 콘크리트에 새로운 콘크리트를 이어칠 때 일체화가 저해되어 생기게 되는 줄눈

답 :

02 다음 그림에 해당하는 접합을 보기에서 골라 쓰시오.

득점	배점
	3

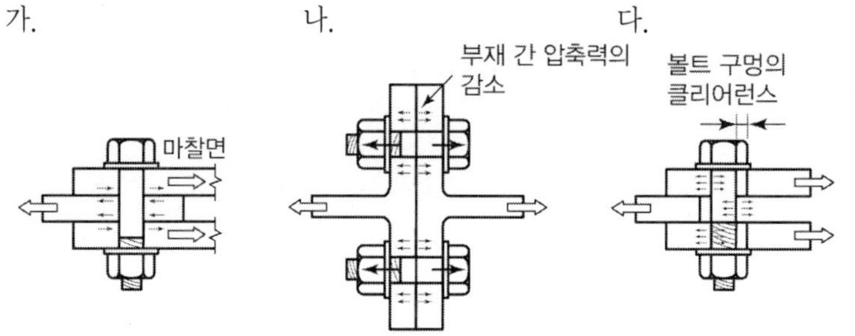

가.
나.
다.
마찰면
부재 간 압축력의 감소
볼트 구멍의 클리어런스

〈보기〉
① 지압접합 ② 마찰접합 ③ 인장접합

가. 나.

다.

03 철골공사 내화공법 중 습식 공법 4가지를 쓰시오.

득점	배점
	4

가. 나.

다. 라.

04 다음 용어를 간단히 설명하시오.

득점	배점
	4

가. 스캘럽(Scallop) :

나. 뒷댐재(Back Strip) :

05 철골공사 용접 시 발생하는 라멜라 티어링에 대해 간단히 설명하시오.

득점	배점
	3

06 레미콘(보통 – 25 – 24 – 150)의 현장 반입 시 송장 표기 내용이다. 각각 의미하는 바를 간단히 쓰시오.(단, 단위 표기도 할 것)

득점	배점
	4

가. 보통 : 나. 25 :

다. 24 : 라. 150 :

07 KSF 5201 규정에서 정한 포틀랜드 시멘트의 종류를 5가지 쓰시오.

득점	배점
	5

가. 나.

다. 라.

마.

08 지하 구조물은 지하수위에서 구조물 밑면까지의 깊이만큼 부력을 받아 건물이 부상하게 되는데 이것에 대한 방지대책 4가지를 기술하시오.

득점	배점
	4

가. 나.

다. 라.

09 조적조 외부 벽면 방수공법 3가지를 쓰시오.

득점	배점
	3

가. 나.

다.

10 아래 〈보기〉에서 가치공학(Value Engineering)의 기본 추진절차를 순서대로 나열하시오.

득점	배점
	4

〈보기〉

가. 정보수집	나. 기능정리	다. 아이디어 발상
라. 기능정의	마. 대상선정	바. 제안
사. 기능평가	아. 평가	자. 실시

답 :

11 다음 기초에 소요되는 철근, 콘크리트 정미량을 산출하시오.(단, 이형철근 D16의 단위중량은 1.56kg/m, D13의 단위중량은 0.995kg/m이다.)

득점	배점
	6

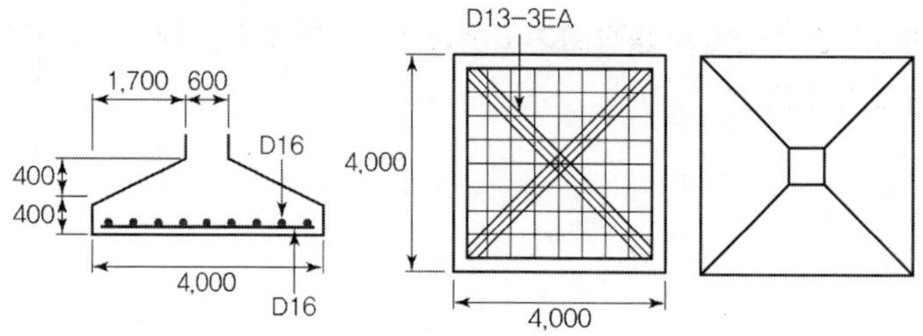

1,700
600
D16
400
400
4,000
D16
D13-3EA
4,000
4,000

〈산출근거〉

가. 철근량

답 :

나. 콘크리트량

답 :

12 **다음 보기는 용접부의 검사 항목이다. 〈보기〉에서 골라 알맞은 공정에 해당하는 번호를 써 넣으시오.**

득점	배점
	3

〈보기〉
① 트임새 모양 ② 전류 ③ 침투수압 ④ 운봉 ⑤ 모아대기법
⑥ 외관판단 ⑦ 구속 ⑧ 용접봉 ⑨ 초음파 검사

가. 용접 착수 전 : 나. 용접 작업 중 :

다. 용접 완료 후 :

13 **로이 삼중유리의 정의를 쓰고 특징 2가지를 쓰시오.**

득점	배점
	3

가. 정의 :

나. 특징 : ①

②

14 **다음은 지반조사법 중 보링에 대한 설명이다. 알맞은 공법을 쓰시오.**

득점	배점
	4

가. 충격날을 60~70 정도 낙하시키고 그 낙하 충격에 의해 파쇄된 토사를 퍼내어 지층 상태를 판단하는 공법
나. 충격날을 회전시켜 천공하므로 토층이 흐트러질 우려가 적은 방법
다. 오거를 회전시키면서 지중에 압입, 굴착하고 여러 번 오거를 인발하여 교란 시료를 채취하는 방법
라. 깊이 30cm 정도의 연질층에 사용하며, 외경 50~60mm관을 이용, 천공하면서 흙과 물을 동시에 배출시키는 방법

가. 나.

다. 라.

15 **건축공사에서 언더피닝을 해야 하는 이유 3가지를 쓰시오.**

득점	배점
	3

가.

나.

다.

16 시멘트 분말도 시험방법 2가지를 쓰시오.

득점	배점
	2

가.

나.

17 다음 콘크리트 균열보수법에 대하여 설명하시오.

득점	배점
	4

가. 표면처리법 :

나. 주입공법 :

18 다음 설명하는 공법의 명칭을 쓰시오.

득점	배점
	4

가. 무량판 구조에서 2방향 장선 바닥판 구조가 가능하도록 된 특수상자 모양의 기성재 거푸집

나. 시스템거푸집으로 한 구간 콘크리트를 타설 후 다음 구간으로 수평이동이 가능한 거푸집 공법

다. 유닛 거푸집을 설치하여 요크로 거푸집을 끌어 올리면서 연속해서 콘크리트를 타설 가능한 수직 활동 거푸집

라. 아연도 철판을 절곡 제작하여 거푸집으로 사용하여 콘크리트 타설 후 사용 철판을 바닥 하부 마감재로 사용하는 공법

가. 나.

다. 라.

19 건설공사 현장에 시멘트가 반입되었다. 특기 시방서에 시멘트의 비중은 3.10 이상으로 규정되어 있다고 할 때, 르샤틀리에 비중병을 이용하여 KS규격에 의거 시멘트 비중을 시험한 결과에 대하여 시멘트의 비중을 구하고, 자재 품질관리상 합격 여부를 판정하시오.(시험 결과 비중병에 광유를 채웠을 때의 최소눈금은 0.5cc, 시험에 사용한 시멘트량은 100g, 광유에 시멘트를 넣은 후에 눈금은 32.2cc이었다.)

득점	배점
	4

가. 시멘트의 비중 :

나. 판정 :

20 다음은 평지붕 외단열 시트 방수공법이다. 〈보기〉를 보고 시공순서를 골라 적으시오.

득점	배점
	4

〈보기〉
가. 누름콘크리트　　나. PE필름　　다. 단열재
라. 시트방수　　마. 슬래브바탕

답 :

21 다음 데이터를 네트워크 공정표로 작성하고 각 작업의 전체여유(TF)와 자유여유(FF)를 구하시오.

득점	배점
	10

작업명	작업일수	선행작업	비 고
A	5	없음	네트워크 작성은 다음과 같이 표기하고, 주공정선은 굵은 선으로 표기하시오. 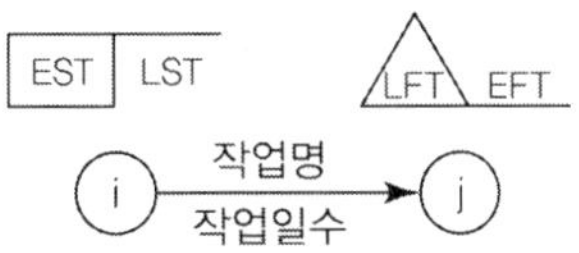
B	6	없음	
C	5	A, B	
D	7	A, B	
E	3	B	
F	4	B	
G	2	C, E	
H	4	C, D, E, F	

EST
LST
LFT
EFT
작업명
작업일수
i
j

가. 네트워크 공정표

나. 각 작업의 여유시간(TF, FF)

득점	배점
	3

22 콘크리트 배합 시 잔골재를 세척 해사로 사용했을 때 콘크리트의 염화물 함량을 측정한 결과 염소 이온량이 0.3~0.6kg/m^{3}이었다. 이때 철근콘크리트의 철근부식방지에 따른 유효한 대책을 3가지만 쓰시오.

가.

나.

다.

득점	배점
	4

23 다음과 같은 트러스 구조물에서 U_2, L_2 부재의 부재력을 절단법으로 구하시오.

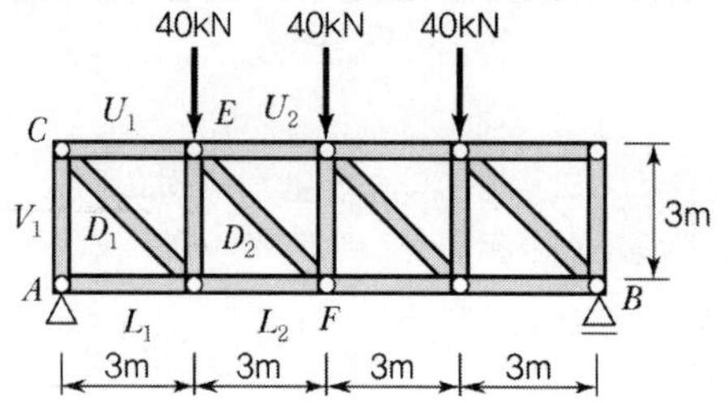

40kN
40kN
40kN
C
U_1
E
U_2
V_1
D_1
D_2
3m
A
B
L_1
L_2
F
3m
3m
3m
3m

〈산출근거〉

답 :

24 그림과 같은 단순보의 단면에 생기는 최대 전단응력을 구하시오.(단, 보의 단면은 300×500mm)

득점	배점
	3

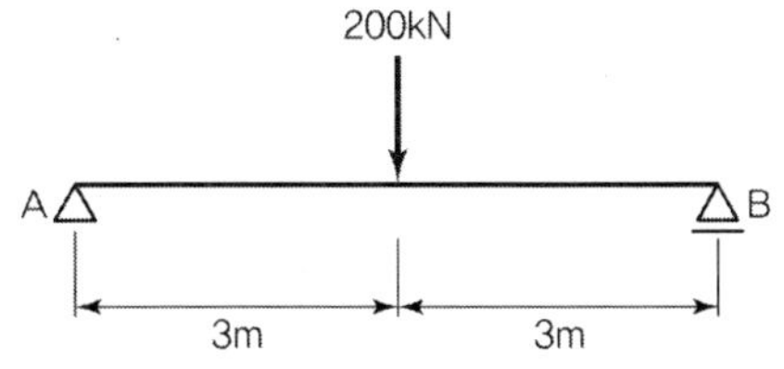

200kN
A
B
3m
3m

〈산출근거〉

답 :

25 그림과 같은 보의 설계전단강도를 구하시오.(단, 보통중량콘크리트, $f_{ck}=24\text{MPa}$, $f_{yt}=400\text{MPa}$, D10 공칭단면적 $a_1=71.33\text{mm}^2$)

득점	배점
	4

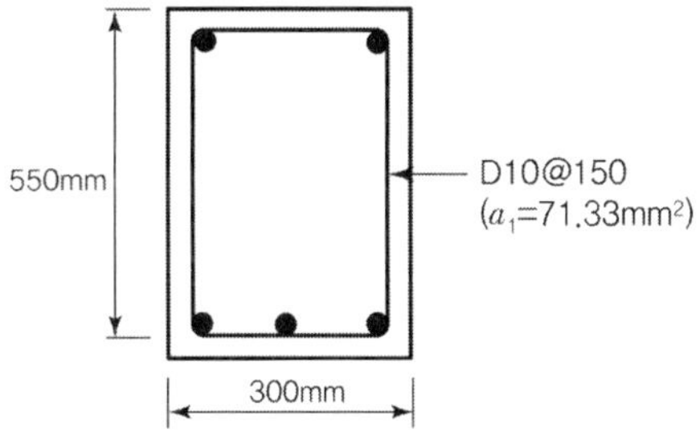

550mm
D10@150
(a_1=71.33mm²)
300mm

〈산출근거〉

답 :

26 구조물에 작용하는 고정하중이 $M_D = 150\,\text{kN}\cdot\text{m}$, $V_D = 120\,\text{kN}$ 이고 활하중이 $M_L = 130\,\text{kN}\cdot\text{m}$, $V_L = 110\,\text{kN}$ 일 때, 소요공칭휨강도(M_n) 및 소요공칭전단강도(V_n)를 산정하시오.(단, 휨강도감소계수 = 0.85, 전단강도감소계수 = 0.75를 사용)

득점	배점
	4

〈산출근거〉

답 : ....

Engineer Architecture

2021년 과년도 기출문제

CONTENTS

2021년 1회 과년도 기출문제

01 **다음에서 설명하는 내용을 보고 무엇인지 기재하시오.**

득점	배점
	4

가. 점토지반에 모래말뚝을 형성하여 간극수를 제거하는 지반개량공법

( )

나. 직경 20cm 특수파이프를 상호 2m 내외 간격으로 관입시켜 모래를 투입한 후 가로관으로 연결하고 펌프를 이용하여 지하수를 빼내는 배수공법 ( )

02 **다음 용어를 간단히 설명하시오.**

득점	배점
	4

가. 방호선반 :

나. 기준점 :

03 **콘크리트 구조물의 압축강도를 추정하고 내구성 진단, 균열의 위치, 철근의 위치 등을 파악하는 데 있어서 구조체를 파괴하지 않고 비파괴적인 방법으로 측정하는 검사방법을 3가지 쓰시오.**

득점	배점
	3

가.

나.

다.

04 **다음 괄호 안에 적당한 말을 넣으시오.**

득점	배점
	2

> 흙이 소성상태에서 반고체상태로 옮겨지는 경계의 함수비를 (가)라 하고, 액성상태에서 소성상태로 옮겨지는 함수비를 (나)라고 한다.

가.

나.

05 다음 조건으로 요구하는 물량을 산출하시오.(단, C=0.9, L=1.3)

득점	배점
	9

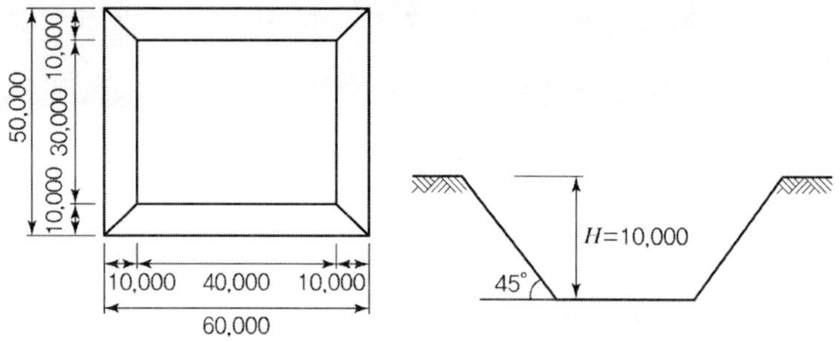
50,000
10,000
30,000
10,000
10,000
40,000
10,000
60,000
H=10,000
45°

가. 터파기량을 산출하시오.
나. 운반대수를 산출하시오.(운반대수 1대의 적재량은 12m³)
다. 5,000m²의 면적을 가진 성토장에서 성토하여 다짐할 때 표고는 몇 m인지 구하시오.(단, 비탈면은 수직으로 가정한다.)

〈산출근거〉

가.

답 :

나.

답 :

다.

답 :

06 다음은 벽돌쌓기에 대한 설명이다. 이에 맞는 쌓기법을 기재하시오.

득점	배점
	2

가. 담 또는 처마 부분에 내쌓기를 할 때 45도 각도로 모서리가 면에 나오도록 쌓는 방법
나. 난간벽과 같이 상부 하중을 지지하지 않는 벽에 있어서 장식적인 효과를 기대하기 위해 벽체에 구멍을 내어 쌓는 것

가.　　　　　　　　　나.

07 콘크리트 압축강도시험을 한 결과 500kN에서 파괴되었다. 콘크리트 압축강도를 구하시오.(단, 공시체는 지름이 150mm, 높이가 300mm이다.)

득점	배점
	3

〈산출근거〉

답 : ....

2021

08 다음 자료를 이용하여 흡수율, 겉보기밀도, 표건상태의 밀도를 구하시오.

득점	배점
	6

- 물의 밀도 : $1g/cm^3$
- 골재의 수중중량 : 2.45kg
- 골재의 절건중량 : 3.6kg
- 골재의 표면건조 내부 포수중량 : 3.95kg

〈산출근거〉

가. 흡수율 :

답 : ....

나. 겉보기밀도 :

답 : ....

다. 표건상태의 밀도 :

답 : ....

09 다음 터파기공법에 관한 용어를 간단히 설명하시오.

득점	배점
	4

가. 아일랜드 컷 :

나. 트렌치 컷 :

10 알루미늄 거푸집을 합판 거푸집과 비교하여 골조 품질과 거푸집 해체 시 소음 발생에 대하여 설명하시오.

득점	배점
	2

가. 골조 품질 :

나. 해체 시 소음 발생 :

11 BOT(Build Operate Transfer) 방식을 설명하시오.

득점	배점
	3

12 경량철골 칸막이공사 작업순서를 〈보기〉에서 골라 나열하시오.

득점	배점
	3

〈보기〉 벽체틀 설치, 단열재 설치, 바탕 처리, 석고보드 설치, 마감

답 :

13 외장유리공사 시 발생하는 열파손에 대하여 설명하시오.

득점	배점
	3

14 안방수와 바깥방수의 차이점을 3가지 이상 기재하시오.

득점	배점
	3

가.

나.

다.

15 스페이서의 용도를 쓰시오.

득점	배점
	2

16 목구조에서 방충 및 방부 처리된 목재를 써야 하는 경우 2가지를 쓰시오.

득점	배점
	4

가.

나.

17 다음에서 설명하는 품질관리 수법을 쓰시오.

득점	배점
	3

가. 불량, 고장, 결점 등의 발생건수를 분류항목별로 나누어 크기 순서대로 나열해 놓은 것
나. 결과에 원인이 어떻게 작용하고 있는가를 한눈에 나타낸 그림
다. 계량치의 데이터가 어떠한 분포를 하고 있는지를 알아보기 위하여 작성하는 것

가.

나.

다.

18 다음 데이터를 이용하여 네트워크 공정표를 작성하고, 각 작업의 여유를 구하시오.

득점	배점
	10

작업명	소요일수	선행작업	비고
A	3	없음	단, 이벤트(Event)에는 번호를 기입하고, 주공정선은 굵은 선으로 표기한다. 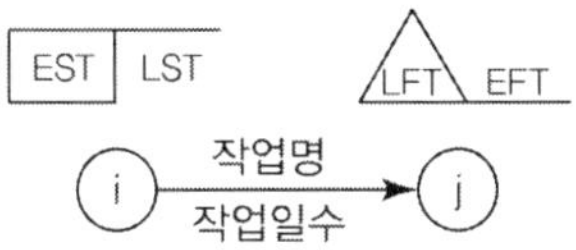 EST LST LFT EFT i 작업명 작업일수 j
B	4	없음	
C	5	없음	
D	6	A, B	
E	7	B	
F	4	D	
G	5	D, E	
H	6	C, F, G	
I	7	F, G	

가. 네트워크 공정표

나. 여유시간 :

19 한중콘크리트 초기 양생 시 주의해야 할 점 3가지를 쓰시오.

득점	배점
	3

가.

나.

다.

20 다음 용어를 간단히 설명하시오.

득점	배점
	4

가. 데크 플레이트 :

나. 시어커넥터 :

21 커튼월 공사의 Mock-up Test(실물대 모형시험)의 시험항목 4가지를 쓰시오.

득점	배점
	4

가.

나.

다.

라.

22 종합심사낙찰제도에 관하여 간단히 설명하시오.

득점	배점
	2

23 콘크리트의 굳지 않는 성질을 설명한 것이다. 적합한 용어를 기재하시오.

득점	배점
	4

가. 수량의 다소에 따르는 반죽의 되고 진 정도 (　　　　　)

나. 작업의 난이 정도 및 재료의 분리에 저항하는 정도 (　　　　　)

24 그림과 같은 3-Hinge 라멘 구조물의 휨모멘트도를 도시하시오.(단, 방향을 표기하시오.)

득점	배점
	3

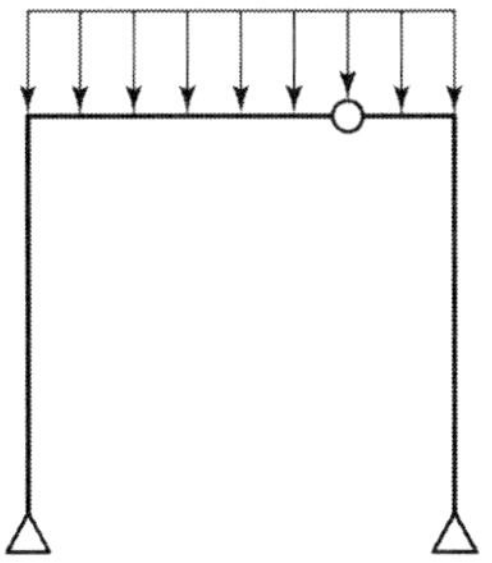

휨모멘트도

25 그림과 같은 플랫 슬래브 지판(드롭 패널)의 최소 크기와 두께를 산정하시오.(단, 슬래브 두께는 200mm이다.)

득점	배점
	4

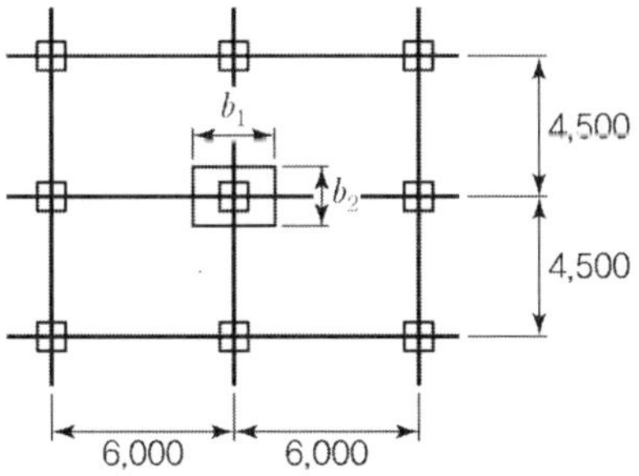
b_1
b_2
4,500
4,500
6,000
6,000

〈산출근거〉

① 지판의 최소 크기

답 :

② 지판의 두께

답 : ______________________

26 철골구조의 보－기둥 접합에서 강접합과 전단접합을 도시하고 설명하시오.

득점	배점
	6

가. 강접합 :

나. 전단접합 :

2021년 2회 과년도 기출문제

2021

01 콘크리트 폭렬현상 방지대책을 2가지 쓰시오.

득점	배점
	4

가.

나.

02 콘크리트 응결 경화 시 콘크리트 온도 상승 후 냉각하면서 발생하는 온도균열 방지대책 3가지를 쓰시오.

득점	배점
	3

가.

나.

다.

03 품질관리(TQC)의 수법으로 사용되는 도구를 3가지만 쓰시오.

득점	배점
	3

가.

나.

다.

04 강구조에서 메탈터치에 관한 개념을 간략하게 그리고 정의를 설명하시오.

득점	배점
	4

가. 정의 :

나. 도해 :

05 톱다운 공법의 장점을 3가지 쓰시오.

득점	배점
	3

가.

나.

다.

06 토공사에 사용되는 계측기기의 설치위치를 기재하시오.

득점	배점
	4

가. 토압계 :

나. 하중계 :

다. 변형률계 :

라. 경사계 :

07 목공사에서 내부 벽 하부에서 1~1.5m 정도 널을 대어 만든 벽을 무엇이라 하는가?

득점	배점
	2

08 철골공사에서 주각부에 설치되는 앵커볼트 설치공법 3가지를 쓰시오.

득점	배점
	3

가.

나.

다.

09 지반 개량공법 중 샌드 드레인 공법을 간단히 설명하시오.

득점	배점
	3

10 다음 데이터를 보고 각 작업의 비용구배를 구하고 큰 순서대로 기재하시오.

득점	배점
	3

작업	표준상태		특급상태	
	공기	공비	공기	공비
A	2	2,000	1	3,000
B	4	3,000	2	6,000
C	8	5,000	3	8,000

11 아래 용접기호에 따라 시공된 상태의 상세도를 그리고 용접기호에 맞는 치수와 단위를 기입하시오.

득점	배점
	4

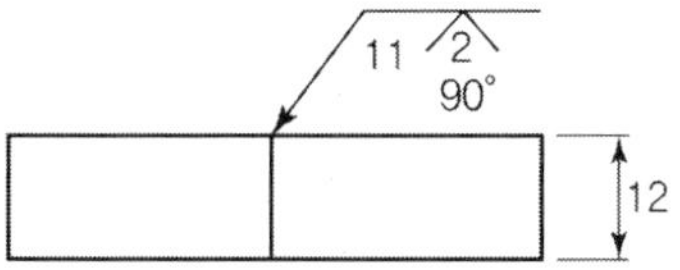

11
2
90°
12

12 1층 마루널 설치에 관한 순서를 보기를 보고 나열하시오.

득점	배점
	3

〈보기〉 마루널, 멍에, 장선, 동바리돌, 동바리

답 :

13 시멘트 저장량이 500포이고 쌓기 단수가 12단일 때 시멘트 창고면적을 구하시오.

득점	배점
	3

〈산출근거〉

답 :

14 다음 (   ) 안에 적당한 단어나 수치를 기재하시오.

득점	배점
	5

벽돌쌓기 시 줄눈은 (가)mm로 하고, 도면 또는 공사시방서에서 정한 바가 없을 때에는 영식이나 (나)쌓기법으로 하며, 1일 벽돌량 쌓기 높이는 (다)가 표준이며, 최대 쌓기 높이는 (라)이고, 벽돌벽이 블록벽과 서로 직각으로 만날 때에는 연결철물을 만들어 블록 (마)단마다 보강철물로 보강을 한다.

가.　　　　나.

다.　　　　라.

마.

15 목공사에서 방부처리법 3가지를 쓰고 간단히 설명하시오.

득점	배점
	3

가.

나.

다.

16 다음 도면을 보고 요구하는 재료량을 산출하시오.

득점	배점
	6

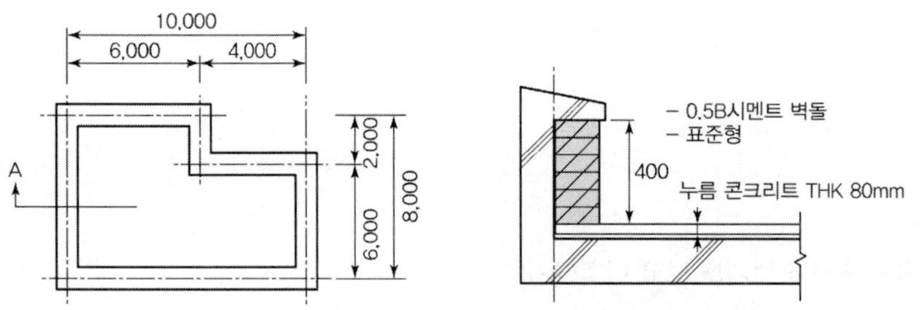

10,000
6,000
4,000
A
2,000
6,000
8,000
– 0.5B시멘트 벽돌
– 표준형
400
누름 콘크리트 THK 80mm

[옥상 평면도] [A단면 상세도]

〈산출근거〉

가. 방수면적

답 :

나. 누름콘크리트량

답 :

다. 벽돌정미량

답 :

17 다음 용어를 간단히 설명하시오.

득점	배점
	4

가. 슬럼프 플로 :

나. 조립률 :

18 조적공사에서 발생하는 백화현상의 방지책을 4가지만 쓰시오.

득점	배점
	4

가.

나.

다.

라.

19 다음 ( ) 안에 적당한 용어와 수치를 기재하시오.

득점	배점
	3

높은 외부기온으로 인하여 콘크리트의 슬럼프 또는 슬럼프 플로 저하나 수분의 급격한 증발 등의 우려가 있을 경우에 시공되며 하루 평균기온이 25℃를 초과하는 경우를 (가)콘크리트로 시공하며, 콘크리트는 비빈 후 즉시 타설하여야 하며, 지연형 감수제를 사용하는 등의 일반적인 대책을 강구한 경우라도 (나)시간 이내에 타설하여야 한다. 이때 콘크리트를 타설할 때의 콘크리트의 온도는 (다)℃ 이하이어야 한다.

가.

나.

다.

20 다음 데이터를 이용하여 공정표를 작성하고 각 작업의 여유시간을 구하시오.

득점	배점
	10

작업명	작업일수	선행작업	작업명	작업일수	선행작업	비고
A	5	없음	G	8	D	① CP는 굵은 선으로 표시한다. ② 각 결합점에서는 다음과 같이 표시한다.
B	6	A	H	6	E	
C	5	A	I	5	E, F	
D	4	A	J	8	E, F, G	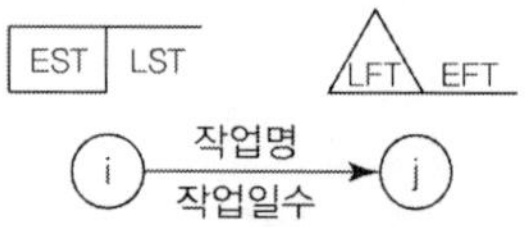
E	3	B	K	7	H, I, J	
F	7	B, C, D				

EST
LST
LFT
EFT
i
작업명
작업일수
j

가. 공정표

나. 여유시간

21 **다음 예시를 보고 아래 용접 결함을 도시하시오.**

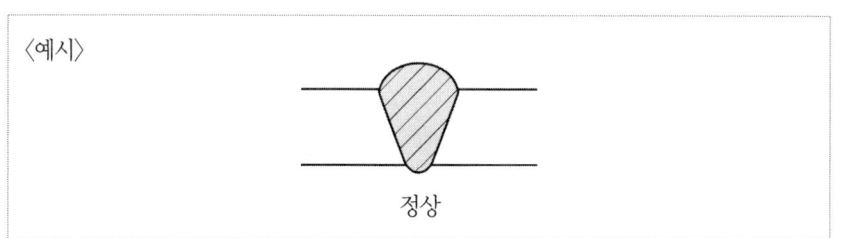

득점	배점
	4

〈예시〉

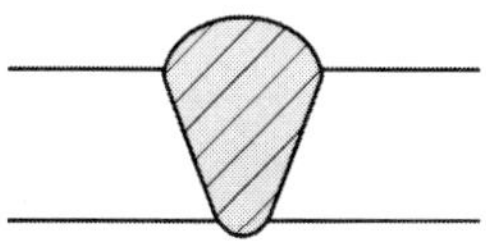

정상

가. 언더컷

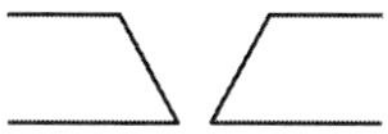

나. 오버랩

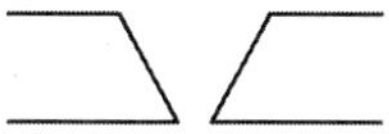

22 **RC조의 천장에서 달대 설치에 따른 고정용 인서트의 간격은 공사시방서에서 정하는 바가 없을 경우 경량천장은 세로 (가)m, 가로 (나)m로 한다.**

득점	배점
	4

가. 나.

23 **그림과 같은 철근콘크리트 복근보의 즉시처짐이 20mm인 경우 5년 후에 예상되는 장기처짐을 포함한 총처짐량을 구하시오.(단, 시간재령계수 = 2.0)**

득점	배점
	4

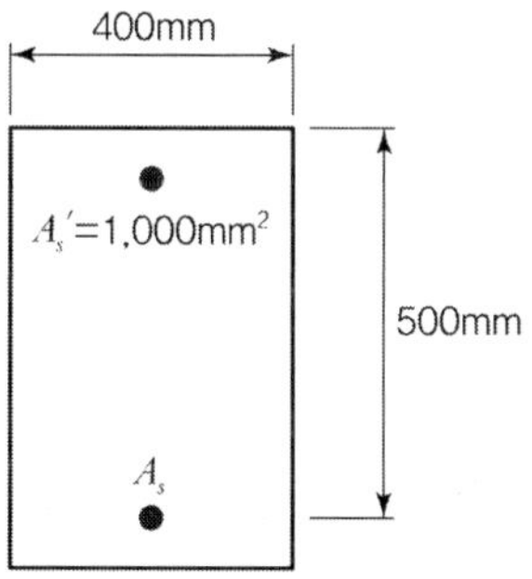

400mm
$A_s' = 1{,}000mm^2$
500mm
A_s

〈산출근거〉

답 :

24 1단 자유, 타단고정인 길이 2.5m인 압축력을 받는 기둥의 탄성좌굴하중을 구하시오.
(단, $I_x = 3.83 \times 10^6 \text{mm}^4$, $I_y = 1.34 \times 10^6 \text{mm}^4$, $E = 205,000\text{MPa}$)

득점	배점
	4

〈산출근거〉

답 :

25 기둥의 크기가 400mm×300mm이고 8－D22의 수직철근이 배근되어 있는 철근콘크리트 기둥에서 띠철근의 최대 수직간격을 구하시오.(단, 띠철근은 D10 사용)

득점	배점
	3

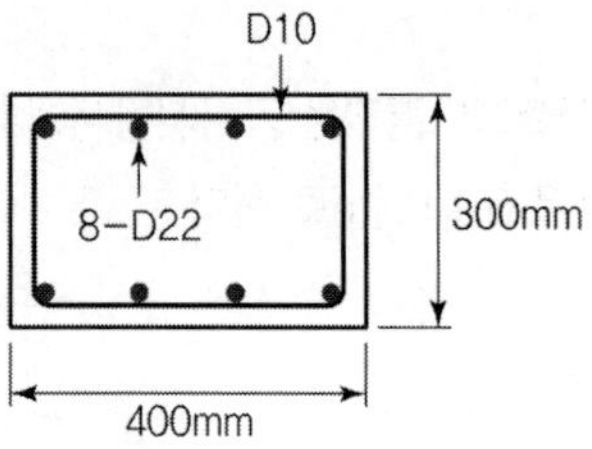
D10
8－D22
300mm
400mm

〈산출근거〉

답 :

26 단위하중을 받는 용수철 시스템의 용수철계수 k값을 구하시오.(하중 P, 길이 L, 단면적 A, 탄성계수 E)

득점	배점
	4

〈산출근거〉

답 :

2021년 4회 과년도 기출문제

01 보링의 공법 중 수세식 보링과 회전식 보링의 공법을 설명하시오.

득점	배점
	4

가. 수세식 보링 :

나. 회전식 보링 :

02 사운딩 공법의 정의와 공법 2가지를 기재하시오.

득점	배점
	4

가. 정의 :

나. 공법의 종류 :

03 다음 데이터를 보고 물음에 답하시오.

득점	배점
	10

(단, ① Network 작성은 Arrow Network로 할 것, ② Critical Path는 굵은 선으로 표시할 것, ③ 각 결합점에서는 다음과 같이 표시한다.)

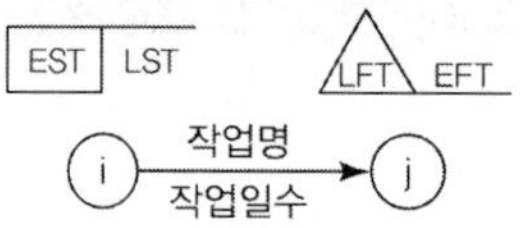
EST
LST
LFT
EFT
i
작업명
작업일수
j

(Data)

Activity name	선행작업	Duration	공기 1일 단축 시 비용(원)	비고
A	없음	5	10,000	① 공기단축은 Activity I에서 2일, Activity H에서 3일, Activity C에서 5일로 한다. ② 표준공기 시 총공사비는 1,000,000원이다.
B	없음	8	15,000	
C	없음	15	9,000	
D	A	3	공기 단축 불가	
E	A	6	25,000	
F	B, D	7	30,000	
G	B, D	9	21,000	
H	C, E	10	8,500	
I	H, F	4	9,500	
J	G	3	공기 단축 불가	
K	I, J	2	공기 단축 불가	

가. 표준(normal) Network를 작성하시오.
나. 공기를 10일 단축한 Network를 작성하시오.
다. 공기단축된 총공사비를 산출하시오.

가. 표준 네트워크 공정표

나. 공기 단축된 공정표

다. 공기 단축된 총공사비

답 : .... 원

04 목재의 이음과 맞춤에 대하여 간단히 설명하시오.

득점	배점
	2

가. 이음 :

나. 맞춤 :

05 흙막이가 붕괴되는 원인의 하나인 히빙(Heaving)현상을 간단히 설명하시오.

득점	배점
	3

06 Concrete Filled Tube 구조에 대해 간단히 설명하시오.

득점	배점
	3

07 벤치마크 설치 시 주의사항에 대해 2가지를 쓰시오.

득점	배점
	4

가.

나.

08 목공사 방부 방충법 중에서 방부제 처리법에 관하여 3가지를 쓰시오.

득점	배점
	3

가.

나.

다.

09 두께 0.15m, 너비 6m, 길이 100m 도로를 6m^3 레미콘을 이용하여 하루 8시간 작업 시 레미콘 배차간격을 구하시오.

득점	배점
	5

〈산출근거〉

답 : .... (분)

10 방수공법 중 시트방수공법의 단점 2가지를 쓰시오.

득점	배점
	4

가.

나.

11 콘크리트의 알칼리 골재반응에 대한 대책 2가지를 쓰시오.

득점	배점
	4

가.

나.

12 조적공사에서 흔히 발생하는 백화현상의 정의 및 방지법 2가지를 쓰시오.

득점	배점
	4

가. 정의 :

나. 방지법

①

②

13 제한경쟁입찰의 종류로서 지정된 지역 내에 있는 업체만 참여시키는 입찰방법을 무엇이라 하는지 쓰시오.

득점	배점
	2

14 BOT에 대하여 간단히 설명하시오.

득점	배점
	3

15 KS 규격상 시멘트의 오토 클레이브 팽창도는 0.80% 이하로 규정되어 있다. 반입된 시멘트의 안정성 시험결과가 다음과 같다고 할 때 합격 여부를 판정하시오.(단, 시험 전 시험체의 유효 표점길이는 254mm, 오토 클레이브 시험 후 시험체의 길이는 255.78mm이었다.)

득점	배점
	4

〈산출근거〉

답 :

16 다음 (　) 안에 적당한 단어나 수치를 적으시오.

득점	배점
	6

> 조적조의 기초는 (가)기초로 한다. 내력벽의 최소 두께는 (나)mm 이상이어야 하고 내력벽의 길이는 (다) 이하로 하며, 건축물의 한 층에서 조적식 내력벽으로 둘러싸인 한 개 실의 바닥면적은 (라) 이하로 하여야 한다.

가.　　　　나.

다.　　　　라.

17 철골공사 내화피복공법 중 습식공법 4가지를 쓰시오.

득점	배점
	4

가.　　　　나.

다.　　　　라.

18 방수공법 중 콘크리트에 방수제를 직접 넣어 방수하는 공법을 무엇이라고 하는가?

득점	배점
	3

19 비산먼지 방지시설의 종류 2가지를 쓰시오.(예시 : 방진막, 예시는 제외)

득점	배점
	2

가.

나.

20 철골공사에서 용접 결함이 생기기 쉬운 용접 비드의 시작과 끝 지점에 용접을 정확히 하기 위하여 모재의 양단에 부착하는 보조강판을 무엇이라고 하는지 쓰시오.

득점	배점
	3

21 인장지배단면에 대해서 설명하시오.

득점	배점
	3

22 다음 설명에 대한 답을 적으시오.

득점	배점
	3

> 건축물에 장치나 기계 따위를 설치하여 지진이나 진동에 의한 흔들림이 건축물에 직접적으로 전달되지 않도록 하는 구조시스템

답 :

23 다음 도면을 보고 아래 물음에 답하시오.(단위 : mm)

득점	배점
	6

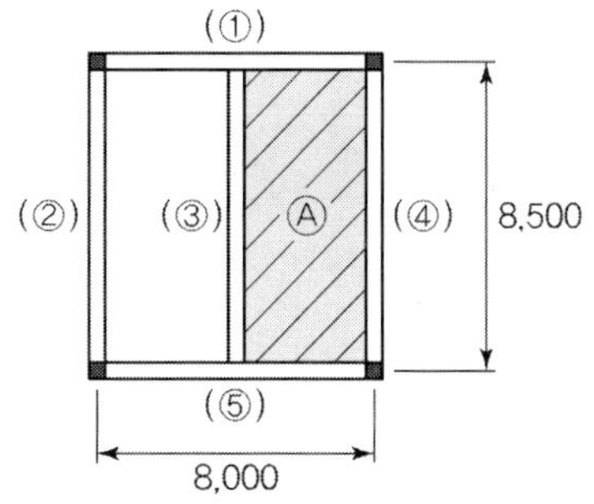

(①)
(②)
(③)
Ⓐ
(④)
8,500
(⑤)
8,000

가. 큰보와 작은보를 간략히 설명하시오.

① 큰보 :

② 작은보 :

나. (　) 안을 큰보, 작은보를 구분하여 쓰시오.

①　　　　　　　　　　②

③　　　　　　　　　　④

⑤

다. 위의 빗금 친 Ⓐ부분의 변장비를 구하고 1방향 슬래브인지 2방향 슬래브인지 판별하시오(단, 기둥 500×500, 큰보 500×600, 작은보 500×550이고 변장비를 구할 때 기둥 중심치수를 적용한다).

24 그림과 같은 원형 단면에서 폭(b), 높이(h) $= 2b$의 직사각형 단면을 얻기 위한 단면계수 Z를 직경 D의 함수로 표현하시오.

득점	배점
	4

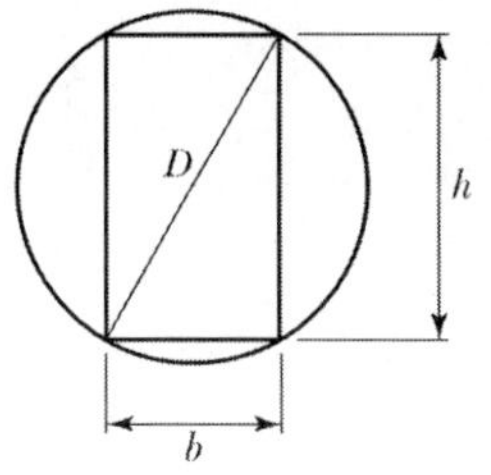

D
h
b

〈산출근거〉

답 :

25 SM355에서 SM과 355가 의미하는 바를 쓰시오.

득점	배점
	4

SM :

355 :

26 인장철근만 배근된 철근콘크리트 직사각형 단순보에 순간처짐이 5mm 발생하였을 때 총처짐량을 구하시오.(장기처짐계수 $\lambda_{\Delta} = \dfrac{\xi}{1+50\rho'}$을 적용하고 시간경과계수는 2.0으로 한다.)

득점	배점
	3

〈산출근거〉

답 :

Engineer Architecture

2020년 과년도 기출문제

CONTENTS

2020년 1회 과년도 기출문제

01 기둥이나 벽의 모서리에 설치하여 미장 바름의 모서리가 손상되지 않도록 보호하는 철물의 이름은?

득점	배점
	2

02 건물의 부상 방지대책 2가지를 쓰시오.

득점	배점
	4

가.

나.

03 BOT(Build Operate Transfer) 방식을 설명하고 이와 유사한 방식을 2가지 쓰시오.

득점	배점
	4

가. 정의 :

나. 종류 : ①

②

04 ALC 경량기포콘크리트 제조 시 필요한 재료 2가지를 쓰시오.

득점	배점
	4

가.

나.

05 **다음 데이터를 네트워크 공정표로 작성하고, 각 작업의 여유시간을 계산하시오.**

득점	배점
	8

<table>
<tr><th>작업명</th><th>작업일수</th><th>선행작업</th><th>비고</th></tr>
<tr><td>A</td><td>5</td><td>없음</td><td rowspan="6">더미는 작업이 아니므로 여유시간 계산에서는 제외하고 실제적인 여유에 대하여 계산한다.
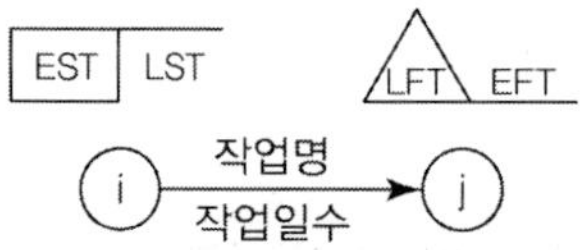
EST
LST
LFT
EFT
i
작업명
작업일수
j</td></tr>
<tr><td>B</td><td>2</td><td>없음</td></tr>
<tr><td>C</td><td>4</td><td>없음</td></tr>
<tr><td>D</td><td>4</td><td>A, B, C</td></tr>
<tr><td>E</td><td>3</td><td>A, B, C</td></tr>
<tr><td>F</td><td>2</td><td>A, B, C</td></tr>
</table>

가. 네트워크 공정표 작성

나. 작업의 여유시간

득점	배점
	8

06 아래 그림은 철근콘크리트조 경비실 건물이다. 주어진 평면도 및 단면도를 보고 C_1, G_1, G_2, S_1에 해당되는 부분의 1층과 2층 콘크리트량과 거푸집량을 산출하시오.

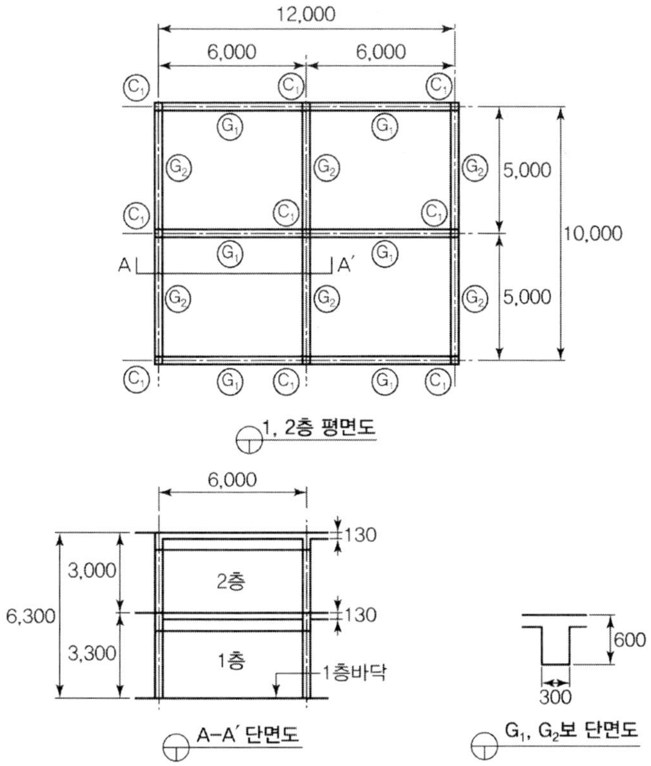

12,000
6,000
6,000
5,000
5,000
10,000
A
A′
1, 2층 평면도
6,000
130
3,000
2층
6,300
130
3,300
1층
1층바닥
A–A′ 단면도
600
300
G1, G2보 단면도

1) 기둥단면(C_1) : 30cm×30cm
2) 보단면(G_1, G_2) : 30cm×60cm
3) 슬래브 두께(S_1) : 13cm
4) 층고 : 단면도 참조
단, 단면도에 표기된 1층 바닥선 이하는 계산하지 않는다.

〈산출근거〉

콘크리트량 : ....

거푸집량 : ....

07 다음 각 콘크리트에 사용되는 굵은 골재의 치수를 기재하시오.

득점	배점
	3

가. 일반 콘크리트 (　　　　　　)

나. 무근 콘크리트 (　　　　　　)

다. 단면이 큰 콘크리트 (　　　　　　)

08 QC 수법 중에서 특성요인도에 대하여 간략히 설명하시오.

득점	배점
	3

09 다음 용어를 간략히 설명하시오.

득점	배점
	4

가. 레이턴스 :

나. 크리프 :

10 압밀과 다짐을 비교하여 설명하시오.

득점	배점
	3

11 다음 조건에서 콘크리트 $1m^3$를 비비는 데 필요한 시멘트, 모래, 자갈, 물의 양을 각각 중량(kg)으로 산출하시오.

득점	배점
	6

① 시멘트 비중 : 3.15	② 모래비중 2.5, 자갈 비중 : 2.6
③ 단위 수량 : $160kg/m^3$	④ 잔골재율(S/A) : 40%
⑤ 공기량 : 1%	⑥ 물시멘트비 : 50%

〈산출근거〉

가. 시멘트량 : ....　　나. 모래량 : ....

다. 자갈량 : ....　　라. 물의 양 : ....

12 영구버팀대 공법(SPS)에 대한 특징 4가지를 쓰시오.

득점	배점
	4

가.

나.

다.

라.

13 목공사에서 수평 횡력에 보강하는 부재 3가지를 쓰시오.

득점	배점
	3

가.

나.

다.

2020

14 다음 용어를 간단히 설명하시오.

득점	배점
	4

가. 시공줄눈 :

나. 신축줄눈 :

15 매스콘크리트 수화열 저감대책에 대하여 3가지를 쓰시오.

득점	배점
	3

가.

나.

다.

득점	배점
	3

16 크기가 150×300mm인 공시체가 450kN의 압축력에서 파괴되었다면 압축강도는 얼마인가?

〈산출근거〉

답 :

17 **커튼월 조립방식에 의한 분류에서 각 설명에 해당하는 방식을 번호로 쓰시오.**

득점	배점
	3

> ① Stick Wall 방식
> ② Window Wall 방식
> ③ Unit Wall 방식

가. 구성 부재 모두가 공장에서 조립된 프리패브(Pre-Fab) 형식으로 현장상황에 융통성을 발휘하기가 어렵고, 창호와 유리, 패널의 일괄발주 방식 (　　)

나. 구성 부재를 현장에서 조립 · 연결하여 창틀이 구성되는 형식으로 유리는 현장에서 주로 끼운다. 현장 적응력이 우수하여 공기조절이 가능하며 창호와 유리, 패널의 분리발주 방식 (　　)

다. 창호와 유리, 패널의 개별발주 방식으로 창호 주변이 패널로 구성됨으로써 창호의 구조가 패널 트러스에 연결할 수 있어서 비교적 경제적인 시스템 구성이 가능한 방식 (　　)

18 **입찰방식 중 적격낙찰제도에 대하여 간단히 설명하시오.**

득점	배점
	2

19 **부동침하 방지대책으로 기초 구조 부분에서 할 수 있는 방법 2가지를 쓰시오.**

득점	배점
	4

가.

나.

20 **철골공사에서 용접부 비파괴시험 3가지를 쓰시오.**

득점	배점
	3

가.

나.

다.

21 다음 용어를 간단히 설명하시오.

득점	배점
	3

메탈터치 :

22 아래 그림과 같은 보의 사용 하중에 의한 최대 휨모멘트를 구하고, 균열 발생 여부를 검토하시오.

득점	배점
	4

[설계조건]

(1) Span : 12m

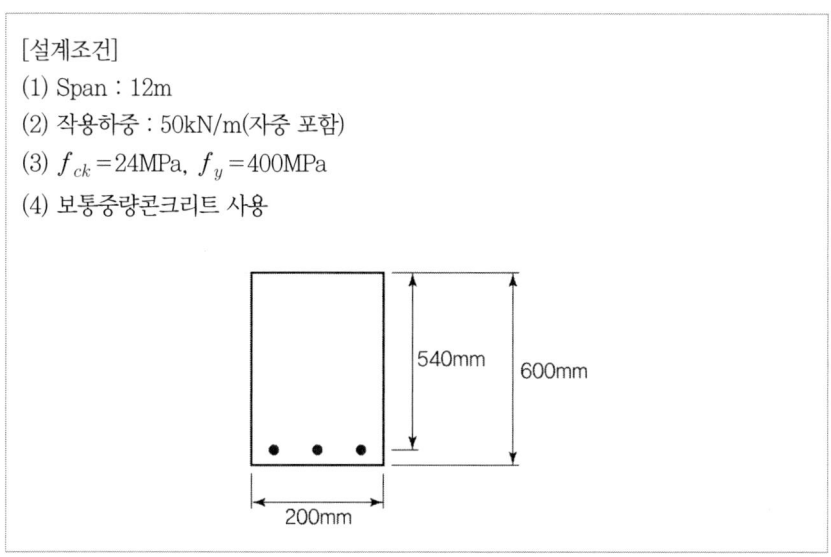

(2) 작용하중 : 50kN/m(자중 포함)

(3) f_{ck} =24MPa, f_y =400MPa

(4) 보통중량콘크리트 사용

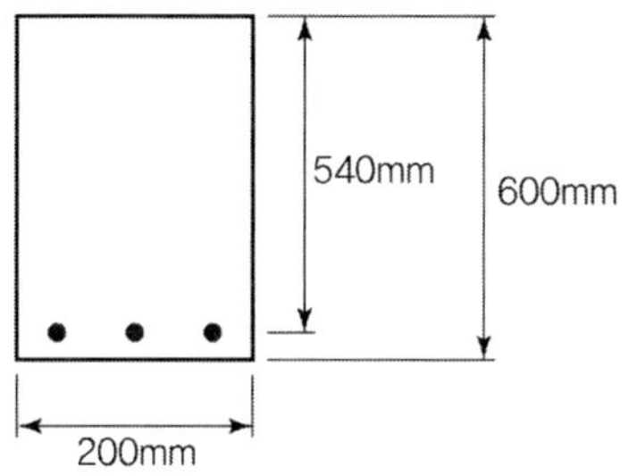

540mm
600mm
200mm

〈산출근거〉

가. 최대 휨모멘트

답 : ....

나. 균열 발생 여부

답 : ....

2020

23 그림과 같은 캔틸레버 보의 A지점의 반력을 구하시오.

득점	배점
	3

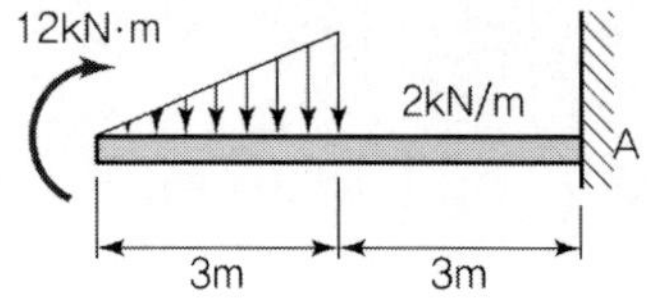
12kN·m
2kN/m
A
3m
3m

〈산출근거〉

답 :

24 다음 강재의 구조적 특성을 간단히 설명하시오.

득점	배점
	4

가. SN 강 :

나. TMCP 강 :

25 인장이형철근의 최소 겹침이음길이에 대하여 설명하시오.

득점	배점
	3

26 다음과 같은 단순보에 고정하중 $w_D = 10\text{kN/m}$, 활하중 $w_L = 18\text{kN/m}$가 작용하고 있을 경우 철골보의 처짐값을 구하시오.(단, 철골보의 자중은 무시)

득점	배점
	3

[설계조건]
(1) 단면사이즈 : H−500×200×10×16
(2) 탄성단면계수 : S_X=2,590cm^3
(3) 단면 2차 모멘트 : I_X=47,800cm^4
(4) 항복강도 : F_y=235N/mm^2
(5) 탄성계수 : E=205,000N/mm^2

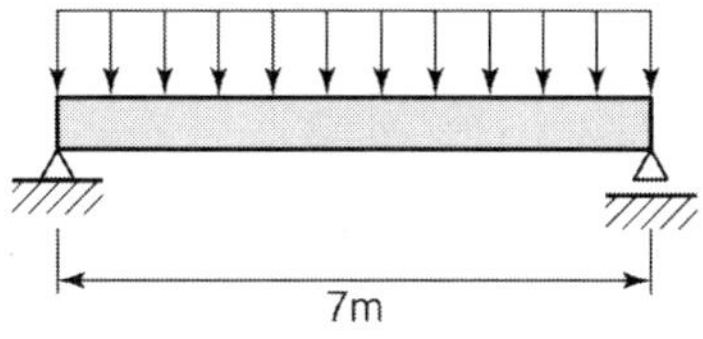
7m

〈산출근거〉

답 :

2020년 2회 과년도 기출문제

01 강재 말뚝의 장점을 3가지 쓰시오.

득점	배점
	3

가.

나.

다.

02 지하 연속벽(슬러리 월 공법)의 장점, 단점을 각각 2가지씩 쓰시오.

득점	배점
	4

가. 장점 : ①

②

나. 단점 : ①

②

03 시스템 비계 일체형 발판의 장점 3가지를 쓰시오.

득점	배점
	3

가.

나.

다.

04 프리스트레스트 콘크리트의 프리텐션과 포스트텐션 공법을 간략히 설명하시오.

득점	배점
	4

가. 프리텐션 :

나. 포스트텐션 :

05 다음 그림과 같은 온통기초에서 터파기량, 되메우기량, 잔토처리량을 산출하시오. (단, C=0.9, L=1.3)

득점	배점
	9

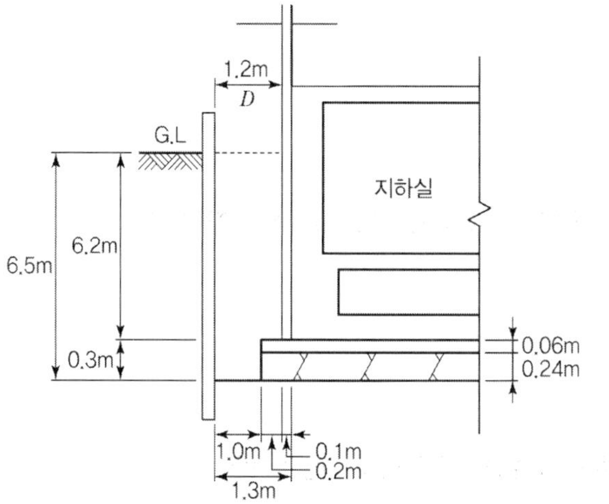

1.2m
D
G.L
지하실
6.5m
6.2m
0.3m
0.06m
0.24m
1.0m
0.1m
0.2m
1.3m

〈 터파기 여유폭 단면도 〉

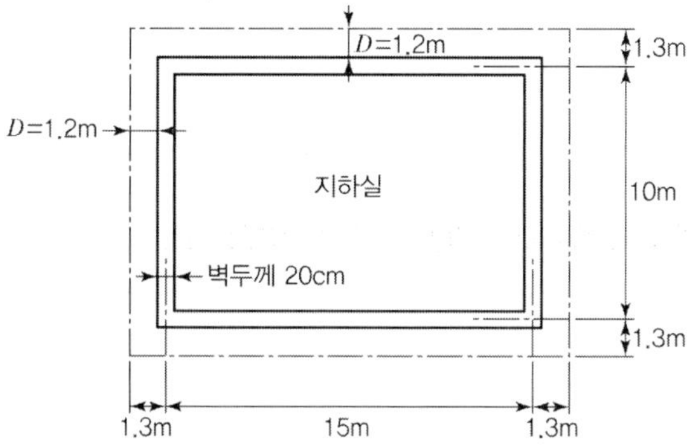

D=1.2m
1.3m
D=1.2m
지하실
10m
벽두께 20cm
1.3m
1.3m
15m
1.3m

〈 지하실 평면도 〉

〈산출근거〉

가. 터파기량

답 : ______ m^3

나. 되메우기량

답 : ______ m^3

다. 잔토처리량

답 : ______ m^3

06 다음 용어를 간략히 설명하시오.

득점	배점
	4

가. 부대입찰제도 :

나. 대안입찰제도 :

07 합성수지 중에서 열경화성 수지와 열가소성 수지를 각각 2개씩 기재하시오.

득점	배점
	4

가. 열경화성 수지 :

나. 열가소성 수지 :

08 고강도 콘크리트 화재 시 발생하는 폭렬현상을 간략히 설명하시오.

득점	배점
	3

09 콘크리트 타설 시 수직거푸집에 측압이 증가하는 원인 4가지를 기재하시오.

득점	배점
	4

가.

나.

다.

라.

10 한국산업규격에 제시된 속 빈 블록치수 3가지를 쓰시오.

득점	배점
	3

가.

나.

다.

11 목재의 섬유포화점과 관련된 함수율 증가에 따른 강도 변화에 대하여 기재하시오.

득점	배점
	3

12 다음 철골의 용접기호를 간단히 설명하시오.

득점	배점
	3

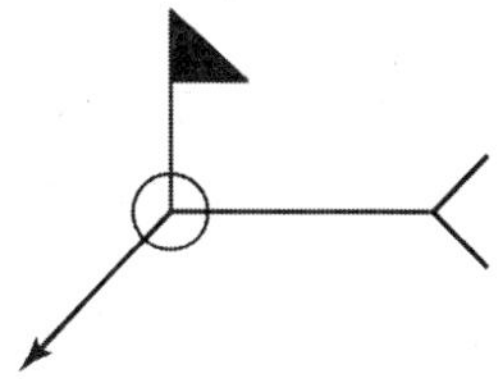

13 건축공사표준시방서에 거푸집널 존치기간 중 평균기온이 10℃ 이상인 경우에 콘크리트의 압축강도시험을 하지 않고 거푸집을 떼어낼 수 있는 콘크리트의 재령(일)을 나타낸 표이다. 빈칸에 알맞은 숫자를 표기하시오.

득점	배점
	4

시멘트 종류 / 평균 기온	조강포틀랜드 시멘트	보통포틀랜드 시멘트/ 고로슬래그 시멘트(1종)	고로슬래그 시멘트(2종)/ 포졸란 시멘트(2종)
20℃ 이상	①	③	5일
20℃ 미만 10℃ 이상	②	6일	④

① ②

③ ④

14 지반개량공법 중 샌드 드레인 공법에 대해 간략히 설명하시오.

득점	배점
	4

15 공정표 작성 및 작업의 여유시간을 구하시오.

득점	배점
	10

작업명	작업일수	선행작업	비고
A	5	없음	더미는 작업이 아니므로 여유시간 계산에서는 제외하고 실제적인 여유에 대하여 계산한다.
B	2	없음	
C	4	없음	
D	4	A, B, C	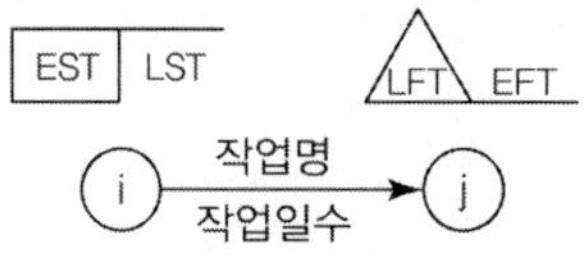EST LST LFT EFT i 작업명 작업일수 j
E	3	A, B, C	
F	2	A, B, C	

가. 공정표 작성

나. 작업의 여유시간

16 **다음에서 설명하는 용어를 쓰시오.**

득점	배점
	2

드라이비트라는 일종의 못박기총을 사용하여 콘크리트나 강재 등에 박는 특수못으로 머리가 달린 것을 H형, 나사로 된 것을 T형이라고 한다.

답 :

17 **피복두께의 정의를 보의 단면으로 나타내고, 스트럽근과 인장철근까지 그림으로 도시하고 목적 2가지를 쓰시오.**

득점	배점
	5

가. 도해

나. 목적 : ①

②

18 **철골공사에서 내화피복공법의 종류에 따른 재료를 각각 2가지씩 쓰시오.**

득점	배점
	3

공법	재료	
타설공법	①	②
조적공법	①	②
미장공법	①	②

가. 타설공법

① ②

나. 조적공법

① ②

다. 미장공법

① ②

19 **공기단축 기법에서 MCX 기법의 순서를 보기에서 골라 기호로 쓰시오.**

득점	배점
	3

가. 주공정선 작업 선택	나. 비용구배 최소 작업인 작업 단축
다. 보조 주공정선 확인	라. 단축한계까지 단축
마. 보조 주공정선 동시 단축 경로 고려	

답 :

20 **다음 〈보기〉의 용접부 검사항목을 용접 착수 전, 작업 중, 완료 후의 검사작업으로 구분하여 번호로 쓰시오.**

득점	배점
	3

① 홈의 각도, 간격 치수	② 아크 전압	③ 용접속도
④ 청소 상태	⑤ 균열, 언더컷 유무	⑥ 필렛의 크기
⑦ 부재의 밀착	⑧ 밑면 따내기	

가. 용접 착수 전 검사 (　　　　)　　나. 용접 작업 중 검사 (　　　　)

다. 용접 완료 후 검사 (　　　　)

21 **그림과 같은 3－hinge 라멘에서 A지점의 반력을 구하시오.(단, $P=6$kN, $L=4$m, $h=3$m)**

득점	배점
	3

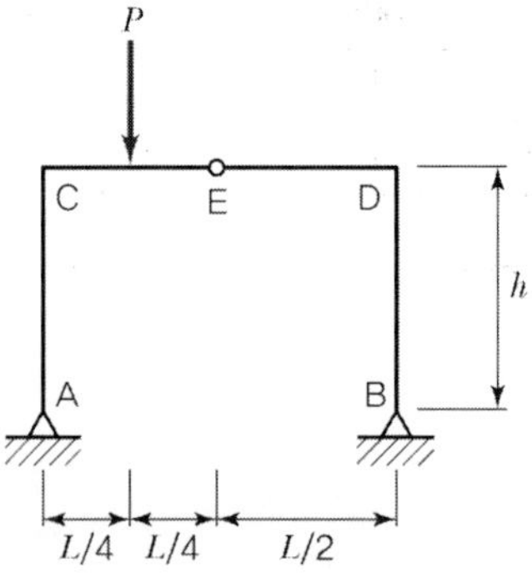

P
C
E
D
h
A
B
L/4
L/4
L/2

〈산출근거〉

답 :

22 다음 그림과 같은 L형강의 순단면적을 구하시오.

득점	배점
	3

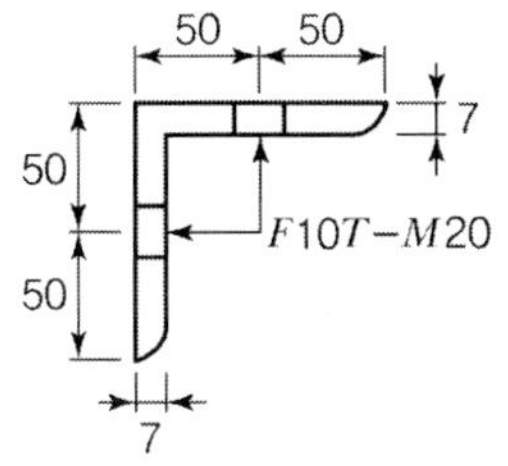
50
50
7
50
50
F10T−M20
7

〈산출근거〉

답 :

23 다음 그림과 같은 단순보에서 A 지점의 처짐각, 보의 중앙 C점의 최대 처짐량을 계산하시오.(단, $E = 206\text{GPa}$, $I = 1.6 \times 10^8 \text{mm}^4$)

득점	배점
	4

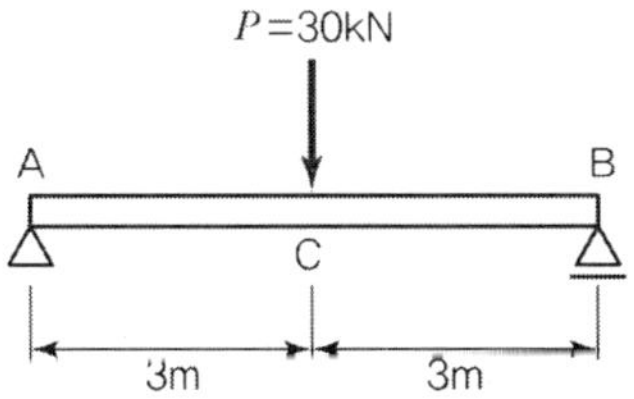
P=30kN
A
B
C
3m
3m

〈산출근거〉

답 :

24 그림과 같은 무근콘크리트 보에서 하중 $P = 12\text{kN}$을 가하였을 때 균열이 발생함과 동시에 파괴되었다. 이때 휨균열강도를 구하시오.

득점	배점
	4

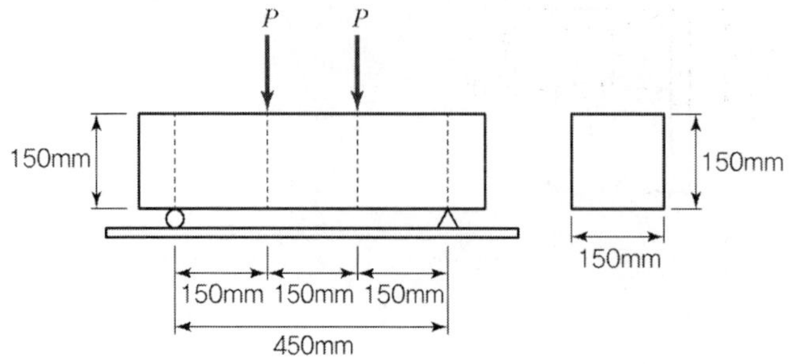

P
P
150mm
150mm
150mm
150mm 150mm 150mm
450mm

〈산출근거〉

답 :

25 이방향 슬래브의 위험단면에서의 최대 철근간격을 쓰시오.

득점	배점
	3

26 휨부재의 최소 허용변형률을 쓰시오.

득점	배점
	2

2020년 3회 과년도 기출문제

01 지반개량공법의 용어를 간단히 서술하시오.

득점	배점
	4

가. 페이퍼 드레인 :

나. 생석회 말뚝 :

02 조적 벽체에서 발생하는 백화현상 방지법을 3가지만 기재하시오.

득점	배점
	4

가.

나.

다.

03 석재를 이용하여 공사를 진행하다 석재가 깨지는 경우 이를 붙일 수 있는 재료명을 쓰시오.

득점	배점
	3

04 가설공사에서 사용하는 벤치마크(기준점)에 대하여 간단히 기재하시오.

득점	배점
	3

05 철골철근콘크리트 구조체에서 철골과 콘크리트와의 일체성 확보를 위해 설치하는 전단 연결재를 무엇이라고 하는가?

득점	배점
	3

06 **다음 용어를 간략히 설명하시오.**

득점	배점
	4

가. VE :

나. LCC :

07 **표준형 벽돌 1,000장으로 1.5B 두께로 쌓을 수 있는 벽면적은?**

득점	배점
	4

〈산출근거〉

답 :

08 **보의 콘크리트량과 거푸집량을 산출하시오.(단, 보의 밑면 거푸집도 산출한다.)**

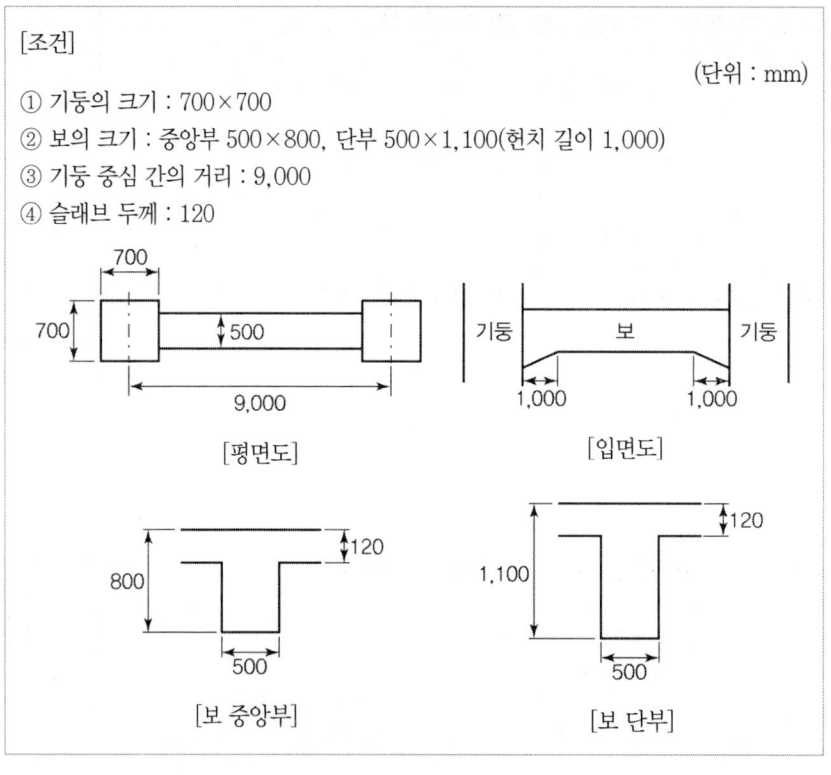

득점	배점
	6

[조건]

(단위 : mm)

① 기둥의 크기 : 700×700
② 보의 크기 : 중앙부 500×800, 단부 500×1,100(헌치 길이 1,000)
③ 기둥 중심 간의 거리 : 9,000
④ 슬래브 두께 : 120

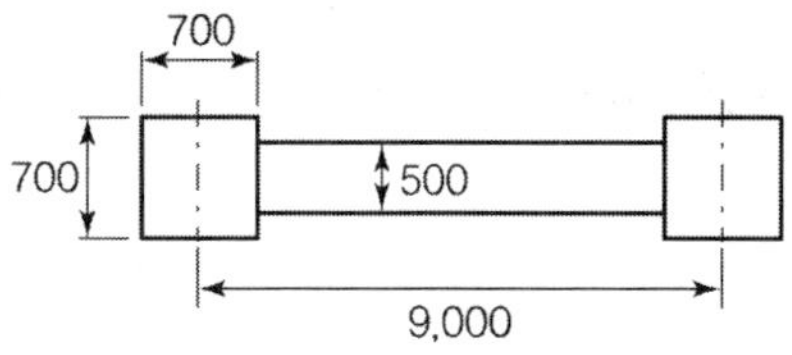
700
700
500
9,000

[평면도]

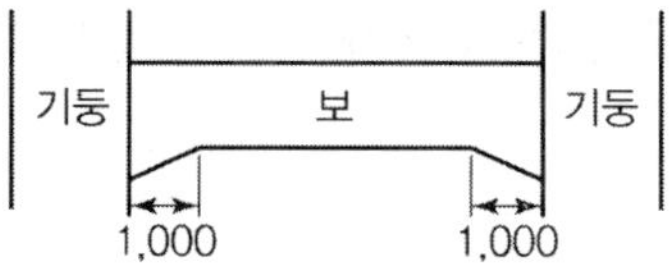
기둥
보
기둥
1,000
1,000

[입면도]

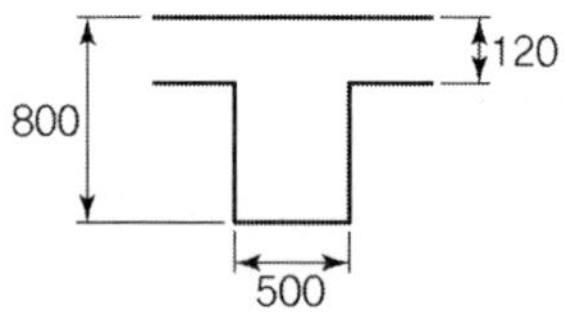
120
800
500

[보 중앙부]

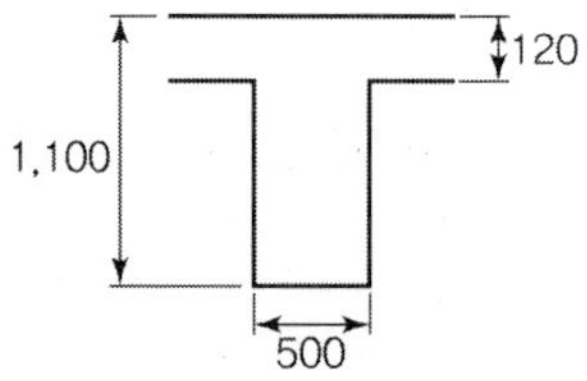
120
1,100
500

[보 단부]

〈산출근거〉

콘크리트량 : ....

거푸집량 : ....

09 **콘크리트 구조물의 균열 발생 시 보강방법을 3가지 쓰시오.**

득점	배점
	3

가.

나.

다.

10 **ALC 제조 시 주재료와 기포 제조방법을 쓰시오.**

득점	배점
	3

가. 주재료 :

나. 기포 제조방법 :

11 **다음 용어를 간략히 설명하시오.**

득점	배점
	4

가. 메탈라스 :

나. 펀칭메탈 :

12 **VE(가치공학)의 사고방식 4가지를 쓰시오.**

득점	배점
	4

가.

나.

다.

라.

13 철골 내화피복공법 중 습식공법을 설명하고 종류 2가지와 사용되는 재료를 쓰시오.

득점	배점
	4

가. 습식공법 :

나. 공법과 재료

①

②

14 다음 데이터를 보고 네트워크 공정표를 작성하시오.

득점	배점
	6

작업명	작업일수	선행작업	비고
A	5	없음	단, 이벤트(Event)에는 번호를 기입하고, 주공정선은 굵은 선으로 표기한다.
B	4	A	
C	2	없음	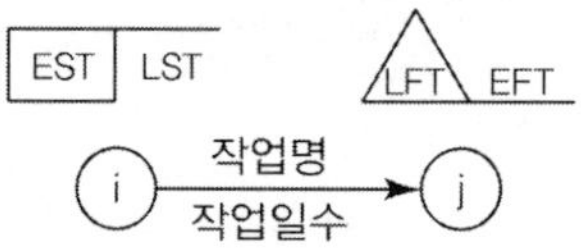 EST LST LFT EFT i 작업명 작업일수 j
D	4	없음	
E	3	C, D	

네트워크 공정표

15 철골공사에서 다음 조건에 맞는 용접기호를 완성하시오.

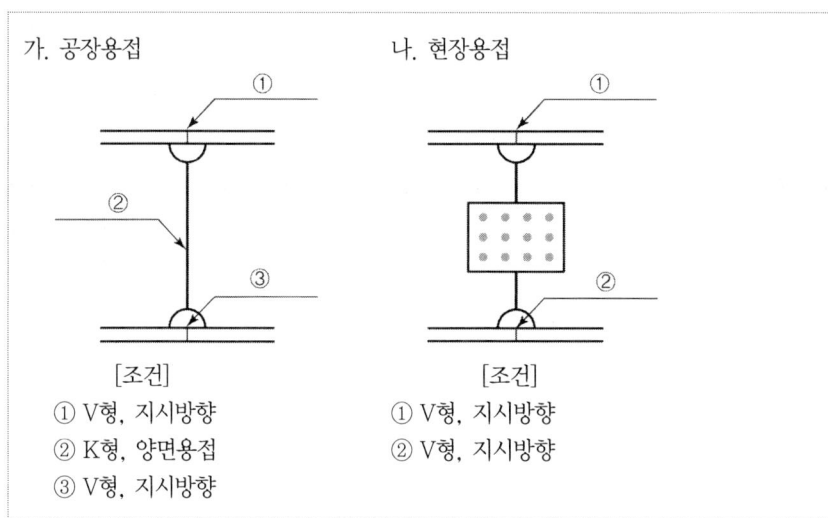

득점	배점
	6

가. 공장용접

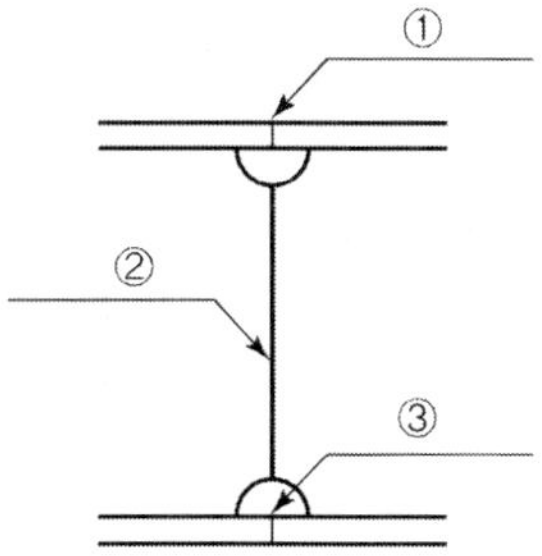
①
②
③

[조건]

① V형, 지시방향

② K형, 양면용접

③ V형, 지시방향

나. 현장용접

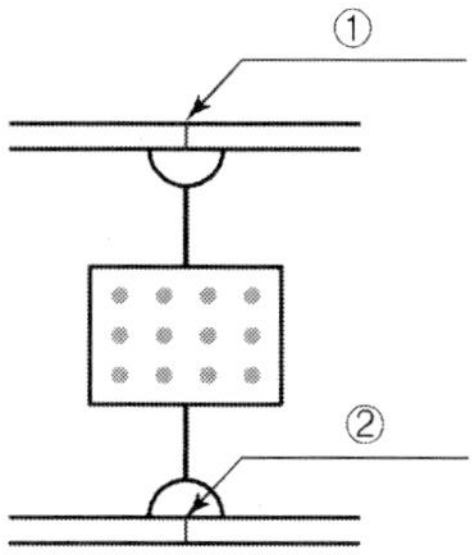
①
②

[조건]

① V형, 지시방향

② V형, 지시방향

가. 공장용접

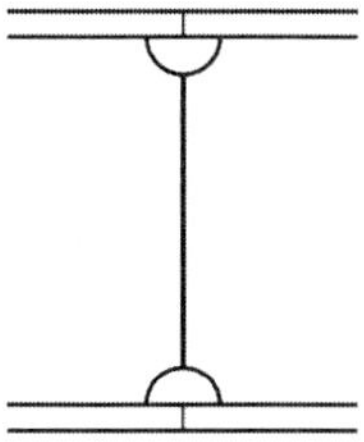

나. 현장용접

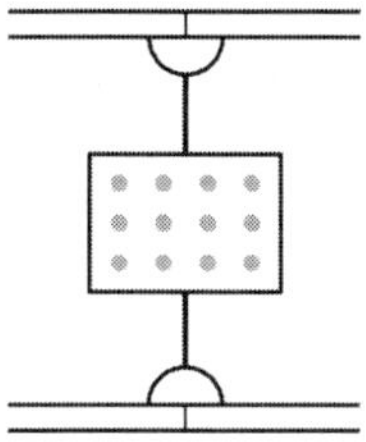

16 흙막이 공사 중 발생하는 히빙 현상과 보일링 현상의 방지대책을 기재하시오.

득점	배점
	4

가. 히빙 현상 방지대책 :

나. 보일링 현상 방지대책 :

17 도장공사에서 유성 바니시에 사용되는 재료 2가지를 쓰시오.

득점	배점
	2

가.

나.

18 어떤 골재의 비중이 2.65이고 단위 용적 중량이 1,600kg/m^{3}때 골재의 공극률을 구하시오.

득점	배점
	4

19 레미콘 공장 선정 시 유의사항 3가지를 쓰시오.

득점	배점
	3

가.

나.

다.

20 천장 슬래브 위에 다음 〈보기〉를 시공순서대로 나열하여 번호로 쓰시오.

득점	배점
	4

〈보기〉

① 무근 콘크리트 ② 고름 모르타르 ③ 목재 데크

④ 보호 모르타르 ⑤ 시트방수

답 :

21 특기 시방서상 철근의 인장강도가 240N/mm^2 이상으로 규정되어 있다고 할 때, 건설공사 현장에서 반입된 철근을 KS 규격에 의거 중앙부 지름 14mm, 표점거리 50mm로 가공하여 인장강도를 시험하였더니 37,000N, 40,570N, 38,150N에서 파괴되었다. 평균 인장강도를 구하고 규정과 비교하여 합격 여부를 판정하시오.

득점	배점
	5

〈산출근거〉

답 :

22 H－400×200×8×13(필릿반지름 r = 16mm)인 부재의 플랜지와 웨브의 판폭두께비를 구하시오.

득점	배점
	3

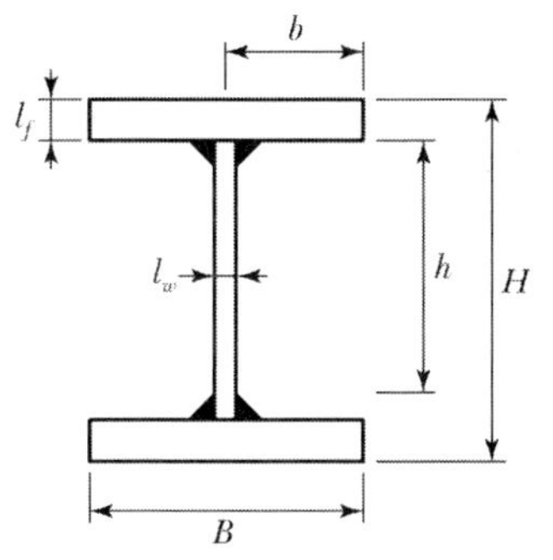

b
t_f
t_w
h
H
B

〈산출근거〉

가. 플랜지의 판폭두께비

답 :

나. 웨브의 판폭두께비

답 :

23 다음과 같은 철근콘크리트 보에서 중립축 거리(C)가 250mm일 때 강도감소계수(ϕ)를 구하시오.(f_y=400MPa)

득점	배점
	4

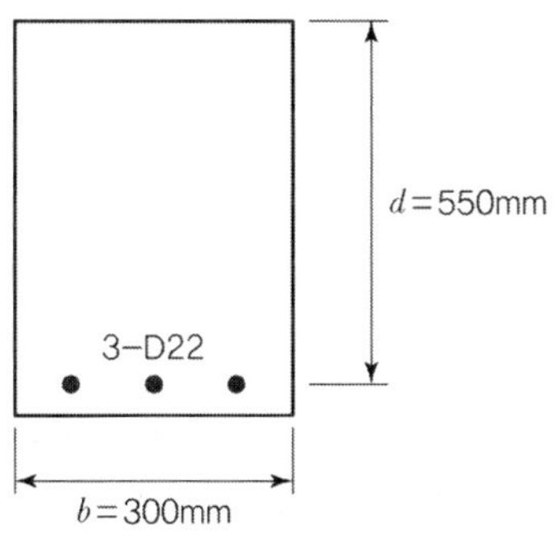

d=550mm
3-D22
b=300mm

〈산출근거〉

답 :

24 그림과 같은 구조물에서 T_1 부재에 발생하는 부재력을 구하시오.

득점	배점
	3

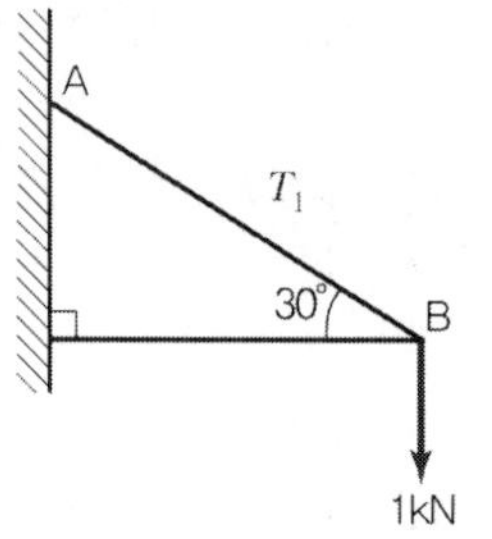
A
T_1
30°
B
1kN

〈산출근거〉

답 :

25 그림과 같은 단면의 $X-X'$축에 관한 단면 2차 모멘트를 계산하시오.

득점	배점
	4

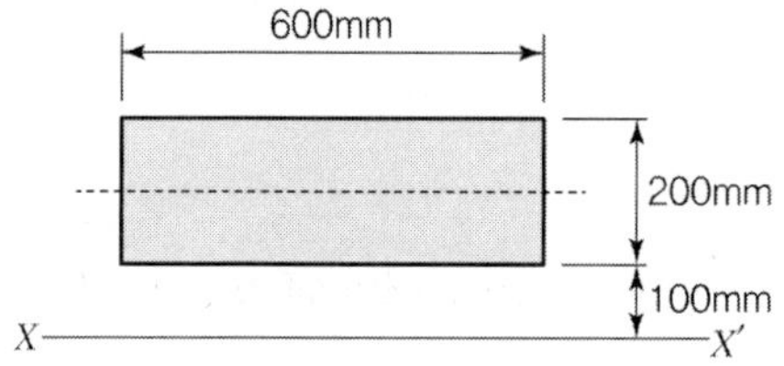
600mm
200mm
100mm
X
X′

〈산출근거〉

답 :

26 1방향 슬래브에서 슬래브 두께가 250mm일 때, 건조수축 및 온도에 대한 철근량과 D13(a = 127mm^2) 철근을 배근할 때 철근의 필요 개수를 구하시오.(단, f_y = 400MPa)

득점	배점
	4

〈산출근거〉

답 :

2020년 4회 과년도 기출문제

01 유리공사 시 발생하는 열파손에 대하여 설명하시오.

득점	배점
	4

02 합성 데크 플레이트 구조에서 사용하는 시어커넥터의 역할에 대하여 설명하시오.

득점	배점
	3

03 CM의 종류 중 다음을 간단히 설명하시오.

가. CM for fee :

나. CM at risk :

득점	배점
	4

04 철골공사 주각부 설치공법을 그림에 알맞게 적으시오.

득점	배점
	6

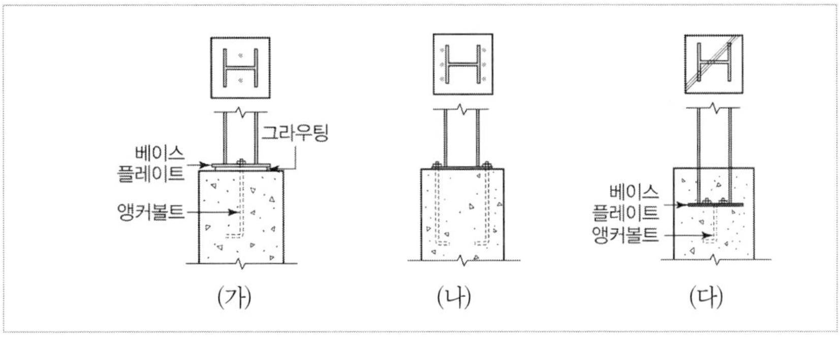
그라우팅
베이스 플레이트
앵커볼트
베이스 플레이트
앵커볼트
(가)
(나)
(다)

가.

나.

다.

05 슬러리월 공법에서 안정액의 역할 2가지를 쓰시오.

득점	배점
	4

가.

나.

06 지반조사 시 실시하는 보링의 종류를 3가지만 쓰시오.

득점	배점
	3

가.

나.

다.

07 철근이음방법 2가지를 쓰시오.

득점	배점
	4

가.

나.

08 섬유보강콘크리트에 사용되는 섬유의 종류를 3가지 쓰시오.

득점	배점
	3

가.

나.

다.

09 블록벽체의 습기 침투 원인 4가지를 쓰시오.

득점	배점
	4

가.

나.

다.

라.

10 **철골부재 용접 시 인접 부재가 열영향을 받아 취약해지는 것을 방지하기 위하여 모따기 하는 것을 무엇이라 하며, 그것을 간단히 그림으로 나타내시오.**

득점	배점
	5

가. 용어 :

나. 도해 :

11 **철골공사 용접방법 중 다음에 설명하는 용접방법을 기재하시오.**

득점	배점
	4

가. 한쪽 또는 양쪽 부재의 끝을 용접이 양호하게 될 수 있도록 끝단면을 비스듬히 절단(개선)하여 용접하는 방식 (　　　　　)

나. 두 부재를 일정한 각도로 접합한 후, 2개 이상의 판재를 겹치거나 T자형, +자형에서 삼각형 모양으로 접합부를 용접하는 방법 (　　　　　)

12 **흐트러진 상태의 흙 10m^{3}를 이용하여 10m^{2}의 면적에 다짐상태로 50cm 두께를 터 돋우기할 때 시공 완료된 후 흐트러진 상태로 남은 흙의 양을 산출하시오.(단, 이 흙의 L=1.2이고, C=0.9이다.)**

득점	배점
	4

〈산출근거〉

답 : ....

득점	배점
	10

13 다음 데이터를 이용하여 정상공기를 산출한 결과, 지정공기보다 3일이 지연되는 결과였다. 공기를 조정하여 3일의 공기를 단축한 네트워크 공정표를 작성하고 아울러 총공사금액을 산출하시오.

작업명	선행작업	Normal		Crash		비용구배 (Cost Slope) (원/일)	비고
		공기(일)	공비(원)	공기(일)	공비(원)		
A	없음	3	7,000	3	7,000	–	단축된 공정표에서 CP는 굵은 선으로 표기하고 각 결합점에서는 아래와 같이 표기한다. 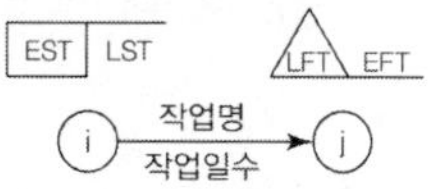 EST LST LFT EFT i 작업명 작업일수 j (단, 정상공기는 답지에 표기하지 않고 시험지 여백을 이용할 것)
B	A	5	5,000	3	7,000	1,000	
C	A	6	9,000	4	12,000	1,500	
D	A	7	6,000	4	15,000	3,000	
E	B	4	8,000	3	8,500	500	
F	B	10	15,000	6	19,000	1,000	
G	C, E	8	6,000	5	12,000	2,000	
H	D	9	10,000	7	18,000	4,000	
I	F, G, H	2	3,000	2	3,000	–	

가. 공기 단축된 상태의 공정표

나. 단축된 상태의 총공사비

답 : .... 원

14 기둥축소(Column Shortening) 현상에 대하여 설명하시오.

득점	배점
	3

15 콘크리트 배합 시 해사를 사용하여 염분 침투 시의 방지대책 3가지를 쓰시오.

득점	배점
	3

가.

나.

다.

16 아래 용어를 간단히 설명하시오.

득점	배점
	4

가. 기초 :

나. 지정 :

17 민간이 자금을 조달하여 시설을 준공한 후 소유권을 정부에 이전하되, 정부의 시설 임대료를 통해 투자비를 회수하는 민간투자사업 계약방식의 명칭을 쓰시오.

득점	배점
	3

18 히스토그램(Histogram)의 작성순서를 〈보기〉에서 골라 순서대로 기호로 쓰시오.

득점	배점
	3

〈보기〉
가. 히스토그램과 규격값을 대조하여 안정상태인지 검토한다.
나. 히스토그램을 작성한다.
다. 도수분포도를 작성한다.
라. 데이터에서 최솟값과 최댓값을 구하여 전 범위를 구한다.
마. 구간폭을 정한다.
바. 데이터를 수집한다.

답 :

2020

19 계측기기 중 흙막이벽에 관련된 기기 3가지를 쓰시오.

득점	배점
	3

가.

나.

다.

20 다음 그림과 같은 철근콘크리트조 5층 건축물 신축 시 필요한 귀규준틀, 평규준틀 수량을 기재하시오.

득점	배점
	4

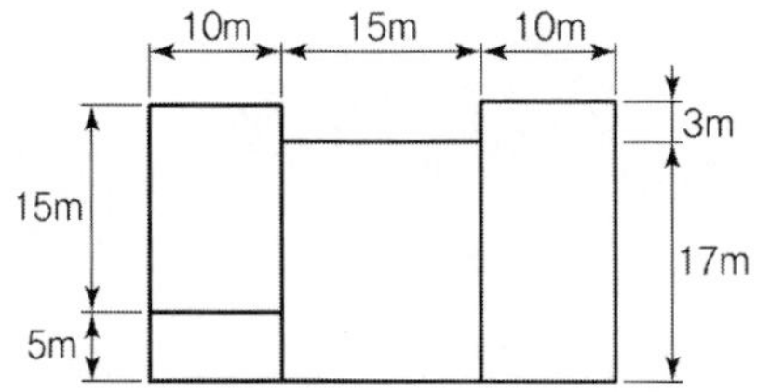
10m
15m
10m
3m
15m
17m
5m

가. 귀규준틀 : ______________ 개소

나. 평규준틀 : ______________ 개소

21 매스콘크리트에서 콘크리트 재료의 일부 또는 전부를 미리 냉각하여 콘크리트의 온도를 저온화시키는 방법을 무엇이라고 하는가?

득점	배점
	3

22 방수공법 중 콘크리트에 방수제를 직접 넣어 방수하는 공법을 무엇이라고 하는가?

득점	배점
	3

23 콘크리트 공시체 지름 150, 높이 300의 규격체로 인장강도를 시험한 결과 180kN에서 파괴되었다. 인장강도를 구하시오.

득점	배점
	3

〈산출근거〉

답 : ______________

24 다음과 같은 캔틸레버보의 중앙 C점의 전단력과 휨모멘트를 구하시오.

득점	배점
	4

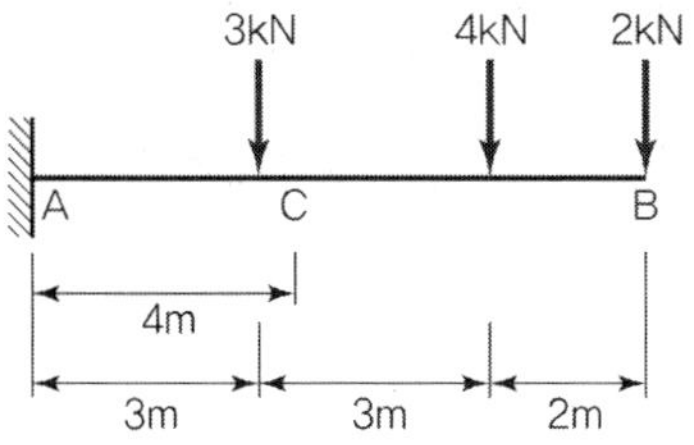
3kN
4kN
2kN
A
C
B
4m
3m
3m
2m

〈산출근거〉

답 :

25 D22의 철근을 사용하는 압축철근의 기본정착길이를 구하시오.(단, f_{ck} = 24MPa, f_y = 400MPa, 보통중량콘크리트 사용)

득점	배점
	3

〈산출근거〉

답 :

26 2m×4m 독립기초 설계 시 단변방향의 소정폭에 배근되는 유효철근량을 구하시오.(단, 단변방향 전체 철근량 A_s = 4,800mm^2)

득점	배점
	3

〈산출근거〉

답 :

2020년 5회 과년도 기출문제

01 **철골공사에서 용접접합의 단점 2가지를 쓰시오.**

득점	배점
	2

가.

나.

02 **톱다운 공법은 지상이 협소한 대지에서 작업공간이 부족하여도 공간을 활용하여 작업을 수행할 수 있는데 그 이유를 기술하시오.**

득점	배점
	3

03 **미장공사와 관련된 다음 용어를 간단히 설명하시오.**

득점	배점
	4

가. 손질 바름 :

나. 실러 바름 :

04 **다음 거푸집을 간단히 설명하시오.**

득점	배점
	4

가. 슬라이딩 폼 :

나. 터널 폼 :

05 **다음 설명하는 굴착장비명을 기재하시오.**

득점	배점
	4

가. 장비가 서 있는 지반보다 높은 곳의 굴착 (　　　　　)

나. 장비가 서 있는 곳보다 낮은 곳의 흙을 좁고 깊게 판다. (　　　　　)

06 다음 그림의 트러스 명칭을 쓰시오.

득점	배점
	4

가.
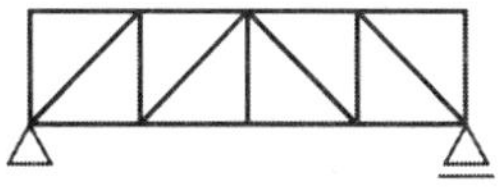

나.
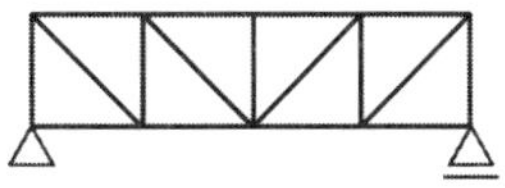

가.　　　　　　　　　　　　　　　　　　나.

07 다음 그림과 같은 창고를 시멘트 벽돌로 신축하고자 할 때 벽돌쌓기량(장)과 내외벽 시멘트 미장 시의 미장면적을 구하시오.

득점	배점
	10

(단, (1) 벽두께는 외벽 1.5B 쌓기, 칸막이벽 1.0B 쌓기로 하고, 벽높이는 안팎 공히 3.6m로 하며, 벽돌은 표준형(190×90×57)으로 할증률은 5%이다.

(2) 창문틀 규격은 $\frac{1}{D}$=2.2×2.4m, $\frac{2}{D}$=0.9×2.4m

$\frac{3}{D}$=0.9×2.1m, $\frac{1}{W}$=1.8×1.2m

$\frac{2}{W}$=1.2×1.2m이다.)

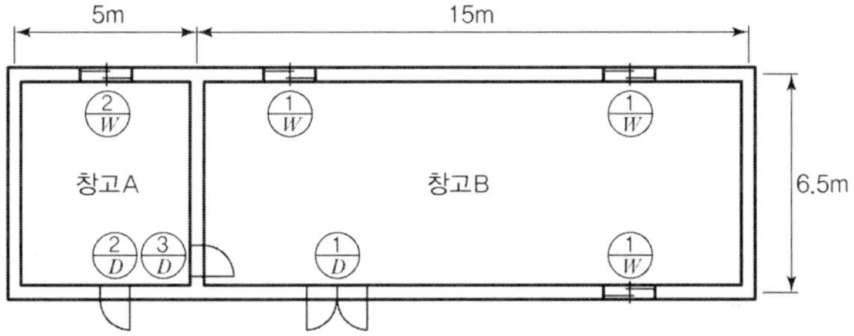
5m
15m
2/W
1/W
1/W
창고A
창고B
6.5m
2/D
3/D
1/D
1/W

〈산출근거〉

가. 벽돌량

답 : .... 장

나. 미장면적

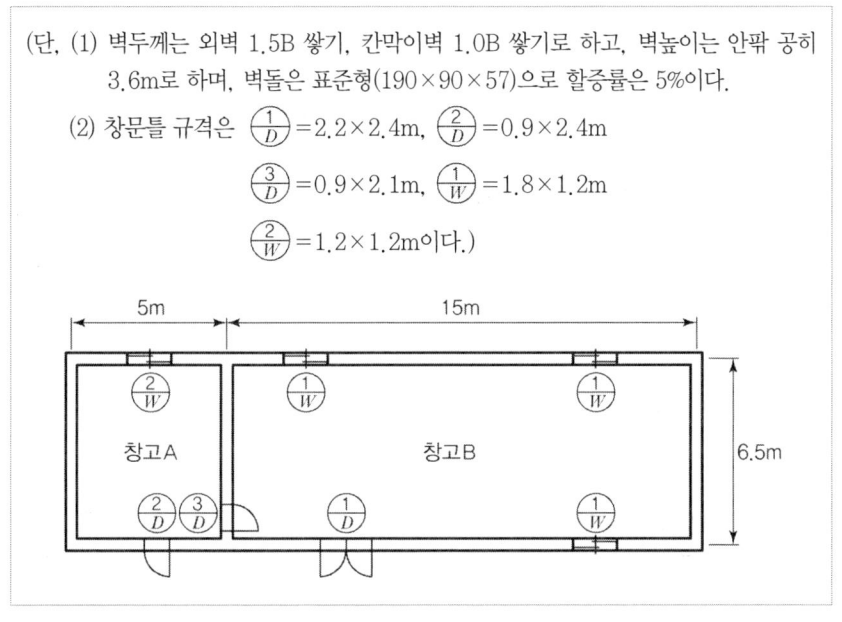

답 : .... m^2

08 백화현상의 정의에 대하여 서술하시오.

득점	배점
	4

09 폭렬현상의 정의에 대하여 서술하시오.

득점	배점
	3

10 환경관리계획서에 포함되어야 하는 항목 4가지를 기재하시오.

득점	배점
	4

가.

나.

다.

라.

11 목재의 인공건조법의 종류 3가지를 기재하시오.

득점	배점
	3

가.

나.

다.

12 대리석 분말 또는 세라믹 분말제에 특수 혼화제를 첨가한 레디 믹스트 모르타르를 현장에서 물과 함께 혼합하여 뿜칠로 전체 표면을 1~3mm 두께로 얇게 바르는 미장공의 명칭은?

득점	배점
	3

13 민간이 자금조달을 하여 시설을 준공한 후 소유권을 정부에 이전하되, 정부의 시설 임대료를 통해 투자비를 회수하는 민간투자사업 계약방식의 명칭을 쓰시오.

득점	배점
	2

14 **수직 거푸집을 설치하고 콘크리트를 타설할 때 거푸집에 작용하는 측압을 도식화하시오.**

득점	배점
	6

가. 1차 타설　　　　　　나. 2차 타설

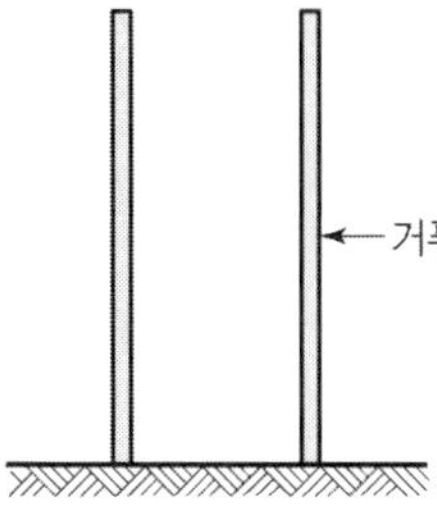

거푸집

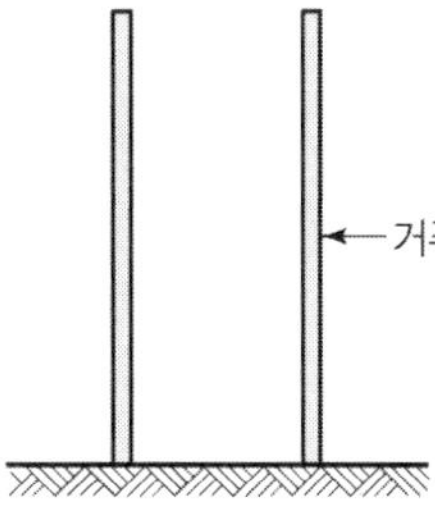

거푸집

15 **다음 〈보기〉의 미장재료에서 기경성과 수경성 미장재료를 구분하여 쓰시오.**

득점	배점
	4

〈보기〉

진흙	시멘트 모르타르	회반죽
순석고 플라스터	돌로마이트 플라스터	석고 플라스터

가. 기경성 :

나. 수경성 :

16 **다음 용어를 간단히 설명하시오.**

득점	배점
	4

가. 로이유리 :

나. 단열간봉 :

17 **마이크로 말뚝의 정의와 장점 두 가지를 기재하시오.**

득점	배점
	4

가. 정의 :

나. 장점

①

②

18 철골공사에서 철골 절단방법 3가지를 쓰시오.

득점	배점
	3

가.

나.

다.

19 다음 데이터를 보고 공정표를 작성하시오.

득점	배점
	8

<table>
<tr><th>작업명</th><th>작업일수</th><th>선행관계</th><th>비고</th></tr>
<tr><td>A</td><td>5</td><td>없음</td><td rowspan="9">주공정선은 굵은 선으로 표시한다.
각 결합점 일정 계산은 PERT 기법에 의거 다음과 같이 계산한다.
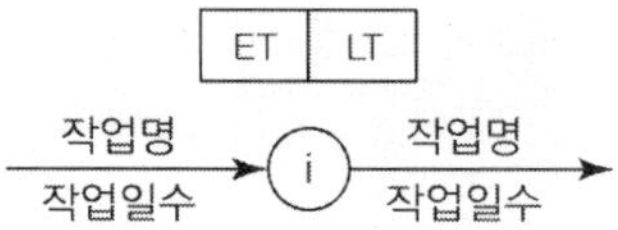
ET
LT
작업명
작업일수
i
작업명
작업일수
단, 결합점 번호는 규정에 따라 기입한다.</td></tr>
<tr><td>B</td><td>2</td><td>없음</td></tr>
<tr><td>C</td><td>4</td><td>없음</td></tr>
<tr><td>D</td><td>5</td><td>A, B, C</td></tr>
<tr><td>E</td><td>3</td><td>A, B, C</td></tr>
<tr><td>F</td><td>2</td><td>A, B, C</td></tr>
<tr><td>G</td><td>2</td><td>D, E</td></tr>
<tr><td>H</td><td>5</td><td>D, E, F</td></tr>
<tr><td>I</td><td>4</td><td>D, F</td></tr>
</table>

공정표

20 수중 콘크리트 타설 시 외측 가설벽, 차수벽의 경우 철근의 피복두께를 얼마로 하여야 하는가?

득점	배점
	2

21 온도 조절 철근의 배근 목적을 쓰시오.

득점	배점
	2

2020

22 비중이 2.65이고 단위용적중량이 1,800kg/m^{3}인 골재의 실적률을 구하시오.

득점	배점
	3

〈산출근거〉

답 :

23 강도설계법에서 보통골재를 사용한 콘크리트의 압축강도(f_{ck})가 24MPa이고 철근의 탄성계수(E_s)가 200,000MPa, 항복강도(f_y)가 400MPa일 때 콘크리트의 탄성계수(E_c)와 탄성계수비를 구하시오.(단, 재령 28일에서 콘크리트의 평균 압축강도 $f_{cm} = f_{ck} + 4$이다.)

득점	배점
	4

〈산출근거〉

가. 콘크리트 탄성계수

답 :

나. 콘크리트 탄성계수비

답 :

24 300mm×600mm의 단면을 가지는 보에서 외력에 의해 휨 균열을 일으키는 균열모멘트(M_{cr})를 구하시오.(단, 보통중량콘크리트, f_{ck} = 30MPa, f_y = 400MPa, A_s = 2,000mm^2)

득점	배점
	4

〈산출근거〉

답 :

25 철골구조에서 보의 비틀림이 발생하지 않고 휨만 생기는 위치에 대하여 설명하시오.

득점	배점
	2

26 양단 연속인 T형보의 유효폭(b_e)을 구하시오.(단, 보 경간 6,000mm, 슬래브 길이 3,000mm, 슬래브의 두께(h_f) 200mm, 보의 복부 폭(b_w) 300mm이다.)

득점	배점
	4

〈산출근거〉

답 :

Engineer Architecture

2019년 과년도 기출문제

CONTENTS

2019년 1회 과년도 기출문제

01 콘크리트 구조물의 화재 시 급격한 고열현상에 의하여 발생하는 폭렬현상 방지 대책을 2가지 쓰시오.

득점	배점
	4

가.

나.

02 커튼월 공사에서 Mock up 성능시험 4가지를 기재하시오.

득점	배점
	4

가.

나.

다.

라.

03 목재의 천연건조(자연건조) 시 장점 2가지를 쓰시오.

득점	배점
	4

가.

나.

04 숏크리트에 대한 설명과 장단점을 각각 2가지씩 기재하시오.

득점	배점
	6

가. 정의 :

나. 장점

①

②

다. 단점

①

②

05 콘크리트 응결 경화 시 콘크리트 온도 상승 후 냉각하면서 발생하는 온도균열 방지대책을 3가지 쓰시오.

득점	배점
	3

가.

나.

다.

06 멤브레인 방수공법의 하나인 시트 방수의 장단점을 각각 2가지씩 기재하시오.

득점	배점
	4

가. 장점

①

②

나. 단점

①

②

07 토질 시험에서 사운딩 시험의 정의와 종류 2가지를 쓰시오.

득점	배점
	4

가. 정의 :

나. 종류

①

②

08 콘크리트의 굳지 않은 시공연도를 측정하는 시험 3가지만 기재하시오.

득점	배점
	3

가.

나.

다.

09 **다음 조건을 참고하여 파워셔블 시간당 추정 작업량을 산출하시오.**

득점	배점
	4

[조건]
버킷 용량(q) : 0.8m^3, 버킷 효율(E) : 0.83, 토량환산계수(k) : 0.8,
작업 효율(f) : 0.7, 1회 사이클 시간(cm) : 40초

〈산출근거〉

답 :

10 **아래 용어를 간단히 설명하시오.**

득점	배점
	4

가. 기초 :

나. 지정 :

11 **터파기 공법의 하나인 어스앵커공법을 정의하시오.**

득점	배점
	3

12 **다음 철골공사에서 사용되는 용어를 간단히 설명하시오.**

득점	배점
	4

가. 밀시트 :

나. 뒷댐재 :

득점	배점
	10

13 다음 데이터를 네트워크 공정표로 작성하고, 각 작업별 여유시간을 산출하시오.

작업명	작업일수	선행작업	비고
A	3	없음	단, 이벤트(Event)에는 번호를 기입하고, 주공정선은 굵은 선으로 표기한다. 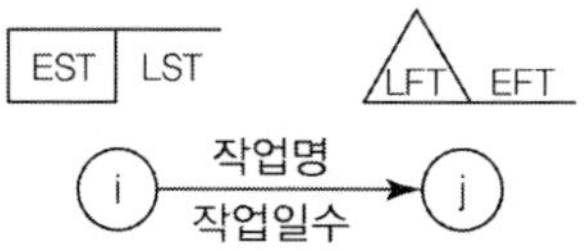 EST LST LFT EFT i 작업명 작업일수 j
B	2	없음	
C	4	없음	
D	5	C	
E	2	B	
F	3	A	
G	3	A, C, E	
H	4	D, F, G	

가. 네트워크 공정표

나. 각 작업의 여유시간

14 다음 설명에 맞는 용어를 기재하시오.

득점	배점
	3

> 철골부재의 접합에 사용되는 고장력볼트 중 볼트의 장력 관리를 손쉽게 하기 위한 목적으로 개발된 것으로 본조임 시 전용 조임기를 사용하여 볼트의 핀테일이 파단될 때까지 조임시공하는 볼트의 명칭

답 :

15 다음 유리에 대해 간단히 설명하시오.

득점	배점
	4

가. 로이 유리 :

나. 접합 유리 :

16 철골 구조물 주위에 철근 배근을 하고 그 위에 콘크리트가 타설되어 일체가 되도록 한 구조물로 초고층 구조물 하층부의 복합구조로 많이 채택되는 구조를 쓰시오.

득점	배점
	3

17 다음의 설명에 해당되는 용접결함의 용어를 쓰시오.

득점	배점
	4

가. 용접금속과 모재가 융합되지 않고 단순히 겹쳐지는 것 (　　　　　)

나. 용접상부에 모재가 녹아 용착금속이 채워지지 않고 홈으로 남게 된 부분 (　　　　　)

다. 용접봉의 피복재 용해물인 회분이 용착금속 내에 혼합된 것 (　　　　　)

라. 용융금속이 응고할 때 방출되었어야 할 가스가 남아서 생기는 용접부의 빈자리 (　　　　　)

18 건축공사표준시방서의 거푸집널 존치기간 중 평균기온이 10℃ 이상인 경우에 콘크리트의 압축강도시험을 하지 않고 거푸집을 떼어낼 수 있는 콘크리트의 재령(일)을 나타낸 표이다. 빈칸에 알맞은 숫자를 표기하시오.

득점	배점
	4

시멘트 종류 / 평균 기온	조강포틀랜드 시멘트	보통포틀랜드 시멘트/ 고로슬래그 시멘트(1종)	고로슬래그 시멘트(2종)/ 포졸란 시멘트(2종)
20℃ 이상	①	③	5일
20℃ 미만 10℃ 이상	②	6일	④

①　　　　　　　　　　②

③　　　　　　　　　　④

19 커튼월 알루미늄바 설치 시 누수방지대책을 시공적 측면에서 4가지 기재하시오.

득점	배점
	4

가.

나.

다.

라.

20 다음에 설명하는 콘크리트의 줄눈 명칭을 쓰시오.

득점	배점
	2

> 콘크리트 경화 시 수축에 의한 균열을 방지하고 슬래브에서 발생하는 수평 움직임을 조절하기 위하여 설치한다.
> 벽과 슬래브 외기에 접하는 부분 등 균열이 예상되는 위치에 약한 부분을 인위적으로 만들어 다른 부분의 균열을 억제하는 역할을 한다.

답 :

21 다음에 설명하는 구조의 명칭을 쓰시오.

득점	배점
	2

> 건축물의 기초 부분 등에 적층고무 또는 미끄럼 받이 등을 넣어서 지진에 대한 건축물의 흔들림을 감소시키는 구조

답 :

22 다음과 같은 조건의 철근콘크리트 띠철근 기둥의 설계축하중 ϕP_n(kN)을 구하시오.

득점	배점
	3

[조건]
f_{ck} =24MPa, f_y =400MPa, 8－HD22, HD22 한 개의 단면적은 387mm^2,
강도감소계수 ϕ=0.65

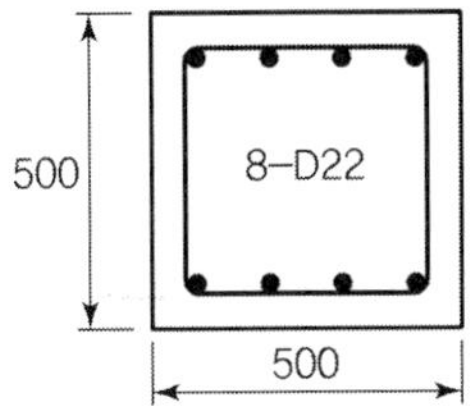
500
8–D22
500

〈산출근거〉

답 :

23 그림과 같은 3–Hinge 라멘에서 A 지점의 수평반력을 구하시오.

득점	배점
	3

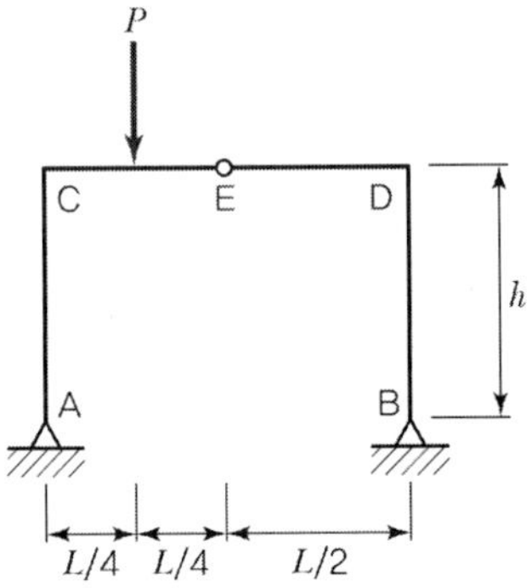
P
C
E
D
h
A
B
L/4
L/4
L/2

〈산출근거〉

답 :

24 철근콘크리트 보의 춤이 700mm이고, 부모멘트를 받는 상부단면에 HD25철근이 배근되어 있을 때, 철근의 인장정착길이(l_d)를 구하시오.(단, $f_{ck}=25$MPa, $f_y=$ 400MPa, 철근의 순간격과 피복두께는 철근직경 이상이고, 상부철근 보정계수는 1.3을 적용하며, 도막되지 않은 철근, 보통중량콘크리트를 사용)

득점	배점
	3

〈산출근거〉

답 : ....

25 큰 처짐에 의하여 손상되기 쉬운 칸막이벽이나 기타 구조물을 지지 또는 부착하지 않은 부재의 경우, 다음 표에서 정한 최소 두께를 적용하여야 한다. 표의 (　　) 안에 알맞은 숫자를 써 넣으시오.(단, 표의 값은 보통중량콘크리트와 설계기준항복강도 400MPa의 철근을 사용한 부재에 대한 값임)

득점	배점
	3

[처짐을 계산하지 않는 경우의 보 또는 1방향 슬래브의 최소 두께 기준]

단순지지된 1방향 슬래브	L/(　　　)
1단 연속된 보	L/(　　　)
양단 연속된 리브가 있는 1방향 슬래브	L/(　　　)

26 강구조 부재에서 비틀림이 생기지 않고 휨변형만 유발하는 위치를 전단중심(Shear Center)이라 한다. 다음 형강들에 대하여 전단 중심의 위치를 각 단면에 표기하시오.

득점	배점
	5

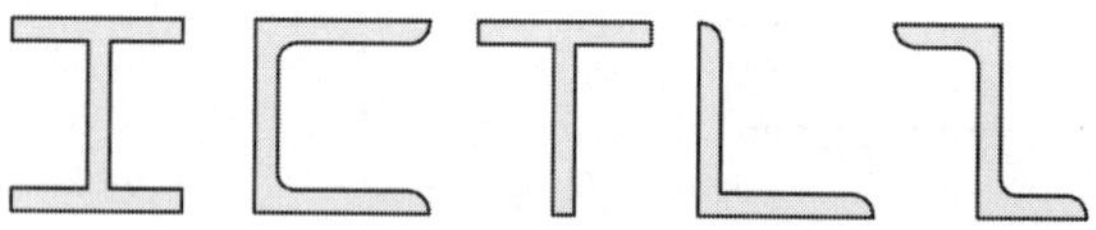

2019년 2회 과년도 기출문제

01 **철골공사에서 내화피복공법 중 습식공법의 종류를 3가지 쓰시오.**

득점	배점
	3

가.

나.

다.

02 **벽면적 $20m^2$, 벽두께 1.5B, 줄눈 두께 10mm의 벽체에 소요되는 벽돌의 수량을 산출하시오.**

득점	배점
	3

〈산출근거〉

답 :

03 **T/S(Torque Shear)형 고력볼트의 시공순서 번호를 나열하시오.**

득점	배점
	4

가. 팁레버를 잡아당겨 내측 소켓에 들어 있는 핀테일을 제거
나. 렌치의 스위치를 켜 외측 소켓이 회전하며 볼트를 체결
다. 핀테일이 절단되었을 때 외측 소켓이 너트로부터 분리되도록 렌치를 잡아당김
라. 핀테일에 내측 소켓을 끼우고 렌치를 살짝 걸어 너트에 외측 소켓이 맞춰지도록 함

답 :

04 **알칼리 골재 반응 대책 3가지를 쓰시오.**

득점	배점
	3

가.

나.

다.

05 금속판지붕공사에서 금속기와의 설치 순서를 번호로 나열하시오.

득점	배점
	4

① 서까래 설치(방부처리를 할 것)
② 금속기와 Size에 맞는 간격으로 기와걸이 미송각재를 설치
③ 경량철골 설치
④ Purlin 설치(지붕레벨 고려)
⑤ 부식방지를 위한 철골용접부위의 방청도장 실시
⑥ 금속기와 설치

답 :

06 거푸집의 종류에서 갱폼의 장단점 2가지씩을 쓰시오.

득점	배점
	4

가. 장점
①
②
나. 단점
①
②

07 커튼월 공사 시 누수 방지대책과 관련된 다음 용어에 대해 설명하시오.

득점	배점
	4

가. Closed Joint :

나. Open Joint :

08 방수공사에서 시트방수의 단점 2가지를 설명하시오.

득점	배점
	4

가.
나.

09 기둥축소(Column Shortening) 현상에 대한 다음 항목을 기술하시오.

득점	배점
	5

가. 원인 :

나. 기둥축소에 따른 영향 3가지

①

②

③

10 다음 데이터를 네트워크 공정표로 작성하고 각 작업의 여유시간을 구하시오.

득점	배점
	10

<table>
<tr><th>작업명</th><th>선행작업</th><th>작업일수</th><th>비고</th></tr>
<tr><td>A</td><td>없음</td><td>5</td><td rowspan="8">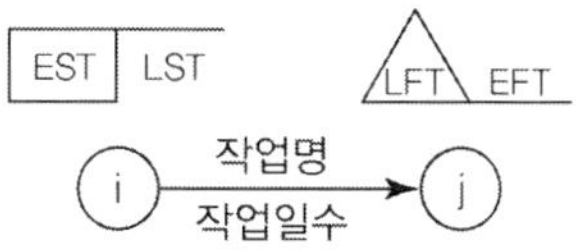
EST
LST
LFT
EFT
작업명
작업일수
i
j
결합점에서는 위와 같이 표기하고,
주공정선은 굵은 선으로 표기하시오.</td></tr>
<tr><td>B</td><td>없음</td><td>6</td></tr>
<tr><td>C</td><td>A</td><td>5</td></tr>
<tr><td>D</td><td>A, B</td><td>2</td></tr>
<tr><td>E</td><td>A</td><td>3</td></tr>
<tr><td>F</td><td>C, E</td><td>4</td></tr>
<tr><td>G</td><td>D</td><td>2</td></tr>
<tr><td>H</td><td>G, F</td><td>3</td></tr>
</table>

가. 네트워크 공정표

나. 각 작업의 여유시간

작업명	TF	FF	DF	CP
A				
B				
C				
D				
E				
F				
G				
H				

2019

11 **표면건조 포화상태의 중량이 2,000g, 완전건조중량 1,992g, 수중중량이 1,300g일 때 흡수율을 구하시오.**

득점	배점
	4

〈산출근거〉

답 :

12 **한중 콘크리트의 동결 저하 방지대책 2가지를 기재하시오.**

득점	배점
	4

가.

나.

13 **다음 설명이 뜻하는 계약방식의 용어를 쓰시오.**

득점	배점
	4

가. 사회간접시설의 확충을 위해 민간이 자금조달과 공사를 완성하여 투자액의 회수를 위해 일정기간 운영하고 시설물과 운영권을 발주 측에 이전하는 방식 (　　　　　)

나. 사회간접시설의 확충을 위해 민간이 자금조달과 공사를 완성하여 소유권을 공공부분에 먼저 이양하고, 약정기간 동안 그 시설물을 운영하여 투자금액을 회수하는 방식 (　　　　　)

다. 사회간접시설의 확충을 위해 민간이 자금조달과 공사를 완성하여 시설물의 운영과 함께 소유권도 민간에 이전되는 방식 (　　　　　)

라. 발주자는 설계에서 시공까지 건물의 요구성능만을 제시하고 시공자가 재료나 시공방법을 선택하여 요구성능을 실현하는 방식 (　　　　　)

14 **콘크리트 온도균열을 제어하는 방법으로 사용되는 Pre-cooling 방법과 Post-cooling 방법에 대해 설명하시오.**

득점	배점
	4

가. Pre-cooling :

나. Post-cooling :

15 다음 형강을 단면 형상의 표시방법으로 표시하시오.

득점	배점
	2

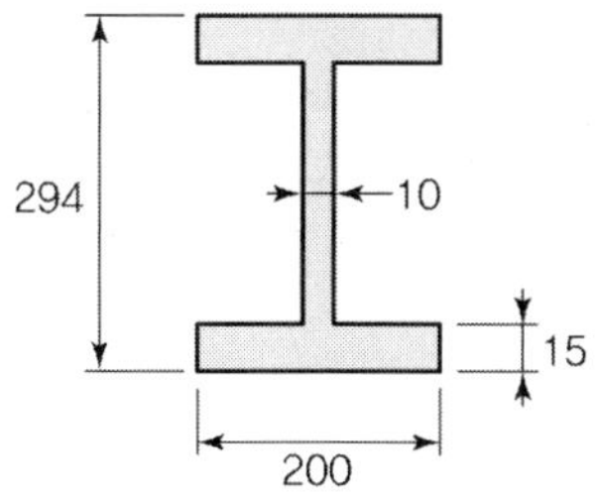

294
10
15
200

답 :

16 다음 그림과 같은 철근콘크리트조 건물에서 벽체와 기둥의 거푸집량을 산출하시오. (단, 높이는 3m로 한다.)

득점	배점
	6

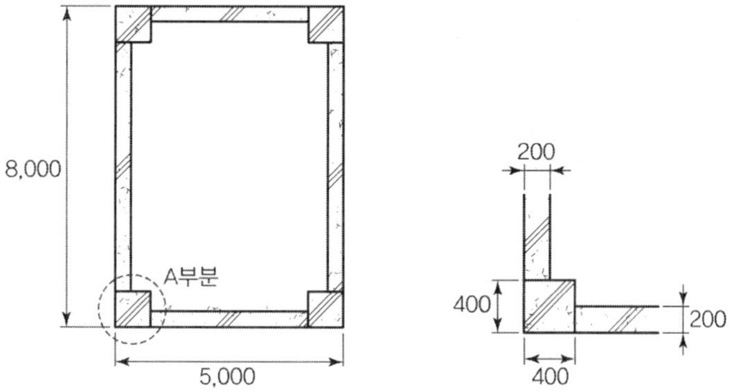

8,000
A부분
5,000
200
400
200
400

[평면도] [A부분 상세도]

〈산출근거〉

답 :

17 다음은 슬러리월(Slurry Wall) 공법에 관한 설명이다. (   ) 안에 알맞은 용어를 각각 쓰시오.

득점	배점
	3

> 특수 굴착기와 공벽붕괴방지용(가)을(를) 이용, 지중굴착하여 여기에 (나)을(를) 세우고 (다)을(를) 타설하여 연속적으로 벽체를 형성하는 공법이다. 타 흙막이벽에 비하여 차수효과가 높으며 역타공법 적용 시나 인접 건축물에 피해가 예상될 때 적용하는 저소음, 저진동 공법이다.

가.   나.

다.

18 다음 그림에서와 같이 터파기를 했을 경우, 인접 건물의 주위 지반이 침하할 수 있는 원인을 3가지만 쓰시오.(단, 일반적으로 인접하는 건물보다 깊게 파는 경우)

득점	배점
	3

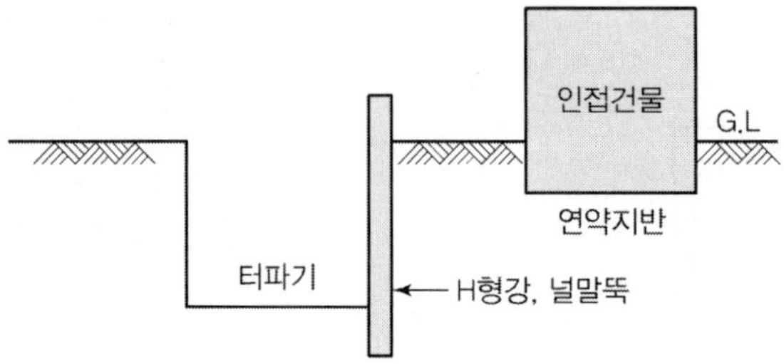
인접건물
G.L
연약지반
터파기
H형강, 널말뚝

가.

나.

다.

19 흙막이 공사에서 역타설공법(Top-Down Method)의 장점을 4가지 쓰시오.

득점	배점
	4

가.

나.

다.

라.

20 다음 그림과 같이 기둥의 재질과 단면 크기가 모두 같은 4개의 장주의 좌굴길이를 쓰시오.

득점	배점
	4

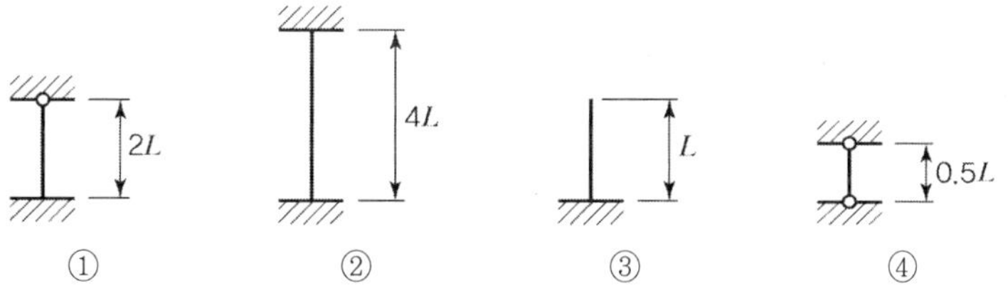

2L
4L
L
0.5L
①
②
③
④

① ②

③ ④

21 철근콘크리트구조에서 균열모멘트를 구하기 위한 콘크리트의 파괴계수 f_r을 구하시오.(단, 모래경량콘크리트 사용, $f_{ck}=21\text{MPa}$)

득점	배점
	4

〈산출근거〉

답 :

22 다음 그림과 같은 단순보의 최대 휨응력을 구하시오.(단, 보의 자중은 무시한다.)

득점	배점
	3

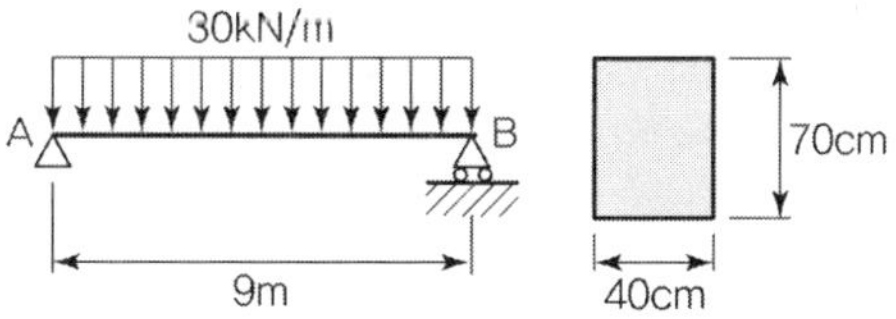

30kN/m
A
B
9m
70cm
40cm

〈산출근거〉

답 :

23 그림과 같은 연속보의 지점반력 V_A, V_B, V_C를 구하시오.

득점	배점
	4

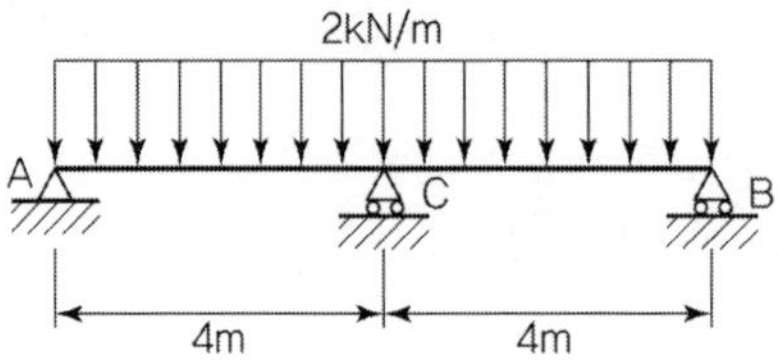
2kN/m
A
C
B
4m
4m

〈산출근거〉

답 :

24 철근콘크리트 벽체의 설계축하중(ϕP_{nw})을 계산하시오.

득점	배점
	4

- 유효벽길이 $b_e = 2{,}000\text{mm}$
- 벽두께 $h = 200\text{mm}$
- 벽높이 $l_c = 3{,}200\text{mm}$
- $0.55\phi \cdot f_{ck} \cdot A_g \cdot \left[1 - \left(\dfrac{k \cdot l_c}{32h}\right)^2\right]$ 식을 적용하고, $\phi = 0.65$, $k = 0.8$, $f_{ck} = 24\text{MPa}$, $f_y = 400\text{MPa}$을 적용한다.

〈산출근거〉

답 :

25 철근콘크리트구조에서 탄성계수 $E_c = 8,500 \cdot \sqrt[3]{f_{cm}} = 8,500 \cdot \sqrt[3]{f_{ck} + \Delta f}$ 식으로 표현할 수 있다. 다음 빈칸에 들어갈 수치를 쓰시오.

득점	배점
	4

$f_{ck} \le 40\text{MPa}$	$40\text{MPa} < f_{ck} < 60\text{MPa}$	$f_{ck} \ge 60\text{MPa}$
Δf=(①)	Δf=직선 보간	Δf=(②)

①

②

26 강재의 항복비(Yield Ratio)를 설명하시오.

득점	배점
	2

2019년 4회 과년도 기출문제

01 언더피닝의 정의와 공법의 종류 2가지를 쓰시오.

득점	배점
	4

가. 정의 :

나. 종류 : ①

②

02 콘크리트 시공 시 비빔에서 타설 후 이어 붓기까지의 제한 시간은 25도 미만에서는 (가)분 이내, 25도 이상에서는 (나)분 이내로 타설 완료하여야 한다.

득점	배점
	4

가.

나.

03 인텔리전트 빌딩에 사용되는 악세스 플로어를 간단히 설명하시오.

득점	배점
	2

04 연약지반 개량공법 3가지를 쓰시오.

득점	배점
	3

가.

나.

다.

05 다음의 공사관리 계약방식에 대하여 쓰시오.

득점	배점
	4

가. CM for fee :

나. CM at risk :

06 다음 용어를 간단히 설명하시오.

득점	배점
	4

가. 예민비 :

나. 지내력 시험 :

07 히빙현상에 대한 정의를 간략히 설명하고 간단한 도식으로 표현하시오.

득점	배점
	5

가. 정의 :

나. 도식 :

2019

08 지하실 외벽의 안방수와 바깥방수를 다음의 관점에서 보기에서 골라 번호로 표현하시오.

득점	배점
	4

구분	안방수	바깥 방수	보기	
(1) 사용환경			① 수압이 작고 얕은 지하실	② 수압이 크고 깊은 지하실
(2) 비탕처리			① 따로 만들 필요 없음	② 따로 만들어야 함
(3) 공사시기			① 자유롭다.	② 본 공사에 선행
(4) 시공용이			① 간단하다.	② 번거롭다.
(5) 경제성			① 저렴	② 고가
(6) 보호누름			① 필요하다.	② 필요 없다.

09 다음 데이터를 네트워크 공정표로 작성하고, 각 작업의 여유시간을 구하시오.

득점	배점
	10

<table>
<tr><th>작업명</th><th>작업일수</th><th>선행작업</th><th>비고</th></tr>
<tr><td>A</td><td>5</td><td>없음</td><td rowspan="6">네트워크 작성은 다음과 같이 표기하고
주공정선은 굵은 선으로 표시하시오.
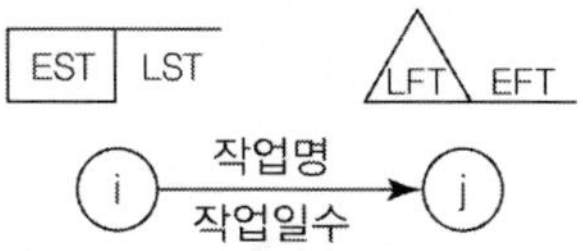
EST
LST
LFT
EFT
작업명
i
j
작업일수</td></tr>
<tr><td>B</td><td>3</td><td>없음</td></tr>
<tr><td>C</td><td>2</td><td>없음</td></tr>
<tr><td>D</td><td>2</td><td>A, B</td></tr>
<tr><td>E</td><td>5</td><td>A, B, C</td></tr>
<tr><td>F</td><td>4</td><td>A, C</td></tr>
</table>

가. 공정표 작성

나. 작업의 여유시간

10 다음 용어를 설명하시오.

득점	배점
	4

가. 코너 비드 :

나. 차폐용 콘크리트 :

11 **밀시트(강재 시험성적서)로 확인할 수 있는 사항을 1가지만 적으시오.**

득점	배점
	3

12 **아래 그림에서 한 개 층분의 콘크리트량을 산출하시오.**

득점	배점
	8

(1) 부재치수(단위 : mm)
(2) 전기둥(C_1) : 500×500, 슬래브 두께(t) : 120
(3) G_1, G_2 : 400×600(b×D), G_3 : 400×700, B_1 : 300×600
(4) 층고 : 3,600

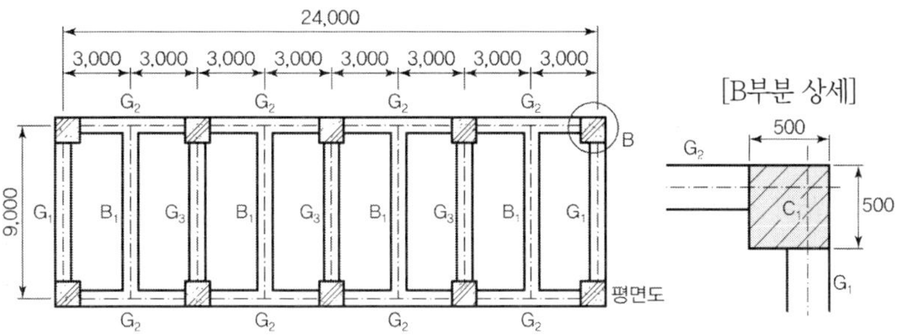

24,000
3,000 3,000 3,000 3,000 3,000 3,000 3,000 3,000
G2 G2 G2 G2
9,000
G1 B1 G3 B1 G3 B1 G3 B1 G1
B
평면도
[B부분 상세]
500
G2
C1
500
G1

〈산출근거〉

답 : .... m^3

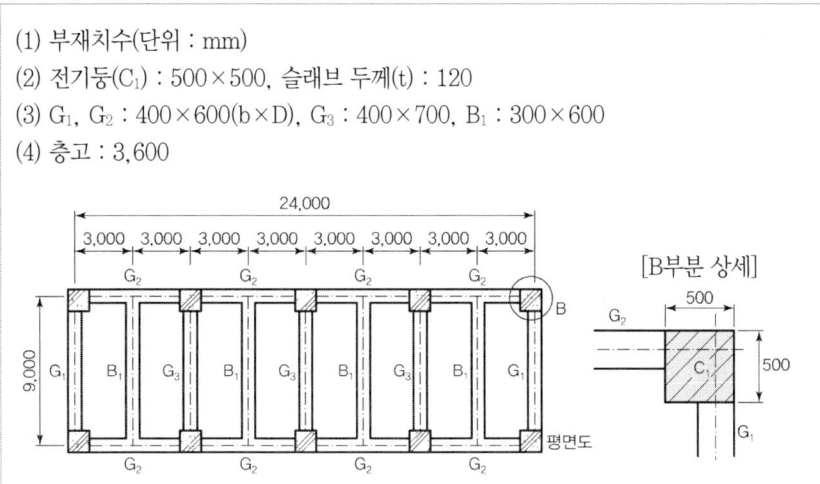

13 **콘크리트에 사용되는 골재의 함수상태는 절대건조상태, 기건상태, 표면건조 내부포수상태, 습윤상태가 있는데, 이것과 관련된 다음 용어를 간단히 설명하시오.**

득점	배점
	4

가. 흡수량 :

나. 함수량 :

14 철골공사에서 철골에 녹막이를 칠하지 않는 부분 3가지만 기재하시오.

득점	배점
	3

가.

나.

다.

15 다음 용어를 간단히 설명하시오.

득점	배점
	4

가. 스캘럽 :

나. 엔드탭 :

16 목재의 방부처리법 3가지를 쓰고 간단히 설명하시오.

득점	배점
	3

가.

나.

다.

17 레미콘(25–30–150)의 규격에 대한 수치이다. 이 3가지 수치가 의미하는 바를 간단히 쓰시오.(단, 단위 표기도 할 것)

득점	배점
	3

가. 25 :

나. 30 :

다. 150 :

18 다음 시험에 관계되는 것을 〈보기〉에서 골라 그 번호를 쓰시오.

득점	배점
	4

〈보기〉
① 신월 샘플링(Thin Wall Sampling) ② 베인시험
③ 표준관입시험 ④ 정량분석시험

가. 진흙의 점착력 (　　　)

나. 지내력 (　　　)

다. 연한 점토 (　　　)

라. 염분 (　　　)

19 바닥에 콘크리트를 타설하기 위한 거푸집으로서 거푸집판, 장선, 멍에, 서포트 등을 일체로 제작하여 부재화한 거푸집을 무엇이라 하는가?

득점	배점
	2

20 Life Cycle Cost의 정의를 간단히 쓰시오.

득점	배점
	2

21 벽체에 침투된 물이 모르타르 중의 석회분과 결합한 후 물과 함께 벽체 밖으로 나와 물이 증발되고 벽체에 하얗게 남는 현상을 무엇이라 하는가?

득점	배점
	2

2019

22 철근의 응력－변형도 곡선과 관련하여 각각이 의미하는 용어를 보기에서 골라 번호로 쓰시오.

득점	배점
	3

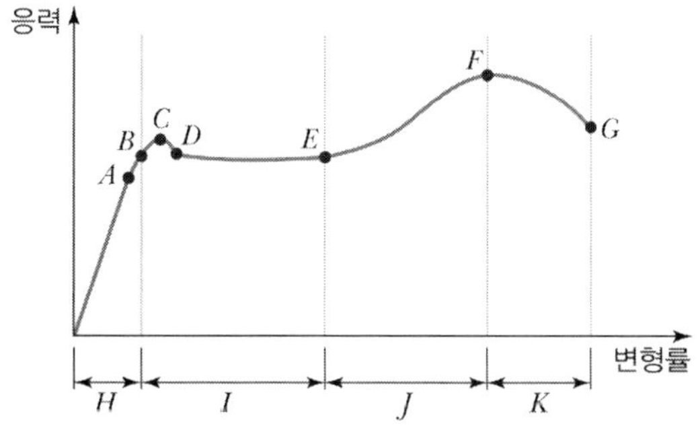

응력
변형률
A
B
C
D
E
F
G
H
I
J
K

[보기]
① 네킹영역 ② 하위항복점 ③ 극한강도점
④ 변형도경화점 ⑤ 소성영역 ⑥ 비례한계점
⑦ 상위항복점 ⑧ 탄성한계점 ⑨ 파괴점
⑩ 탄성영역 ⑪ 변형도경화영역

A : B : C :

D : E : F :

G : H : I :

J : K :

23 전단철근의 전단강도 V_s값의 산정결과, $V_s > \frac{1}{3}\lambda\sqrt{f_{ck}} \cdot b_w \cdot d$로 검토되었다. 전단보강철근을 배치하여야 되는 구간 내에서 배근되어야 할 수직스터럽(Stirrup)의 최대 간격을 구하시오.(단, 보의 유효깊이 $d = 550$mm이다.)

득점	배점
	4

〈산출근거〉

답 :

24 철근콘크리트 구조의 1방향 슬래브와 2방향 슬래브를 구분하는 기준에 대해 설명하시오.

득점	배점
	3

(1) 1방향 슬래브(1-Way Slab) :

(2) 2방향 슬래브(2-Way Slab) :

25 사용성 한계상태(Serviceability Limit State)를 간단히 설명하시오.

득점	배점
	3

26 그림과 같은 내민보의 전단력도(SFD)와 휨모멘트도(BMD)를 그리시오.

득점	배점
	4

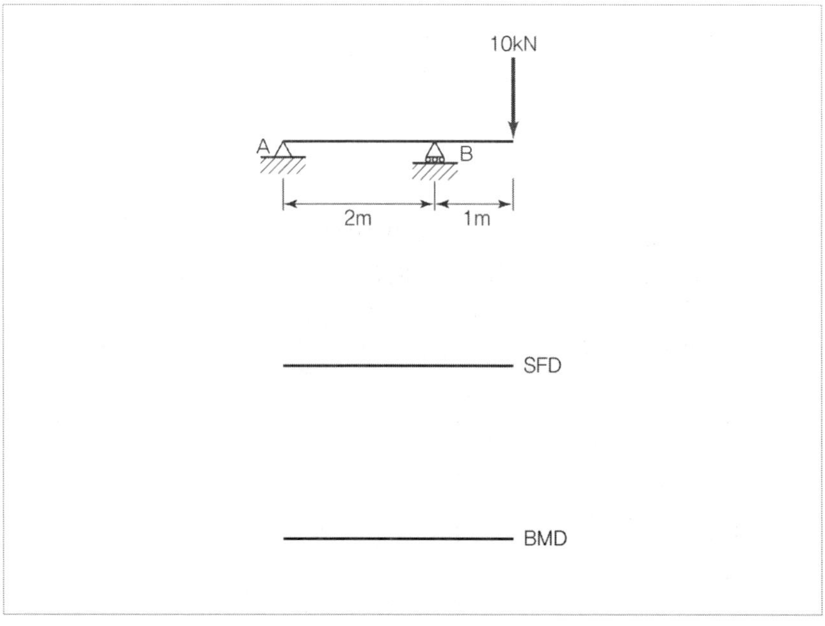
10kN
A
B
2m
1m
SFD
BMD

Engineer Architecture

2018년 과년도 기출문제

CONTENTS

2018년 1회 과년도 기출문제

01 터파기 공법 중 아일랜드 공법의 순서이다. (　) 안에 알맞게 기입하시오.

득점	배점
	3

> 흙막이 설치－(　가　)－(　나　)－(　다　)－주변부 흙파기－지하구조물 완성

가.
나.
다.

02 다음 용어를 정리하시오.

득점	배점
	4

가. 이형철근 :

나. 배력근 :

03 보링의 목적 3가지를 쓰시오.

득점	배점
	3

가.
나.
다.

04 고강도 콘크리트 폭렬현상에 대하여 서술하시오.

득점	배점
	3

05 언더피닝을 해야 하는 경우 2가지를 쓰시오.

득점	배점
	4

가.

나.

06 합성수지 중에서 열가소성 수지와 열경화성 수지를 2가지씩 기재하시오.

득점	배점
	4

가. 열가소성 수지 :

나. 열경화성 수지 :

07 바닥 미장면적이 1,000m^2일 때, 1일 10인 작업 시 작업 소요일을 구하시오.(단, 아래와 같은 품셈을 기준으로 하며 산출근거를 쓰시오.)

득점	배점
	3

바닥미장 품셈(m^2당)		
구분	단위	수량
미장공	인	0.05

〈산출근거〉

답 :

08 다음 수장철물의 용어를 설명하시오.

득점	배점
	4

가. 메탈라스 :

나. 펀칭메탈 :

09 목재의 방부처리법 중 방부제 처리법에 대한 종류를 3가지 쓰시오.

득점	배점
	3

가.

나.

다.

10 다음에 설명된 공법의 명칭을 쓰시오.

득점	배점
	4

가. 무량판 구조에서 2방향 장선 바닥판 구조가 가능하도록 된 특수상자 모양의 기성재 거푸집
나. 시스템거푸집으로 한 구간 콘크리트 타설 후 다음 구간으로 수평 이동이 가능한 거푸집 공법
다. 유닛 거푸집을 설치하여 요크로 거푸집을 끌어올리면서 연속해서 콘크리트를 타설 가능한 수직활동 거푸집
라. 아연도 철판을 절곡 제작하여 거푸집으로 사용하여 콘크리트 타설 후 사용 철판을 바닥하부 마감재로 사용하는 공법

가.
나.
다.
라.

11 붉은 벽돌 1.5B, 100m^{2}에 사용되는 벽돌량을 할증을 고려하여 산출하시오.

득점	배점
	4

〈산출근거〉

답 : ....(장)

12 다음 그림을 보고 줄눈의 이름을 쓰시오.

득점	배점
	4

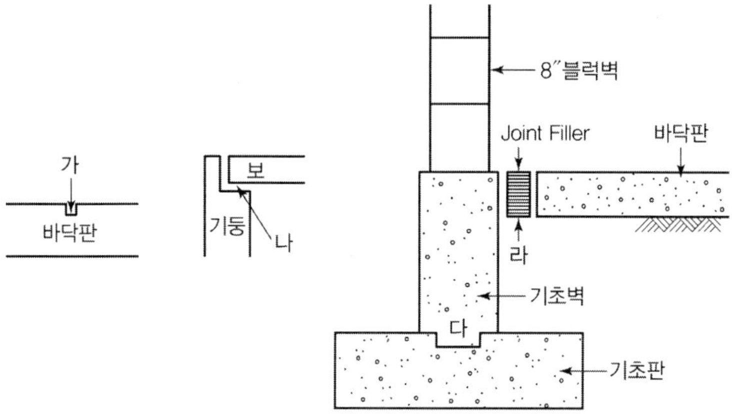

가
바닥판
보
기둥
나
8″블럭벽
Joint Filler
바닥판
라
기초벽
다
기초판

가.　　　　　　　나.
다.　　　　　　　라.

13 건축공사표준시방서에 거푸집널 존치기간 중 평균기온이 10℃ 이상인 경우에 콘크리트의 압축강도 시험을 하지 않고 거푸집을 떼어낼 수 있는 콘크리트의 재령(일)을 나타낸 표이다. 빈칸에 알맞은 숫자를 표기하시오.

득점	배점
	4

시멘트 종류 / 평균 기온	조강포틀랜드 시멘트	보통포틀랜드 시멘트/ 고로슬래그 시멘트(1종)	고로슬래그 시멘트(2종)/ 포졸란 시멘트(2종)
20℃ 이상	2일	나	라
20℃ 미만 10℃ 이상	가	다	8일

가.　　　　　　　　　　나.

다.　　　　　　　　　　라.

14 가설공사에서 기준점의 정의와 설치 시 주의사항 2가지를 쓰시오.

득점	배점
	4

가. 정의 :

나. 주의사항

①

②

15 블록의 1급 압축강도는 8MPa 이상으로 규정되어 있다. 현장에 반입된 블록의 규격이 390×190×190일 때, 압축강도 시험을 실시한 결과 550kN, 500kN, 600kN에서 파괴되었다면 평균 압축강도를 구하고 규격을 상회하고 있는지 여부에 따라 합격 및 불합격 판정을 하시오.(단, 블록의 전단면적(19cm×39cm)은 741cm^{2}이고, 구멍을 공제한 중앙부의 순단면적은 460cm^{2}이다.)

득점	배점
	4

〈산출근거〉

답 : ....

16 흐트러진 상태의 흙 $10m^3$를 이용하여 $10m^2$의 면적에 다짐상태로 50cm 두께를 터 돋우기할 때 시공 완료된 후 흐트러진 상태로 남은 흙의 양을 산출하시오.(단, 이 흙의 L = 1.2이고, C = 0.9이다.)

득점	배점
	3

〈산출근거〉

답 : ....

17 다음 설명하는 용어를 쓰시오.

득점	배점
	3

> 드라이비트라는 일종의 못박기총을 사용하여 콘크리트나 강재 등에 박는 특수못머리가 달린 것을 H형, 나사로 된 것을 T형이라고 한다.

답 : ....

18 공동도급의 종류 3가지를 쓰시오.

득점	배점
	3

가.

나.

다.

19 다음 작업리스트에서 네트워크 공정표를 작성하고 각 작업의 여유시간을 구하시오.

득점	배점
	10

작업명	작업일수	선행작업	작업명	작업일수	선행작업	비고
A	5	없음	G	8	D	① CP는 굵은 선으로 표시한다.
B	6	A	H	6	E	② 각 결합점에서는 다음과 같이
C	5	A	I	5	E, F	표시한다.
D	4	A	J	8	E, F, G	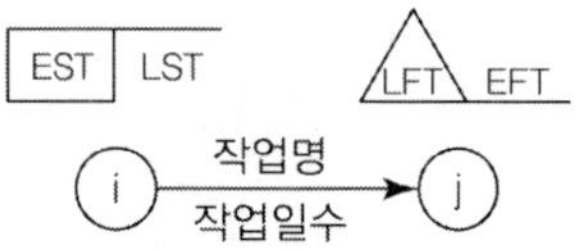 EST LST LFT EFT i 작업명 작업일수 j
E	3	B	K	7	H, I, J	
F	7	B, C, D				

가. 네트워크 공정표

나. 각 작업의 여유시간

20 철골공사 주각부 설치 공법을 그림에 알맞은 것을 골라 적으시오.

득점	배점
	6

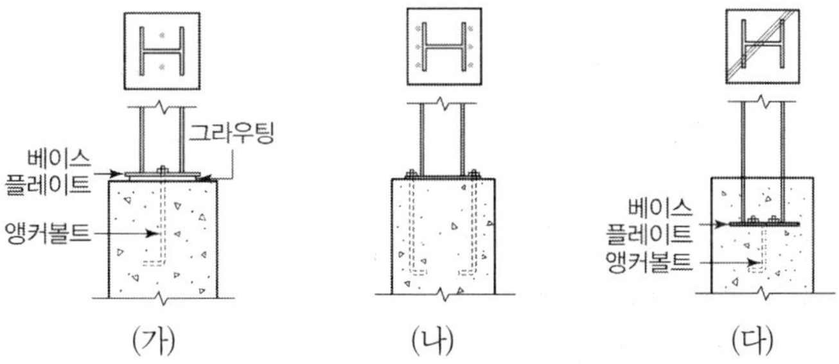

그라우팅
베이스 플레이트
앵커볼트
베이스 플레이트
앵커볼트
(가)
(나)
(다)

가.

나.

다.

21 용접부를 주어진 [조건]에 따라 용접기호를 도면에 표기하시오.

득점	배점
	4

[조건]
① 개선각 45도　② 화살표 방향　③ 현장용접　④ 간격 3mm

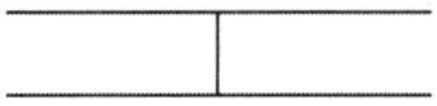

22 흙막이 계측기기 3가지를 쓰시오.

득점	배점
	3

가.

나.

다.

23 H－400×300×9×14 형강의 플랜지의 판폭 두께비를 구하시오.

득점	배점
	4

플랜지 :

24 독립기초의 2방향 전단(Punching Shear) 응력산정을 위한 저항면적을 구하시오. (단, 위험단면의 위치는 기둥 전면으로부터 $0.5d$로 한다.)

득점	배점
	3

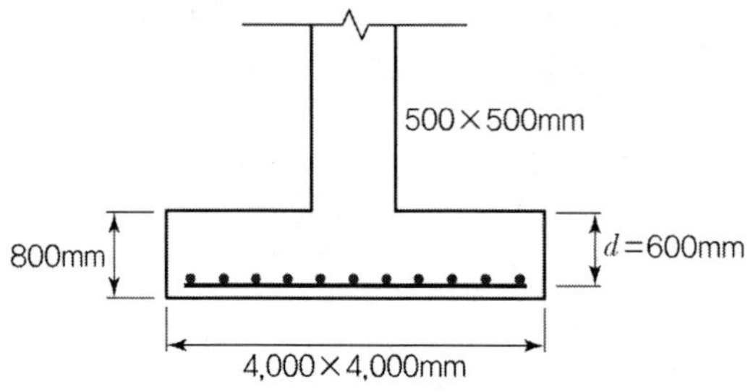

500×500mm
800mm
d=600mm
4,000×4,000mm

〈산출근거〉

답 :

25 그림과 같은 구조물에서 T부재에 발생하는 부재력을 구하시오.

득점	배점
	3

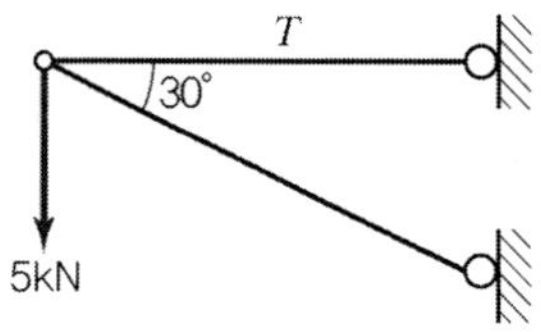

T
30°
5kN

〈산출근거〉

답 :

26 다음과 같은 캔틸레버보의 수직반력과 (C)지점의 휨모멘트를 구하시오.

득점	배점
	3

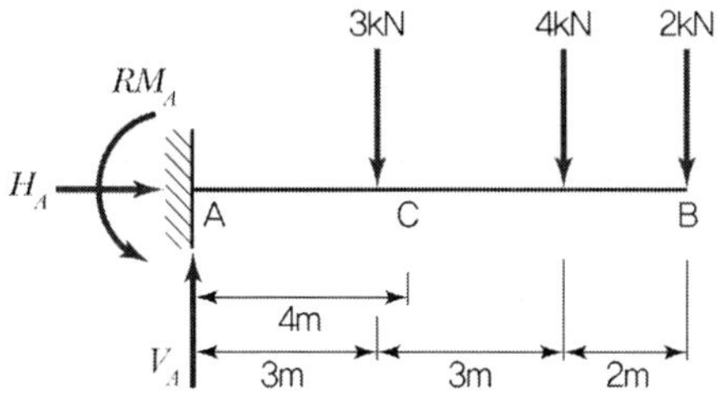

3kN
4kN
2kN
RM_A
H_A
A
C
B
4m
V_A
3m
3m
2m

〈산출근거〉

답 :

2018년 2회 과년도 기출문제

01 **다음 콘크리트 줄눈에 관한 용어를 간단히 설명하시오.**

득점	배점
	6

가. 콜드 조인트 :

나. 조절줄눈 :

다. 신축줄눈 :

02 **다음은 입찰에 관한 종류이다. 간단히 설명하시오.**

득점	배점
	6

가. 지명입찰 :

나. 특명입찰 :

다. 공개입찰 :

03 **철골공사에서 내화피복 공법 중 습식공법에 관한 정의와 공법 2가지를 적고 공법에 사용되는 재료를 한 가지씩 기재하시오.**

득점	배점
	4

가. 정의 :

나. 공법의 종류와 재료 : ①

②

04 **목재의 건조방법 중 인공건조법의 종류 3가지를 쓰시오.**

득점	배점
	3

가.

나.

다.

05 콘크리트가 슬럼프 손실이 발생하는 경우 2가지만 기재하시오.

득점	배점
	4

가.

나.

06 흙의 성질 중 예민비의 식과 용어를 기재하시오.

득점	배점
	4

가. 식 :

나. 용어 :

07 섬유보강콘크리트에 사용되는 섬유의 종류를 3가지 쓰시오.

득점	배점
	3

가.

나.

다.

08 돌을 이용한 공사를 진행하다 석재가 깨진 경우 사용되는 접착제를 기재하시오.

득점	배점
	3

09 블록벽체의 결함 중 습기, 빗물 침투상의 원인 4가지를 기재하시오.

득점	배점
	4

가.

나.

다.

라.

10 일반적인 건축물의 철근 조립순서를 〈보기〉에서 골라 기호로 작성하시오.

득점	배점
	3

〈보기〉 ① 기둥철근 ② 기초철근 ③ 보철근
④ 바닥철근 ⑤ 벽철근

답 :

11 수장공사 시 바닥 하부에서 1~1.5m의 높이까지 널을 댄 벽의 명칭을 쓰시오.

득점	배점
	2

12 다음 도면의 줄기초 도면을 보고 주어진 조건에 따라 터파기된 토량을 6톤 트럭으로 운반하였을 경우 트럭의 운반 대수를 산정하시오.(단, 토량의 할증은 25%이며 토량의 자연상태의 단위 중량은 1,600kg/m^3이다.)

득점	배점
	4

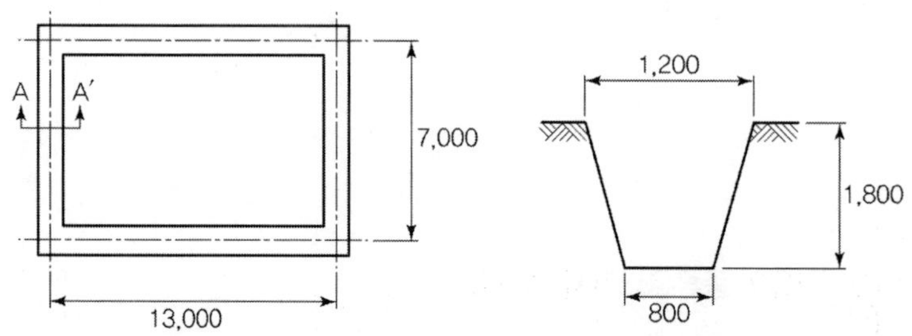

A
A′
7,000
13,000
1,200
1,800
800

[평면도] [A−A′ 단면도]

〈산출근거〉

가. 터파기량 :

답 : .... m^3

나. 잔토처리량의 중량 :

답 : .... ton

다. 6톤 트럭 운반대수 :

답 : .... 대

13 건축주와 시공자가 공사실비를 확인 정산하고 정해진 보수율에 따라 시공자에게 보수를 지급하는 도급방식을 무엇이라고 하는지 쓰시오.

득점	배점
	3

14 매스콘크리트의 온도균열의 기본 대책을 〈보기〉에서 골라 기호로 쓰시오.

득점	배점
	3

〈보기〉
① 응결촉진제 사용　② 중용열 시멘트 사용　③ Pre-cooling
④ 단위시멘트량 감소　⑤ 잔골재율 증가　⑥ 물시멘트비 증가

답 :

15 다음 (　　)에 알맞은 수치를 기재하시오.

득점	배점
	4

보강콘크리트 블록조에서 블록 안에 들어가는 세로철근의 정착 길이는 철근지름의 (가)배 이상이어야 하며, 이때 철근의 피복두께는 (나)mm 이상이어야 한다.

가.　　　　　　　　　　　　나.

16 거푸집의 종류 중 터널폼에 대한 정의를 간단히 설명하시오.

득점	배점
	3

17 작업리스트에 따라 네트워크 공정표를 작성하시오.

득점	배점
	8

작업명	작업일수	선행작업	비고
A	2	없음	
B	3	없음	① CP는 굵은 선으로 표시한다.
C	5	A	② 각 결합점에서는 다음과 같이 표시한다.
D	5	A, B	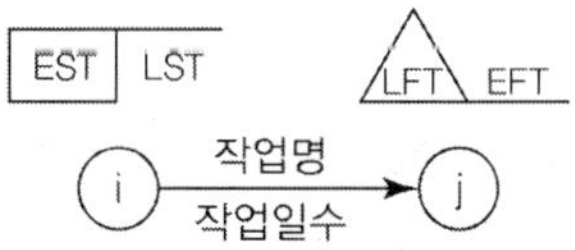
E	2	A, B	
F	3	C, D, E	
G	5	E	

EST
LST
LFT
EFT
i
작업명
작업일수
j

네트워크 공정표

18 특기 시방서상 철근의 인장강도가 240N/mm^2 이상으로 규정되어 있다고 할 때, 건설 공사 현장에서 반입된 철근을 KS 규격에 의거 중앙부 지름 14mm, 표점거리 50mm로 가공하여 인장강도를 시험하였더니 37,000N, 40,570N, 38,150N에서 파괴되었다. 평균 인장강도를 구하고 규정과 비교하여 합격 여부를 판정하시오.

득점	배점
	5

〈산출근거〉

답 : ....

19 다음은 토공사에 사용되는 기계 기구의 설명이다. (   ) 안에 알맞은 장비명을 기재하시오.

득점	배점
	4

가. 장비가 서 있는 곳보다 높은 곳의 굴착에 사용된다. (   )

나. 장비가 서 있는 곳보다 낮은 연질의 흙을 긁어모으거나 판다. (   )

20 대리석분말 또는 세라믹 분말제에 특수 혼화제를 첨가한 레디 믹스트 모르타르를 현장에서 물과 혼합하여 뿜칠로 전체 표면을 1~3mm 두께로 얇게 바르는 미장공법을 쓰시오.

득점	배점
	3

21 그림과 같은 도형의 I_x/I_y를 구하시오.

득점	배점
	4

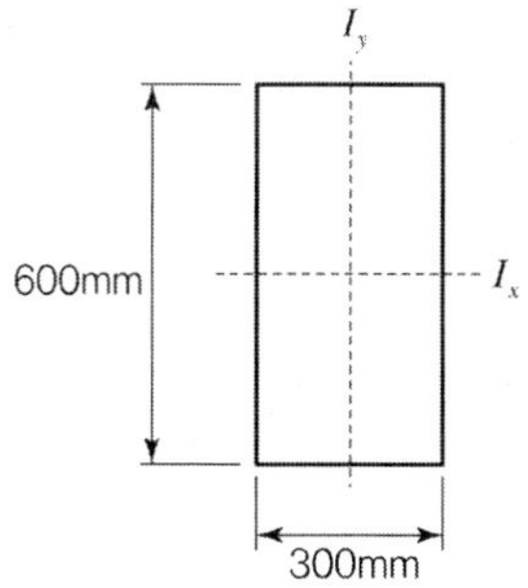

I_y
600mm
I_x
300mm

〈산출근거〉

답 :

2018

22 인장이형철근의 정착길이를 다음과 같은 식으로 계산할 때 α, β, γ, λ가 의미하는 바를 쓰시오.

득점	배점
	4

$$l_d = \frac{0.9d_b \cdot f_y}{\lambda\sqrt{f_{ck}}} \times \frac{\alpha \cdot \beta \cdot \gamma}{\left(\frac{c+K_{tr}}{d_b}\right)}$$

〈산출근거〉

답 :

23 재질과 단면적 및 길이가 같은 다음 4개의 장주를 유효좌굴길이가 큰 순서대로 나열하시오.

득점	배점
	3

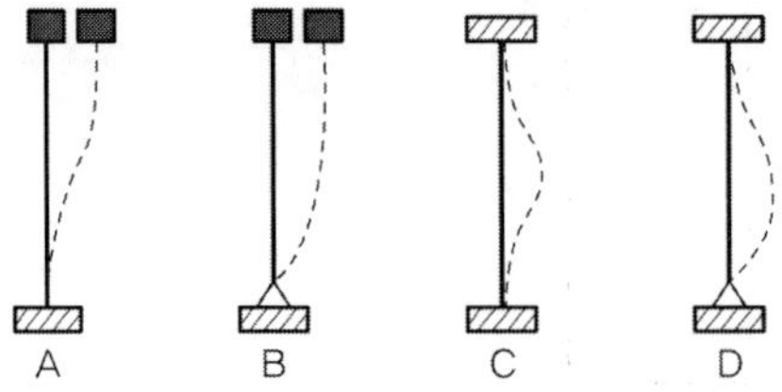

A
B
C
D

답 :

24 다음과 같은 인장재의 순단면적을 구하시오.(단, 판재의 두께는 10mm이며, 구멍크기는 22mm이다.)

득점	배점
	4

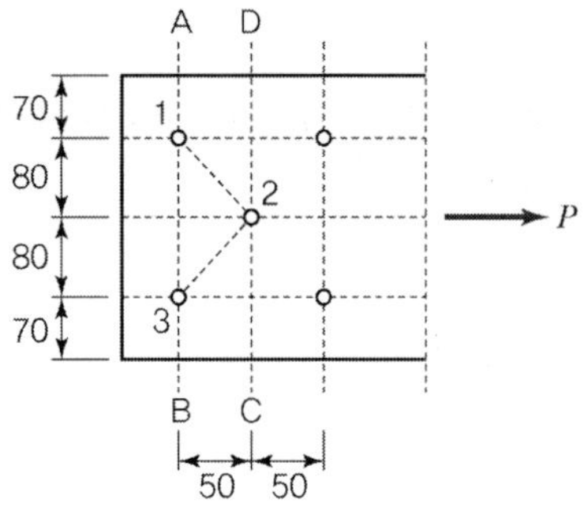

A
D
70
80
80
70
1
2
3
P
B
C
50
50

〈산출근거〉

답 :

25 다음과 같은 독립기초에서 최대 압축응력을 구하시오.

득점	배점
	4

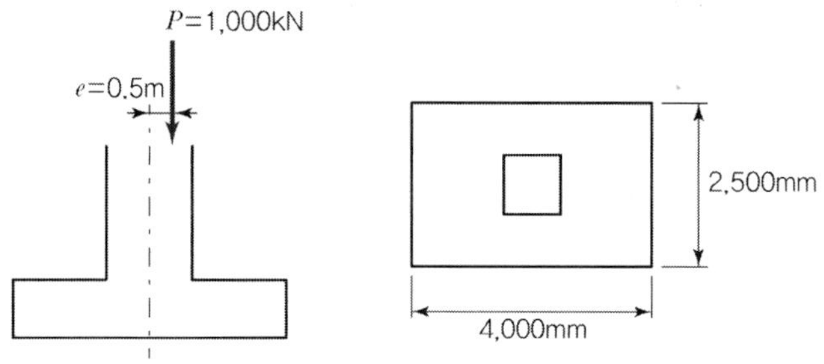

P=1,000kN
e=0.5m
2,500mm
4,000mm

〈산출근거〉

답 :

26 다음과 같이 설명하는 용어를 쓰시오.

득점	배점
	2

압축연단 콘크리트가 가정된 극한변형률 0.0033에 도달할 때 최외단 인장철근의 순인장 변형률 ε_t가 0.005 이상인 단면

답 :

2018년 4회 과년도 기출문제

01 친환경 시공계획서에 포함되어야 할 내용 4가지를 기입하시오.

득점	배점
	4

가.

나.

다.

라.

02 다음 용어를 간단히 설명하시오.

득점	배점
	4

가. 프리텐션 공법 :

나. 포스트텐션 공법 :

03 다음 용어를 간단히 설명하시오.

득점	배점
	4

가. 트래블링폼 :

나. 슬립폼 :

04 종합건설업제도(제네콘)에 관하여 간단히 설명하시오.

득점	배점
	3

05 철골공사 시 사용되는 세우기 장비 3가지를 기재하시오.

득점	배점
	3

가.

나.

다.

06 언더피닝의 정의를 설명하고 공법 2가지를 기재하시오.

득점	배점
	4

가. 정의 :

나. 종류

①

②

2018

07 다음 ( )에 알맞은 용어를 기재하시오.

득점	배점
	4

가. 슬래브에 배근되는 철근이 거푸집에 밀착하는 것을 방지하기 위한 간격재(굄재) ( )

나. 벽거푸집이 오므라지는 것을 방지하고 간격을 유지하기 위한 격리재 ( )

다. 콘크리트에 달대와 같은 설치물을 고정하기 위하여 매입하는 철물 ( )

라. 거푸집의 간격을 유지하며 벌어지는 것을 막는 긴장재 ( )

08 현장에서 절단 불가능한 유리의 종류를 2가지만 쓰시오.

득점	배점
	2

가.

나.

09 다음 철근콘크리트 부재의 부피와 중량을 산출하시오.

득점	배점
	4

1) 기둥 : 450×600, 길이 4m, 수량 50개
2) 보 : 300×400, 길이 1m, 수량 150개

〈산출근거〉

부피 : ________ m^3

중량 : ________ t

10 시멘트 응결시간에 영향을 주는 요인 3가지를 기재하시오.

득점	배점
	3

가.
나.
다.

11 염화물이 철근에 부식을 초래하는 것과 관련된 부식방지대책 4가지를 기재하시오.

득점	배점
	4

가.
나.
다.
라.

12 철골공사에서 녹막이칠을 하지 않는 곳 3가지를 기재하시오.

득점	배점
	3

가.
나.
다.

13 조적구조의 안전 규정에 대한 다음 문장 중 (   ) 안에 적당한 내용을 쓰시오.

득점	배점
	2

> 조적조 대린벽으로 구획된 벽길이는 (가) 이하이어야 하며, 내력벽으로 둘러싸인 바닥 면적은 (나) 이하이어야 한다.

가.

나.

14 조적조(벽돌, 블록, 돌)를 바탕으로 하는 지상부 건축물의 외부벽면의 방수공법의 종류를 3가지 쓰시오.

득점	배점
	3

가.

나.

다.

15 커튼월 공사에서 Mock up 성능시험 4가지를 기재하시오.

득점	배점
	4

가.

나.

다.

라.

16 공사 도급 방식 중 공동 도급의 장점 4가지를 기재하시오.

득점	배점
	4

가.

나.

다.

라.

득점	배점
	10

17 **다음 데이터를 네트워크 공정표로 작성하고, 각 작업의 여유시간을 구하시오.**

<table>
<tr><th>작업명</th><th>작업일수</th><th>선행작업</th><th>비고</th></tr>
<tr><td>A</td><td>2</td><td>없음</td><td rowspan="6">결합점에는 다음과 같이 시간을 표시하고
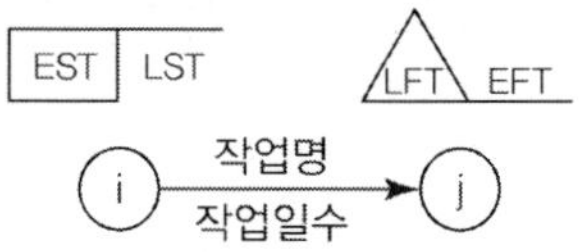
EST
LST
LFT
EFT
작업명
작업일수
i
j
주공정선은 굵은 선으로 표시하시오.</td></tr>
<tr><td>B</td><td>3</td><td>없음</td></tr>
<tr><td>C</td><td>5</td><td>없음</td></tr>
<tr><td>D</td><td>4</td><td>없음</td></tr>
<tr><td>E</td><td>7</td><td>A, B, C</td></tr>
<tr><td>F</td><td>4</td><td>B, C, D</td></tr>
</table>

가. 네트워크 공정표

나. 여유 계산

18 다음 용어를 간단히 설명하시오.

득점	배점
	4

가. 콜드 조인트(Cold Joint) :

나. 블리딩(Bleeding) :

19 두께 0.15m, 너비 6m, 길이 100m 도로를 6m^3 레미콘을 이용하여 하루 8시간 작업 시 레미콘 배차간격을 구하시오.

득점	배점
	4

〈산출근거〉

답 : ....(분)

20 목재의 방부법 종류 3가지를 적고 간단히 설명하시오.

득점	배점
	3

가

나.

다.

21 다음 용어를 간단히 설명하시오.

득점	배점
	4

가. 적산 :

나. 견적 :

22 다음과 같은 트러스에서 F_1, F_2, F_3 부재력을 구하시오.

득점	배점
	6

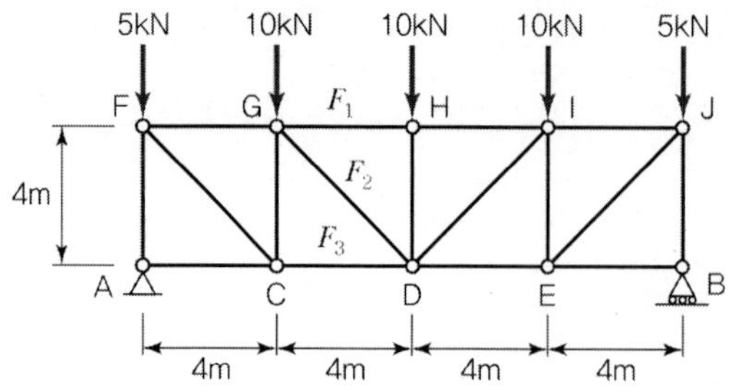

5kN
10kN
10kN
10kN
5kN
F
G
F_1
H
I
J
4m
F_2
F_3
A
C
D
E
B
4m
4m
4m
4m

〈산출근거〉

답 :

23 그림과 같은 각형기둥의 양단이 핀으로 지지되었을 때, 약축에 대한 세장비가 150이 되기 위해 필요한 기둥의 길이(m)를 구하시오.

득점	배점
	3

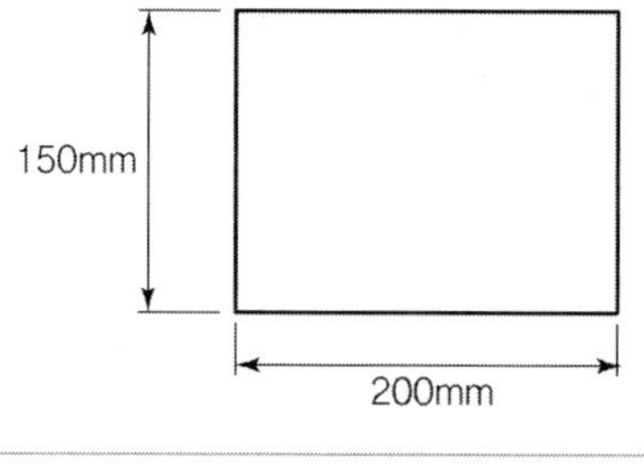

150mm
200mm

〈산출근거〉

답 :

24 다음과 같은 전단력도를 보고 최대 휨모멘트를 구하시오.

득점	배점
	4

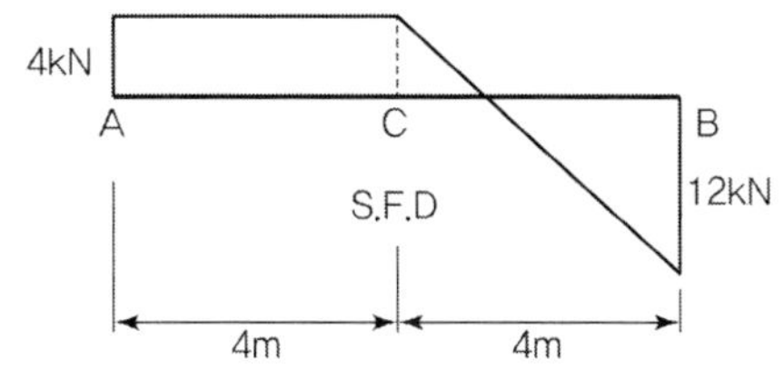
4kN
A
C
B
S.F.D
12kN
4m
4m

〈산출근거〉

답 :

25 인장철근만 배근된 철근콘크리트 직사각형 단순보에 순간처짐이 5mm 발생, 5년 이상 지속하중이 작용할 경우 총처짐량을 구하시오.(단, 지속하중에 대한 5년의 시간경과계수(ξ) = 2.0)

득점	배점
	3

〈산출근거〉

답 :

26 그림과 같은 철근콘크리트 보에서 최외단 인장철근의 순인장변형률(ε_t)을 산정하고, 이 보의 지배단면(인장지배단면, 압축지배단면, 변화구간단면)을 구분하시오.(단, $A_s = 1,927\text{mm}^2$, $f_{ck} = 24\text{MPa}$, $f_y = 400\text{MPa}$, $E_s = 200,000\text{MPa}$)

득점	배점
	4

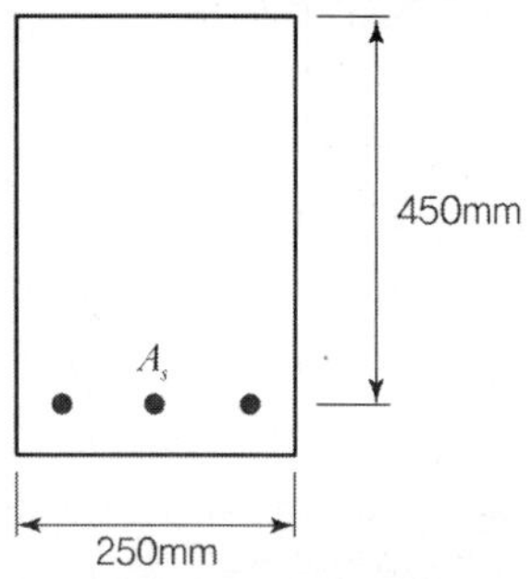

450mm
A_s
250mm

〈산출근거〉

답 :

Engineer Architecture

2017년 과년도 기출문제

CONTENTS

2017년 1회 과년도 기출문제

01 기준점 설치 시 주의사항을 3가지 쓰시오.

득점	배점
	3

가.

나.

다.

02 흙막이 벽에 발생하는 히빙파괴 방지대책을 3가지 쓰시오.

득점	배점
	3

가.

나.

다.

03 건축공사표준시방서에 거푸집널 존치기간 중 평균기온이 10℃ 이상인 경우에 콘크리트의 압축강도 시험을 하지 않고 거푸집을 떼어낼 수 있는 콘크리트의 재령(일)을 나타낸 표이다. 빈칸에 알맞은 숫자를 표기하시오.

득점	배점
	4

시멘트 종류 / 평균 기온	조강포틀랜드 시멘트	보통포틀랜드 시멘트/ 고로슬래그 시멘트(1종)	고로슬래그 시멘트(2종)/ 포졸란 시멘트(2종)
20℃ 이상	가	다	5일
20℃ 미만 10℃ 이상	나	6일	라

가. 나.

다. 라.

04 AE제에 의해 생성된 Entrained Air의 목적을 4가지 쓰시오.

득점	배점
	4

가.

나.

다.

라.

05 철근콘크리트공사의 헛응결(False Set)에 대하여 기술하시오.

득점	배점
	3

06 다음에서 설명하는 콘크리트의 종류를 쓰시오.

득점	배점
	6

가. 콘크리트 제작 시 골재는 전혀 사용하지 않고 물, 시멘트, 발포제만으로 만든 경량콘크리트 (　　　　　　)

나. 콘크리트 타설 후 Mat, Vacuum Pump 등을 이용하여 콘크리트 속에 잔류해 있는 잉여수 및 기포 등을 제거함을 목적으로 하는 콘크리트 (　　　　　　)

다. 거푸집 안에 미리 굵은 골재를 채워 넣은 후 공극 속으로 특수한 모르타르를 주입하여 만든 콘크리트 (　　　　　　)

07 콘크리트 구조물의 균열 발생 시 실시하는 보강공법을 3가지 쓰시오.

득점	배점
	3

가.

나.

다.

08 다음 조건에서 콘크리트 $1m^3$를 생산하는 데 필요한 시멘트, 모래, 자갈의 중량을 산출하시오.

득점	배점
	8

① 단위수량 : $160kg/m^3$	② 물시멘트비 : 50%
③ 잔골재율 : 40%	④ 시멘트 비중 : 3.15
⑤ 잔골재 비중 : 2.6	⑥ 굵은 골재 비중 : 2.6
⑦ 공기량 : 1%	

〈산출근거〉

가. 시멘트 중량 : .... 나. 모래 중량 : ....

다. 자갈 중량 : ....

09 $f_{ck}=30\text{MPa}$, $f_y=400\text{MPa}$, D22(공칭지름 22.2mm)인 인장이형철근의 기본 정착길이를 구하시오.(단, 경량콘크리트 계수 $\lambda=1$)

득점	배점
	4

〈산출근거〉

답 : ....

10 강구조의 맞댐용접, 필릿용접을 개략적으로 도시하고 설명하시오.

득점	배점
	4

(1) 맞댐용접 (2) 필릿용접

11 〈보기〉에 주어진 강구조 공사에서의 용접 결함 종류 중 과대전류에 의한 결함을 모두 골라 기호로 적으시오.

득점	배점
	4

〈보기〉

① 슬래그 감싸들기	② 언더컷	③ 오버랩
④ 블로홀	⑤ 크랙	⑥ 피트
⑦ 용입 부족	⑧ 크레이더	⑨ 피쉬아이

답 : ....

12 단순 인장접합부의 강도한계상태에 따른 고력볼트의 설계전단강도를 구하시오.(단, 강재의 재질은 SS400, 고력볼트 F10T-M22, 공칭전단강도 F_{nv} = 450N/mm²)

득점	배점
	4

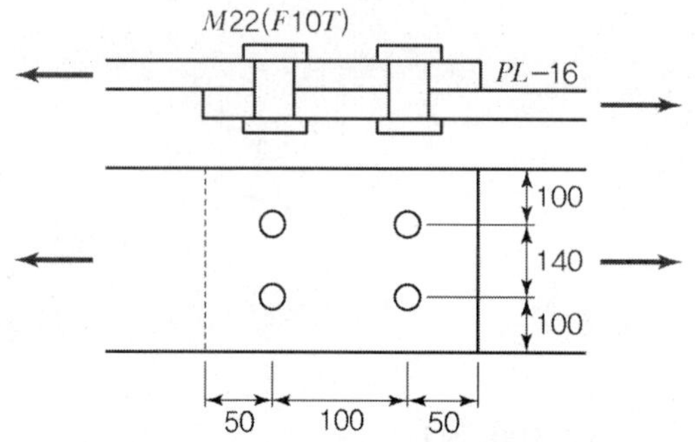

M22(F10T)
PL-16
100
140
100
50
100
50

〈산출근거〉

답 :

13 H-400×200×8×13(필릿반지름 r = 16mm)인 부재의 플랜지와 웨브의 판폭두께비를 계산하시오.

득점	배점
	4

〈산출근거〉

가. 플랜지의 판폭두께비

답 :

나. 웨브의 판폭두께비

답 :

14 철근콘크리트 슬래브와 강재 보의 전달력을 전달하도록 강재에 용접되고 콘크리트 속에 매입된 시어커넥터에 사용되는 볼트의 명칭을 쓰시오.

득점	배점
	3

15 벽돌쌓기 방식 중 영식 쌓기의 특성을 간단히 설명하시오.

득점	배점
	3

16 지하실 바깥방수 시공순서를 번호로 쓰시오.

득점	배점
	4

① 밑창(버림)모르타르	② 잡석다짐
③ 바닥콘크리트	④ 보호누름 벽돌쌓기
⑤ 외벽콘크리트	⑥ 외벽방수
⑦ 되메우기	⑧ 바닥 방수층 시공

답 : ....

17 커튼월 조립방식에 의한 분류에서 각 설명에 해당하는 방식을 번호로 쓰시오.

득점	배점
	3

① Stick Wall 방식 ② Window Wall 방식 ③ Unit Wall 방식

가. 구성 부재 모두가 공장에서 조립된 프리패브 형식이며, 창호와 유리, 패널의 일괄발주 방식으로, 이 방식은 업체에 의존도가 높아서 현장 상황에 융통성을 발휘하기가 어려움 (　　　)

나. 구성 부재를 현장에서 조립, 연결하여 창틀이 구성되는 형식으로 유리는 현장에서 주로 끼우며, 현장 적응력이 우수하여 공기조절이 가능 (　　　)

다. 창호와 유리, 패널의 개별발주방식으로 창호 주변이 패널로 구성됨으로써 창호의 구조가 패널 트러스에 연결할 수 있어서 재료의 사용 효율이 높아 비교적 경제적인 시스템 구성이 가능한 방식 (　　　)

18 BOT 방식을 설명하시오.

득점	배점
	3

19 품질관리 도구 중 특성요인도에 대해 설명하시오.

득점	배점
	3

20 다음 데이터를 네트워크 공정표로 작성하시오.

득점	배점
	10

작업명	작업일수	선행작업	비고
A	5	없음	주공정선은 굵은 선으로 표시한다. 각 결합점 일정 계산은 PERT 기법에 따라 다음과 같이 계산한다. 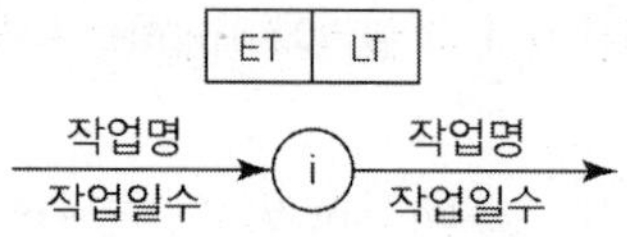 (단, 결합점 번호는 반드시 기입한다.)
B	2	없음	
C	4	없음	
D	5	A, B, C	
E	3	A, B, C	
F	2	A, B, C	
G	2	D, E	
H	5	D, E, F	
I	4	D, F	

ET
LT
작업명
작업일수
i
작업명
작업일수

네트워크 공정표

21 PERT 기법에 의한 기대시간을 구하시오.

득점	배점
	4

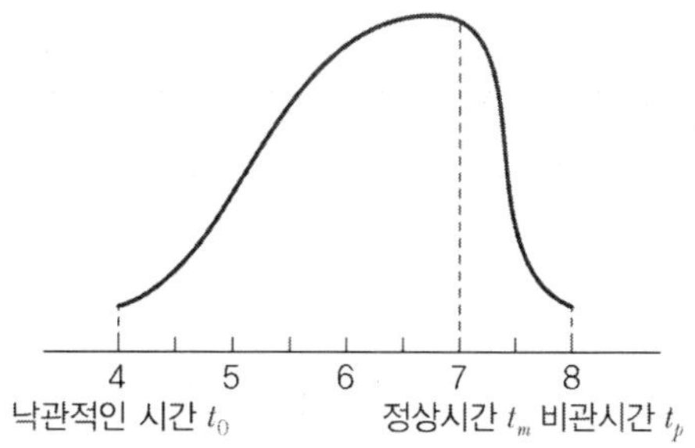
4
5
6
7
8
낙관적인 시간 t_0
정상시간 t_m
비관시간 t_p

〈산출근거〉

답 :

22 통합공정관리 용어 중 WBS의 정의를 쓰시오.

득점	배점
	2

23 ( ) 안에 알맞은 말을 넣으시오.

득점	배점
	4

흙 되메우기 시 일반 흙으로 되메우기할 경우 (가)마다 다짐밀도 (나) 이상으로 다진다.

가.

나.

24 비산먼지 발생 억제를 위한 방진시설을 할 때 야적(분체상 물질을 야적하는 경우에 한함) 시 조치사항 3가지를 쓰시오.

득점	배점
	3

가.

나.

다.

25 철근콘크리트구조 휨부재에서 압축철근의 역할과 특징을 3가지 쓰시오.

득점	배점
	3

가.

나.

다.

26 철근콘크리트 벽체의 설계축하중을 계산하시오.

득점	배점
	4

- $\phi = 0.65$
- $f_{ck} = 24\text{MPa}$
- h = 벽두께 200mm
- $k = 0.8$
- l_e = 유효길이 2,000mm
- $b_e = 3{,}200\text{mm}$

〈산출근거〉

답 :

2017년 2회 과년도 기출문제

01 다음 용어를 설명하시오.

득점	배점
	4

가. 엔트랩트 에어 :

나. 엔트레인드 에어 :

02 타일의 박리원인 2가지를 쓰시오.

득점	배점
	2

가.

나.

03 포틀랜드 시멘트의 종류 5가지를 쓰시오.

득점	배점
	5

가.

나.

다.

라.

마.

04 다음은 시트 붙이기 순서를 나열한 것이다. 빈칸에 알맞은 말을 써넣으시오.

득점	배점
	3

바탕처리 – (가) – 접착제 칠 – (나) – (다)

가.

나.

다.

05 T/S 고력볼트의 부위별 명칭을 기재하시오.

득점	배점
	5

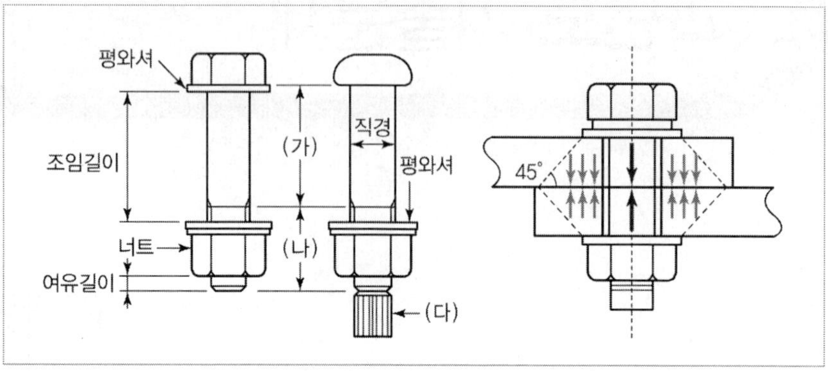
평와셔
조임길이
(가)
직경
평와셔
너트
(나)
여유길이
(다)
45°

가.

나.

다.

06 BTL에 대해 간략히 설명하시오.

득점	배점
	2

07 기초의 부동침하 대책 4가지를 쓰시오.

득점	배점
	4

가.

나.

다.

라.

08 아일랜드컷에 대해 설명하시오.

득점	배점
	3

09 공개 입찰순서를 〈보기〉에서 기호로 골라 나열하시오.

득점	배점
	4

〈보기〉
① 현장설명 ② 견적 ③ 입찰 ④ 계약
⑤ 낙찰 ⑥ 입찰등록 ⑦ 입찰공고

답 :

10 특명입찰의 장단점을 각각 2가지씩 쓰시오.

득점	배점
	4

가. 장점 ①

②

나. 단점 ①

②

11 각 공법에 알맞은 철골공사의 내화피복 재료를 2가지씩 써넣으시오.

득점	배점
	3

가. 타설 : ① ②

나. 조적 : ① ②

다. 미장 : ① ②

2017

12 토공장비를 선정할 때 고려해야 할 사항 3가지를 쓰시오.

득점	배점
	3

가.

나.

다.

13 포스트텐션과 프리텐션을 간단히 설명하시오.

득점	배점
	4

가. 포스트텐션 :

나. 프리텐션 :

14 **아래에 표기한 각 유리에 대해 설명하시오.**

득점	배점
	4

가. 복층유리 :

나. 배강도 유리 :

15 **어스앵커 공법의 특징 4가지를 기재하시오.**

득점	배점
	4

가.

나.

다.

라.

16 **커튼월의 방식 중 스팬드럴 방식에 대해 설명하시오.**

득점	배점
	4

17 **자연시료의 강도가 8, 이긴 시료의 강도가 5일 때 예민비를 구하시오.**

득점	배점
	3

〈산출근거〉

답 : ....

18 **다음 각 측정에 알맞은 계측기기를 기재하시오.**

득점	배점
	4

> 워싱턴미터　　피에조미터　　토압계　　디스펜서

가. 콘크리트 내의 공기량 측정기구 (　　　　　)

나. 지반 내의 간극수압 측정기구 (　　　　　)

다. 토압 측정기구 (　　　　　)

라. AE제 개량장치 (　　　　　)

득점	배점
	10

19 주어진 데이터를 보고 다음 물음에 답하시오.

① Network 작성은 Arrow Network로 할 것
② Critical Path는 굵은 선으로 표시할 것
③ 각 결합점에서는 다음과 같이 표시한다.

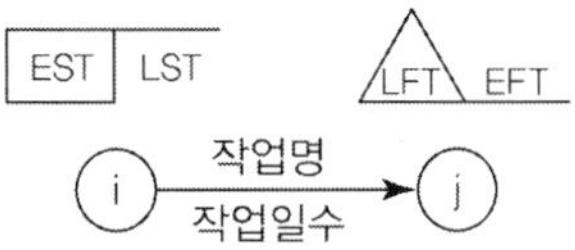
EST
LST
LFT
EFT
작업명
i
j
작업일수

(Data)

Activity name	선행작업	Duration	공기 1일 단축 시 비용(원)	비고
A	없음	5	10,000	• 공기단축은 Activity I에서 2일, Activity H에서 3일, Activity C에서 5일로 한다. • 표준공기 시 총 공사비는 1,000,000원이다.
B	없음	8	15,000	
C	없음	15	9,000	
D	A	3	공기단축 불가	
E	A	6	25,000	
F	B, D	7	30,000	
G	B, D	9	21,000	
H	C, E	10	8,500	
I	H, F	4	9,500	
J	G	3	공기단축 불가	
K	I, J	2	공기단축 불가	

가. 표준(normal) Network를 작성하시오.

나. 공기를 10일 단축한 Network를 작성하시오.

다. 공기 단축된 총공사비를 산출하시오.

〈산출근거〉

답 : .... 원

20 철골공사 중 앵커볼트 설치방법의 종류를 쓰시오.

득점	배점
	3

가.

나.

다.

21 **다음 자료를 이용하여 흡수율, 겉보기밀도, 표건상태의 밀도, 절대건조상태의 밀도를 구하시오.**

득점	배점
	4

- 물의 밀도 : 1g/cm^3
- 골재의 수중 중량 : 2,450g
- 골재의 표면건조 내부포수 중량 : 3,950g
- 골재의 절건 중량 : 3,600g

가.

나.

다.

라.

22 **톱다운 공법이 협소한 장소에서 가능한 이유를 설명하시오.**

득점	배점
	3

23 **그림과 같은 독립기초에서 2방향 뚫림 전단(2Way Punching Shear) 응력도를 계산할 때 검토하는 저항면적(cm^2)을 구하시오.**

득점	배점
	3

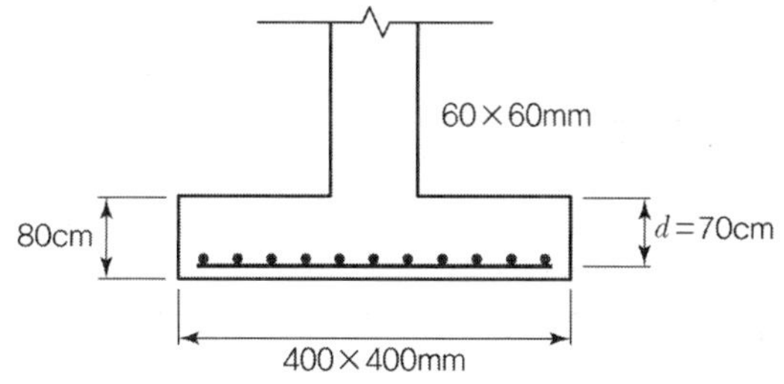
60×60mm
80cm
d=70cm
400×400mm

〈산출근거〉

답 :

24 보통골재를 사용한 f_{ck} = 30MPa인 콘크리트의 탄성계수를 구하시오.

득점	배점
	3

〈산출근거〉

답 :

25 지름이 D인 원형의 단면계수를 Z_A, 한 변의 길이가 a인 정사각형의 단면계수를 Z_B라고 할 때 Z_A : Z_B를 구하시오.(단, 두 재료의 단면적은 같고, Z_A를 1로 환산한 Z_B의 값으로 표현하시오.)

득점	배점
	3

〈산출근거〉

답 :

26 다음 조건에서 용접유효길이(l_e)를 산출하시오.

득점	배점
	3

- SM355(F_{uw} = 490MPa 용접재 사용)
- 필릿치수 S=5mm
- 하중 : 고정하중 20kN, 활하중 30kN

〈산출근거〉

답 :

2017년 4회 과년도 기출문제

01 CFT(강관충진콘크리트)에 대해 설명하시오.

득점	배점
	3

02 다음 도면을 보고 쌍줄비계면적을 구하시오.(단, $H = 13.5\,\text{m}$)

득점	배점
	5

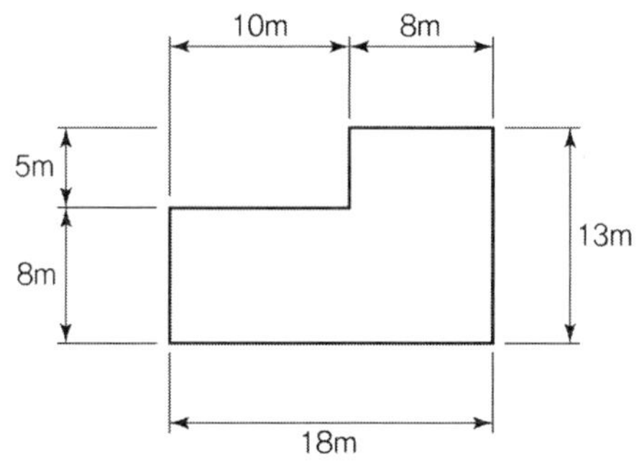

10m
8m
5m
8m
13m
18m

〈산출근거〉

답 : .... m^2

2017

03 **다음 용어를 간단히 설명하시오.**

득점	배점
	6

가. 알칼리 골재반응 :

나. 엔트랩트 에어 :

다. 배처 플랜트 :

04 **민간자금을 조달하여 시설을 준공한 후 소유권을 정부에 이전하되, 정부의 시설임대료를 통해 투자비를 회수하는 민간투자사업 계약방식의 명칭을 쓰시오.**

득점	배점
	2

05 **콘크리트 폭렬현상에 대해 설명하시오.**

득점	배점
	3

06 **철근이음방법 중 가스 압접을 해서는 안 되는 경우 3가지를 기재하시오.**

득점	배점
	3

가.

나.

다.

07 **네트워크 공정표에서 사용되는 더미의 종류 3가지를 쓰시오.**

득점	배점
	3

가.

나.

다.

08 다음 용어를 간단히 설명하시오.

득점	배점
	4

가. 복층 유리 :

나. 강화 유리 :

09 다음 설명이 의미하는 거푸집 관련 용어를 쓰시오.

득점	배점
	4

가. 철근의 피복두께를 유지하기 위해 벽이나 바닥 철근에 대어주는 것 (　　　　　)

나. 벽 거푸집 간격을 일정하게 유지하여 격리와 긴장재 역할을 하는 것 (　　　　　)

다. 기둥 거푸집의 고정 및 측압 버팀용으로 주로 합판 거푸집에서 사용되는 것 (　　　　　)

라. 거푸집의 탈형과 청소를 용이하게 만들기 위해 합판 거푸집 표면에 미리 바르는 것 (　　　　　)

10 거푸집의 측압 증가 요인 3가지를 쓰시오.

득점	배점
	3

가.

나.

다.

11 다음에서 설명하는 용어를 쓰시오.

득점	배점
	4

가. 보링 구멍을 이용하여 +자형의 날개를 지반에 때려 박고 회전력에 의하여 지반의 점착력을 판별하는 지반 조사 시험 (　　　　　)

나. 블로운 아스팔트에 동식물성 유지나 광물질 분말을 혼합하여 유동성을 부여한 것 (　　　　　)

12 다음 용어를 간단히 설명하시오.

득점	배점
	4

가. 콜드 조인트 :

나. 조절 줄눈 :

13 반죽질기 확인방법 3가지를 쓰시오.

득점	배점
	3

가.

나.

다.

14 아래 〈보기〉에서 가치공학(Value Engineering)의 기본 추진절차를 순서대로 나열하시오.

득점	배점
	4

〈보기〉

가. 정보수집	나. 기능정리	다. 아이디어 발상
라. 기능정의	마. 대상선정	바. 제안
사. 기능평가	아. 평가	자. 실시

답 :

15 비철금속 중 알루미늄의 장점 2가지를 쓰시오.

득점	배점
	4

가.

나.

16 시멘트의 분말도 시험방법 2가지를 쓰시오.

득점	배점
	4

가.

나.

17 지반개량 공법 중 샌드 드레인 공법에 대해 설명하시오.

득점	배점
	2

18 철골공사에서 용접접합부의 비파괴 시험의 종류를 3가지 쓰시오.

득점	배점
	3

가.

나.

다.

19 다음에 제시된 화살표형 네트워크 공정표를 통해 일정계산 및 여유시간, 주공정선 (CP)과 관련된 빈칸을 모두 채우시오.(단, CP에 해당하는 작업은 ※ 표시를 하시오.)

득점	배점
	10

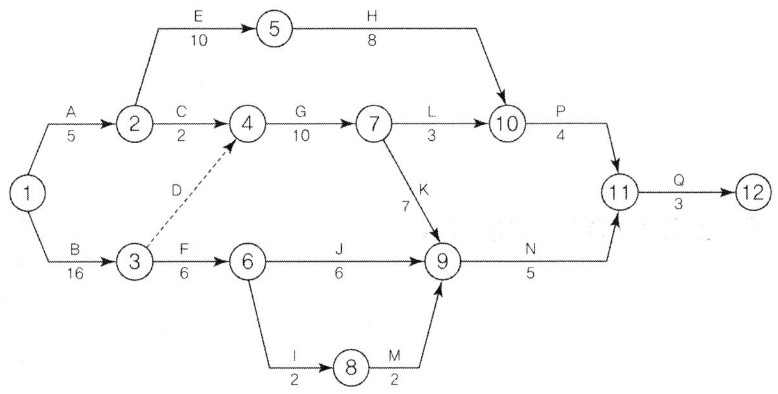

E
10
H
8
A
5
C
2
G
10
L
3
P
4
D
K
7
Q
3
B
16
F
6
J
6
N
5
I
2
M
2
1
2
3
4
5
6
7
8
9
10
11
12

작업명	EST	EFT	LST	LFT	TF	FF	DF	CP
A								
B								
C								
D								
E								
F								
G								
H								
I								
J								
K								
L								
M								
N								
P								
Q								

20 퍼트(PERT)에 의한 공정관리기법에서 낙관시간이 4일, 정상시간이 5일, 비관시간이 6일일 때 공정상의 기대시간을 구하시오.

득점	배점
	4

〈산출근거〉

답 :

21 터파기 공법 중 하나인 톱다운 공법의 특징 3가지를 쓰시오.

득점	배점
	3

가.

나.

다.

22 아래 ( ) 안에 적당한 수치를 적으시오.

득점	배점
	3

> 가설공사에서 강관틀비계 설치 시 벽체와의 연결대는 수평 (가), 수직 (나)마다 설치한다.

가.　　　　　　　　　　　　　나.

23 다음 그림은 L－100×100×7로 된 철골 인장재이다. 사용볼트가 M20(F10T, 표준구멍)일 때 인장재의 순단면적(mm^2)을 구하시오.

득점	배점
	3

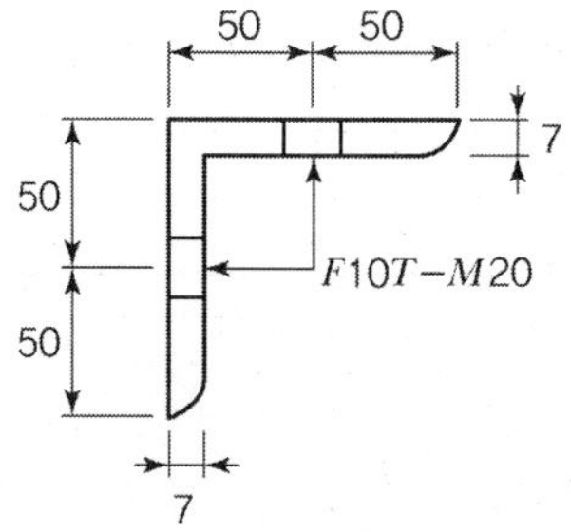
50
50
7
50
50
F10T－M20
7

〈산출근거〉

답 :

24 그림과 같은 캔틸레버보의 A점의 반력을 구하시오.

득점	배점
	3

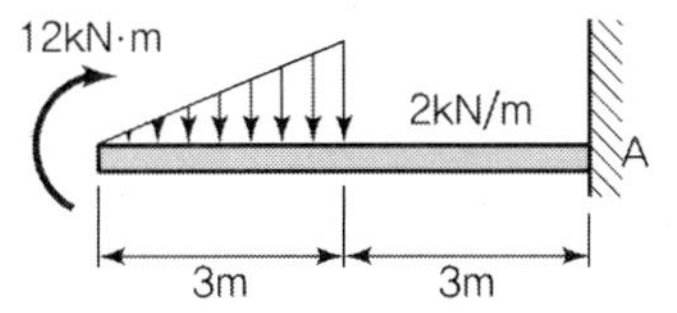
12kN·m
2kN/m
A
3m
3m

〈산출근거〉

답 :

25 SS400을 사용한 그림과 같은 모살용접 부위의 설계강도(ϕP_w)를 구하시오.(단, 용접재 인장강도 F_{nw} =420MPa) [KBC 2016 기준으로 문제 변경]

득점	배점
	5

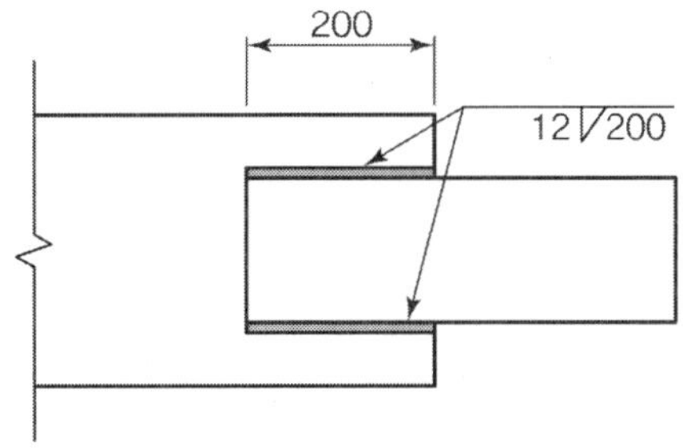
200
12
200

〈산출근거〉

답 :

2017

26 그림과 같은 단면의 단면 2차 모멘트 $I = 64{,}000\text{cm}^4$, 단면 2차 반경 $r = \dfrac{20}{\sqrt{3}}$ cm일 때, 단면적($b \times h$)을 구하시오.

득점	배점
	4

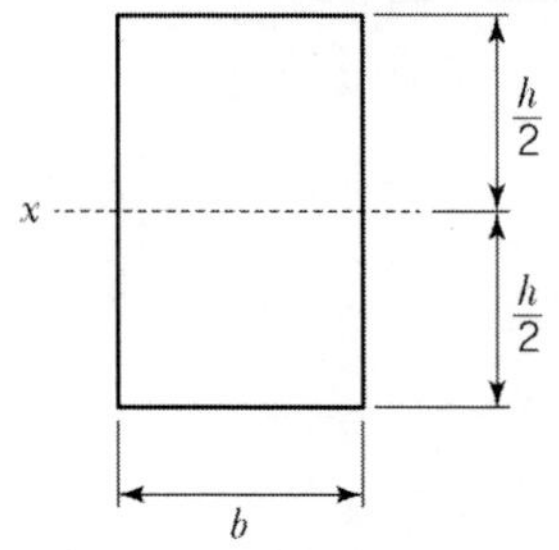

$\frac{h}{2}$
x
$\frac{h}{2}$
b

〈산출근거〉

답 :

Engineer Architecture

2016년 과년도 기출문제

CONTENTS

2016년 1회 과년도 기출문제

01 콘크리트 헤드(Concrete Head)의 정의를 쓰시오.

득점	배점
	3

02 강도설계법에 따른 다음 그림과 같은 콘크리트 단근보의 균형철근비 및 최대 철근량을 구하시오.(단, f_{ck} = 27MPa, f_y = 300MPa, E_s = 200,000MPa)

득점	배점
	4

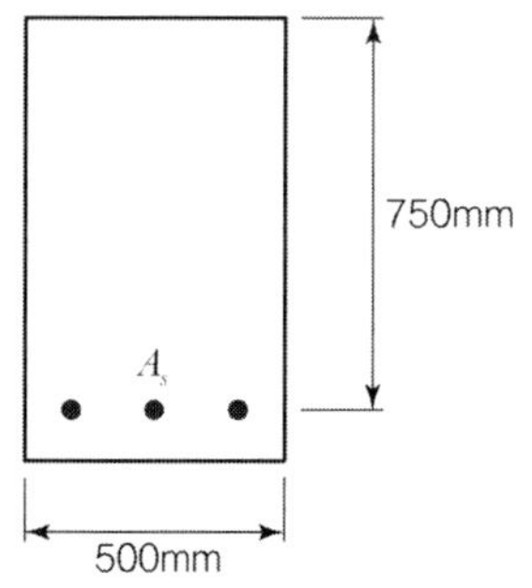

750mm
A_s
500mm

〈산출근거〉

가. 균형철근비(단, 소수점 다섯째 자리까지 구하시오.)

답 : ....

나. 최대 철근량

답 : .... mm²

2016

득점	배점
	5

03 콘크리트 충진 강관(CFT) 구조에 대해 간단히 설명하고, 장 · 단점 2가지를 각각 쓰시오.

가. CFT :

나. 장점

①

②

다. 단점

①

②

득점	배점
	6

04 모래질 흙으로 된 지하실의 터파기량(자연상태) 12,000m^3 중에서 5,000m^3를 되메우기 하고 나머지 전부를 8t 트럭으로 잔토 처리할 경우 덤프트럭 1회 적재량과 필요한 차량 대수를 산출하시오.(단, 자연상태에서의 토석의 단위 중량 : 1,800kg/m^3, 토량변화율(L) : 1.25)

〈산출근거〉

가. 덤프트럭 1회 적재량

답 :

나. 필요 차량 대수

답 :

득점	배점
	3

05 Life Cycle Cost(LCC)에 대해 간단히 설명하시오.

득점	배점
	2

06 전기로에서 금속규소나 규소철을 생산하는 과정 중 부산물로 생성되는 매우 미세한 입자로서 고강도 콘크리트 제조 시 사용되는 포졸란계 혼화재의 명칭을 쓰시오.

07 커튼월(Curtain Wall) 방식을 다음의 분류에 따라 2가지씩 쓰시오.

득점	배점
	4

가. 구조형식에 의한 분류

① ②

나. 조립방식에 의한 분류

① ②

08 다음 그림과 같은 구조물의 휨모멘트도와 전단력도를 도시하시오.(단, 휨모멘트 및 전단력의 크기와 부호를 표기해야 함)

득점	배점
	4

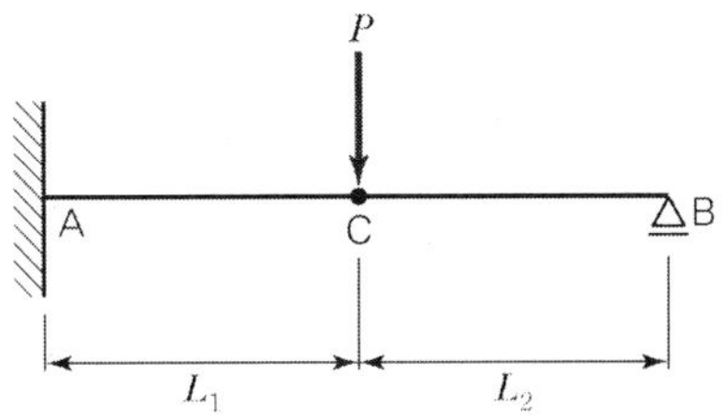

P
A
C
B
L_1
L_2

가. 휨모멘트도

나. 전단력도

09 철근콘크리트공사 시 활용되는 철근이음 방식 3가지를 쓰시오.

득점	배점
	3

가.

나.

다.

2016

10 **프리스트레스트 콘크리트에 이용되는 긴장재의 종류 3가지를 쓰시오.**

득점	배점
	3

가. 나.

다.

11 **다음 ( ) 안에 알맞은 숫자를 써 넣으시오.**

득점	배점
	2

> 기성콘크리트 말뚝을 타설할 때 그 중심간격은 말뚝머리지름의 (가)배 이상 또한 (나)mm 이상으로 한다.

가. 나.

12 **폭 $b=400$mm인 보에 3－D22($f_y=400$MPa)를 배근할 경우 균열제어 측면에서 철근의 배치 간격의 적합 여부를 검토하시오.(단, KCI 2012 기준이며, K_{cr}은 210, 철근의 응력은 근삿값 $\frac{2}{3}f_y$ 사용, 피복두께는 40mm, 스터럽은 D10 사용, 최종 답은 적합 또는 부적합으로 표기)**

득점	배점
	4

〈산출근거〉

답 : ....

13 **지반조사를 위한 보링의 종류를 3가지 쓰시오.**

득점	배점
	3

가. 나.

다.

14 **프리팩트 콘크리트 말뚝의 종류를 3가지 쓰시오.**

득점	배점
	3

가. 나.

다.

15 표준관입시험에서 표준 샘플러를 관입량 30cm에 달하는 데 요하는 타격횟수 N 값이 답란과 같을 때 추정할 수 있는 모래의 상대밀도를 (　　)에 써 넣으시오.

득점	배점
	4

N 값	모래의 상대밀도
0~4	(　가　)
4~10	(　나　)
10~30	(　다　)
50 이상	(　라　)

가.　　　　　　　　나.

다.　　　　　　　　라.

16 그림과 같은 라멘 구조물의 O점에서 발생하는 모멘트를 기준으로 부재 OA로의 모멘트 분배율을 구하시오.

득점	배점
	3

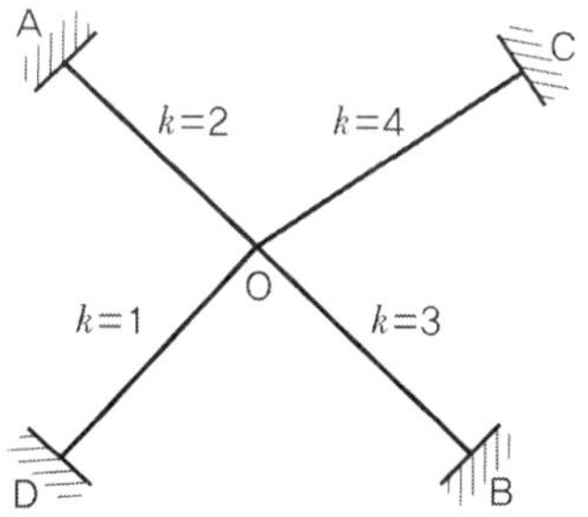

A
C
k=2
k=4
O
k=1
k=3
D
B

〈산출근거〉

답 :

17 다음 용어에 대해 설명하시오.

득점	배점
	4

가. AE 감수제 :

나. Shrink Mixed Concrete :

18 수평버팀대식 흙막이에 작용하는 응력이 아래의 그림과 같을 때 각 번호에 해당되는 것을 보기에서 골라 기호로 쓰시오.

득점	배점
	3

〈보기〉

① 수동토압 ② 정지토압 ③ 주동토압

④ 버팀대의 하중 ⑤ 버팀대의 반력 ⑥ 지하수압

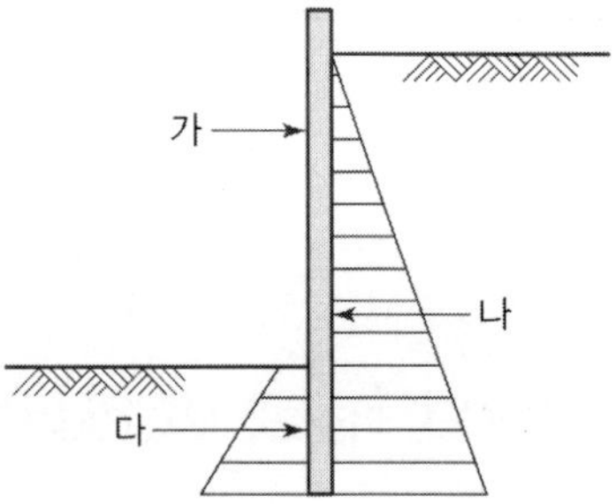
가
나
다

가.

나.

다.

19 벽타일의 붙임 공법을 4가지만 쓰시오.

득점	배점
	4

가. 나.

다. 라.

20 목재 난연처리법의 종류를 3가지 쓰시오.

득점	배점
	3

가.

나.

다.

21 건설 계약방식과 관련된 다음 용어에 대해 설명하시오.

득점	배점
	4

가. B.O.T(Build Operation Transfer) 방식 :

나. 파트너링(Partnering) :

22 주문공급방식으로서 대형구조물이나 특수구조물에 적합한 PC(Precast Concrete) 생산방식의 명칭을 쓰시오.

득점	배점
	2

23 가설건축물 축조신고 시 구비서류를 3가지만 쓰시오.

득점	배점
	3

가.

나.

다.

24 다음 데이터를 이용하여 표준 네트워크 공정표를 작성하고 7일 공기단축한 네트워크 공정표를 완성하시오.

득점	배점
	10

작업명	선행작업	공사일수	1일 공기 단축 시 비용(천원)	비고
A(① → ②)	없음	2	50	단, 공기단축은 작업일수의 1/2을 초과할 수 없다. 결합점 위에 다음과 같이 표기한다. 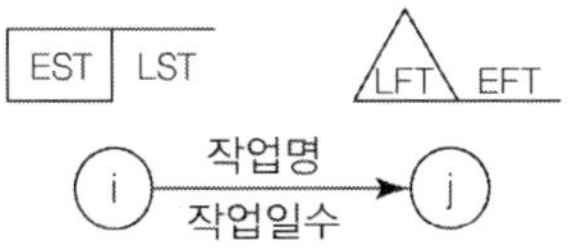 EST LST LFT EFT i 작업명 작업일수 j
B(① → ③)		3	40	
C(① → ④)		4	30	
D(② → ⑤)	A, B, C	5	20	
E(② → ⑥)	A, B, C	6	10	
F(③ → ⑤)	B, C	4	15	
G(④ → ⑥)	C	3	23	
H(⑤ → ⑦)	D, F	6	37	
I(⑥ → ⑦)	E, G	7	45	

가. 표준 네트워크 공정표

나. 공기단축 네트워크 공정표

25 SS400을 사용한 그림과 같은 모살용접 부위의 설계강도(ϕP_w)를 구하시오.(단, 용접재 인장강도 F_{nw} = 420MPa이다.) [KBC 2016 기준으로 문제 변경]

득점	배점
	4

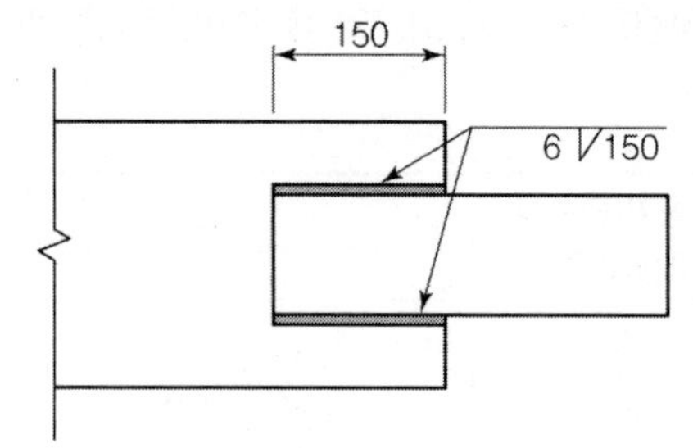
150
6 ╱150

〈산출근거〉

답 :

26 콘크리트용 골재가 갖추어야 할 조건을 4가지만 쓰시오.

득점	배점
	4

가.

나.

다.

라.

27 샌드 드레인(Sand Drain) 공법에 대하여 간단히 설명하시오.

득점	배점
	3

2016년 2회 과년도 기출문제

01 각 색깔에 맞는 콘크리트용 착색제를 〈보기〉에서 찾아 번호로 쓰시오.

득점	배점
	4

〈보기〉

① 카본블랙 ② 군청 ③ 크롬산바륨
④ 산화크롬 ⑤ 제2산화철 ⑥ 이산화망간

가. 초록색 : 나. 빨강색 :

다. 노란색 : 라. 갈색 :

02 건축공사표준시방서에서 정의하는 방수공사의 표기법에서 최초의 문자는 방수층의 종류에 따라 달라지는데 다음 대문자 알파벳이 나타내는 의미를 쓰시오.

득점	배점
	4

가. A : 나. S :

다. M : 라. L :

2016

03 다음 그림과 같은 철근콘크리트조 5층 건축물을 신축 시 필요한 귀규준틀, 평규준틀 수량을 기재하시오.

득점	배점
	4

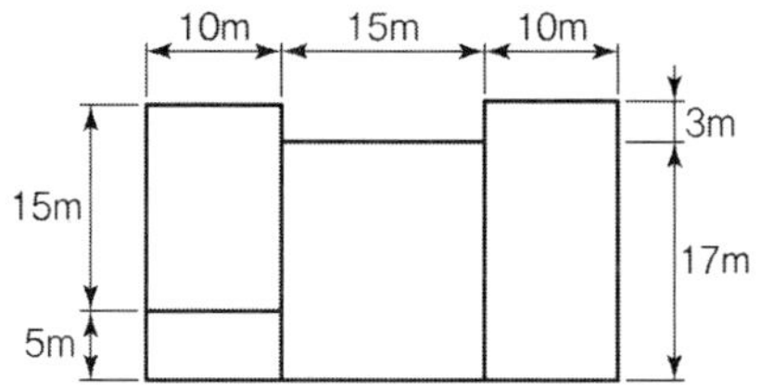
10m
15m
10m
3m
15m
17m
5m

가. 귀규준틀 : 개소

나. 평규준틀 : 개소

04 토량 2,000m^3을 2대의 불도저로 작업할 예정이다. 삽날 용량 0.6m^3, 토량환산계수 0.7, 작업효율 0.9이며, 1회 사이클 시간이 15분일 때 작업완료에 필요한 시간을 산출하시오.

득점	배점
	4

〈산출근거〉

답 : ....

05 아래 그림과 같은 보의 사용하중에 의한 최대 모멘트를 구하고, 균열모멘트와의 비교를 통해 균열발생 여부를 검토하시오.

득점	배점
	5

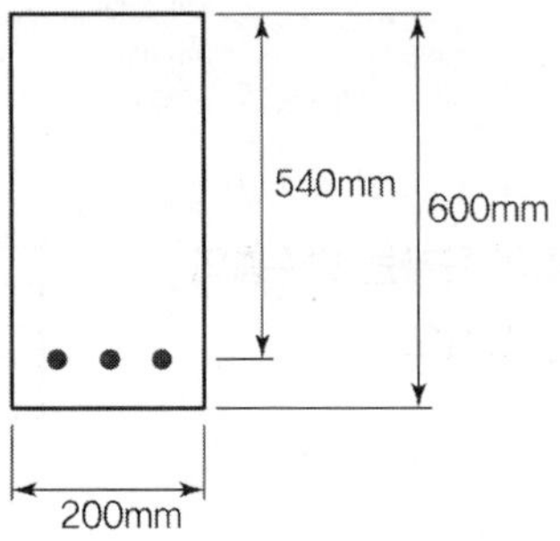

540mm
600mm
200mm

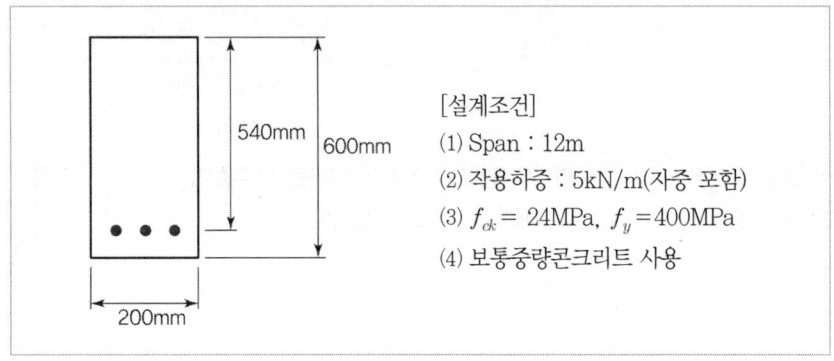

[설계조건]
(1) Span : 12m
(2) 작용하중 : 5kN/m(자중 포함)
(3) f_{ck} = 24MPa, f_y =400MPa
(4) 보통중량콘크리트 사용

〈산출근거〉

가. 사용하중에 의한 보의 최대 모멘트(M_{max})

답 : ....

나. 균열발생 여부

답 : ....

06 **다음은 건축공사표준시방서의 한중콘크리트 공사에 대한 설명이다. (   ) 안에 알맞은 숫자를 쓰시오.**

득점	배점
	4

가. 한중콘크리트의 배합은 소정의 설계기준강도가 소정의 재령에서 얻어지고, 초기 동해의 방지에 필요한 압축강도 (①)MPa가 초기 양생기간 내에 얻어지도록 정한다.
나. 물－결합재비는 (②)% 이하로 하고, 단위수량은 콘크리트의 소요성능이 얻어지는 범위 내에서 될 수 있는 한 적게 한다.

①　　　　　　　　②

07 **다음 거푸집 공법에 관하여 간략히 설명하시오.**

득점	배점
	4

가. 슬라이딩 폼(Sliding Form) :

나. 터널 폼(Tunnel Form) :

2016

08 **목재면 바니시칠 작업순서에 맞게 〈보기〉를 나열하시오.**

득점	배점
	3

〈보기〉
가. 색올림　　　나. 왁스 문지름
다. 바탕처리　　라. 눈먹임

답 :

09 스팬 7m의 단순지지된 보에 고정하중 W_D = 10kN/m, 활하중 W_L = 18kN/m가 작용하고 있을 경우 철골보의 처짐 값을 구하시오.(단, 철골보의 자중은 무시)

득점	배점
	3

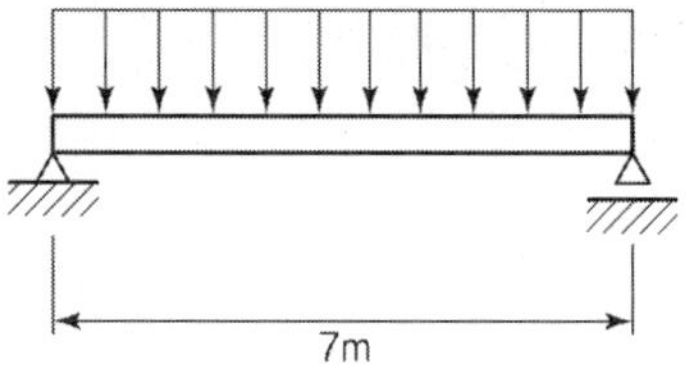

7m

[설계조건]
(1) 단면사이즈 : H−500×200×10×16
(2) 탄성단면계수 : S_X=2,590cm³
(3) 단면 2차 모멘트 : I_X=47,800cm⁴
(4) 항복강도 : F_y=235N/mm²
(5) 탄성계수 : E=205,000N/mm²

〈산출근거〉

답 : ....

10 금속재 바탕처리법 중 화학적 방법 3가지를 쓰시오.

득점	배점
	3

가.

나.

다.

11 목재 300,000재(才)를 최대 적재량이 6ton(중량), 9.5m^3(용적)인 차량으로 운반하려고 할 때 필요한 운반차량대수를 구하시오.(단, 운반차량대수는 중량과 용적을 모두 고려하여 종합적으로 산정, 목재의 비중은 0.8로 가정하고, 최종 답은 정수로 표기)

득점	배점
	4

〈산출근거〉

답 : ....

12 건축공사 벽체 단열공법의 종류 3가지를 쓰시오.

득점	배점
	3

가.

나.

다.

13 그림과 같은 단면 100×100mm, 길이 L = 1,000mm 각재에 1,000kN의 압축력이 작용하여 990mm로 되었다. 이때 각재의 압축응력도, 변형률(재축방향), 탄성계수를 구하시오.

득점	배점
	3

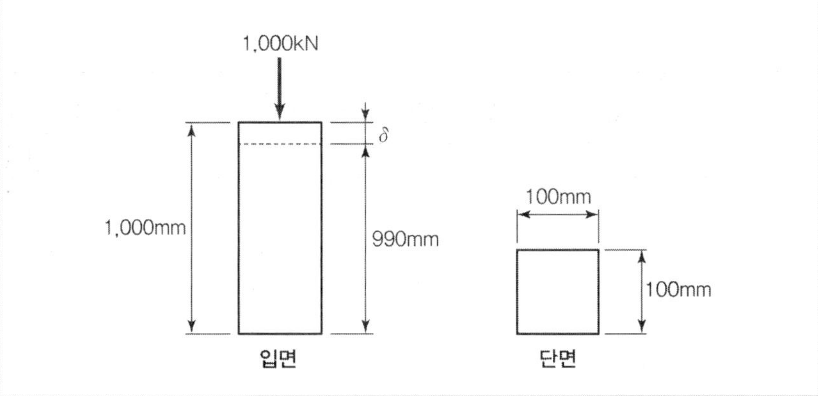

1,000kN
δ
1,000mm
990mm
100mm
100mm
입면
단면

〈산출근거〉

가. 압축응력도 :

답 : ______ MPa

나. 변형률 :

답 : ______

다. 탄성계수 :

답 : ______ MPa

2016

14 품질관리활동 중 히스토그램(Histogram)의 작성순서에 맞게 번호를 나열하시오.

득점	배점
	3

〈보기〉
① 히스토그램과 규격값을 대조하여 안정상태인지 검토한다.
② 히스토그램을 작성한다.
③ 도수분포도를 작성한다.
④ 데이터에서 최솟값과 최댓값을 구하여 전 범위를 구한다.
⑤ 구간폭을 정한다.
⑥ 데이터를 수집한다.

답 :

15 흙막이 공사에서 역타설공법(Top – Down Method)의 장점을 4가지만 쓰시오.

득점	배점
	4

가.
나.
다.
라.

16 철골구조공사에 있어서 철골 습식 내화피복공법의 종류를 3가지만 쓰시오.

득점	배점
	3

가.
나.
다.

17 폴리머시멘트 콘크리트의 특성을 보통시멘트 콘크리트와 비교하여 4가지만 쓰시오.

득점	배점
	4

가.
나.
다.
라.

18 주어진 Data에 의하여 다음 물음에 답하시오.

득점	배점
	10

작업명	선행 작업	Normal		Crash		비고
		Time (일)	Cost (만원)	Time (일)	Cost (만원)	
A	없음	5	17	4	21	단, CP는 굵은 선으로 표시하고 각 결합점에서는 다음과 같이 표기한다.
B	없음	18	30	13	45	
C	없음	16	32	12	48	
D	A	8	20	6	26	
E	A	7	11	6	14	
F	A	6	12	4	20	
G	D, E, F	7	15	5	22	

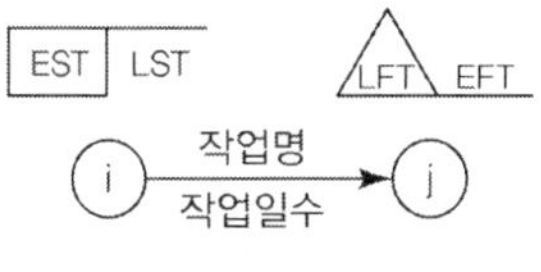
EST
LST
LFT
EFT
i
작업명
작업일수
j

가. 표준 네트워크 공정표를 작성하시오.

나. 정상공기 시 총공사비용을 구하시오.

답 : ______________(원)

다. 공기를 4일 단축할 경우 총공사비용을 구하시오.

답 : ______________(원)

2016

19 **미경화 콘크리트의 건조수축에 의한 균열을 감소시킬 목적으로 구조물의 일정 부위를 남겨놓고 콘크리트를 타설한 후 초기 건조수축이 완료되면 나머지 부분을 타설할 목적으로 설치하는 줄눈의 명칭은 무엇인지 쓰시오.**

득점	배점
	3

20 **콘크리트 펌프에서 실린더 내경 18cm, 스트로크 길이 1m, 스트로크 수 24회/분, 효율 90% 조건으로 계속적으로 콘크리트를 펌핑할 때 원활한 시공을 위한 $7m^3$ 레미콘 트럭의 배차시간 간격(분)을 구하시오.**

득점	배점
	3

〈산출근거〉

답 : ....(분)

21 **다음에서 설명하는 구조의 명칭을 쓰시오.**

득점	배점
	2

> 건축물의 기초부분 등에 적층고무 또는 미끄럼받이 등을 넣어서 지진에 의한 건축물의 흔들림을 감소시키는 구조

답 : ....

22 **철골부재 용접과 관련된 다음 용어에 대해 설명하시오.**

득점	배점
	4

가. 엔드탭(End Tab) :

나. 스캘럽(Scallop) :

23 아래 그림과 같은 구조물에서 T_1 부재에 작용하는 부재력(인장력)을 구하시오.

득점	배점
	3

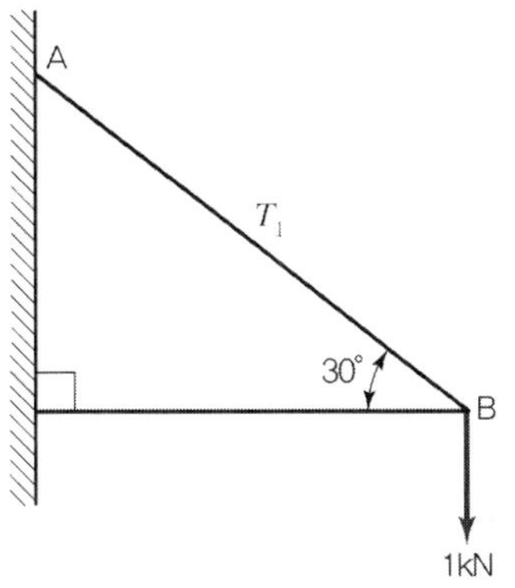

A
T_1
30°
B
1kN

〈산출근거〉

답 :

24 다음은 건축공사표준시방서에 따른 철근과 철근의 순간격 기준에 관한 내용이다. ( ) 안에 알맞은 숫자를 쓰시오.

득점	배점
	2

철근과 철근의 수평 순간격은 (가)mm 이상, 철근공칭지름의 (나)배 이상으로 한다

가.　　　　　　　　나.

25 점토지반 개량공법 중 2가지를 제시하고 그 중 1가지를 선택하여 간단히 설명하시오.

득점	배점
	4

가. 제시 : ①

②

나. 설명 :

26 금속커튼월의 성능시험 관련 실물모형시험(Mock Up Test)에서의 시험종목을 4가지만 쓰시오.(단, 건축공사표준시방서 2013 기준)

득점	배점
	4

가.　　　　　　　　　　나.

다.　　　　　　　　　　라.

27 다음 통합공정관리(EVMS ; Earned Value Management System) 용어를 설명한 것 중 맞는 것을 〈보기〉에서 선택하여 번호로 쓰시오.

득점	배점
	3

〈보기〉
① 프로젝트의 모든 작업내용을 계층적으로 분류한 것
② 성과측정시점까지 투입예정된 공사비
③ 공사착수일로부터 추정준공일까지의 실 투입비에 대한 추정치
④ 성과측정시점까지 지불된 공사비(BCWP)에서 성과측정시점까지 투입예정된 공사비를 제외한 비용
⑤ 성과측정시점까지 실제로 투입된 금액
⑥ 성과측정시점까지 지불된 공사비(BCWP)에서 성과측정시점까지 실제로 투입된 금액을 제외한 비용
⑦ 공정, 공사비 통합, 성과측정, 분석의 기본단위

가. CA(Cost Account) :

나. CV(Cost Variance) :

다. ACWP(Actual Cost for Work Performed) :

2016년 4회 과년도 기출문제

01 목공사에 사용되는 다음 용어를 설명하시오.

득점	배점
	2

가. 이음 :

나. 맞춤 :

02 타일공사에서 타일의 박리 · 박락의 원인 4가지를 쓰시오.

득점	배점
	4

가.　　　　　　　　나.

다.　　　　　　　　라.

03 건축물 기초를 시공하기 위하여 평탄한 지반을 다음과 같이 굴착하고자 한다. 다음 물음에 답하시오.(단, 굴착할 흙의 토량환산계수 L = 1.30, C = 0.9, 굴착 경사면의 기울기는 양측 45° 로 동일)

득점	배점
	9

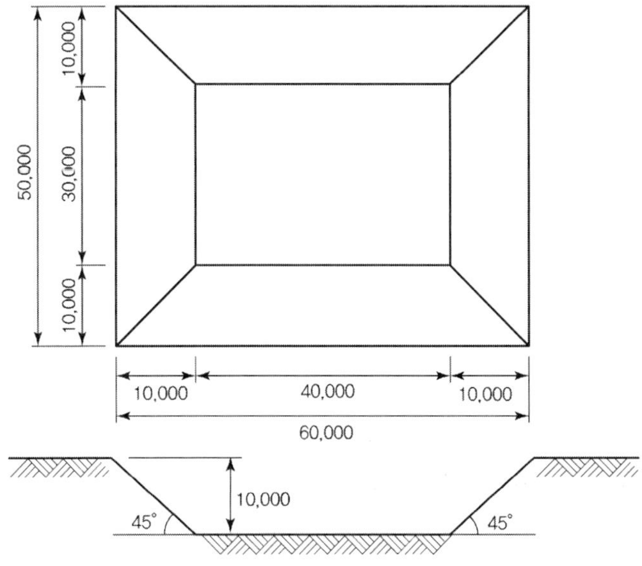

10,000
30,000
10,000
50,000
10,000
40,000
10,000
60,000
10,000
45°
45°

가. 터파기 흙량(m^3)을 구하시오.

답 : ....

나. 굴착한 흙을 덤프트럭으로 운반하고자 할 때 연 소요대수를 구하시오.(단, 덤프트럭 1대 적재용량은 $12m^3$ 적재로 가정, 대수 산정은 소수 첫 번째 자리에서 반올림하여 정수로 표기)

답 : ....

다. 굴착한 흙을 $5,000m^2$의 면적에 다져서 성토할 때 성토장의 높아진 표고는 몇 m인지 구하시오.(단, 측면 비탈경사는 수직으로 가정)

답 : ....

04 목재의 모접기의 종류 3가지를 쓰시오.

득점	배점
	3

가.

나.

다.

05 도장공사에 쓰이는 철부 녹막이용 도장재료 중 2가지를 쓰시오.

득점	배점
	2

가. 나.

06 그림과 같은 철근콘크리트 복근보의 즉시처짐이 20mm일 경우 5년 후에 예상되는 장기처짐을 포함한 총 처짐량을 구하시오.(단, 지속하중에 대한 5년의 시간경과계수(ξ) = 2.0)

득점	배점
	4

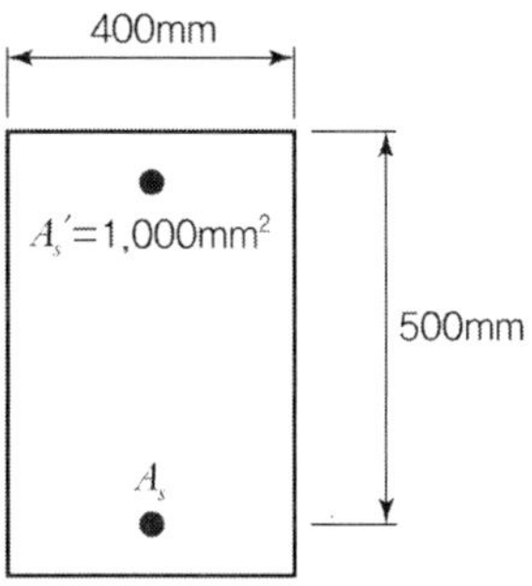

400mm
A_s'=1,000mm²
500mm
A_s

〈산출근거〉

답 :

07 건축물 신축공사에서 건축물을 축조하기 전에 설치하는 기준점(Bench Mark)의 의미를 설명하시오.

득점	배점
	3

08 조적공사에서 사용되는 세로규준틀 기입사항 4가지를 쓰시오.

득점	배점
	4

가. 나.

다. 라.

09 다음 용어를 설명하시오.

득점	배점
	6

가. 전단연결재(Shear Connector) :

나. 거싯 플레이트(Gusset Plate) :

다. 데크 플레이트(Deck Plate) :

2016

10 **일반 석고보드 장 · 단점을 각각 2가지씩 쓰시오.**

득점	배점
	4

가. 장점

①

②

나. 단점

①

②

11 **다음과 같은 건설계약방식에 대하여 설명하시오.**

득점	배점
	4

가. B.O.T(Build Operate Transfer) 방식 :

나. 파트너링(Partnering) 방식 :

12 **플라이애시 시멘트의 특징 3가지를 쓰시오.**

득점	배점
	3

가.

나.

다.

13 그림과 같은 단순보의 단면에 생기는 최대 전단응력도(MPa)를 구하시오.(단, 보의 단면은 300×500mm이다.)

득점	배점
	3

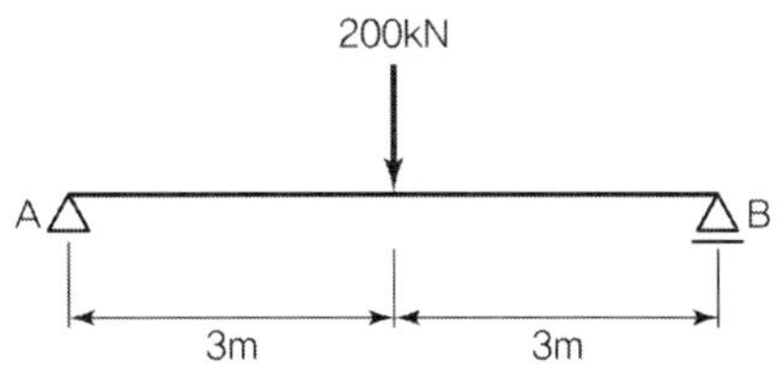

200kN
A
B
3m
3m

〈산출근거〉

답 :

14 콘크리트 타설 시 현장 가수로 인한 문제점을 3가지 쓰시오.

득점	배점
	3

가.

나.

다.

2016

15 〈보기〉의 용접부 검사항목을 용접착수 전, 작업 중, 완료 후의 작업으로 구분하여 해당되는 번호를 모두 쓰시오.

득점	배점
	3

〈보기〉
① 홈의 각도, 간격 치수 ② 아크전압 ③ 용접속도
④ 청소상태 ⑤ 균열, 언더컷 유무 ⑥ 필렛의 크기
⑦ 부재의 밀착 ⑧ 밑면 따내기

가. 용접 착수 전 검사 :

나. 용접 작업 중 검사 :

다. 용접 완료 후 검사 :

득점	배점
	5

16 **시멘트 주요 화합물 4가지를 쓰고, 그 중 콘크리트의 28일 이후 장기강도에 관여하는 화합물을 쓰시오.**

가. 주요 화합물

①

②

③

④

나. 콘크리트의 28일 이후의 장기강도에 관여하는 화합물

득점	배점
	3

17 **다음은 슬러리월(Slurry Wall) 공법에 관한 설명이다. (   ) 안에 알맞은 용어를 각각 쓰시오.**

> 특수 굴착기와 공벽붕괴방지용 (가)을(를) 이용, 지중굴착하여 여기에 (나)을(를) 세우고 (다)를(를) 타설하여 연속적으로 벽체를 형성하는 공법이다. 타 흙막이 벽에 비하여 차수효과가 높으며 역타공법 적용 시나 인접 건축물에 피해가 예상될 때 적용하는 저소음, 저진동 공법이다.

가.

나.

다.

18 다음 데이터를 이용하여 정상공기를 산출한 결과, 지정공기보다 3일이 지연되는 결과였다. 공기를 조정하여 3일의 공기를 단축한 네트워크 공정표를 작성하고 아울러 총공사 금액을 산출하시오.

득점	배점
	10

작업명	선행작업	Normal		Crash		비용구배 (Cost Slope) (원/일)	비 고
		공기(일)	공비(원)	공기(일)	공비(원)		
A	없음	3	7,000	3	7,000	-	단축된 공정표에서 CP는 굵은 선으로 표기하고 각 결합점에서는 아래와 같이 표기한다. 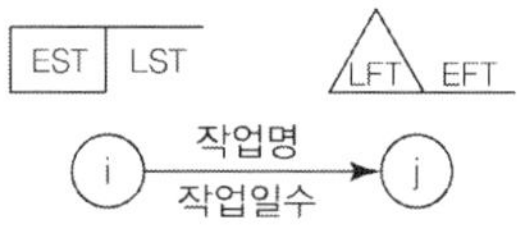 (단, 정상공기는 답지에 표기하지 않고 시험지 여백을 이용할 것)
B	A	5	5,000	3	7,000	1,000	
C	A	6	9,000	4	12,000	1,500	
D	A	7	6,000	4	15,000	3,000	
E	B	4	8,000	3	8,500	500	
F	B	10	15,000	6	19,000	1,000	
G	C, E	8	6,000	5	12,000	2,000	
H	D	9	10,000	7	18,000	4,000	
I	F, G, H	2	3,000	2	3,000	-	

EST
LST
LFT
EFT
작업명
작업일수
i
j

가. 단축한 네트워크 공정표를 작성하시오.

나. 총공사비용을 구하시오.

19 목재에서 섬유포화점과 관련하여 함수율 증감에 따른 강도변화를 설명하시오.

득점	배점
	2

20 다음 그림과 같은 3회전단 라멘에서 A지점의 반력을 구하시오.(단, 최종 답에는 반력의 방향을 정확히 표기)

득점	배점
	3

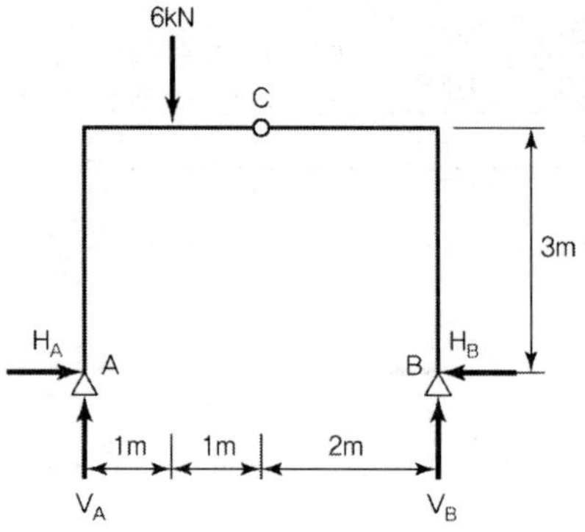

6kN
C
3m
H_A
A
B
H_B
1m
1m
2m
V_A
V_B

〈산출근거〉

답 :

21 목재 방부처리법 중 3가지를 쓰시오.

득점	배점
	3

가.

나.

다.

22 고력볼트의 마찰접합에서는 설계볼트장력과 미끄럼계수의 확보가 반드시 보장되어야 한다. 이와 관련된 고력볼트 접합부의 마찰면 처리에 대하여 기술하시오.

득점	배점
	4

23 다음 설명에 알맞은 지반조사에 사용되는 보링의 종류를 쓰시오.

득점	배점
	3

> 가. 비교적 연약한 토지에 수압을 이용하여 탐사하는 방식
> 나. 경질층의 깊은 굴삭에 사용되는 방식
> 다. 지층의 변화를 연속적으로 비교적 정확히 알고자 할 때 사용하는 방식

가.

나.

다.

24 제자리 콘크리트말뚝 공법을 3가지만 쓰시오.

득점	배점
	3

가.

나.

다.

25 **콘크리트 균열보수법에 대하여 설명하시오.**

득점	배점
	4

가. 표면처리법 :

나. 주입공법 :

26 **철근콘크리트 휨부재의 설계 시 최외단 인장철근의 순인장 변형률 ε_t가 0.004일 경우 강도감소계수 ϕ를 구하시오.(단, f_y = 400MPa)**

득점	배점
	3

〈산출근거〉

답 :

Engineer Architecture

2015년 과년도 기출문제

CONTENTS

2015년 1회 과년도 기출문제

01 기초구조물의 부동침하 방지대책을 4가지만 쓰시오.

득점	배점
	4

가.

나.

다.

라.

02 다음 도면과 같은 기둥 주근의 철근량을 산출하시오.(단, 층고는 3.6m 주근의 이음길이는 25d로 하고, 철근의 중량은 D22는 3.04kg/m, D19=2.25kg/m, D10은 0.56kg/m이다. 주근 상단의 훅(Hook)과 하단의 정착길이는 연속된 것으로 간주하여 고려하지 않았다.)

득점	배점
	4

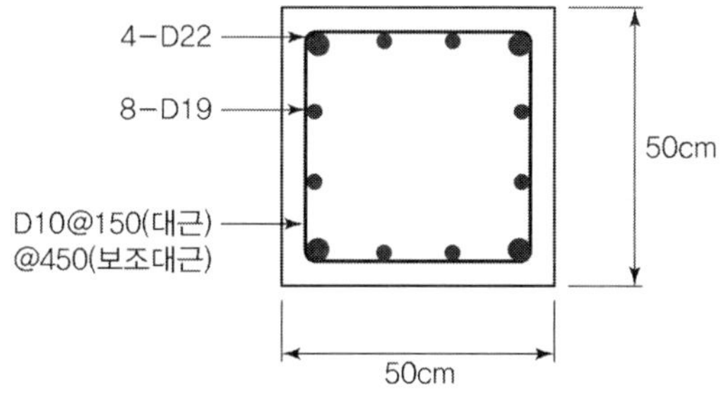

4－D22
8－D19
D10@150(대근)
@450(보조대근)
50cm
50cm

〈산출근거〉

답 :

03 다음 용어를 설명하시오.

득점	배점
	4

가. 물－시멘트비 :

나. 아스팔트침입도 :

04 흙의 전단강도 공식을 쓰고 기호의 뜻을 쓰시오.

득점	배점
	4

05 흙막이지지 Strut를 가설재로 사용하지 않고 영구 철골 구조물로 활용하는 공법을 쓰시오.

득점	배점
	2

06 다음 장방형 단면에서 각 축에 대한 단면 2차 모멘트의 비 I_x / I_y를 구하시오.

득점	배점
	2

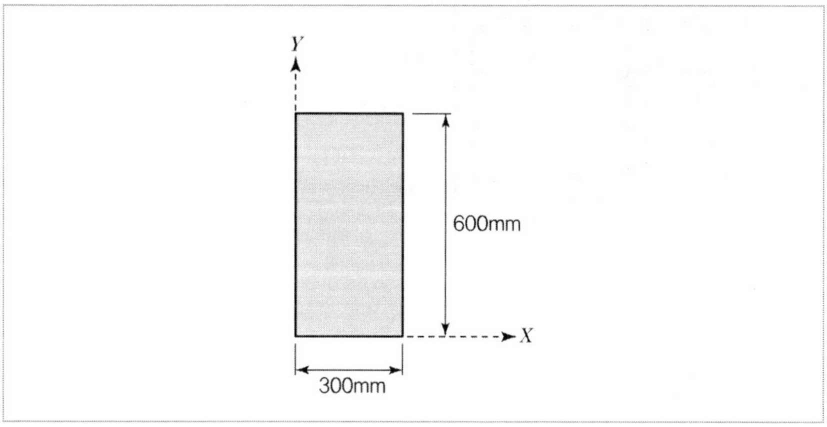

Y
600mm
X
300mm

〈산출근거〉

답 :

07 **목재에 적용 가능한 방부·방충법을 4가지 쓰시오.**

득점	배점
	4

가.

나.

다.

라.

08 **강관 파이프 비계의 연결철물 종류와 기둥 하단 설치 철물을 쓰시오.**

득점	배점
	3

가. 연결철물 종류 :

나. 기둥 하단 설치 철물 :

09 **아래 도면은 건물 옥상의 도면이다. 다음을 산출하시오.(단, 벽돌의 할증률은 5%로 한다.)**

득점	배점
	6

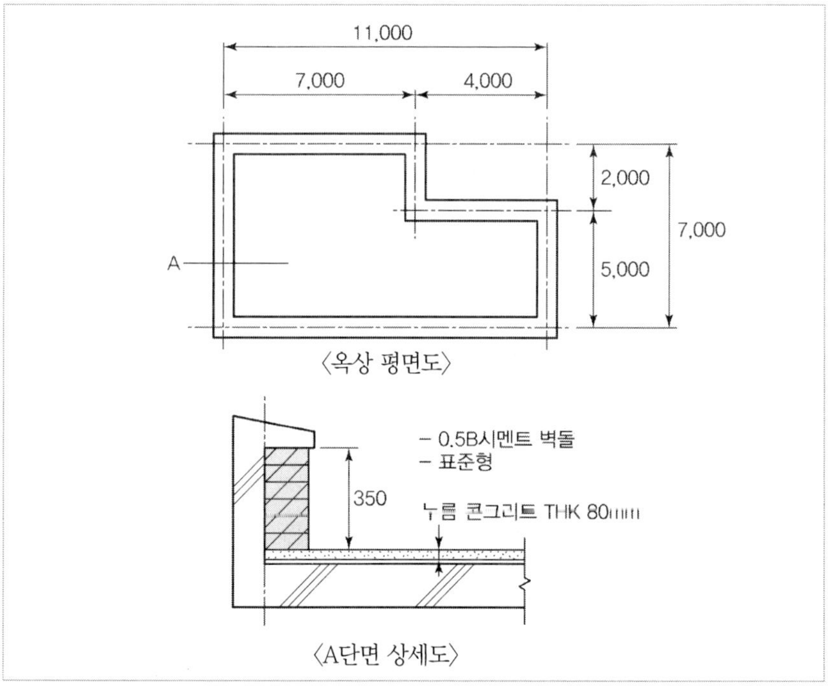

11,000
7,000
4,000
2,000
7,000
5,000
A
〈옥상 평면도〉
– 0.5B시멘트 벽돌
– 표준형
350
누름 콘크리트 THK 80mm
〈A단면 상세도〉

1) 옥상 방수 면적

답 : ....(m^2)

2) 누름 콘크리트량

답 : ....(m^3)

3) 보호벽돌 소요량

답 : ....(장)

10 **조적공사에서 시공 시 기준이 되는 세로규준틀의 설치위치 1개소와 기입사항 2가지를 쓰시오.**

득점	배점
	3

가. 설치위치 :

나. 기입사항 : ①

②

11 **갱폼의 장점과 단점을 각각 2개씩 쓰시오.**

득점	배점
	4

가. 장점 : ①

②

나. 단점 : ①

②

12 **다음 철근의 응력－변형률 곡선에서 번호에 해당하는 용어를 쓰시오.**

득점	배점
	3

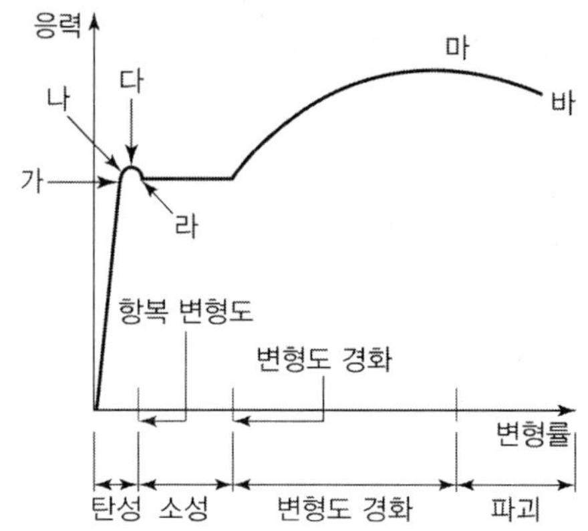

응력
가
나
다
라
마
바
항복 변형도
변형도 경화
변형률
탄성
소성
변형도 경화
파괴

가.　　　　　　나.

다.　　　　　　라.

마.　　　　　　바.

13 **생콘크리트 측압에서 콘크리트 헤드(Concrete Head)에 대하여 간략하게 쓰시오.**

득점	배점
	3

14 **다음 금속 철물 종류를 간단히 설명하시오.**

득점	배점
	4

가. 와이어메시 :

나. 와이어라스 :

다. 메탈라스 :

라. 펀칭메탈 :

15 **기성콘크리트 말뚝을 사용한 기초공사에서 사용가능한 무소음 · 무진동 공법 3가지를 기재하시오.**

득점	배점
	3

가.

나.

다.

16 **다음 〈보기〉를 보고 철골공사 현장작업 순서를 기호로 골라 나열하시오.**

득점	배점
	4

〈보기〉

가. 세우기	나. 중심내기(심벽매김)	다. 앵커볼트 매립
라. 접합부 검사	마. 세우기 검사	바. 본접합

답 : ....

17 다음 데이터를 네트워크 공정표로 작성하고, 각 작업의 여유시간을 계산하시오.

득점	배점
	10

작업명	작업일수	선행작업	비고
A	5	없음	결합점에는 다음과 같이 시간을 표시한다. 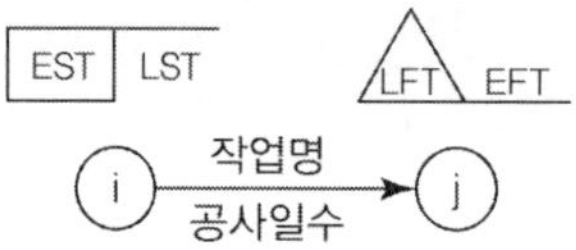 EST LST LFT EFT i 작업명 공사일수 j 주공정선은 굵은 선으로 표시하시오. (작업의 여유는 dummy를 고려하지 않은 실제 작업의 여유로 계산한다.)
B	2	없음	
C	4	없음	
D	4	A, B, C	
E	3	A, B, C	
F	2	A, B, C	

가. 네트워크 공정표

나. 여유 계산

18 칼럼 쇼트닝에 대하여 설명하시오.

득점	배점
	3

19 전단철근의 간격을 구하시오.(단, V_s=265kN이고, 철근의 항복강도는 400MPa이다.)

득점	배점
	4

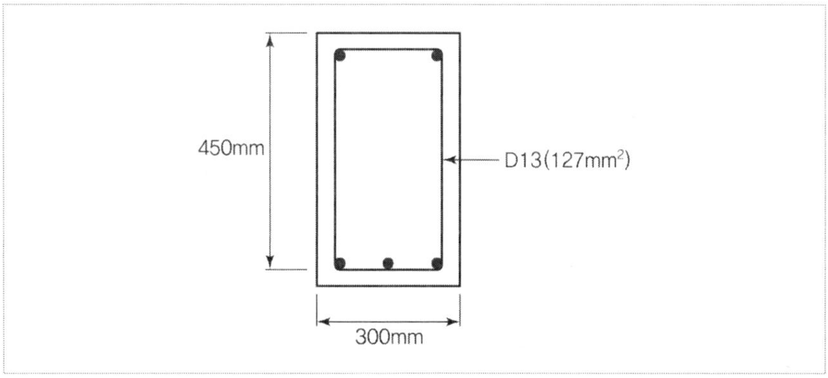
450mm
D13(127mm²)
300mm

〈산출근거〉

답 :

20 지하구조물 축조 시 인접 구조물의 피해를 막기 위해 실시하는 언더피닝(Under Pinning) 공법 종류 4가지를 쓰시오.

득점	배점
	4

가.

나.

다.

라.

21 다음 열거된 거푸집의 콘크리트 시방서상의 거푸집 존치기간을 쓰시오.

득점	배점
	2

가. 기초/벽/기둥/보 옆 :

나. 평균 10℃ 이상, 보통포틀랜드 시멘트 사용 존치기간이 며칠 이상이 경과하면 압축강도 시험을 행하지 않고, 거푸집을 제거할 수 있는가 :

22 다음 데이터를 이용하여 아래 물음에 답하시오.

득점	배점
	4

[Date] 460, 540, 450, 430, 470, 500, 530, 480, 490, 550

가. 산술평균($\overline{X}$) :

나. 표본분산(S^2) :

23 시트(Sheet) 방수공법의 순서를 쓰시오.

득점	배점
	3

바탕처리-(　가　)-접착제 칠-(　나　)-(　다　)

가.

나.

다.

24 그림과 같은 보의 최외단 인장철근의 순인장변형률(ε_t)을 산정하고 강도 감소계수를 구하시오.(단, A_s=2,100mm^2, f_{ck}=24MPa, f_y=400MPa, E_s=200,000MPa)

득점	배점
	4

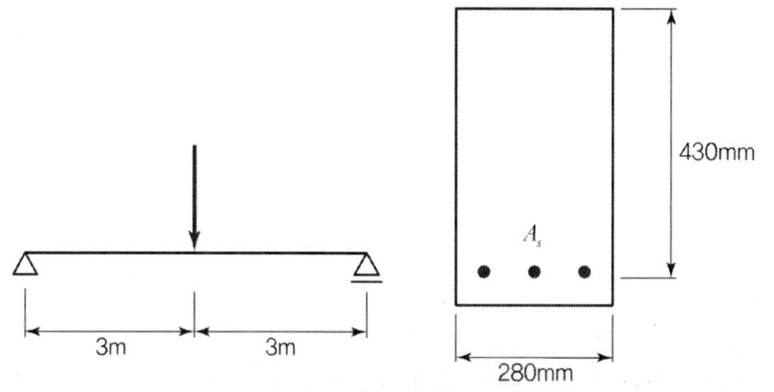

430mm
A_s
3m
3m
280mm

〈산출근거〉

답 :

25 VE 기법에 대해 설명하고 효율적인 적용단계를 쓰시오.

득점	배점
	3

가. 용어 :

나. 효율적인 적용단계 :

26 다음 타일 붙임공법의 명칭을 쓰시오.

득점	배점
	2

바탕면에 타일접착용 모르타르를 바르고 타일에도 붙임 모르타르를 발라 두드려 누르거나 비벼 넣으며 붙이는 공법으로 압착공법을 한층 발전시킨 공법

답 :

27 다음과 같은 보에서 최대 휨모멘트가 발생되는 거리 x를 구하시오.

득점	배점
	3

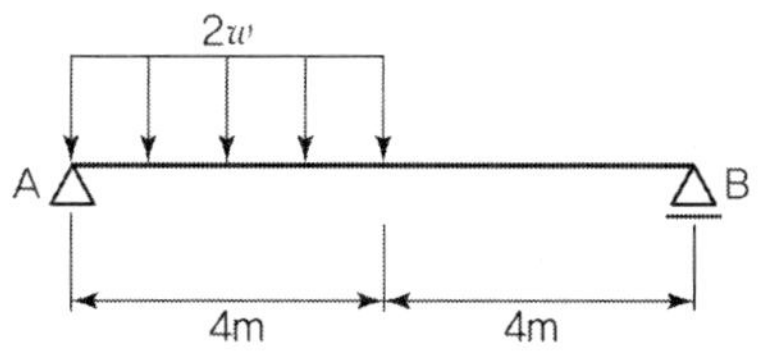
2w
A
B
4m
4m

〈산출근거〉

답 :

2015년 2회 과년도 기출문제

01 가설공사의 수평규준틀 설치 목적을 2가지 적으시오.

득점	배점
	2

가.

나.

02 다음 그림과 같은 원형 단면에서 폭 b, 높이 $h=2b$의 직사각형 단면을 얻기 위한 단면계수 S를 직경 D의 함수로 표현하시오.(단, 지름이 D인 원에 내접하는 밑변이 b이고 $h=2b$)

득점	배점
	4

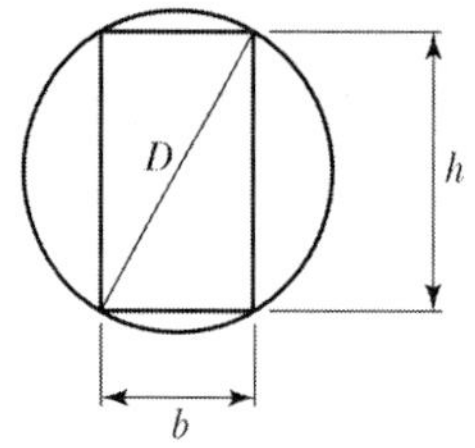
D
h
b

〈산출근거〉

답 :

03 다음 조건에서 파워셔블(Power Shovel)의 1시간당 추정 굴착작업량을 산출하시오. (단, 단위를 명기하시오.)

득점	배점
	4

- q=0.8m^3
- k=0.8
- f=0.83
- E=0.7
- C_m=40sec

〈산출근거〉

답 :

04 다음 용어를 설명하시오.

득점	배점
	4

가. 접합유리 :

나. 로이유리 :

05 슬러리월 공법에서 가이드월(Guide Wall)을 스케치하고 설치 목적 2가지를 쓰시오.

득점	배점
	4

가. 스케치 :

나. 설치 목적 : ①

②

2015

06 **용접접합 중 슬래그 감싸들기의 이유 및 방지책을 2가지씩 쓰시오.**

득점	배점
	4

가. 원인 : ①

②

나. 대책 : ①

②

07 **다음 콘크리트공사에서 사용되는 용어 슬럼프 플로, 조립률을 간단히 설명하시오.**

득점	배점
	4

가. 슬럼프 플로 :

나. 조립률 :

08 **철골공사의 절단가공에서 절단방법의 종류를 3가지 쓰시오.**

득점	배점
	3

가.

나.

다.

09 그림과 같은 인장부재의 순단면적을 구하시오.(단, 판재의 두께는 20mm이며, 구멍 크기는 22mm이다.)

득점	배점
	4

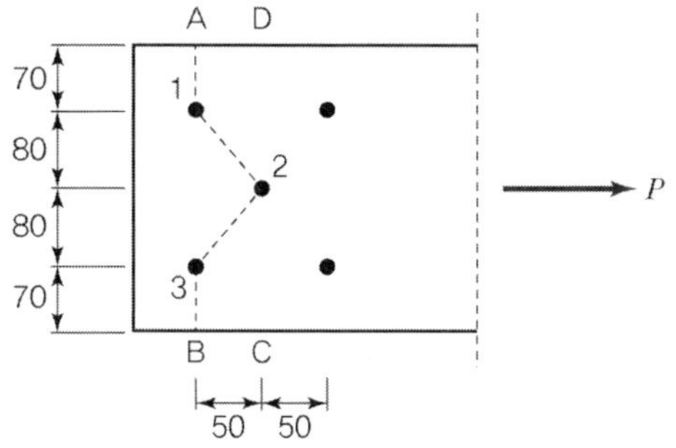

A
D
70
80
80
70
1
2
3
P
B
C
50
50

〈산출근거〉

답 :

10 대안입찰제도에 대하여 간단히 설명하시오.

득점	배점
	3

11 다음 거푸집을 간단히 설명하시오.

득점	배점
	4

가. 슬립폼 :

나. 트래블링폼 :

12 **트럭 적재한도의 중량이 6t일 때 비중 0.6, 부피 300,000(才)의 목재 운반 트럭대수를 구하시오.(단, 6t 트럭의 적재량은 8.3m^3)**

득점	배점
	3

〈산출근거〉

답 :

13 **다음 보기를 이용하여 히스토그램 작성순서를 나열하시오.**

득점	배점
	3

① 히스토그램과 규격값을 대조하여 안정상태인지 검토한다.
② 히스토그램을 작성한다.
③ 도수분포도를 만든다.
④ 데이터에서 최솟값과 최댓값을 구하며 전 범위를 구한다.
⑤ 구간폭을 정한다.
⑥ 데이터를 수집한다.

답 :

14 **다음 용어를 설명하시오.**

득점	배점
	4

가. 예민비 :

나. 압밀 :

15 흙의 함수량 변화와 관련하여 (　　) 안을 채우시오.

득점	배점
	2

흙이 소성 상태에서 반고체 상태로 옮겨지는 경계의 함수비를 (가)라 하고, 액성 상태에서 소성 상태로 옮겨지는 함수비를 (나)라고 한다.

가.　　　　　　　　　　나.

16 인장철근비 0.0025, 압축철근비 0.0016의 철근콘크리트 직사각형 단면의 보에 하중이 작용하여 순간처짐이 2cm 발생하였다. 3년의 지속하중이 작용할 경우 총 처짐량(순간처짐+장기처짐)을 구하시오.(단, 시간경과계수는 다음의 표를 참조한다.)

득점	배점
	4

기간(월)	1	3	6	12	18	24	36	48	60 이상
ξ	0.5	1.0	1.2	1.4	1.6	1.7	1.8	1.9	2.0

〈산출근거〉

답 :

17 철골구조의 보-기둥 접합부에서 강접합 및 전단접합을 도시하고 설명하시오.

득점	배점
	4

가. 강접합 :

나. 전단접합 :

18 경량철골공사에서 사용되는 파이프 단부의 밀폐방법 3가지를 쓰시오.

득점	배점
	3

가.

나.

다.

19 조적공사에서 블록벽에 습기가 침투되는 원인 4가지를 적으시오.

득점	배점
	4

가.

나.

다.

라.

20 그림과 같은 라멘에 있어서 A점의 전달모멘트를 구하시오.(단, k는 강비이다.)

득점	배점
	3

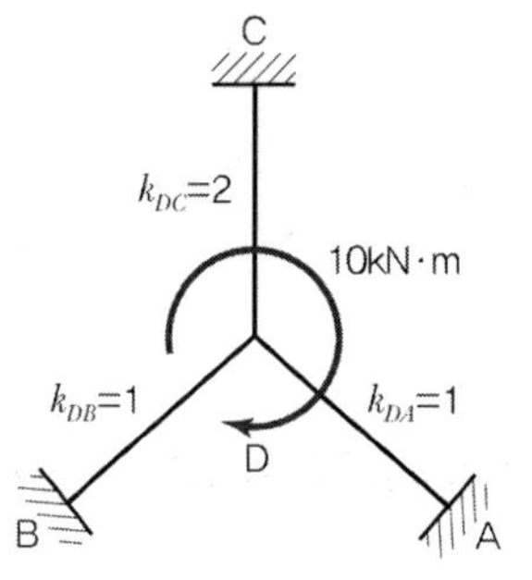

C
k_{DC}=2
10kN·m
k_{DB}=1
k_{DA}=1
D
B
A

〈산출근거〉

답 :

21 다음 데이터를 이용하여 Normal Time 네트워크 공정표를 작성하고, 아울러 공기 3일을 단축한 네트워크 공정표 및 총 공사금액을 산출하시오.

득점	배점
	10

Activity	Node		정상시간	정상비용	특급시간	특급비용
A	0	1	3일	20,000원	2일	26,000원
B	0	2	7일	40,000원	5일	50,000원
C	1	2	5일	45,000원	3일	59,000원
D	1	4	8일	50,000원	7일	60,000원
E	2	3	5일	35,000원	4일	44,000원
F	2	4	4일	15,000원	3일	20,000원
G	3	5	3일	15,000원	3일	15,000원
H	4	5	7일	60,000원	7일	60,000원

가. 표준 네트워크 공정표

나. 단축 네트워크 공정표

다. 총공사비 :

답 : .... 원

22 1단 자유, 타단고정, 길이 2.5m인 압축력을 받는 기둥의 탄성 좌굴하중을 구하시오. (단, I=783,000mm^4, E=205,000MPa)

득점	배점
	4

〈산출근거〉

답 :

23 표준형 벽돌 1,000장으로 1.5B 두께로 쌓을 수 있는 벽면적(m^2)은?(단, 할증률은 고려하지 않는다.)

득점	배점
	3

〈산출근거〉

답 :

24 재령 28일 콘크리트 표준공시체(ϕ150×300)에 대한 압축강도시험 결과 파괴하중이 450kN일 때 압축강도를 구하시오.

득점	배점
	3

〈산출근거〉

답 :

25 다음에 설명에 해당하는 콘크리트의 줄눈 명칭을 쓰시오.

득점	배점
	2

> 지반 등 안정된 위치에 있는 바닥판은 수축에 의하여 표면에 균열이 생길 수 있는데 이러한 균열을 방지하기 위해 설치하는 줄눈

답 :

26 온도조절 철근이란 무엇인지 간단히 쓰시오.

득점	배점
	2

27 지내력 시험의 종류 2가지를 적으시오.

가.

나.

득점	배점
	2

28 8층 아스팔트 방수 공법의 순서를 쓰시오.

득점	배점
	4

2015년 4회 과년도 기출문제

01 바닥미장 면적이 1,000m²일 때, 1일 10인의 작업 시 작업소요일을 구하시오.(단, 아래와 같은 품셈을 기준하며 산출근거를 쓰시오.)

득점	배점
	2

바닥미장 품셈

(m²당)

구분	단위	수량
미장공	인	0.05

〈산출근거〉

답 : .... (일)

02 강도설계법에서 보통골재를 사용한 콘크리트의 압축강도(f_{ck})가 24MPa이고 철근의 탄성계수(E_s)가 200,000MPa, 항복강도(f_y)가 400MPa일 때 콘크리트의 탄성계수(E_c)와 탄성계수비$\left(\dfrac{E_s}{E_c}\right)$를 구하시오.

득점	배점
	4

〈산출근거〉

가. 콘크리트의 탄성계수 :

답 : ....

나. 탄성계수비 :

답 : ....

03 레디믹스트 콘크리트 규격(25－30－210)에 대하여 3가지 수치가 뜻하는 바를 쓰시오.(단, 단위까지 명확히 기재)

득점	배점
	3

가. 25 :

나. 30 :

다. 210 :

04 콘크리트에서 굳은 콘크리트의 성질 중 하나인 크리프에 대하여 간단히 설명하시오.

득점	배점
	4

05 콘크리트의 강도 추정과 관련된 비파괴시험의 종류를 3가지만 기재하시오.

득점	배점
	3

가.

나.

다.

06 벽돌벽의 표면에 생기는 백화의 정의와 방지대책 3가지를 쓰시오.

득점	배점
	4

가. 정의 :

나. 방지대책 : ①

②

③

07 BTO(Build – Transfer – Operate) 방식을 설명하시오.

득점	배점
	3

08 알칼리 골재반응을 설명하고 방지책 3가지를 쓰시오.

득점	배점
	5

가. 반응 :

나. 대책 : ①

②

③

09 SM490에서 SM의 의미와 490의 의미를 적으시오.

득점	배점
	2

가. SM :

나. 490 :

10 다음 데이터를 네트워크 공정표로 작성하고, 각 작업의 여유시간을 구하시오.

득점	배점
	10

작업명	작업일수	선행작업	비고
A	3	없음	
B	4	없음	
C	5	없음	결합점에는 다음과 같이 시간을 표시한다.
D	6	A, B	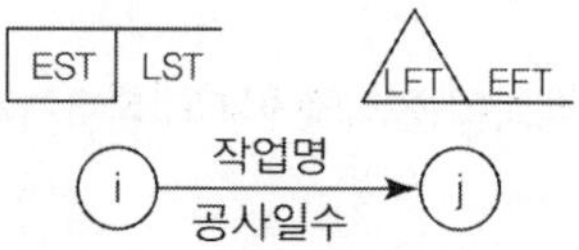EST LST LFT EFT i 작업명 j 공사일수
E	7	B	
F	4	D	
G	5	D, E	주공정선은 굵은 선으로 표시하시오.
H	6	C, F, G	
I	7	F, G	

가. 네트워크 공정표

나. 여유시간

11 공사 착공 시 첨부되는 품질관리 계획서에 포함되는 사항 4가지를 쓰시오.

득점	배점
	3

가.

나.

다.

라.

12 잭 서포트(Jack Support)에 대하여 설명하시오.

득점	배점
	4

13 지하 토공사 중 계측관리와 관련된 항목을 골라 번호로 쓰시오.

득점	배점
	4

① Strain Gauge ② 경사계(Inclino Meter)
③ Water Level Meter ④ Level and Staff

가. 지표면 침하 측정 :

나. 응력 측정계 :

다. 지하수위 측정 :

라. 흙막이벽 수평변위 측정 :

14 다음 설명에 해당하는 콘크리트의 명칭을 쓰시오.

득점	배점
	3

가. 콘크리트 면에 미장 등을 하지 않고, 직접 노출시켜 마무리한 콘크리트
나. 부재 단면치수 80cm 이상, 콘크리트 내·외부 온도차가 25℃ 이상으로 예상되는 콘크리트
다. 건축구조물이 20층 이상이면서 기둥 크기를 적게 하도록 콘크리트 강도를 높게 하는 구조물에 사용되는 콘크리트로서 보통 설계기준 강도가 보통 40MPa 이상인 콘크리트

가.

나.

다.

15 다음은 철골공사에서 사용하는 용어에 대한 설명이다. 해당하는 용어를 쓰시오.

득점	배점
	3

> 가. 철골부재 용접 시 이음 및 접합부위의 용접선이 교차되어 재용접된 부위가 열영향을 받아 취약해지는 것을 방지하기 위하여 모재에 부채꼴 모양의 모따기를 한 것
> 나. 철골 기둥의 이음부를 가공하여 상하부 기둥 밀착을 좋게 하여 축력의 25%까지 하부 기둥에 직접 전달하기 위한 가공방법
> 다. 용접 결함이 생기기 쉬운 용접 시작 부분이나 끝 부분에 설치하는 보조 부재

가.

나.

다.

16 어떤 골재의 비중이 2.65이고, 단위용적중량이 1,800kg/m^3이라면 이 골재의 실적률을 구하시오.

득점	배점
	3

〈산출근거〉

답 :

17 TQC에 이용되는 7가지 도구 중 4가지를 쓰시오.

득점	배점
	4

가.

나.

다.

라.

18 철골구조공사에 있어서 철골 습식 내화피복공법의 종류를 4가지 쓰시오.

득점	배점
	4

가.

나.

다.

라.

19 철골공사에 철골부재를 접합할 때 발생하는 용접(鎔接) 결함을 3가지만 쓰시오.

득점	배점
	3

가.

나.

다.

20 다음 그림에서 나타내는 용접기호를 4가지만 설명하시오.(단, 숫자는 반드시 설명)

득점	배점
	4

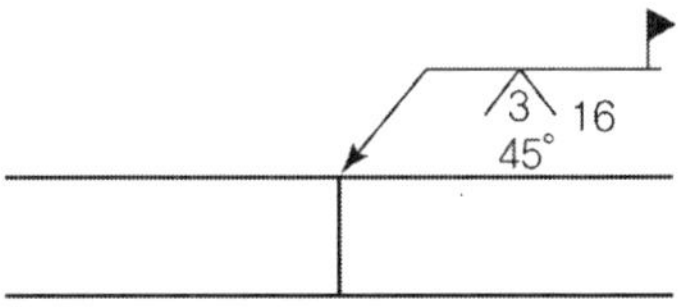
3
16
45°

가.

나.

다.

라.

21 흐트러진 상태의 흙 30m^{3}를 이용하여 30m^{2}의 면적에 다짐 상태로 60cm 두께를 터돋우기 할 때 시공 완료된 다음의 흐트러진 상태의 토량을 산출하시오.(단, 이 흙의 L=1.2이고, C=0.9이다.)

득점	배점
	3

〈산출근거〉

답 :

22 거푸집 측압의 증가 원인에 대해서 4가지를 쓰시오.

득점	배점
	4

가.

나.

다.

라.

23 **다음 건축공사용 재료의 할증률을 쓰시오.**

득점	배점
	4

가. 유리 :

나. 시멘트 벽돌 :

다. 붉은 벽돌 :

라. 단열재 :

24 **Value Engineering 개념에서 V=F/C 식의 각 기호를 설명하시오.**

득점	배점
	3

가. V :

나. F :

다. C :

25 **강도 설계법에서 기초판의 크기가 2m×3m일 때 단변 방향으로의 소요 전체 철근량이 3,000mm^{2}이다. 유효폭 내에 배근하여야 할 철근량을 구하시오.**

득점	배점
	3

〈산출근거〉

답 : ....

26 다음 그림과 같은 경우 마찰접합에 의한 설계미끄럼 강도를 계산하시오.(단, 강재의 재질은 SS400, 고력볼트는 M22(F10T), 설계볼트 장력 T_0=200kN, 표준 구멍)

득점	배점
	5

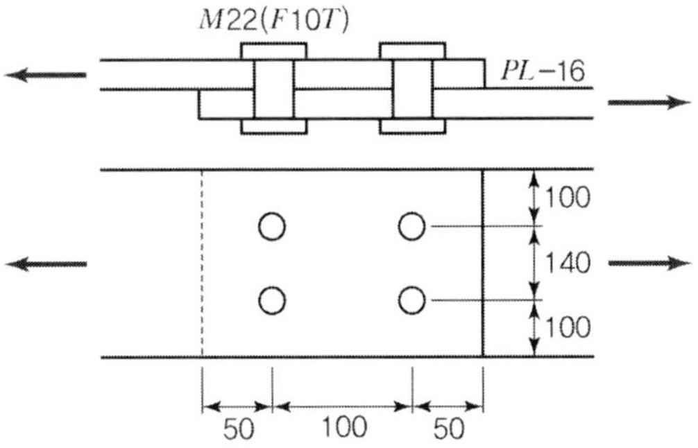

M22(F10T)
PL−16
100
140
100
50
100
50

〈산출근거〉

답 :

2015

27 스팬 6m의 단순보에 w_D=15kN/m, w_L=12kN/m가 작용하는 경우, 보의 전단 설계를 위한 최대 전단력 V_u는 얼마인가?(단, 보의 단면 $b_w \times d$=300mm×500mm이다.)

득점	배점
	4

〈산출근거〉

답 : ....

Engineer Architecture

2014년 과년도 기출문제

CONTENTS

2014년 1회 과년도 기출문제

01 다음 그림과 같은 트러스 구조물의 부정정차수를 구하고, 안정구조물인지 불안정구조물인지 판별하시오.

득점	배점
	4

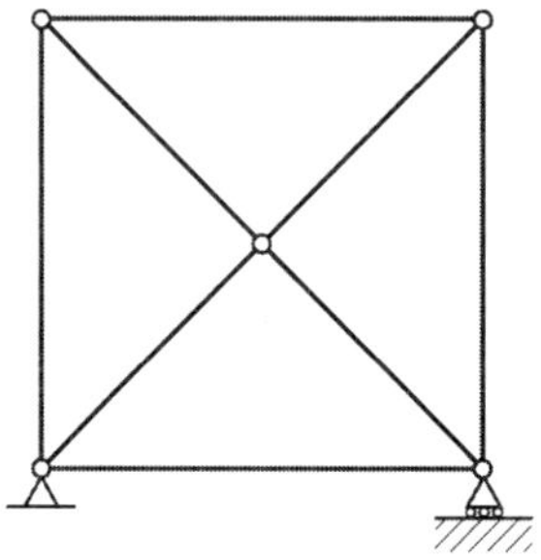

02 그림과 같은 단면의 X축에 관한 단면 2차 모멘트를 계산하시오.

득점	배점
	2

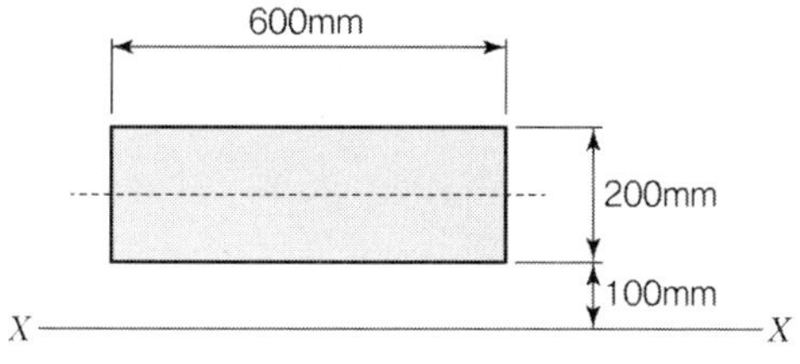
600mm
200mm
100mm
X
X

〈산출근거〉

답 :

03 그림과 같은 단순보(A)와 단순보(B)의 최대 휨모멘트가 같을 때 집중하중 P를 구하시오.

득점	배점
	4

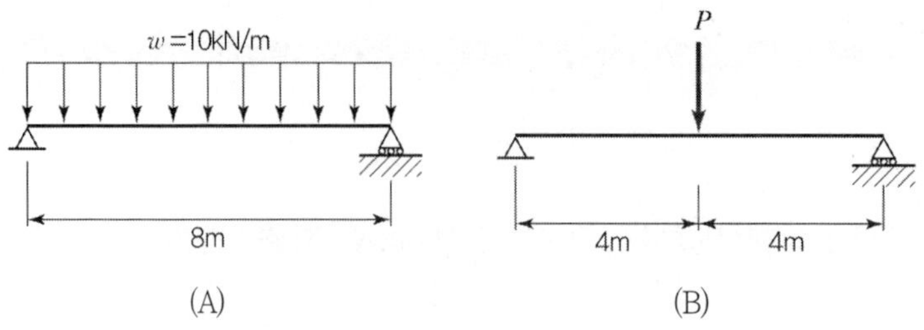

w =10kN/m
8m
(A)
P
4m
4m
(B)

〈산출근거〉

답 :

04 콘크리트 설계기준 압축강도 $f_{ck} = 30\text{MPa}$일 때, 압축응력등가 블록의 깊이계수 β_1을 구하시오.

득점	배점
	3

05 다음 괄호에 알맞은 내용을 쓰시오.

득점	배점
	2

> 기둥의 띠근 간격은 주근 지름의 (가)배 이하, 띠철근 지름의 (나)배 이하, 기둥의 최소폭 이하 중 작은 값으로 한다.

가.

나.

06 다음에 제시하는 형강을 보고 개략적으로 도시하고, 치수를 기입하시오.

득점	배점
	6

① H－294×200×10×15
② C－150×65×20
③ L－100×100×7

① ② ③

07 다음 데이터를 네트워크 공정표로 작성하고, 각 작업의 여유시간(TF)과 자유여유(FF)를 구하시오.

득점	배점
	8

작업명	작업일수	선행작업	비고
A	5	없음	네트워크 작성은 다음과 같이 표기하고, 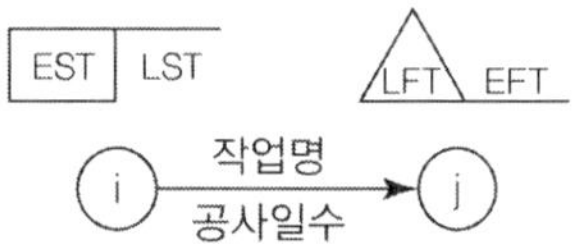 주공정선은 굵은 선으로 표기하시오.
B	6	없음	
C	5	A, B	
D	7	A, B	
E	3	B	
F	4	B	
G	2	C, E	
H	4	C, D, E, F	

EST
LST
LFT
EFT
i
작업명
공사일수
j

가. 네트워크 공정표

나. 여유시간계산 :

2014

08 **다음은 TQC의 도구에 대한 설명이다. 해당되는 도구명을 쓰시오.**

득점	배점
	3

가. 계량치가 어떤 분포를 하는지 알아보기 위하여 작성하는 그림
나. 불량 등 발생건수를 분류 항목별로 나누어 크기 순서대로 나열해 놓은 그림
다. 결과에 원인이 어떻게 관계하고 있는가를 한눈에 알 수 있도록 작성한 그림

가. 나.

다.

09 **품질관리계획서 제출 시 필수적으로 기입하여야 하는 항목을 4가지 적으시오.**

득점	배점
	4

가.

나.

다.

라.

10 **다음 그림의 보에 대하여 콘크리트량과 거푸집량을 구하시오.**

득점	배점
	6

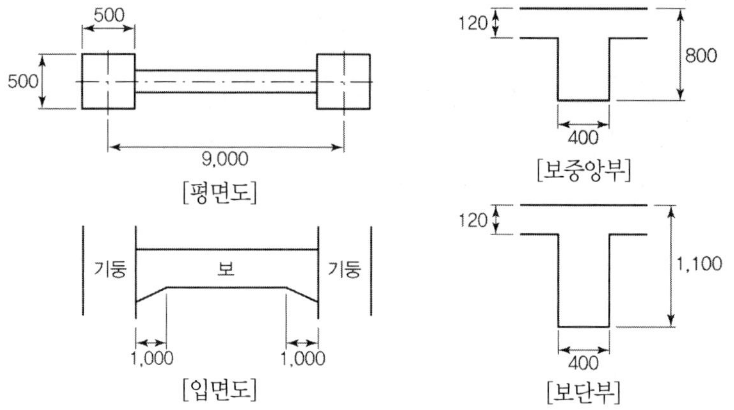

500
500
9,000
[평면도]
기둥
보
기둥
1,000
1,000
[입면도]
120
800
400
[보중앙부]
120
1,100
400
[보단부]

〈산출근거〉

가. 콘크리트량 :

답 : .... m^3

나. 거푸집량 :

답 : .... m^2

11 BOT(Build－Operate－Transfer Contract) 방식을 설명하시오.

득점	배점
	3

12 기준점(Bench Mark)의 정의를 쓰시오.

득점	배점
	2

13 지하구조물은 지하수위에서 구조물 밑면까지의 깊이만큼 부력을 받아 건물이 부상하게 되는데, 이것에 대한 방지대책을 4가지 기술하시오.

득점	배점
	4

가.

나.

다.

라.

14 철근콘크리트공사를 하면서 철근간격을 일정하게 유지하는 이유를 3가지 쓰시오.

득점	배점
	3

가.

나.

다.

2014

15 다음 측정기별 용도를 쓰시오.

득점	배점
	4

가. Washington Meter :

나. Piezo Meter :

다. Earth Pressure Meter :

라. Dispenser :

16 다음 설명에 해당하는 콘크리트의 줄눈 명칭을 쓰시오.

득점	배점
	2

> 콘크리트 시공과정 중 휴식시간 등으로 응결하기 시작한 콘크리트에 새로운 콘크리트를 이어칠 때 일체화가 저해되어 생기게 되는 줄눈

답 :

17 한중콘크리트의 문제점에 대한 대책을 보기에서 모두 골라 기호를 쓰시오.

득점	배점
	3

> 가. AE제 사용　　나. 응결지연제 사용
> 다. 보온양생　　라. 물－결합재비를 60% 이하로 유지
> 마. 중용열시멘트 사용　　바. Pre－cooling 방법 사용

답 :

18 고강도 콘크리트의 폭렬현상에 대하여 설명하시오.

득점	배점
	3

19 강구조공사에서 녹막이칠을 하지 않는 부분 3곳을 쓰시오.

득점	배점
	3

가.
나.
다.

20 강구조공사 접합방법 중 용접의 장점을 4가지 쓰시오.

득점	배점
	4

가.
나.
다.
라.

21 철골공사에서 용접부의 비파괴 시험방법의 종류를 3가지 쓰시오.

득점	배점
	3

가.

나.

다.

22 타워 크레인의 종류로는 T형 타워 크레인(T-Tower Crane)과 러핑 크레인(Luffing Crane)이 있는데, 이 중 러핑 크레인을 사용하는 경우 2가지를 쓰시오.

득점	배점
	4

가.

나.

23 강구조 공사에 있어서 철골 습식 내화피복공법의 종류를 4가지 쓰시오.

득점	배점
	4

가. 나.

다. 라.

24 목구조의 횡력 보강부재를 3가지 적으시오.

득점	배점
	3

가.

나.

다.

25 알루미늄 창호를 철제 창호와 비교하고 장점을 4가지 쓰시오.

득점	배점
	2

가.

나.

다.

라.

26 다음 용어를 설명하시오.

득점	배점
	4

가. 스캘럽(Scallop) :

나. 뒷댐재(Back Strip) :

2014년 2회 과년도 기출문제

01 건축공사 표준시방서에 의한 석재의 물갈기 마감공정을 순서대로 쓰시오.

득점	배점
	3

02 철근공사에서 철근선조립 공법의 시공적 측면에서의 장점을 4가지 쓰시오.

득점	배점
	3

가.

나.

다.

라.

03 미장공사와 관련된 다음 용어를 간단히 설명하시오.

득점	배점
	4

가. 손질 바름 :

나. 실러 바름 :

04 콘크리트공사에서 소성수축균열(Plastic Shrinkage Crack)에 관해서 기술하시오.

득점	배점
	3

05 콘크리트 타설 시 현장 가수로 인해 물 – 시멘트비가 큰 콘크리트로 시공하였을 때 예상되는 문제점을 4가지 쓰시오.

득점	배점
	4

가.

나.

다.

라.

06 실시설계도서가 완성되고 공사물량산출 등 견적업무가 끝나면 공사예정가격 작성을 위한 원가계산을 하게 된다. 원가계산기준 중 아래 내용에 대한 답안을 쓰시오.

득점	배점
	3

> 가. 공사시공과정에서 발생하는 재료비, 노무비, 경비의 합계액
> 나. 기업의 유지를 위한 관리활동부문에서 발생하는 제비용
> 다. 공사계약목적물을 완성하기 위하여 직접 작업에 종사하는 종업원 및 기능공에 제공되는 노동력의 대가

가.

나.

다.

07 다음 빈칸에 해당하는 용어를 쓰시오.

득점	배점
	4

> 목공사에 있어 목재의 단면을 표시한 치수는 건조 및 가공이 되지 않은 목재의 치수를 (가) 치수라 하고, 건조 및 대패 마감된 후의 실제적인 치수를 (나) 치수라 한다.

가.

나.

08 숏크리트(Shotcrete) 공법의 정의를 기술하고, 그에 대한 장단점을 1가지씩 쓰시오.

득점	배점
	4

가. 정의 :

나. 장점 :

다. 단점 :

09 레디믹스트 콘크리트가 현장에 도착하여 타설될 때 현장에서 일반적으로 행하는 품질 관리 항목을 보기에서 선택하시오.

득점	배점
	3

가. 슬럼프 시험	나. 물의 염소이온량 측정
다. 골재반응성 시험	라. 공기량 시험
마. 압축강도 공시체 제작	바. 시멘트 알칼리량 측정

답 :

10 철골공사에서 내화피복공법 종류에 따른 재료를 각각 2가지씩 쓰시오.

득점	배점
	4

공법	재료	
타설공법		
조적공법		
미장공법		

11 아래 그림은 철근콘크리트조 경비실 건물이다. 주어진 평면도 및 단면도를 보고 C_1, G_1, G_2, S_1에 해당되는 부분의 1층과 2층 콘크리트량과 거푸집 면적을 산출하시오.

득점	배점
	10

(단, 1) 기둥단면(C_1) : 30cm×30cm, 2) 보단면(G_1, G_2) : 30cm×60cm
3) 슬래브 두께(S_1) : 13cm 4) 층고 : 단면도 참조

단면도에 표기된 1층 바닥선 이하는 계산하지 않는다.)

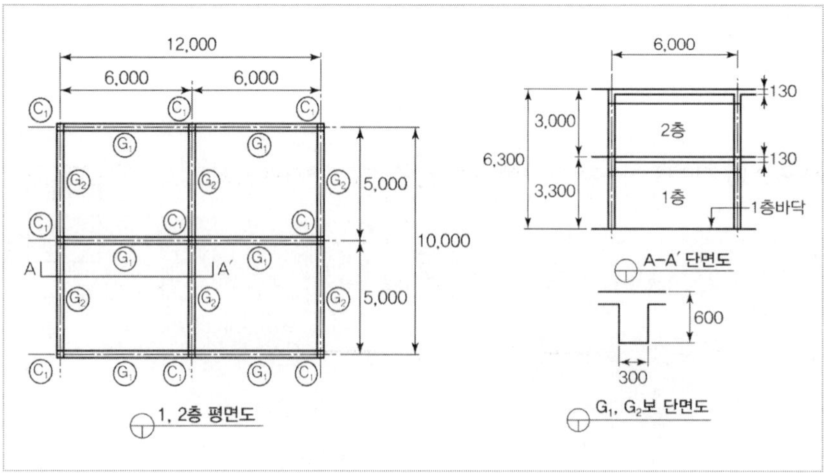

12,000
6,000
6,000
C1
G1
G2
5,000
10,000
A
A′
1, 2층 평면도
130
3,000
2층
6,300
3,300
1층
1층바닥
A–A′ 단면도
600
300
G1, G2보 단면도

〈산출근거〉

콘크리트량 : ....

거푸집량 : ....

12 **언더피닝(Underpinning)을 실시하는 목적(이유)을 기술하고, 언더피닝 공법의 종류를 2가지 쓰시오.**

득점	배점
	4

가. 이유 :

나. 종류 :

13 **다음은 지반조사법 중 보링에 대한 설명이다. 알맞은 용어를 쓰시오.**

득점	배점
	3

가. 충격날을 60~70cm 정도 낙하시키고 그 낙하충격에 의해 파쇄된 토사를 퍼내어 지층상태를 판단하는 방법
나. 충격날을 회전시켜 천공하므로 토층이 흐트러질 우려가 적은 방법
다. 오거를 회전시키면서 지중에 압입, 굴착하고 여러 번 오거를 인발하여 교란 시료를 채취하는 방법
라. 깊이 30cm 정도의 연질층에 사용하며, 외경 50~60mm관을 이용, 천공하면서 흙과 물을 동시에 배출시키는 방법

가. 　　　　　　　　나.

다. 　　　　　　　　라.

14 밀도가 2.65g/cm^{3}이고 단위용적중량이 1,600kg/m^{3}일 때 골재의 공극률(%)을 구하시오.

득점	배점
	3

〈산출근거〉

답 :

15 SPS(Struct as Permanent System) 공법의 특징을 4가지 쓰시오.

득점	배점
	4

가.

나.

다.

라.

16 기성말뚝 타격공법 중 주로 사용되는 디젤해머(Diesel Hammer)의 장점 또는 단점을 3가지 쓰시오.

득점	배점
	3

(1) 장점 : ①

②

③

(2) 단점 : ①

②

③

17 목재의 방부처리방법을 3가지만 쓰고 간단히 설명하시오.

득점	배점
	3

가.

나.

다.

18 다음 데이터를 네트워크 공정표로 작성하고, 각 작업의 전체여유(TF)와 자유여유(FF)를 구하시오.

득점	배점
	8

작업명	작업일수	선행작업	비고
A	5	없음	네트워크 작성은 다음과 같이 표기하고 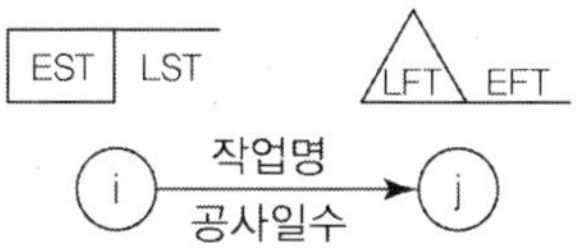 EST LST LFT EFT i 작업명 공사일수 j 주공정선은 굵은 선으로 표기하시오.
B	6	없음	
C	5	A, B	
D	7	A, B	
E	3	B	
F	4	B	
G	2	C, E	
H	4	C, D, E, F	

가. 네트워크 공정표

나. 여유계산

2014

19 PERT 기법에 의한 기대시간(Expected Time)을 구하시오.

득점	배점
	4

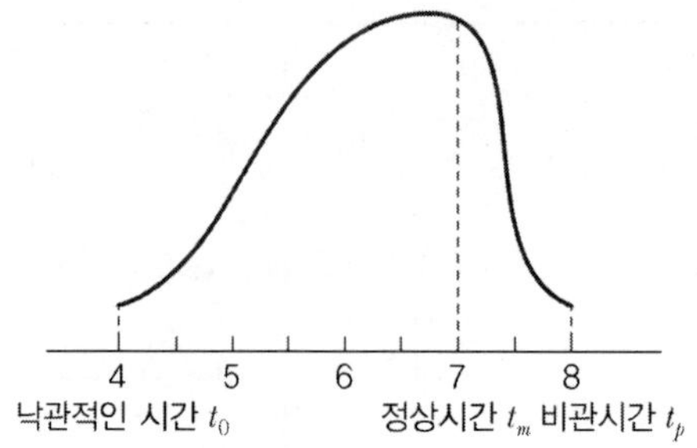
4
5
6
7
8
낙관적인 시간 t_0
정상시간 t_m
비관시간 t_p

〈산출근거〉

답 :

20 그림과 같은 철근콘크리트 단순보에서 계수집중하중(P_u)의 최댓값(kN)을 구하시오. (단, 보통중량콘크리트 $f_{ck}=28$MPa, $f_y=400$MPa, 인장철근 단면적 $A_s=1{,}500\text{mm}^2$, 휨에 대한 강도감소계수 $\phi=0.85$를 적용한다.)

득점	배점
	4

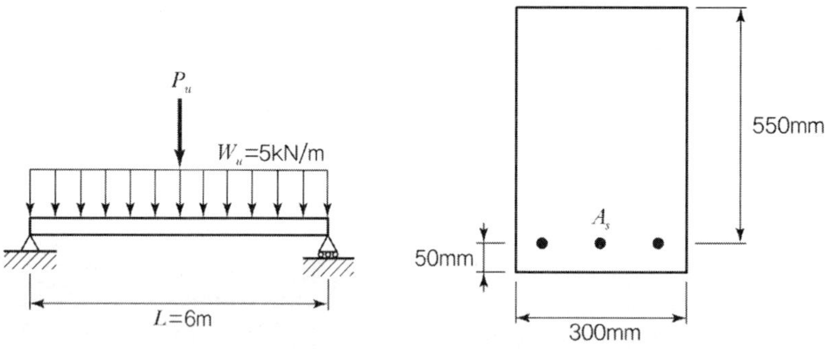
P_u
W_u=5kN/m
L=6m
550mm
A_s
50mm
300mm

〈산출근거〉

답 :

21 그림과 같은 T형보의 중립축 위치(c)를 구하시오.(단, 보통중량콘크리트 f_{ck}=30MPa, f_y=400MPa, 인장철근 단면적 A_s=2,000m^2)

득점	배점
	4

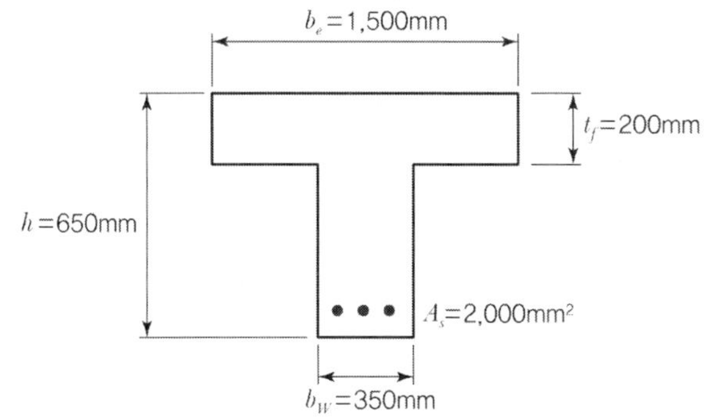

b_e=1,500mm
t_f=200mm
h=650mm
A_s=2,000mm^2
b_W=350mm

〈산출근거〉

답 :

22 그림과 같은 캔틸레버 보의 자유단 점의 B처짐이 0이 되기 위한 등분포하중 w(kN/m)의 크기를 구하시오.(단, 경간 전체의 휨강성 EI는 일정)

득점	배점
	3

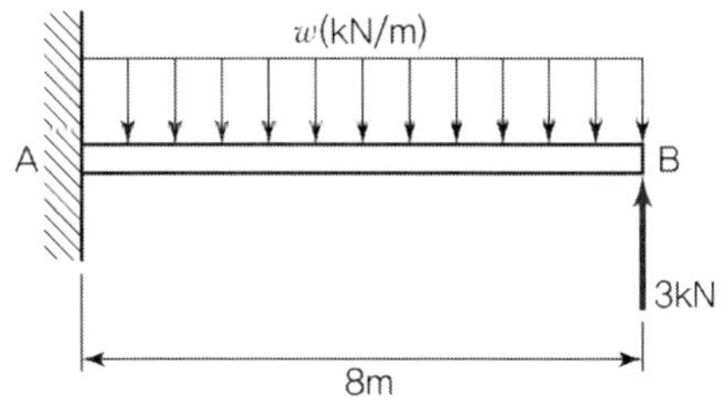

w(kN/m)
A
B
3kN
8m

〈산출근거〉

답 :

23 보통골재를 사용한 f_{ck}= 30MPa인 콘크리트의 탄성계수를 구하시오.

득점	배점
	3

〈산출근거〉

답 : ....

24 그림과 같은 용접부의 기호에 대해 기호의 수치를 모두 표기하여 제작 상세를 도시하시오.(단, 기호의 수치를 모두 표기해야 함)

득점	배점
	4

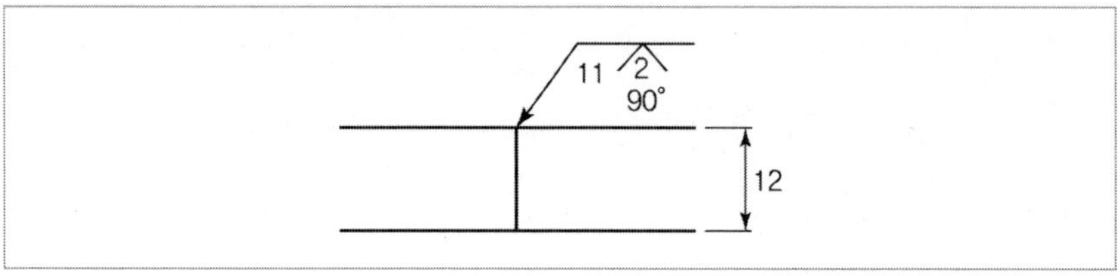
11
2
90°
12

25 그림과 같이 전단력 $V_u = 450\text{kN}$을 받는 고력볼트로 접합된 큰보와 작은보의 접합부의 사용성 한계상태에 대한 설계미끄럼 강도를 계산하여 볼트 개수가 적절한지 검토하시오.(단, 사용된 고력볼트는 M22(F10T)이며 표준구멍을 적용, 고력볼트 설계볼트장력 T_o=200kN, 미끄럼계수 μ=0.5, 고력볼트의 설계미끄럼강도 $\phi R_n = \phi \cdot \mu \cdot h_{sc} \cdot T_o \cdot N_s$ 식으로 검토한다. 사용하중은 450kN이 작용한다.)

득점	배점
	5

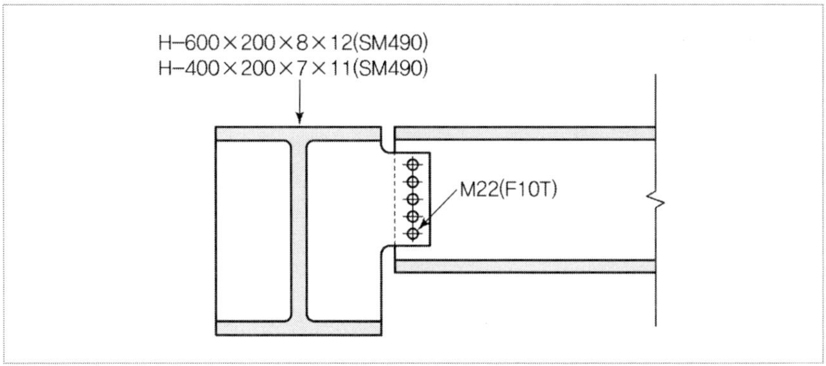

H−600×200×8×12(SM490)
H−400×200×7×11(SM490)
M22(F10T)

〈산출근거〉

답 :

2014년 4회 과년도 기출문제

01 **아래 그림에서 한 층분의 물량을 산출하시오.**

득점	배점
	10

(1) 부재치수(단위 : mm)
(2) 전기둥(C_1) : 500×500, 슬래브 두께(t) : 120
(3) G_1, G_2 : 400×600(b×D), G_3 : 400×700, B_1 : 300×600
(4) 층고 : 3,600

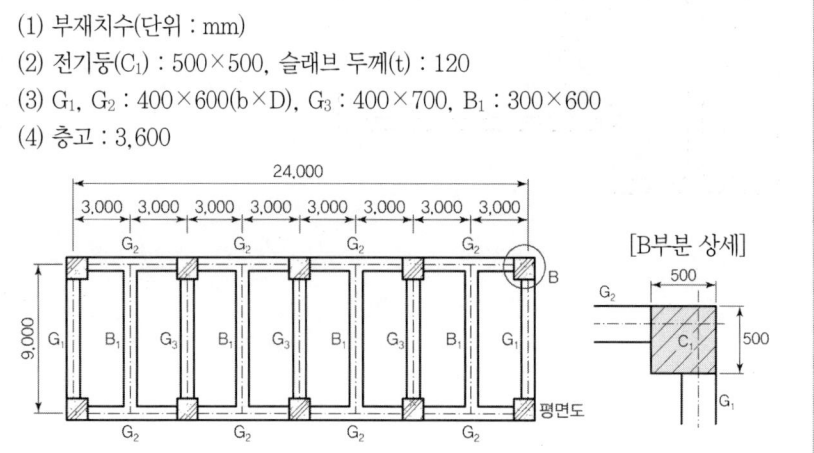

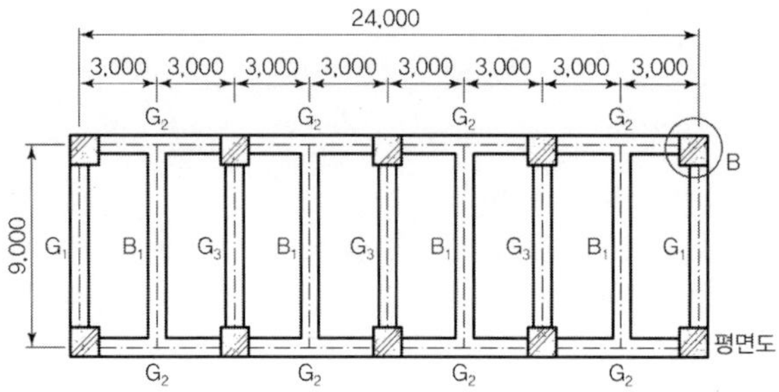

24,000
3,000 3,000 3,000 3,000 3,000 3,000 3,000 3,000
G2 G2 G2 G2
9,000
G1 B1 G3 B1 G3 B1 G3 B1 G1
B
평면도

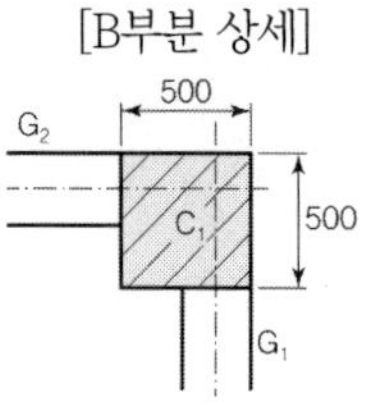

[B부분 상세]
500
G2
C1
500
G1

〈산출근거〉

가. 전체 콘크리트 물량(m^3) :

답 : ....

나. 전체 거푸집 면적(m^2)

답 : ....

02 건설업이 TQC에 이용되는 도구 중 다음을 설명하시오.

득점	배점
	4

가. 파레토도 :

나. 특성요인도 :

다. 층별 :

라. 산점도 :

03 Fastener는 커튼월을 구조체에 긴결시키는 부품을 말하며, 외력에 대응할 수 있는 강도를 가져야 하며 설치가 용이하고 내구성, 내화성 및 층간변위에 대한 추종성이 있어야 한다. 커튼월 공사에서 구조체의 층간변위, 커튼월의 열팽창, 변위 등을 해결하는 Fastener의 긴결방식 3가지를 쓰시오.

득점	배점
	3

가.

나.

다.

04 VE의 사고방식 4가지를 쓰시오.

득점	배점
	4

가.

나.

다.

라.

05 휨 부재의 공칭강도에서 최외단 인장철근의 순인장 변형률 ε_t가 0.004일 경우 강도감소계수 ϕ를 구하시오.(단, $f_y = 400\text{MPa}$)

득점	배점
	3

〈산출근거〉

답 :

2014

06 BOT(Build-Operate-Transfer contract) 방식을 설명하시오.

득점	배점
	3

07 Pre-stressed Concrete에서 Pre-tension 공법과 Post-tension 공법의 차이점을 시공순서를 바탕으로 쓰시오.

득점	배점
	4

08 주열식 지하연속벽 공법의 특징 4가지를 쓰시오.

득점	배점
	4

가.

나.

다.

라.

09 다음 계측기의 종류에 맞는 용도를 골라 번호로 쓰시오.

득점	배점
	6

종류	용도
가. Piezo Meter	① 하중 측정
나. Inclino Meter	② 인접건물의 기울기도 측정
다. Load Cell	③ Strut 변형 측정
라. Extension Meter	④ 지중 수평 변위 측정
마. Strain Gauge	⑤ 지중 수직 변위 측정
바. Tilt Meter	⑥ 간극수압의 변화 측정

가. 나.

다. 라.

마. 바.

10 지반의 허용지내력과 관련된 내용이다. ( )를 채우시오.

득점	배점
	5

가. 장기허용 지내력도

① 경암반 : (   )kN/m^2

② 연암반 : (   )kN/m^2

③ 자갈과 모래의 혼합물 : (   )kN/m^2

④ 모래 : (   )kN/m^2

나. 단기허용 지내력도=장기허용 지내력도×(   )배

11 벽타일 붙이기 시공순서를 쓰시오.

득점	배점
	4

> 가. 바탕처리 → (나) → (다) → (라) → (마)

가. 바탕처리　　나.

다.　　라.

마.

12 다음의 콘크리트공사용 거푸집에 대하여 설명하시오.

득점	배점
	3

가. 슬라이딩 폼(Sliding Form) :

나. 워플 폼(Waffle Form) :

다. 터널 폼(Tunnel Form) :

13 매스콘크리트의 수화열 저감을 위한 대책을 3가지만 쓰시오.

득점	배점
	3

가.

나.

다.

2014

14 철골공사에서 철골부재를 접합할 때 발생하는 용접(鎔接) 결함을 3가지만 쓰시오.

득점	배점
	3

가.

나.

다.

15 다음 그림은 철골 보-기둥 접합부의 개략적인 그림이다. 각 번호에 해당하는 구성재의 명칭을 쓰시오.

득점	배점
	3

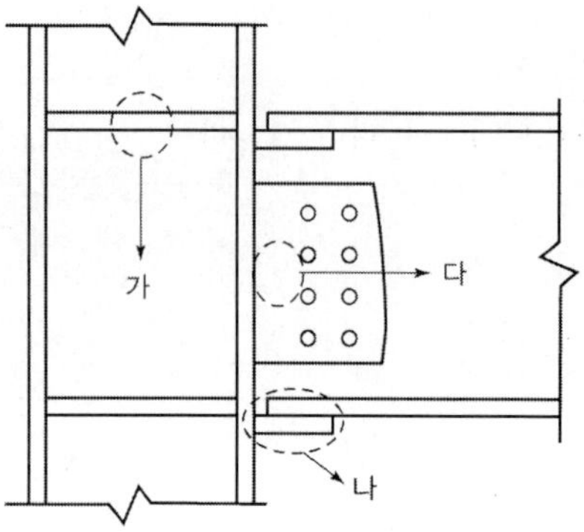

가
다
나

가.

나.

다.

16 블록구조의 외부벽체에 대한 직접 방수처리방법 3가지를 쓰시오.

득점	배점
	3

가.

나.

다.

17 **콘크리트공사와 관련된 다음 용어를 간단히 설명하시오.**

득점	배점
	4

가. 블리딩(Bleeding) :

나. 레이턴스(Laitance) :

18 **샌드 드레인 공법에 대하여 쓰시오.**

득점	배점
	3

19 **포틀랜드 시멘트의 종류 5가지를 쓰시오.**

득점	배점
	5

가.

나.

다.

라.

마.

20 다음 데이터를 이용하여 네트워크 공정표를 작성하고, 각 작업의 여유시간을 계산하시오.

득점	배점
	10

작업명	선행작업	작업일수	비고
A	없음	5	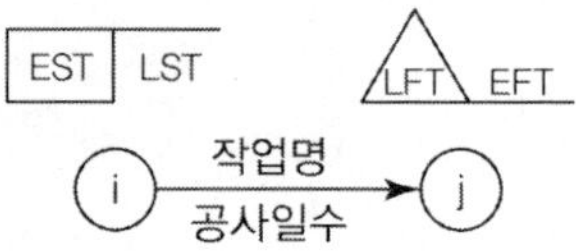 EST LST LFT EFT i 작업명 공사일수 j 로 일정 및 작업을 표기하고, 주공정선을 굵은선으로 표시한다. 또한 여유시간 계산 시는 각 작업의 실제적인 의미의 여유시간으로 계산한다.(더미의 여유시간은 고려하지 않을 것)
B	없음	2	
C	없음	4	
D	A, B, C	4	
E	A, B, C	3	
F	A, B, C	2	

가. 네트워크 공정표

나. 여유시간 :

21 평판구조(Flat Plate Slab)에서 2방향 전단보강방법 4가지를 쓰시오.

득점	배점
	4

가.

나.

다.

라.

22 그림과 같은 단순보의 최대 휨응력은?

득점	배점
	3

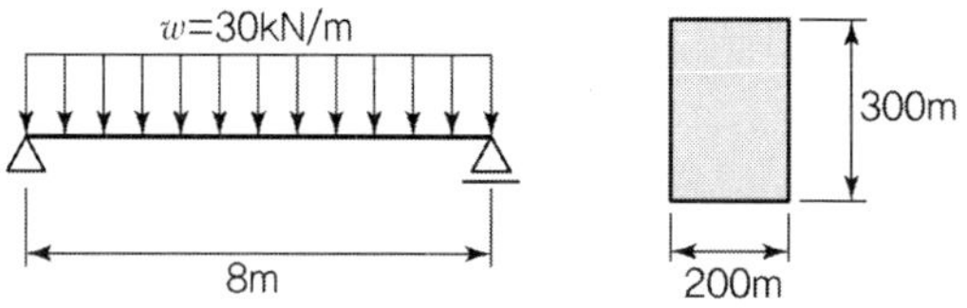

w=30kN/m
8m
300m
200m

〈산출근거〉

답 :

23 다음 그림의 X축에 대한 단면 2차 모멘트를 구하시오.

득점	배점
	3

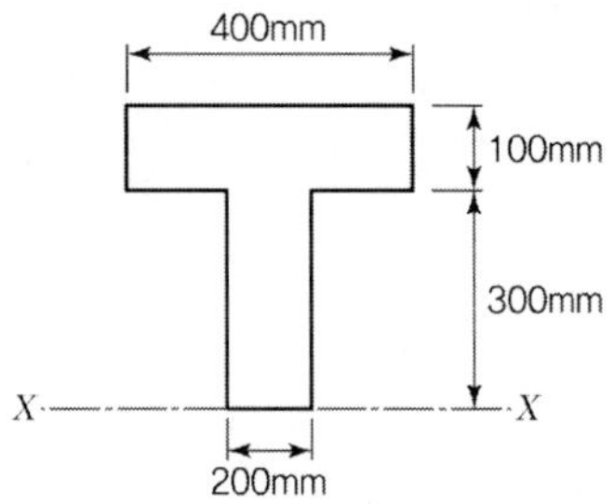

400mm
100mm
300mm
X
X
200mm

〈산출근거〉

답 :

24 다음 그림에서 제시하는 볼트 접합의 파괴형태 명칭을 쓰시오.

득점	배점
	3

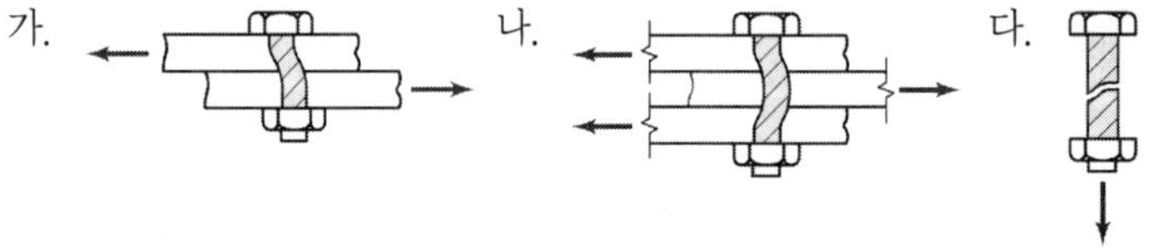

가.
나.
다.

가.

나.

다.

Engineer Architecture

2013년 과년도 기출문제

CONTENTS

2013년 1회 과년도 기출문제

01 **데이터를 네트워크 공정표로 작성하고, 각 작업의 여유시간을 구하시오.**

득점	배점
	10

작업명	작업일수	선행작업	비고
A	3	없음	단, 주공정선은 굵은 선으로 나타내고, 결합점에서는 다음과 같이 표시한다. 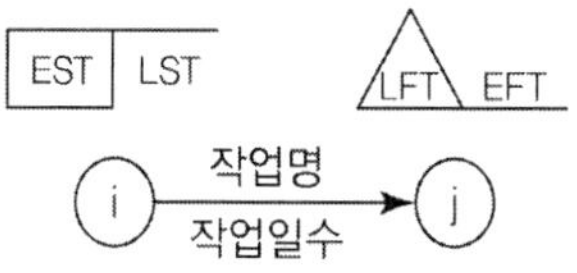 EST LST LFT EFT i 작업명 작업일수 j
B	2	없음	
C	4	없음	
D	5	C	
E	2	B	
F	3	A	
G	3	A, C, E	
H	4	D, F, G	

가. 네트워크 공정표

나. 각 작업의 여유시간

작업명	TF	FF	DF	CP
A				
B				
C				
D				
E				
F				
G				
H				

2013

02 **중량콘크리트의 용도를 쓰고, 대표적으로 사용되는 골재 2가지를 쓰시오.**

득점	배점
	4

가. 용도 :

나. 사용골재

①

②

03 **공정관리 중 진도관리에 사용되는 S－Curve(바나나곡선)는 주로 무엇을 표시하는 데 활용되는지 설명하시오.**

득점	배점
	2

04 **용접 착수 전의 용접부 검사항목을 3가지 쓰시오.**

득점	배점
	3

가.

나.

다.

05 **시멘트 창고에 시멘트 저장 시 저장 및 관리방법 4가지를 쓰시오.**

득점	배점
	4

가.

나.

다.

라.

06 **염분을 포함한 바다모래를 골재로 사용하는 경우 철근 부식에 대한 방청상 유효한 조치를 3가지 쓰시오.**

득점	배점
	3

가.

나.

다.

득점	배점
	10

07 다음 그림과 같은 창고를 시멘트 벽돌로 신축하고자 한다. 소요 벽돌량과 내·외벽을 시멘트 모르타르로 미장할 때 미장면적(m^2)을 구하시오.(단, 벽돌량은 정수로 표기한다.)

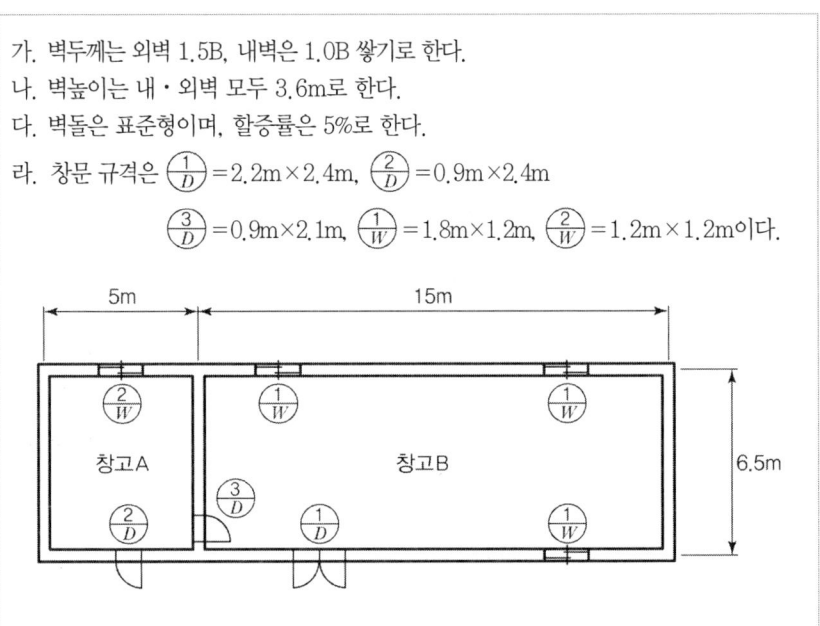

가. 벽두께는 외벽 1.5B, 내벽은 1.0B 쌓기로 한다.
나. 벽높이는 내·외벽 모두 3.6m로 한다.
다. 벽돌은 표준형이며, 할증률은 5%로 한다.
라. 창문 규격은 $\frac{1}{D}$=2.2m×2.4m, $\frac{2}{D}$=0.9m×2.4m
$\frac{3}{D}$=0.9m×2.1m, $\frac{1}{W}$=1.8m×1.2m, $\frac{2}{W}$=1.2m×1.2m이다.

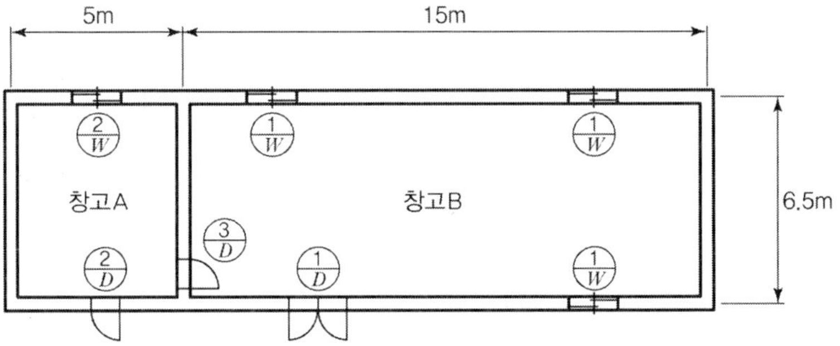

5m
15m
6.5m
창고A
창고B
2/W
1/W
1/W
3/D
2/D
1/D
1/W

〈산출근거〉

가. 벽돌량

답 :

나. 미장면적

답 :

2013

08 토량 2,000m^3을 2대의 불도저로 작업할 예정이다. 삽날용량 0.6m^3, 토량환산계수 0.7, 작업효율 0.9이며, 1회 사이클 시간이 15분일 때 작업완료에 필요한 시간을 산출하시오.

득점	배점
	4

〈산출근거〉

답 :

09 Mass Concrete의 온도균열에 대한 기본적인 대책을 〈보기〉에서 모두 골라 기호로 쓰시오.

득점	배점
	3

〈보기〉
㉮ 응결촉진제 사용　　㉯ 중용열시멘트 사용
㉰ Pre-Cooling 방법 사용　　㉱ 잔골재율을 크게 함
㉲ 단위시멘트량을 작게 함　　㉳ 물시멘트비를 크게 함

답 :

10 건축주와 시공자 간에 아래와 같은 조건으로써 실비한정율보수가산식을 적용한 시공계약을 체결하였다. 공사완료 후 실제소요공사비를 상호 확인한 결과 90,000,000원이었다. 이때 건축주가 시공자에게 지불해야 하는 총공사금액은 얼마인지 산출하시오.

득점	배점
	3

[계약조건]
가. 한정된 실비 : 100,000,000원　　나. 보수비율 : 5%

〈산출근거〉

답 : (원)

11 다음 ( ) 안에 알맞은 숫자를 써 넣으시오.

득점	배점
	2

기성콘크리트 말뚝을 타설할 때 그 중심간격은 말뚝머리지름의 (가)배 이상 또한 (나)mm 이상으로 한다.

가.　　　　　　　　나.

12 흙막이 구조물 계측기 종류에 적합한 설치 위치를 한 가지씩 쓰시오.

득점	배점
	4

가. 토압계 :

나. 하중계 :

다. 경사계 :

라. 변형률계 :

13 다음은 거푸집공사에 관련된 용어에 대한 설명이다. 각 설명에 알맞은 용어를 쓰시오.

득점	배점
	5

① 슬래브에 배근되는 철근이 거푸집에 밀착하는 것을 방지하기 위한 간격재(굄재)
② 벽거푸집이 오므라지는 것을 방지하고 간격을 유지하기 위한 격리재
③ 거푸집 긴장철선을 콘크리트 경화 후 절단하는 절단기
④ 콘크리트에 달대와 같은 설치물을 고정하기 위하여 매입하는 철물
⑤ 거푸집의 간격을 유지하며 벌어지는 것을 막는 긴장재

가.　　　　　　　　나.

다.　　　　　　　　라.

마.

2013

14 다음 그림과 같은 단면의 철근콘크리트 띠철근 기둥에서 설계축하중 ϕP_n(kN)를 구하시오.(단, f_{ck} = 24MPa, f_y = 400MPa, 8 − HD22, HD22 한 개의 단면적은 387mm^2, 강도감소계수는 0.65)

득점	배점
	3

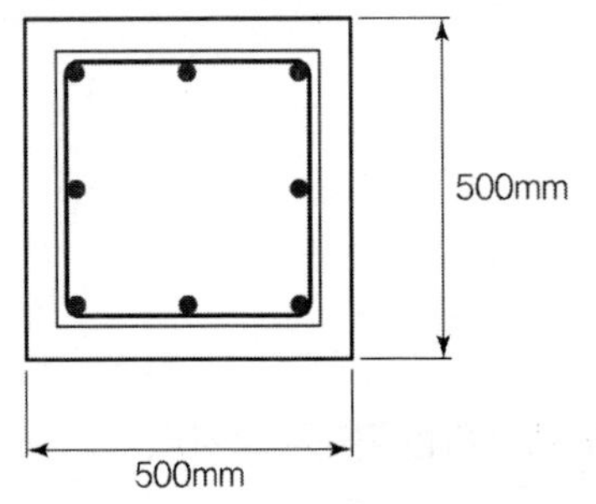

500mm
500mm

〈산출근거〉

답 :

15 다음과 같이 연직 등분포하중을 받고 있는 두 개의 트러스에서 인장재와 압축재에 해당하는 부재를 골라 번호로 쓰시오.

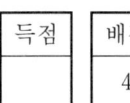

득점	배점
	4

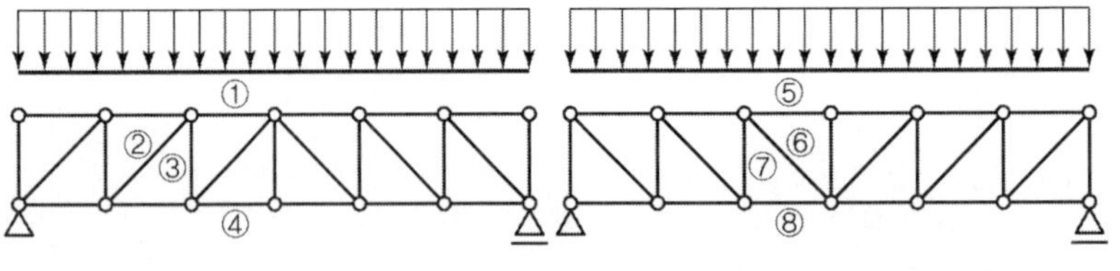

①
②
③
④
⑤
⑥
⑦
⑧

가. 인장재 :

나. 압축재 :

16 철골공사에서 활용되는 표준볼트장력을 설계볼트장력과 비교하여 설명하시오.

득점	배점
	2

17 재령 28일의 콘크리트 표준 공시체(ϕ150mm×300mm)에 대한 압축강도시험 결과 400kN의 하중에서 파괴되었다. 이 콘크리트 공시체의 압축강도 f_{ck}(MPa)를 구하시오.

득점	배점
	3

〈산출근거〉

답 :

18 다음 그림은 L－100×100×7로 된 철골 인장재이다. 사용볼트가 M20(F10T, 표준구멍)일 때 인장재의 순단면적(mm^2)을 구하시오.(단, L－100×100×7 형강의 전체 단면적은 1,362mm^2이고, 그림의 단위는 mm임)

득점	배점
	3

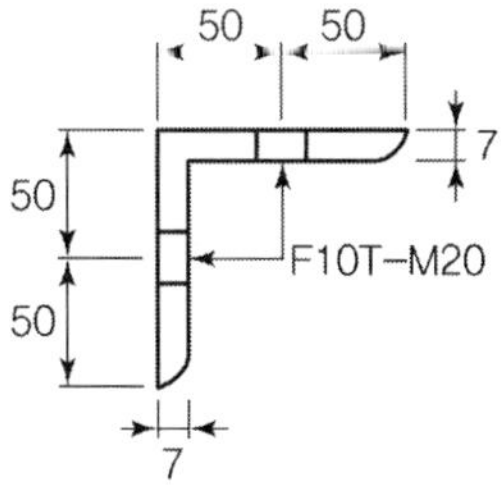
50
50
7
50
F10T–M20
50
7

〈산출근거〉

답 :

2013

19 그림과 같은 각형기둥의 양단이 핀으로 지지되었을 때, 약축에 대한 세장비가 150이 되기 위해 필요한 기둥의 길이(m)를 구하시오.

득점	배점
	3

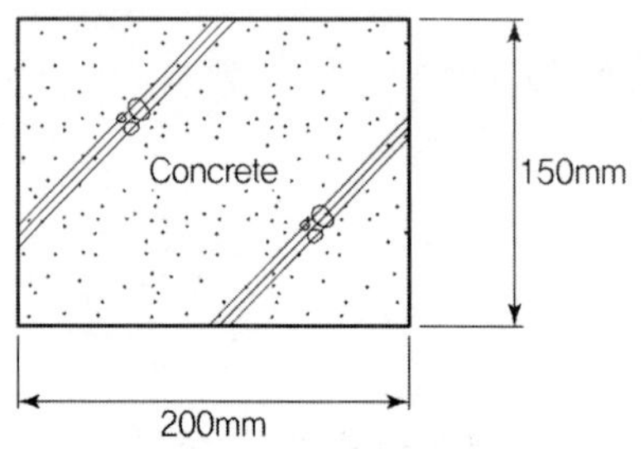

Concrete
150mm
200mm

〈산출근거〉

답 :

20 그림과 같은 독립기초에서 2방향 뚫림 전단(2Way Punching Shear)응력도를 계산할 때 검토하는 저항면적(cm^2)을 구하시오.

득점	배점
	3

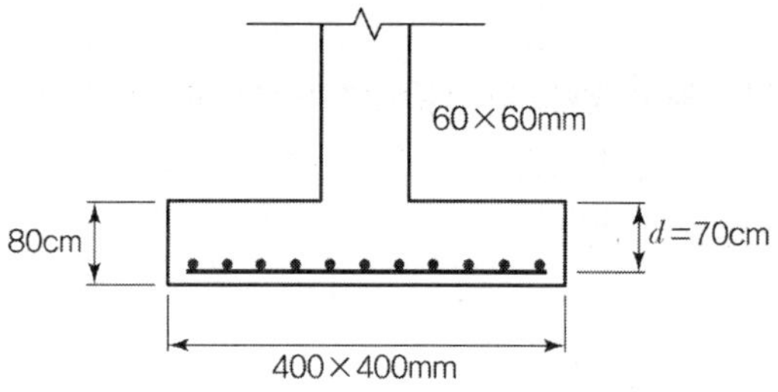

60×60mm
80cm
d=70cm
400×400mm

〈산출근거〉

답 :

21 철근콘크리트공사 시 활용되는 철근이음 방식 3가지를 쓰시오.

득점	배점
	3

가.

나.

다.

22 다음과 같은 단순 인장접합부에서 강도한계상태에 대한 볼트의 설계전단강도(kN)를 구하시오.(단, 그림의 단위는 mm, 강재의 재질은 SS400, 고력볼트는 M22(F10T), 공칭전단강도 F_{nv} = 500N/mm^2, 나사부가 전단면에 포함되지 않은 경우, 표준구멍, 사용하중상태에서 볼트구멍의 변형이 설계에 고려된다고 가정)

득점	배점
	4

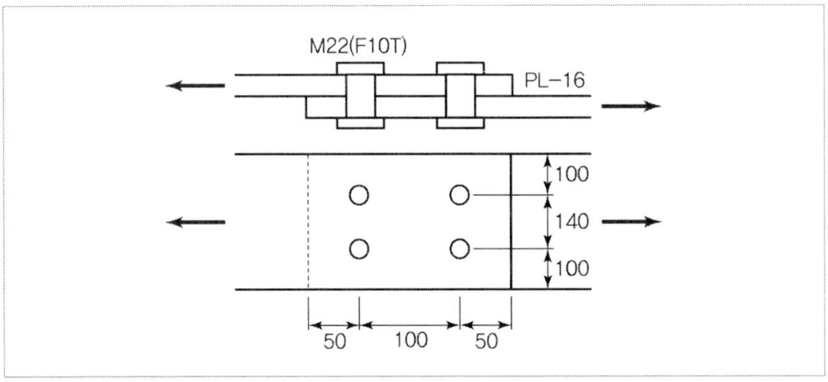

M22(F10T)
PL-16
100
140
100
50
100
50

〈산출근거〉

답 :

23 다음 표에 제시된 창호틀 재료의 종류 및 창호별 기호를 참고하여, 우측의 창호기호표를 완성하시오.

득점	배점
	4

기호	창호틀 재료의 종류
A	알루미늄
G	유리
P	플라스틱
S	강철
SS	스테인리스
W	목재

영문기호	창문구별
D	문
W	창
S	셔터

구분	창	문
목재	1	2
철재	3	4
알루미늄재	5	6

2013

24 **대형 시스템거푸집인 갱폼(Gang Form)의 장점을 3가지 쓰시오.**

득점	배점
	3

가.

나.

다.

25 **다음 용어를 설명하시오.**

득점	배점
	4

가. 복층 유리 :

나. 배강도 유리 :

26 **각 색깔에 맞는 콘크리트용 착색제를 〈보기〉에서 찾아 번호로 쓰시오.**

득점	배점
	4

〈보기〉

① 카본블랙	② 군청	③ 크롬산바륨
④ 산화크롬	⑤ 제2산화철	⑥ 이산화망간

가. 초록색 : (　　　)　　나. 빨간색 : (　　　)

다. 노란색 : (　　　)　　라. 갈색 : (　　　)

2013년 2회 과년도 기출문제

01 콘크리트 알칼리 골재반응을 방지하기 위한 대책 3가지를 쓰시오.

득점	배점
	3

가.

나.

다.

02 지반개량공법 중 탈수공법의 종류를 4가지만 쓰시오.

득점	배점
	4

가.

나.

다.

라.

03 철골 주각부의 현장 시공순서에 맞게 번호를 나열하시오.

득점	배점
	2

① 기초 상부 고름질	② 가조립	③ 변형 바로잡기
④ 앵커 볼트 설치	⑤ 철골 세우기	⑥ 철골 도장

답 : ....

04 컨소시엄(Consortium)공사에 있어서 페이퍼 조인트(Paper Joint)에 관하여 기술하시오.

득점	배점
	3

05 **철근콘크리트공사에서 철근이음을 하는 방법으로 가스압접이 있는데, 가스압접으로 이음을 할 수 없는 경우를 3가지 쓰시오.**

득점	배점
	3

가.

나.

다.

06 **다음 〈보기〉는 시트 방수공사의 항목들이다. 시공순서대로 기호를 나열하시오.**

득점	배점
	4

〈보기〉
① 단열재 깔기 ② 접착제 도포 ③ 조인트 실(Seal)
④ 물채우기시험 ⑤ 보강 붙이기 ⑥ 바탕처리
⑦ 시트 붙이기

답 :

07 **다음은 지반조사법 중 토질의 시료를 채취해서 지층의 상황을 판단하는 보링(Boring)에 대한 설명이다. 설명에 알맞은 보링(Boring)의 종류를 쓰시오.**

득점	배점
	3

가. 지층의 변화를 연속적으로 비교적 정확히 알고자 할 때 사용하는 방식 (　　　　　)

나. 경질층을 깊이 파는 데 이용되는 방식 (　　　　　)

다. 비교적 연약한 토지에 수압을 이용하여 탐사하는 방식 (　　　　　)

08 **다음 비계의 면적 산출방법에 대해 기술하시오.(단, 철근콘크리트조의 경우)**

득점	배점
	4

가. 외부 쌍줄비계 :

나. 외줄비계 :

09 **철근콘크리트공사에 사용되는 스페이서(Spacer)의 용도에 대하여 설명하시오.**

득점	배점
	2

10 강판을 그림과 같이 가공하여 30개의 수량을 사용하고자 한다. 강판의 비중이 7.85일 때 강판의 소요량(kg)과 스크랩의 발생량(kg)을 산출하시오.

득점	배점
	4

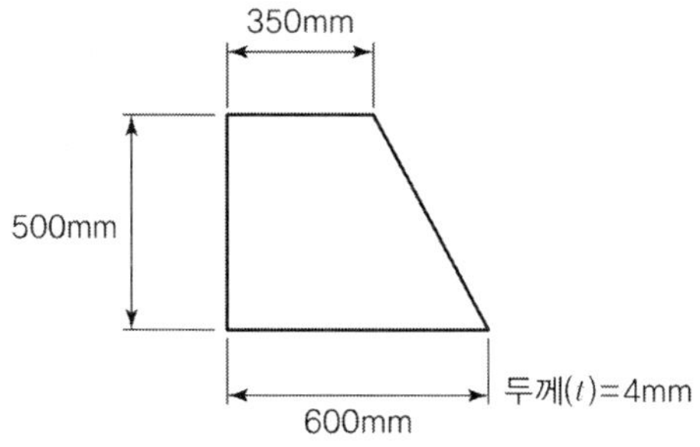

350mm
500mm
600mm
두께(t)=4mm

〈산출근거〉

가. 강판의 소요량

답 :

나. 스크랩 발생량

답 :

11 다음 데이터를 네트워크 공정표로 작성하고 각 작업의 여유시간을 구하시오.

득점	배점
	10

작업명	선행작업	소요일수	비고
A	없음	5	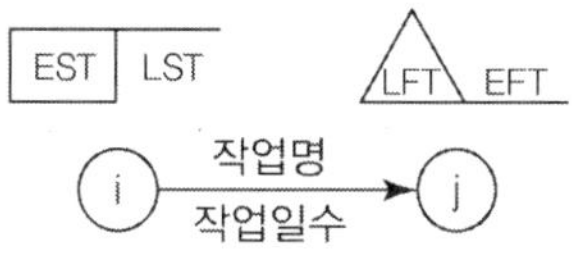 EST LST LFT EFT 작업명 i j 작업일수 결합점에서는 위와 같이 표기하고, 주공정선은 굵은 선으로 표기하시오.
B	없음	6	
C	A	5	
D	A, B	2	
E	A	3	
F	C, E	4	
G	D	2	
H	G, F	3	

가. 네트워크 공정표

나. 각 작업의 여유시간

작업명	TF	FF	DF	CP
A				
B				
C				
D				
E				
F				
G				
H				

12 **가치공학(Value Engineering)의 기본추진절차 4단계를 순서대로 쓰시오.**

득점	배점
	4

가.

나.

다.

라.

13 **커튼월의 외관 형태에 따른 타입 4가지를 쓰시오.**

득점	배점
	4

가.

나.

다.

라.

14 히빙파괴와 보일링파괴의 방지 대책을 쓰시오.

득점	배점
	4

가. 히빙파괴 방지 대책 :

나. 보일링파괴 방지 대책 :

15 인장철근만 배근된 직사각형 단순보에서 하중이 작용하여 5mm의 순간처짐이 발생하였다. 이 하중이 5년 이상 지속될 경우 총 처짐량(순간처짐 + 장기처짐)을 구하시오. (단, 모든 하중을 지속하중으로 가정하며 크리프와 건조수축에 의한 장기 추가처짐에 대한 계수(λ)는 다음 식으로 구한다. $\lambda = \dfrac{\xi}{1+50\rho'}$, 지속하중에 대한 시간경과 계수($\xi$)는 2.0으로 한다.)

득점	배점
	4

〈산출근거〉

답 : ....

16 철근콘크리트구조에서 보의 주근으로 4 – D25를 1열로 배근할 경우 보 폭의 최솟값을 구하시오.(단, 피복두께 40mm, 굵은 골재의 최대 치수 18mm이고, 스터럽은 D13 사용)

득점	배점
	4

〈산출근거〉

답 : ....

17 **철근콘크리트구조의 1방향 슬래브와 2방향 슬래브를 구분하는 기준에 대해 설명하시오.**

득점	배점
	3

〈산출근거〉

답 : ....

18 **다음 설명에 해당하는 용어를 쓰시오.**

득점	배점
	2

> ① 바닥(Slab)콘크리트 타설을 위한 슬래브 하부 거푸집판이다.
> ② 아연도 철판을 절곡하여 제작하며 별도의 해체작업이 필요 없다.
> ③ 작업 시 안전성 강화 및 동바리 수량 감소로 원가절감이 가능하다.

답 : ....

19 **다음 설명에 해당하는 흙파기공법의 명칭을 쓰시오.**

득점	배점
	4

가. 구조물 위치 전체를 동시에 파내지 않고 측벽이나 주열선 부분만을 먼저 파내고 그 부분의 기초와 지하구조체를 축조한 다음 중앙부의 나머지 부분을 파내어 지하구조물을 완성하는 공법 (　　　　　　)

나. 중앙부의 흙을 먼저 파고, 그 부분에 기초 또는 지하구조체를 축조한 후, 이것을 지점으로 하여 흙막이 버팀대를 경사지게 또는 수평으로 가설하여 널말뚝 부근의 흙을 마저 파내는 공법 (　　　　　　)

20 **커튼월 공사 시 누수방지대책과 관련된 다음 용어에 대해 설명하시오.**

득점	배점
	4

가. Closed Joint :

나. Open Joint :

21 콘크리트 압축강도 f_{ck} = 30MPa, 주근의 항복강도 f_y = 400MPa를 사용한 보 부재에서 인장을 받는 D22(공칭지름은 22.2mm) 철근의 기본정착길이(l_{db})를 구하시오.(단, 경량콘크리트 계수 $\lambda = 1$, 보정계수는 고려하지 않는다.)

득점	배점
	3

〈산출근거〉

답 :

22 그림과 같은 단순보의 단면에 생기는 최대 전단응력도(MPa)를 구하시오.(단, 보의 단면은 300×500mm임)

득점	배점
	3

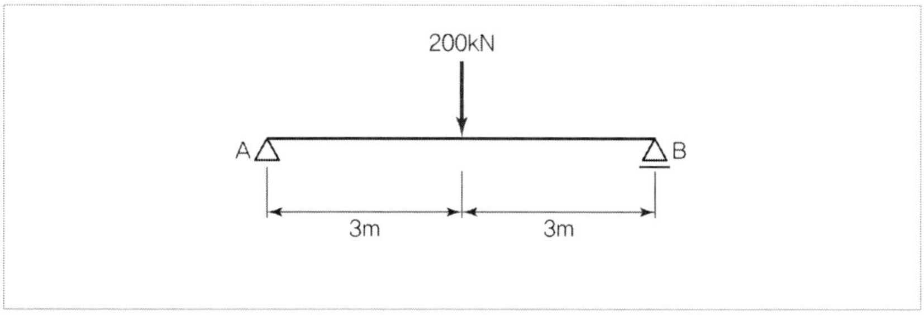
200kN
A
B
3m
3m

〈산출근거〉

답 :

23 그림과 같은 철근콘크리트 보 중앙에 집중하중이 작용하고 있다. 이 보에 작용하는 최대 계수 휨모멘트(M_u)를 구하시오.(단, 중앙집중하중 P는 고정하중 20kN이고, 활하중 30kN이며, 보의 자중은 제외함)

득점	배점
	4

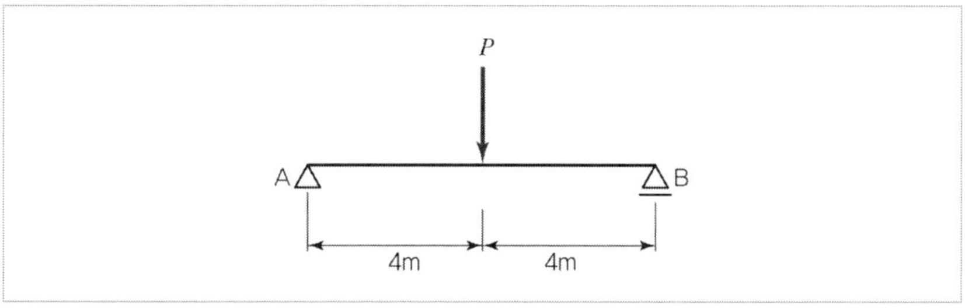
P
A
B
4m
4m

〈산출근거〉

답 : ....

24 **지정 및 기초공사와 관련된 다음 용어에 대해 설명하시오.**

득점	배점
	4

가. 재하시험 :

나. 합성말뚝 :

25 **철근의 단부에 갈고리(Hook)를 만들어야 하는 철근을 모두 골라 번호를 쓰시오.**

득점	배점
	3

① 원형철근	② 스터럽
③ 띠철근	④ 지중보의 돌출부 부분의 철근
⑤ 굴뚝의 철근	

답 : ....

26 **콘크리트용 혼화재(混和材)와 혼화제(混和劑)를 간단히 설명하고 각각의 예를 1가지씩 쓰시오.**

득점	배점
	4

가. 혼화재(混和材)

예 :

나. 혼화제(混和劑)

예 :

27 **다음 용어에 대해 설명하시오.**

득점	배점
	4

가. 적산(積算) :

나. 견적(見積) :

2013

2013년 4회 과년도 기출문제

01 다음 그림과 같은 구조물의 T부재에 발생하는 부재력을 구하시오.

득점	배점
	2

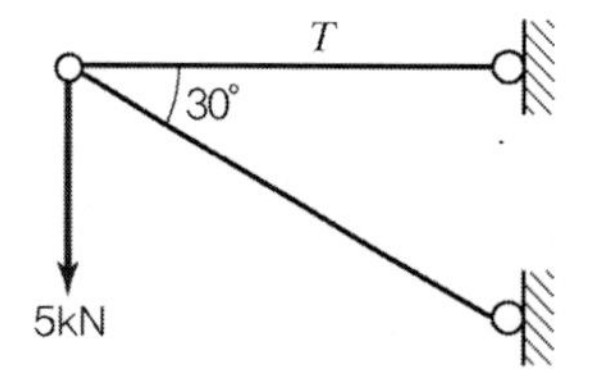

T
30°
5kN

〈산출근거〉

답 :

02 민간이 자금조달을 하여 시설을 준공한 후 소유권을 정부에 이전하되, 정부의 시설임대료를 통해 투자비를 회수하는 민간투자사업 계약방식의 명칭을 쓰시오.

득점	배점
	2

03 시멘트 벽돌 1.0B, 두께로 가로 12m, 높이 3m인 벽을 쌓을 때 소요되는 시멘트 벽돌량과 모르타르량을 구하시오.(단, 시멘트 벽돌의 크기는 190×90×57mm이고, 할증률을 고려해야 하며 정수매로 표기, 벽두께 1.0B에서 1,000매당 모르타르 소요량은 0.33m^{3}이며, 할증은 포함되어 있음)

득점	배점
	4

〈산출근거〉

가. 시멘트 벽돌 소요량(정수매로 표기)

답 :

나. 모르타르량

답 :

득점	배점
	10

04 다음 데이터를 네트워크 공정표로 작성하고, 각 작업의 여유시간을 구하시오.

작업명	작업일수	선행작업	비고
A	2	없음	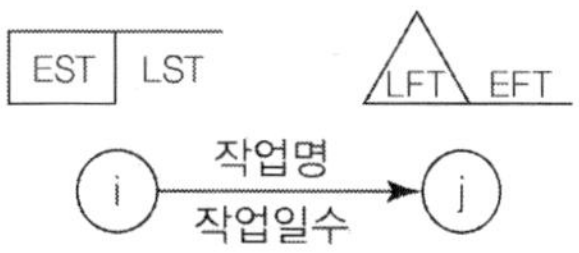 EST LST LFT EFT i 작업명 작업일수 j 결합점에서는 위와 같이 표기하고, 주공정선은 굵은 선으로 표기하시오.
B	3	없음	
C	5	없음	
D	4	없음	
E	7	A, B, C	
F	4	B, C, D	

가. 네트워크 공정표

나. 각 작업의 여유시간

작업명	TF	FF	DF	CP
A				
B				
C				
D				
E				
F				

2013

05 SS400(F_y = 235N/mm^2)을 사용한 그림과 같은 모살용접 부위의 설계강도(ϕP_w)를 구하시오.(단, $\phi P_w = 0.9F_wA_w$, $F_w = 0.6F_y$이다.)

득점	배점
	4

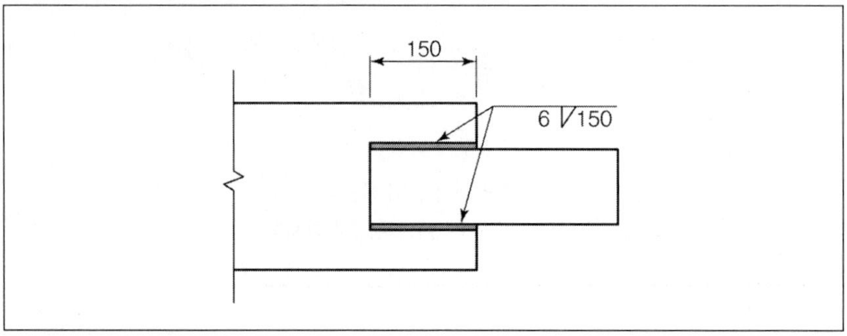

150
6
150

〈산출근거〉

답 :

06 다음 〈보기〉의 용접부 검사항목을 용접착수 전, 작업 중, 완료 후의 검사작업으로 구분하여 번호로 쓰시오.

득점	배점
	3

〈보기〉

① 홈의 각도, 간격 치수	② 아크전압
③ 용접속도	④ 청소상태
⑤ 균열, 언더컷 유무	⑥ 필렛의 크기
⑦ 부재의 밀착	⑧ 밑면 따내기

가. 용접 착수 전 검사 :

나. 용접 작업 중 검사 :

다. 용접 완료 후 검사 :

07 토공사에서 그림과 같은 도면을 검토하여 터파기량, 되메우기량, 잔토처리량을 산출하시오.(단, 토량환산계수 L=1.2로 한다.)

득점	배점
	9

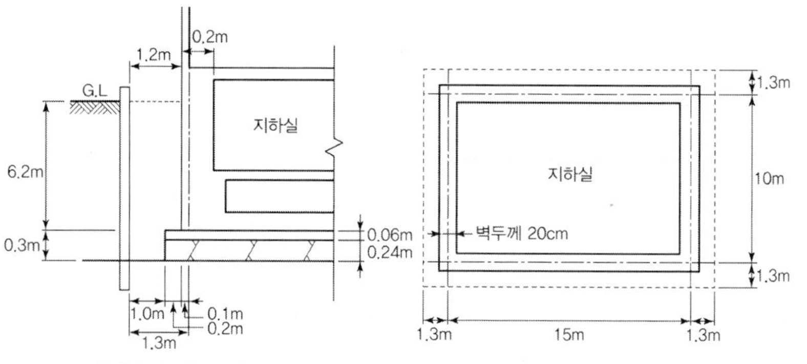

0.2m
1.2m
G.L
지하실
6.2m
0.3m
0.06m
0.24m
1.0m
0.1m
0.2m
1.3m
1.3m
지하실
10m
벽두께 20cm
1.3m
1.3m
15m
1.3m

[터파기 단면도] [지하실 및 터파기 평면도]

〈산출근거〉

가. 터파기량

답 :

나. 되메우기량

답 :

다. 잔토처리량

답 :

08 커튼월의 조립방식에 의한 분류에서 각 설명에 해당하는 방식을 골라 번호로 써 넣으시오.

득점	배점
	3

[조립방식]
① Stick Wall 방식　　② Unit Wall 방식
③ Window Wall 방식

조립방식	설명
(가)	① 구성부재를 현장에서 조립 · 연결하여 창틀이 구성되는 형식으로, Glazing은 현장에서 실시 ② 현장안전과 품질관리에 부담이 있지만, 현장 적응력이 우수하여 공기조절이 가능
(나)	① 건축모듈을 기준으로 하여 취급이 가능한 크기로 나누며 구성 부재 모두가 공장에서 조립된 프리패브형식으로 대부분 Glazing을 포함 ② 시공속도나 품질관리의 업체의존도가 높아 현장상황에 융통성을 발휘하기가 어려움
(다)	① 창호 주변이 패널로 구성됨으로써 창호의 구조가 패널트러스에 연결됨 ② 패널트러스를 스틸트러스에 연결할 수 있으므로 재료의 사용효율이 높아 비교적 경제적인 시스템구성이 가능

가.　　나.　　다.

09 다음 골재 수량에 관한 설명에서 서로 연관되는 것을 골라 기호로 쓰시오.

득점	배점
	3

① 골재 내부에 약간의 수분이 있는 대기 중의 건조상태
② 골재알의 표면에 묻어 있는 수량으로 표면건조 포화상태에 대한 시료 중량의 백분율로 표시
③ 골재입자의 내부에 물이 채워져 있고, 표면에도 물이 부착되어 있는 상태
④ 표면건조 내부 포수상태의 골재 중에 포함되는 물의 양
⑤ 110℃ 정도의 온도에서 24시간 이상 골재를 건조시킨 상태

가. 습윤상태 :

나. 흡수량 :

다. 절건상태 :

라. 기건상태 :

마. 표면수율 :

10 다음 그림은 콘크리트 줄눈을 포함한 상세도이다. 번호가 지시하는 부위에 해당하는 줄눈의 명칭을 쓰시오.

득점	배점
	4

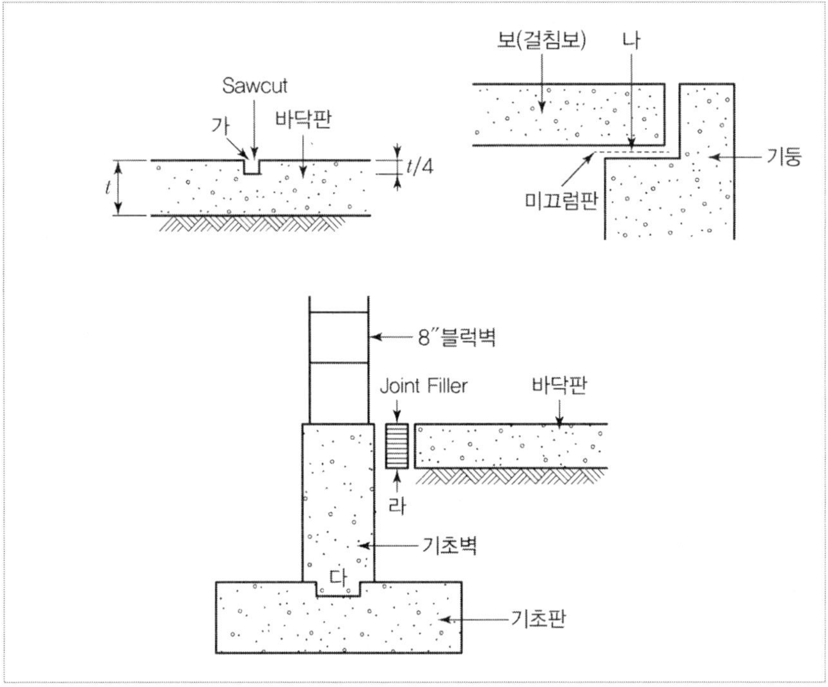

Sawcut
가
바닥판
t
t/4
보(걸침보)
나
기둥
미끄럼판
8″블럭벽
Joint Filler
바닥판
라
기초벽
다
기초판

가.

나.

다.

라.

11 다음 용어를 간단하게 설명하시오.

득점	배점
	4

가. 기준점(Bench Mark) :

나. 방호선반 :

2013

12 조적공사 후 발생하는 벽돌벽의 백화현상에 대한 방지법을 3가지만 쓰시오.

득점	배점
	3

가.

나.

다.

13 다음 흙막이벽 공사에서 발생되는 현상을 쓰시오.

득점	배점
	3

가. 시트 파일 등의 흙막이벽 좌측과 우측의 토압차로서, 즉 흙막이 일부분의 흙이 재하하중 등의 영향으로 기초파기 하는 공사장 안으로 흙막이 벽 밑을 돌아서 미끄러져 올라오는 현상 (　　　　　　)

나. 모래질 지반에서 흙막이 벽을 설치하고 기초파기 할 때의 흙막이벽 뒷면수위가 높아서 지하수가 흙막이벽을 돌아 모래와 같이 솟아오르는 현상 (　　　　　　)

다. 흙막이 벽의 부실공사로서 흙막이 벽의 뚫린 구멍 또는 이음새를 통하여 물이 공사장 내부바닥으로 스며드는 현상 (　　　　　　)

14 지반개량공법 중 탈수법에서, 다음의 토질에 적합한 대표적 공법을 각각 1가지씩 쓰시오.

득점	배점
	2

가. 사질토 :

나. 점성토 :

15 철근콘크리트공사 시 주철근 간격을 일정하게 유지하는 이유를 3가지만 쓰시오.

득점	배점
	3

가.

나.

다.

16 다음 라멘의 휨모멘트도를 개략적으로 도시하시오.(단, +휨모멘트는 라멘의 안쪽에, -휨모멘트는 바깥쪽에 도시하며, 휨모멘트의 부호를 휨모멘트 안에 반드시 표기해야 함)

득점	배점
	3

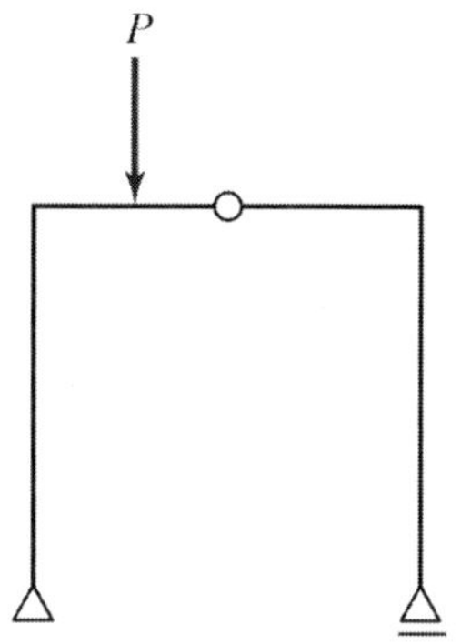

P

17 미장재료 중 수경성 재료와 기경성 재료를 각각 3가지만 쓰시오.

득점	배점
	6

가. 수경성 재료

①

②

③

나. 기경성 재료

①

②

③

2013

18 전기로에서 금속규소나 규소철을 생산하는 과정 중 부산물로 생성되는 매우 미세한 입자로서 고강도 콘크리트 제조 시 사용되는 포졸란계 혼화재의 명칭을 쓰시오.

득점	배점
	2

19 그림과 같은 150mm×150mm 단면을 가진 무근콘크리트 보가 경간길이 450mm로 단순지지되어 있다. 3등분점에서 2점 재하하였을 때, 하중 P＝12kN에서 균열이 발생함과 동시에 파괴되었다. 이때 무근콘크리트의 휨 균열강도(휨 파괴계수)를 구하시오.

득점	배점
	4

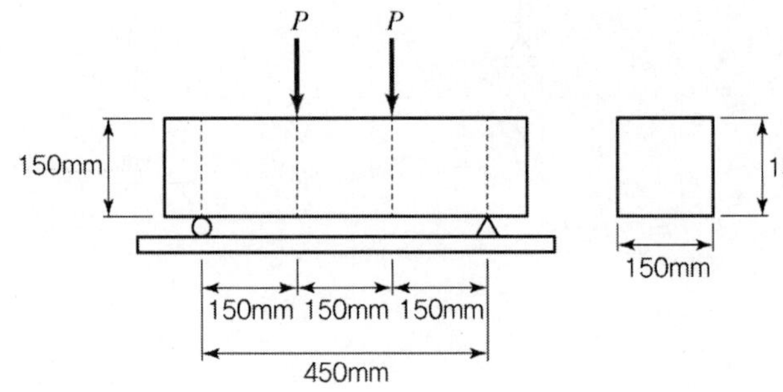

P
P
150mm
150mm
150mm
150mm 150mm 150mm
450mm

〈산출근거〉

답 :

20 특명입찰(수의계약)의 장단점을 각각 2가지씩 쓰시오.

득점	배점
	4

가. 장점

①

②

나. 단점

①

②

21 그림과 같이 36kN의 하중을 받는 구조물이 있다. 고정단에 발생하는 최대 압축응력도(MPa)를 구하시오.(단, 기둥의 단면은 600×600mm이며, 압축응력도의 부호는 －로 표기한다.)

득점	배점
	3

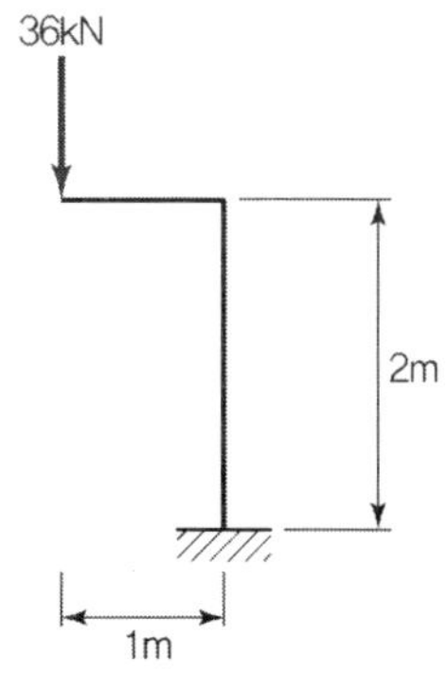
36kN
2m
1m

〈산출근거〉

답 : ....

22 커튼월(Curtain Wall)의 실물모형실험(Mock－up Test)에 성능시험의 시험종목을 4가지만 쓰시오.

득점	배점
	4

가.

나.

다.

라.

23 철골 용접접합에서 발생하는 용접결함을 4가지만 쓰시오.

득점	배점
	4

가.

나.

다.

라.

24 프리스트레스트 콘크리트에 관한 다음 기술 중 ( ) 안에 알맞은 용어를 쓰시오.

득점	배점
	4

콘크리트에 프리스트레스를 가하기 위하여 사용되는 강재로 강선, 철근, 강연선 등을 총칭하는 것을 긴장재라 하며, (가)방식에 있어서 PC강재의 배치구멍을 만들기 위하여 콘크리트를 부어 넣기 전에 미리 배치된 튜브(관)를 (나)(이)라 한다.

가.　　　　　　　　　　나.

25 흙막이 공법 중 그 자체가 지하구조물이면서 흙막이 및 버팀대 역할을 하는 공법을 보기에서 모두 골라 그 번호를 쓰시오.

득점	배점
	3

① 지반정착(Earth Anchor) 공법　② 개방잠함(Open Caisson) 공법
③ 수평버팀대 공법　④ 강재널말뚝(Sheet Pile) 공법
⑤ 우물통(Well) 공법　⑥ 용기잠함(Pneumatic Caisson) 공법

답 :

26 강도설계법에 따른 다음 그림과 같은 콘크리트 단근보의 균형철근비 및 최대 철근량을 구하시오.(단, $f_{ck}=27\text{MPa}$, $f_y=300\text{MPa}$, $E_s=200{,}000\text{MPa}$)

득점	배점
	4

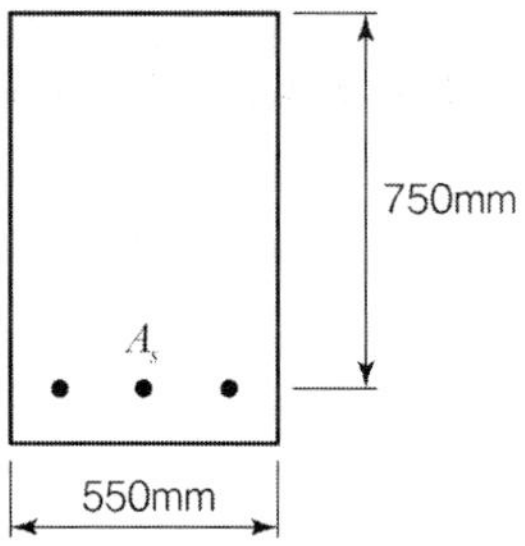
750mm
A_s
550mm

〈산출근거〉

가. 균형철근비(단, 소수점 넷째 자리까지 구하시오.)

답 :

나. 최대 철근량

답 :

Engineer Architecture

2012년 과년도 기출문제

CONTENTS

2012년 1회 과년도 기출문제

01 강재의 탄성계수 205,000MPa, 단면적 10cm^2, 길이 4m, 외력으로 80kN의 인장력이 작용할 때 변형량(ΔL)을 구하시오.

득점	배점
	2

02 그림과 같이 기둥의 재질과 단면 크기가 모두 같은 4개의 장주의 좌굴길이를 쓰시오.

득점	배점
	4

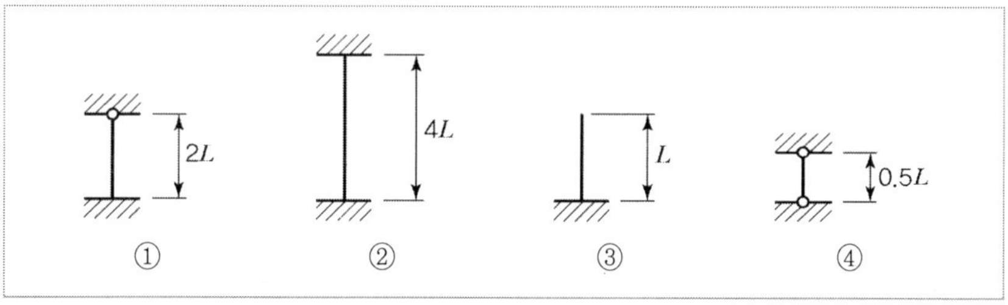

2L
4L
L
0.5L
①
②
③
④

① ②

③ ④

03 다음 그림과 같은 단순보에서 A 지점의 처짐각, 보의 중앙 C점의 최대 처짐량을 계산하시오.(단, $E = 206\text{GPa}$, $I = 1.6 \times 10^8 \text{mm}^4$)

득점	배점
	4

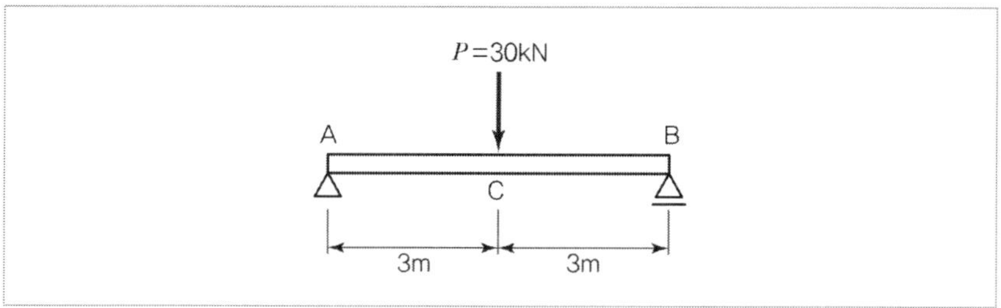

P=30kN
A
B
C
3m
3m

2012

〈산출근거〉

답 :

04 그림과 같은 철근콘크리트 보에서 최외단 인장철근의 순인장변형률(ε_t)을 산정하고, 이 보의 지배단면(인장지배단면, 압축지배단면, 변화구간단면)을 구분하시오.(단, A_s = 1,927mm², f_{ck} = 24MPa, f_y = 400MPa, E_s = 200,000MPa)

득점	배점
	4

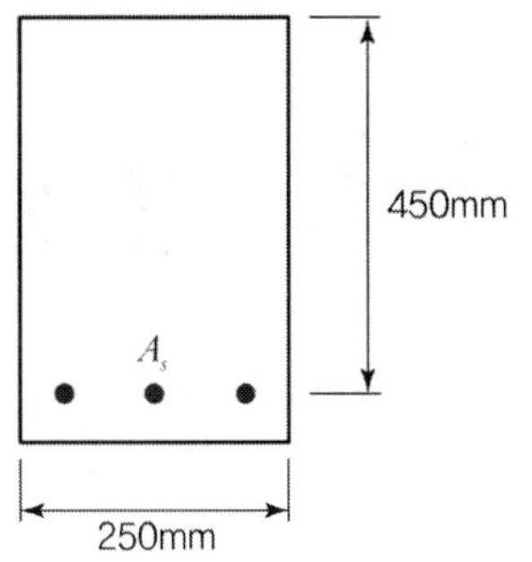

450mm
A_s
250mm

〈산출근거〉

답 :

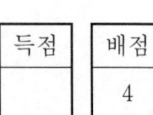

05 다음 괄호 안에 들어갈 알맞은 용어를 쓰시오.

득점	배점
	3

> Network공정표는 공기단축을 위해 작업시간을 3점 추정하는 (①)공정표와 CPM공정표가 있다. CPM공정표는 작업 중심의 (②), 결합점 중심의 (③)공정표가 있다.

①

②

③

06 철근콘크리트 강도설계법에서 균형철근보의 정의를 쓰시오.

득점	배점
	2

07 강구조에서 메탈터치(Metal Touch)에 대한 개념을 간략하게 그림을 그려서 정의를 설명하시오.

득점	배점
	4

가. 정의

나. 도해

08 콘크리트 충전 강관(CFT) 구조를 설명하고 장단점을 각각 2가지씩 쓰시오.

득점	배점
	5

가. 정의 :

나. 장점 ①

②

다. 단점 ①

②

2012

09 다음의 〈보기〉에서 설명하는 구조의 명칭을 쓰시오.

득점	배점
	2

〈보기〉
철골구조물 주위에 철근배근을 하고 그 위에 콘크리트가 타설되어 일체가 되도록 한 것으로서, 초고층 구조물 하층부의 복합구조로 많이 채택되는 구조

답 :

10 그림과 같은 캔틸레버 보의 A지점의 반력을 구하시오.

득점	배점
	4

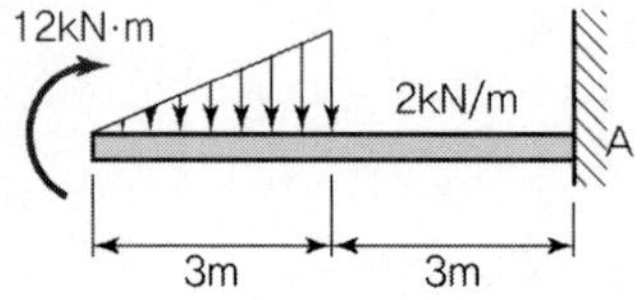
12kN·m
2kN/m
A
3m
3m

〈산출근거〉

답 :

11 **다음 통합공정관리(EVMS ; Earned Value Management System) 용어를 설명한 것 중 맞는 것을 보기에서 선택하여 번호로 쓰시오.**

득점	배점
	3

① 프로젝트의 모든 작업내용을 계층적으로 분류한 것
② 성과측정시점까지 투입예정된 공사비
③ 공사착수일로부터 추정준공일까지의 실투입비에 대한 추정치
④ 성과측정시점까지 지불된 공사비(BC제)에서 성과측정시험까지 투입예정된 공사비를 제외한 비용
⑤ 성과측정시점까지 실제로 투입된 금액
⑥ 성과측정시점까지 지불된 공사비(BCWP)에서 성과측정시점까지 실제로 투입된 금액을 제외한 비용
⑦ 공정, 공사비 통합, 성과 측정, 분석의 기본단위

가. CA(Control Account) :

나. CV(Cost Variance) :

다. ACWP(Actual Cost for Work Performed) :

12 **다음 용어를 간단히 설명하시오.**

득점	배점
	4

가. 히빙(Heaving) 현상 :

나. 보일링(Boiling) 현상 :

13 **설계·시공 일괄계약(Design－Build) 장단점을 각각 2가지 쓰시오.**

득점	배점
	4

가. 장점 ①

②

나. 단점 ①

②

14 다음 ( ) 안에 알맞은 용어 쓰시오.

득점	배점
	2

> 콘크리트 다짐 시 진동기를 과도하게 사용할 경우에는 (①)현상이 생기고, AE콘크리트의 경우 (②)이(가) 많이 감소

①

②

15 현장에서 반입된 철근은 시험편을 채취한 후 시험을 하여야 하는데, 그 시험의 종류를 2가지만 쓰시오.

득점	배점
	2

가.

나.

16 매스콘크리트의 수화열 저감을 위한 대책을 3가지만 쓰시오.

득점	배점
	3

가.

나.

다.

17 Sheet 방수공법의 장단점을 각각 2가지 쓰시오.

득점	배점
	4

가. 장점 ①

②

나. 단점 ①

②

18 가설공사 시 수평규준틀의 설치 목적을 2가지 쓰시오.

득점	배점
	2

가.

나.

19 철골공사에서 내화피복공법의 종류에 따른 재료를 각각 2가지씩 쓰시오.

득점	배점
	3

공법	재료	
타설공법	①	②
조적공법	①	②
미장공법	①	②

가. 타설공법

① ②

나. 조적공법

① ②

다. 미장공법

① ②

20 다음 평면 위 건물높이가 13.5m일 때 비계면적을 산출하시오.(단, 도면의 단위는 mm 이며, 비계형태는 쌍줄비계로 한다.)

득점	배점
	4

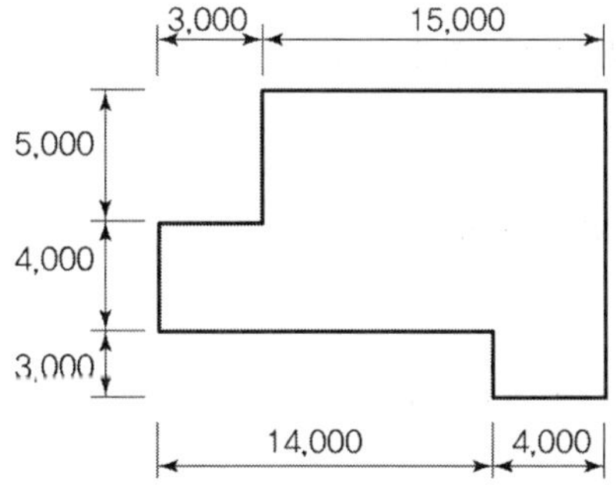
3,000
15,000
5,000
4,000
3,000
14,000
4,000

〈산출근거〉

2012

21 콘크리트 구조물의 균열발생 시 실시하는 보강공법 3가지 쓰시오.

득점	배점
	3

가.

나.

다.

22 시멘트 주요 화합물을 4가지 쓰고, 그중 28일 이후 장기강도에 관여하는 화합물을 쓰시오.

득점	배점
	5

가. 주요 화합물

① ②

③ ④

나. 콘크리트의 28일 이후의 장기강도에 관여하는 화합물

23 금속판지붕공사에서 금속기와의 설치 순서를 번호로 나열하시오.

득점	배점
	4

① 서까래 설치(방부처리를 할 것)
② 금속기와 Size에 맞는 간격으로 기와걸이 미송각재를 설치
③ 경량철골 설치
④ Purlin 설치(지붕레벨 고려)
⑤ 부식방지를 위한 철골용접부위의 방청도장 실시
⑥ 금속기와 설치

( ) → ( ) → ( ) → ( ) → ( ) → ( )

24 토질 관련 다음 용어를 설명하시오.

득점	배점
	2

가. 압밀 :

나. 예민비 :

25 다음은 한식기와 잇기에 대한 설명이다. (　) 안에 해당하는 용어를 써넣으시오.

득점	배점
	2

> 한식기와 잇기에서 산자 위에서 펴 까는 진흙을 (①)(이)라 하며, 수키와 처마 끝에 막새 대신에 회백토로 둥글게 바른 것을 (②)(이)라 한다.

① 　　　　②

26 T/S(Torque Shear)형 고력볼트의 시공순서 번호를 나열하시오.

득점	배점
	3

> ① 팁레버를 잡아당겨 내측 소켓에 들어 있는 핀테일을 제거
> ② 렌치의 스위치를 켜 외측 소켓이 회전하며 볼트를 체결
> ③ 핀테일이 절단되었을 때 외측 소켓이 너트로부터 분리되도록 렌치를 잡아당김
> ④ 핀테일에 내측 소켓을 끼우고 렌치를 살짝 걸어 너트에 외측 소켓이 맞춰지도록 함

(　　) → (　　) → (　　) → (　　)

27 SPS(Strut as Permanent System) 공법의 특징을 4가지 쓰시오.

득점	배점
	4

가.

나.

다.

라.

28 부력에 의한 건축물의 부상(浮上) 방지대책을 2가지 쓰시오.

득점	배점
	2

가.

나.

2012

29 **다음 데이터를 보고 표준 네트워크 공정표를 작성하고, 7일 공기단축한 상태의 네트워크 공정표를 작성하시오.**

득점	배점
	10

작업명	선행 작업	공사 일수	1일 공기 단축 시 비용(천원)	비고
A(① → ②)	없음	2	50	단, 공기단축은 작업일수의 1/2을 초과할 수 없다. 결합점 위에 다음과 같이 표기한다. 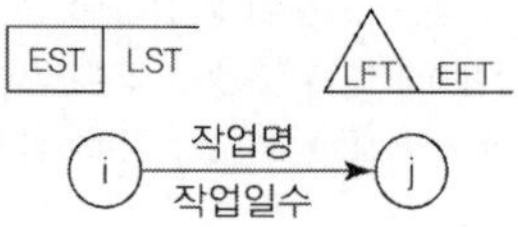
B(① → ③)		3	40	
C(① → ④)		4	30	
D(② → ⑤)	A, B, C	5	20	
E(② → ⑥)	A, B, C	6	10	
F(③ → ⑤)	B, C	4	15	
G(④ → ⑥)	C	3	23	
H(⑤ → ⑦)	D, F	6	37	
I(⑥ → ⑦)	E, G	7	45	

EST
LST
LFT
EFT
작업명
작업일수
i
j

가. 표준 네트워크 공정표
나. 공기단축 네트워크 공정표

가. 표준 네트워크 공정표

나. 공기단축 네트워크 공정표

2012년 2회 과년도 기출문제

01 다음 데이터를 네트워크 공정표로 작성하시오.(단, 반드시 비고란을 참고하여 작성)

득점	배점
	6

작업명	작업일수	선행관계	비 고
A	5	없음	주공정선은 굵은 선으로 표시한다. 각 결합점 일정 계산은 PERT 기법에 의거 다음과 같이 계산한다. 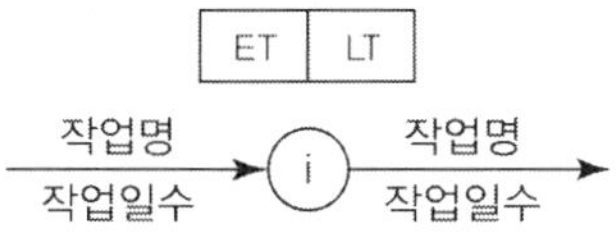 단, 결합점 번호는 규정에 따라 기입한다.
B	2	없음	
C	4	없음	
D	5	A, B, C	
E	3	A, B, C	
F	2	A, B, C	
G	2	D, E	
H	5	D, E, F	
I	4	D, F	

ET
LT
작업명
작업일수
i
작업명
작업일수

네트워크 공정표

02 탑다운 공법(Top－down method)은 지하구조물의 시공순서를 지상에서부터 시작하여 점차 깊은 지하로 진행하며 완성하는 공법으로서 여러 장점이 있다. 이 중 작업공간이 협소한 부지를 넓게 쓸 수 있는 이유를 기술하시오.

득점	배점
	3

03 흙막이벽의 계측에 필요한 기기류를 3가지만 쓰시오.

득점	배점
	3

가.

나.

다.

04 철근콘크리트 공사를 하면서 철근 간격을 일정하게 유지하는 이유를 2가지 쓰시오.

득점	배점
	2

가.

나.

05 기초의 부동침하는 구조적으로 문제를 일으키게 된다. 이러한 기초의 부동침하를 방지하기 위한 대책 중 기초구조부분에 처리할 수 있는 사항을 4가지 기술하시오.

득점	배점
	4

가.

나.

다.

라.

06 철골공사의 절단가공에서 절단방법의 종류를 3가지 쓰시오.

득점	배점
	3

가.

나.

다.

07 거푸집 측압에 영향을 주는 요소는 여러 가지가 있지만, 건축 현장의 콘크리트 부어넣기 과정에서 거푸집 측압에 영향을 줄 수 있는 요인을 3가지 쓰시오.

득점	배점
	3

가.

나.

다.

08 공사내용의 분류방법에서 목적에 따른 Breakdown Structure의 3가지 종류를 쓰시오.

득점	배점
	3

가.

나.

다.

09 AE제에 의하여 생성된 Entrained Air의 목적을 4가지 쓰시오.

득점	배점
	4

가.

나.

다.

라.

10 철골공사 중 용접접합과 고장력볼트 접합의 장점을 각각 2가지씩 쓰시오.

득점	배점
	4

가. 용접접합

①

②

나. 고장력볼트 접합

①

②

11 지반 개량공법 중 샌드 드레인 공법(Sand Drain)에 대하여 설명하시오.

득점	배점
	3

12 품질관리도구 중 특성요인도(Characteristic Diagram)에 대하여 설명하시오.

득점	배점
	3

13 표준형 벽돌 1,000장으로 1.5B 두께로 쌓을 수 있는 벽면적은?(단, 할증률은 고려하지 않는다.)

득점	배점
	4

〈산출근거〉

답 :

14 하절기(서중) 콘크리트의 문제점에 대한 대책을 〈보기〉에서 모두 골라 번호로 쓰시오.

득점	배점
	3

〈보기〉
① 단위시멘트량 증대 ② 응결촉진제 사용
③ 운반 및 타설시간의 단축계획 수립 ④ 중용열 시멘트 사용
⑤ 재료의 온도상승 방지대책 수립

답 :

15 다음은 건축공사표준시방서에 따른 거푸집널 존치기간 중의 평균기온이 10℃ 이상인 경우에 콘크리트의 압축강도 시험을 하지 않고 거푸집을 떼어 낼 수 있는 콘크리트의 재령(일)을 나타낸 표이다. 빈칸에 알맞은 숫자를 표기하시오.

득점	배점
	4

기초, 보옆, 기둥 및 벽의 거푸집널 존치기간을 정하기 위한 콘크리트의 재령(일)

시멘트 종류 / 평균 기온	조강포틀랜드 시멘트	보통포틀랜드 시멘트/ 고로슬래그 시멘트(1종)	고로슬래그 시멘트(2종)/ 포졸란 시멘트(2종)
20℃ 이상	①	③	5일
20℃ 미만 10℃ 이상	②	6일	④

① ②

③ ④

16 **미장재료 중 기경성(氣硬性)과 수경성(水硬性) 재료를 각각 2가지씩 쓰시오.**

득점	배점
	4

가. 기경성 미장재료

①

②

나. 수경성 미장재료

①

②

17 **휨 부재의 공칭강도에서 최외단 인장철근의 순인장 변형률 ε_t가 0.004일 경우 강도감소계수 ϕ를 구하시오.(단, f_y = 400MPa)**

득점	배점
	3

〈산출근거〉

답 :

18 **프리스트레스트 콘크리트(Pre－stressed Concrete)의 프리텐션(Pre－tension) 방식과 포스트텐션(Post－tension) 방식에 대하여 설명하시오.**

득점	배점
	4

가. 프리텐션 방식 :

나. 포스트텐션 방식 :

19 안방수와 바깥방수의 차이점을 4가지 쓰시오.

득점	배점
	4

가.

나.

다.

라.

20 커튼월(Curtain Wall) 방식을 다음의 분류에 따라 각각 2가지씩 쓰시오.

득점	배점
	4

가. 구조형식에 의한 분류 :

나. 조립방식에 의한 분류 :

21 철골공사에서 베이스플레이트(Base Plate)의 시공 시 사용되는 충전재의 명칭을 쓰시오.

득점	배점
	2

22 콘크리트 골재에서 유효 흡수량에 대해 기술하시오.

득점	배점
	3

23 다음은 철골 보-기둥 접합부의 개략적인 그림이다. 각 번호에 해당하는 구성재의 명칭을 쓰시오.

득점	배점
	3

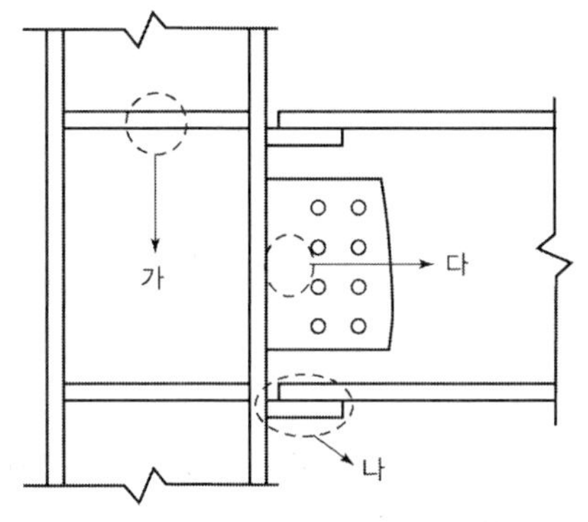

가
다
나

가.

나.

다.

24 다음의 미장공사와 관련된 용어에 대하여 설명하시오.

득점	배점
	4

가. 바탕처리 :

나. 덧먹임 :

25 그림과 같이 8-D22로 배근된 철근콘크리트 기둥에서 띠철근의 최대 수직간격을 구하시오.

득점	배점
	3

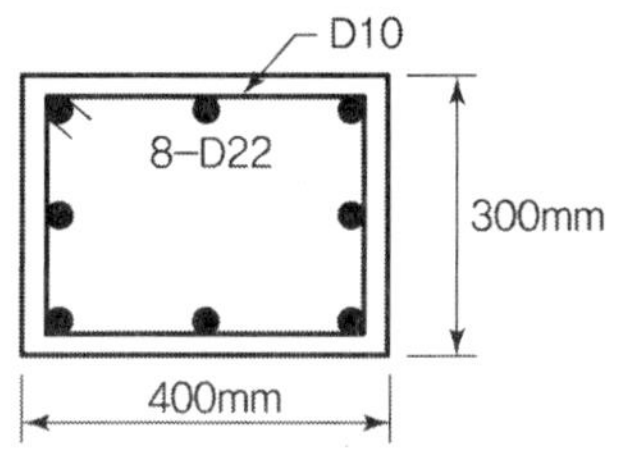

D10
8-D22
300mm
400mm

2012

〈산출근거〉

답 :

26 철근콘크리트로 설계된 보에서 압축을 받는 D22 철근의 기본정착길이를 구하시오. (단, f_y = 400MPa, 보통중량콘크리트 f_{ck} = 24MPa이다.)

득점	배점
	3

〈산출근거〉

답 :

27 1단 자유, 타단 고정인 길이 2.5m인 압축력을 받는 철골조 기둥의 탄성좌굴하중을 구하시오.(단, 단면 2차 모멘트 I = 798,000mm^4, 탄성계수 E = 200,000MPa)

득점	배점
	3

〈산출근거〉

답 :

28 다음 그림의 X축에 대한 단면 2차 모멘트를 구하시오.

득점	배점
	2

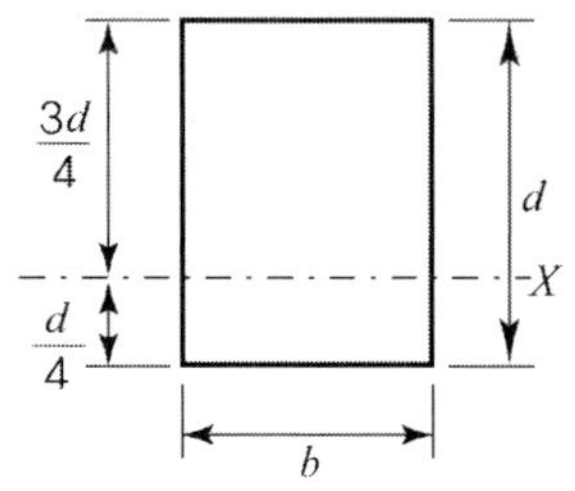

$\frac{3d}{4}$
$\frac{d}{4}$
d
X
b

〈산출근거〉

답 :

29 다음 구조물의 부정정 차수를 구하시오.

득점	배점
	3

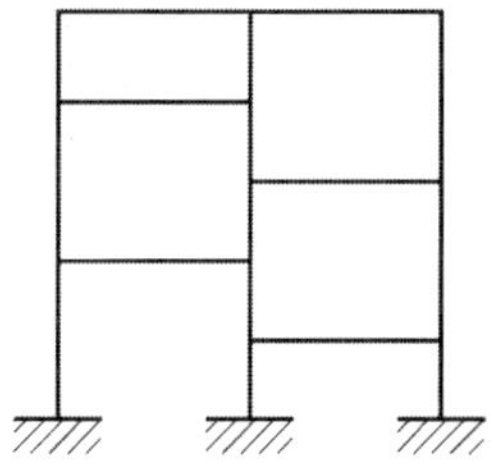

〈산출근거〉

답 :

30 철골부재에서 비틀림이 생기지 않고 휨변형만 유발하는 위치를 전단중심(Shear Center)이라 한다. 다음 형강들에 대하여 전단중심의 위치를 각 단면에 표기하시오.

득점	배점
	3

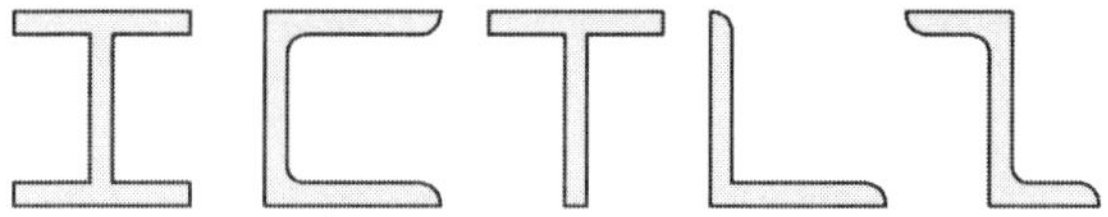

2012

2012년 4회 과년도 기출문제

01 지내력 시험방법 2가지를 쓰시오.

득점	배점
	2

가.

나.

02 다음 설명에 알맞은 콘크리트용 혼화재료의 명칭을 쓰시오.

득점	배점
	3

가. 콘크리트 내부에 미세한 독립된 기포를 발생시켜 콘크리트의 작업성 및 동결융해 저항성능을 향상시키기 위해 사용되는 혼화제
나. 콘크리트 내부의 철근이 콘크리트에 혼입되는 염화물에 의해 부식되는 것을 억제하기 위해 이용되는 혼화제
다. 콘크리트의 단위용적중량의 경감 혹은 단열성의 부여를 목적으로 안정된 기포를 물리적인 수법으로 도입시키는 혼화제

가.

나.

다.

03 다음 조적식 구조의 기준 내용의 빈칸을 채우시오.

득점	배점
	2

가. 조적식 구조인 내력벽의 길이는 (　　)m를 넘을 수 없다.
나. 조적식 구조인 내력벽으로 둘러싸인 부분의 바닥면적은 (　　)m^2를 넘을 수 있다.

가.

나.

04 아래 그림에서와 같이 터파기를 했을 경우, 인접 건물의 주위 지반이 침하할 수 있는 원인을 3가지만 쓰시오.(단, 일반적으로 인접하는 건물보다 깊게 파는 경우)

득점	배점
	3

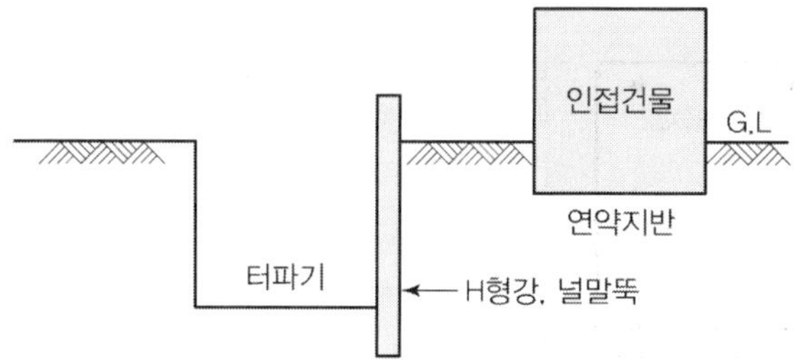

인접건물
G.L
연약지반
터파기
H형강, 널말뚝

가.

나.

다.

05 단위 중량 13.3kg/m인 L－형강(2L－90×90×10) 5m의 중량(kg)을 구하시오.

득점	배점
	2

〈산출근거〉

답 :

06 다음 금속공사에 이용되는 철물이 뜻하는 용어를 보기에서 골라 그 번호를 쓰시오.

득점	배점
	4

① 철선을 꼬아 만든 철망
② 얇은 철판에 각종 모양을 도려낸 것
③ 벽, 기둥의 모서리에 대어 미장바름을 보호하는 철물
④ 테라조 현장갈기의 줄눈에 쓰이는 것
⑤ 얇은 철판에 자름금을 내어 당겨 늘린 것
⑥ 연강 철선을 직교시켜 전기 용접한 것
⑦ 천장, 벽 등의 이음새를 감추고 누르는 것

가. 와이어라스 :

나. 메탈라스 :

다. 와이어메시 :

라. 펀칭메탈 :

2012

07 다음 그림과 같이 배근된 보에서 외력에 의해 휨 균열을 일으키는 균열모멘트(M_{cr})를 구하시오.(단, 보통중량콘크리트 $f_{ck}=24\text{MPa}$, $f_y=400\text{MPa}$이다.)

득점	배점
	4

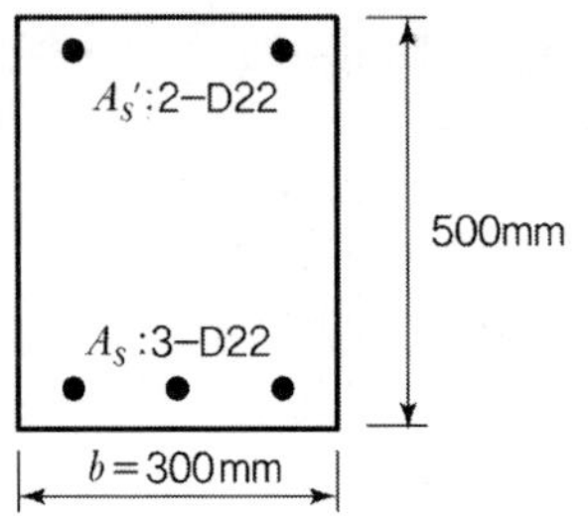

A_s':2–D22
500mm
A_s :3–D22
b=300mm

〈산출근거〉

답 :

08 목공사에서 활용되는 이음, 맞춤, 쪽매에 대해 설명하시오.

득점	배점
	3

가. 이음 :

나. 맞춤 :

다. 쪽매 :

09 토질과 관련된 아래의 용어에 대해 설명하시오.

득점	배점
	6

가. 히빙(Heaving)　나. 보일링(Boiling)　다. 흙의 휴식각

가.

나.

다.

10 LCC(Life Cycle Cost)에 대해 간단히 설명하시오.

득점	배점
	2

11 중심축하중을 받는 단주의 최대 설계축하중을 구하시오.(단, $f_{ck} = 27\text{MPa}$, $f_y = 400\text{MPa}$, $A_{st} = 3{,}096\text{mm}^2$이다.

득점	배점
	3

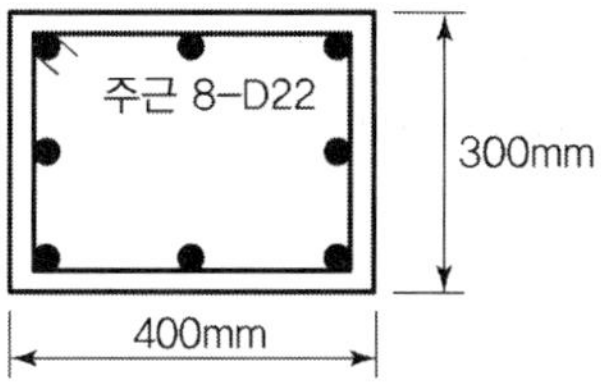
주근 8-D22
300mm
400mm

〈산출근거〉

답 :

12 다음 조건으로 요구하는 수량을 산출하시오.(단, L : 1.3, C : 0.9)

득점	배점
	9

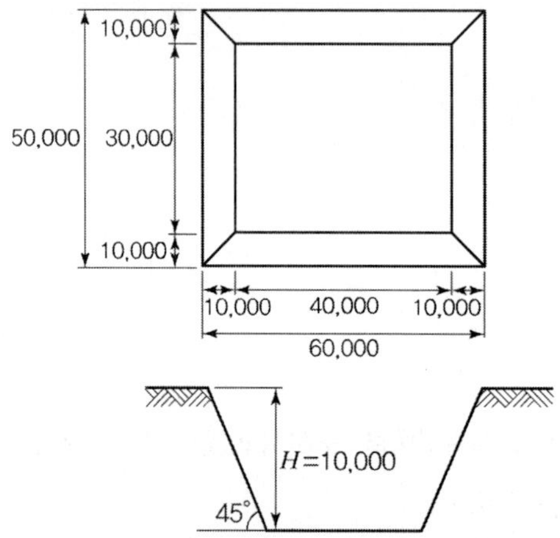

10,000
50,000
30,000
10,000
10,000
40,000
10,000
60,000
H=10,000
45°

(1) 터파기량을 산출하시오.
(2) 운반대수를 산출하시오.(운반대수는 1재, 적재량은 $12m^3$)
(3) $5,000m^2$의 면적을 가진 성토장에서 성토하여 다짐할 때 표고는 몇 m인지 구하시오.(비탈면은 수직으로 가정한다.)

(1) 터파기량(m^3) :

(2) 운반대수(대) :

(3) 표고(m) :

13 수동 아크 용접에서 용접봉 피복재의 역할을 3가지 쓰시오.

득점	배점
	3

가.

나.

다.

14 **1단 자유, 타단 고정, 길이 2.5m인 압축력을 받는 H형강 기둥(H－100×100×6×8)의 탄성좌굴하중을 구하시오.(단, $I_x = 383 \times 10^4 \text{mm}^4$, $I_y = 134 \times 10^4 \text{mm}^4$, $E = 205{,}000 \text{N/mm}^2$)**

득점	배점
	2

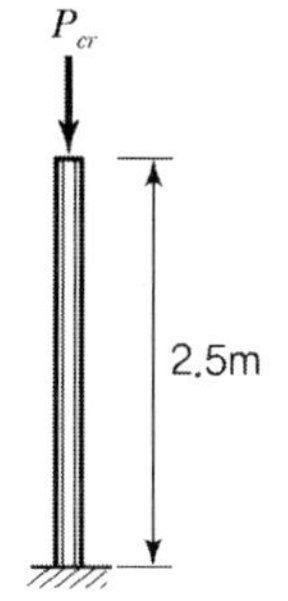

P_{cr}
2.5m

〈산출근거〉

답 :

15 **건설업의 TQC에 이용되는 도구 중 다음을 간단히 설명하시오.**

득점	배점
	4

가. 파레토도 :

나. 특성 요인도 :

다. 층별 :

라. 산점도 :

2012

16 다음 작업리스트에서 네트워크 공정표를 작성하고 각 작업의 여유시간을 구하시오.

득점	배점
	10

작업명	작업 일수	선행 작업	작업명	작업 일수	선행 작업	비 고
A	5	없음	G	8	D	① CP는 굵은 선으로 표시한다. ② 각 결합점에서는 다음과 같이 표시한다.
B	6	A	H	6	E	
C	5	A	I	5	E, F	
D	4	A	J	8	E, F, G	
E	3	B	K	7	H, I, J	
F	7	B, C, D				

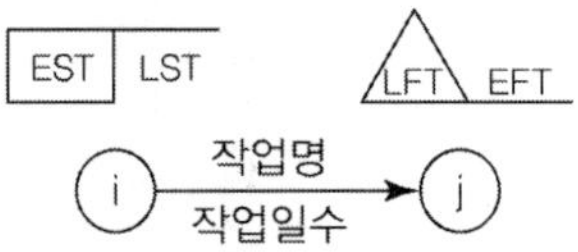
EST
LST
LFT
EFT
i
작업명
작업일수
j

가. 네트워크 공정표

나. 여유시간

17 콘크리트의 알칼리 골재반응을 방지하기 위한 대책을 3가지만 쓰시오.

득점	배점
	3

가.

나.

다.

18 **다음 설명이 가리키는 용어명을 각각 쓰시오.**

득점	배점
	3

가. 신축이 가능한 무지주공법의 수평지지보
나. 무량판 구조에서 2방향 장선 바닥판구조가 가능하도록 된 기성재 거푸집
다. 한 구획 전체의 벽판과 바닥판을 ㄱ자형 또는 ㄷ자형으로 짜는 거푸집

가.

나.

다.

19 **도장공사에 쓰이는 녹막이용 도장재료를 2가지만 쓰시오.**

득점	배점
	2

가.

나.

20 **지반조사를 위한 보링의 종류를 3가지 쓰시오.**

득점	배점
	3

가.

나.

다.

21 **기초와 지정의 차이점을 기술하시오.**

득점	배점
	4

가. 기초 :

나. 지정 :

22 콘크리트 공사와 관련된 다음 용어를 간단히 설명하시오.

득점	배점
	4

가. 콜드조인트(Cold Joint) :

나. 블리딩(Bleeding) :

23 그림과 같은 평행현 트러스의 U_2, L_2 부재의 부재력을 절단법으로 구하시오.

득점	배점
	4

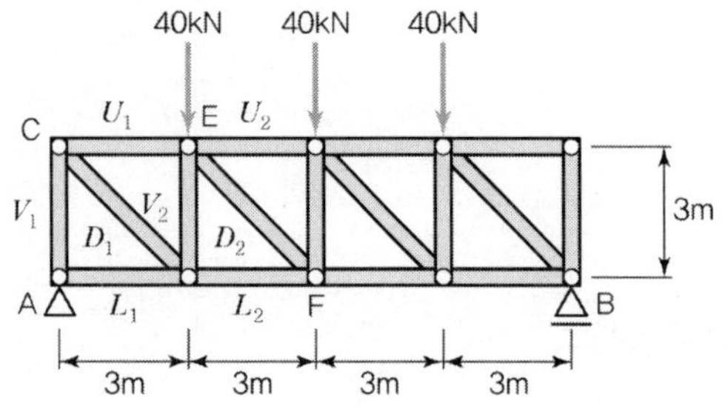

40kN
40kN
40kN
C
U_1
E
U_2
V_1
V_2
D_1
D_2
3m
A
L_1
L_2
F
B
3m
3m
3m
3m

〈산출근거〉

답 :

24 다음 장방형 단면에서 각 축에 대한 단면 2차 모멘트의 비 I_x / I_y를 구하시오.

득점	배점
	2

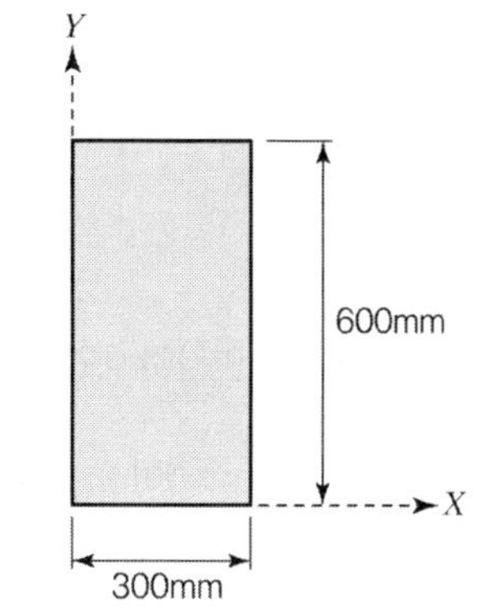

Y
600mm
X
300mm

〈산출근거〉

답 :

25 다음 그림과 같은 겔버보에서 A단의 휨모멘트를 구하시오.

득점	배점
	2

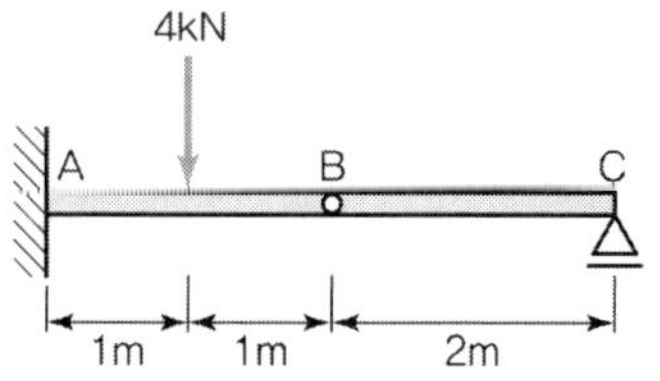

4kN
A
B
C
1m
1m
2m

〈산출근거〉

답 :

2012

26 어스 앵커(Earth Anchor) 공법에 대하여 설명하시오.

득점	배점
	3

27 네트워크(Net Work) 공정관리기법 중 서로 관계있는 항목을 연결하시오.

득점	배점
	4

(1) 계산공기 • • (가) 네트워크 중의 둘 이상의 작업이 연결된 작업의 경로

(2) 패스(Path) • • (나) 네트워크 시간산식에 의하여 얻은 기간

(3) 더미(Dummy) • • (다) 작업의 여유시간

(4) 플로트(Float) • • (라) 네트워크 작업의 상호관계를 나타내는 점선 화살선

28 철골부재 용접부의 결함 종류를 3가지만 쓰시오.

득점	배점
	2

가.

나.

다.

Engineer Architecture

2011년 과년도 기출문제

CONTENTS

2011년 1회 과년도 기출문제

01 철골구조의 내화피복공사 시 활용되는 습식공법 4가지를 쓰시오.

득점	배점
	4

가.

나.

다.

라.

02 커튼월 공사에서 구조체의 층간변위, 커튼월의 열팽창, 변위 등을 해결하는 긴결방법 3가지를 기술하시오.

득점	배점
	3

가.

나.

다.

03 철근콘크리트 구조의 1방향 슬래브와 2방향 슬래브를 구분하는 기준에 대해 설명하시오.

득점	배점
	3

04 블록 압축강도시험에 대한 다음 물음에 답하시오.

득점	배점
	4

(1) 390×190×150mm 속 빈 콘크리트 블록의 압축강도시험에서 블록에 대한 가압면적 (mm^2)

(2) 압축강도 10MPa인 블록이 하중속도를 매초 0.2MPa로 할 때의 붕괴시간(sec)

05 콘크리트의 중성화에 대한 다음 ( ) 안을 채우시오.

득점	배점
	4

> (1) 공기 중 탄산가스의 작용으로 콘크리트 중의 (①)이 서서히 (②)으로 되어 콘크리트가 알칼리성을 상실하게 되는 과정
> (2) 반응식 : (③) + CO_2 → (④) + H_2O

(1) ①　　　　　　　　②

(2) ③　　　　　　　　④

06 철골공사의 용접부 내부결함에 대한 비파괴검사 방법 3가지를 쓰시오.

득점	배점
	3

가.

나.

다.

07 철골 주각부 현장 시공순서에 맞게 번호를 나열하시오.

득점	배점
	3

> ① 기초 상부 고름질　② 가조립　③ 변형 바로잡기
> ④ 앵커볼트 정착　⑤ 철골 세우기　⑥ 기초콘크리트 치기
> ⑦ 철골 도장

( ) → ( ) → ( ) → ( ) → ( ) → ( ) → ( )

08 흙의 함수량 변화와 관련하여 ( ) 안을 채우시오.

득점	배점
	2

> 흙이 소성상태에서 반고체상태로 옮겨지는 경계의 함수비를 (①)라 하고, 액성상태에서 소성상태로 옮겨지는 함수비를 (②)라고 한다.

①　　　　　　　　②

09 **다음 형강을 단면 형상의 표시방법으로 표시하시오.**

득점	배점
	2

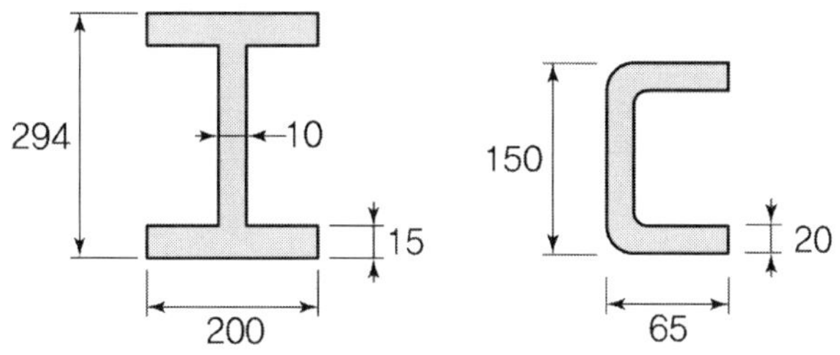
294
10
15
200
150
20
65

가.

나.

10 **다음이 설명하는 구조의 명칭을 쓰시오.**

득점	배점
	2

건축물의 기초부분 등에 적층고무 또는 미끄럼받이 등을 넣어서 지진에 대한 건축물의 흔들림을 감소시키는 구조

답 :

11 **시멘트계 바닥 바탕의 내마모성, 내화학성, 분진방진성을 증진시켜 주는 바닥강화제(Hardner) 중 침투식 액상하드너 시공 시 유의사항 2가지를 쓰시오.**

득점	배점
	4

가.

나.

12 **경화된 콘크리트의 크리프 현상에 대한 설명이다. 맞으면 ○, 틀리면 ×로 표시하시오.**

득점	배점
	5

(1) 재하기간 중 습도가 클수록 크리프는 커진다. ( )

(2) 재하개시 재령이 짧을수록 크리프는 커진다. ( )

(3) 재하응력이 클수록 크리프는 커진다. ( )

(4) 시멘트 페이스트량이 적을수록 커진다. ( )

(5) 부재치수가 작을수록 크리프는 커진다. ( )

13 **유동화콘크리트의 제조방법 3가지를 쓰시오.**

득점	배점
	3

가.

나.

다.

14 **기준점(Bench Mark)의 정의 및 설치 시 주의사항을 3가지 쓰시오.**

득점	배점
	5

가. 정의 :

나. 설치 시 주의사항

①

②

③

15 **다음 용어를 간단히 설명하시오.**

가. 잔골재율(S/A) :

나. 조립률(FM) :

16 목공사 마무리 중 모접기(면접기)의 종류 3가지를 쓰시오.

득점	배점
	3

가.

나.

다.

17 점토지반 개량공법 두 가지를 제시하고, 그중에서 1가지를 선택하여 간단히 설명하시오.

득점	배점
	5

가.

나.

18 커튼월의 외관형태 타입 4가지를 쓰시오.

득점	배점
	4

가.

나.

다.

라.

19 다음 라멘의 휨모멘트도를 개략적으로 도시하시오.

득점	배점
	3

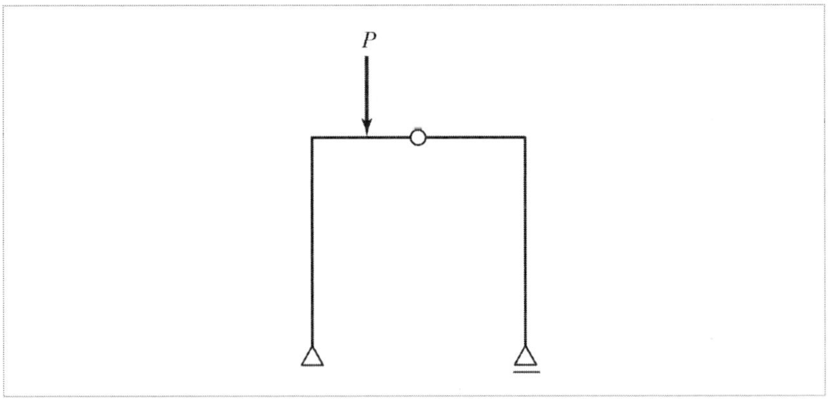
P

20 그림과 같은 라멘의 부정정 차수를 구하시오.

득점	배점
	3

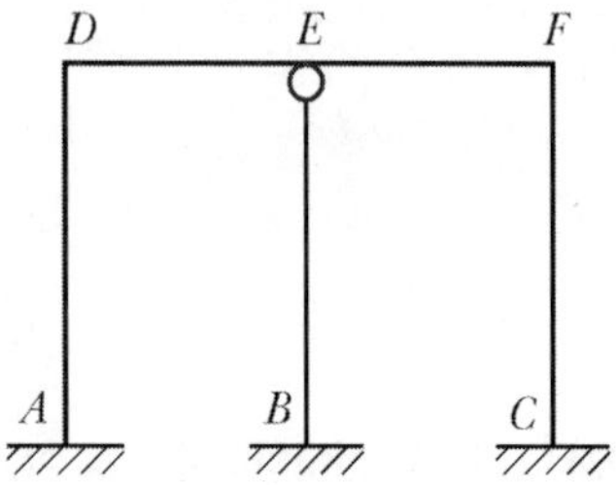
D
E
F
A
B
C

21 설계시공 일괄계약(Design – Build Contract)의 장점을 3가지 기술하시오.

득점	배점
	3

가.

나.

다.

22 다음 설명에 해당하는 시멘트 종류를 고르시오.

득점	배점
	3

조강 시멘트, 실리카 시멘트, 내황산염 시멘트, 중용열 시멘트, 백색 시멘트, 콜로이드 시멘트, 고로슬래그 시멘트

가. ① 특성 : 조기강도가 크고 수화열이 많으며 저온에서 강도의 저하율이 낮다.
② 용도 : 긴급공사, 한중공사

나. ① 특성 : 석탄 대신 중유를 원료로 쓰며, 제조시 산화철분이 섞이지 않도록 주의한다.
② 용도 : 미장재, 인조석 원료

다. ① 특성 : 내식성이 좋으며 발열량 및 수축률이 작다.
② 용도 : 대단면 구조재, 방사선 차단물

가.

나.

다.

23 역타설공법(Top – Down Method)의 장점을 3가지 쓰시오.

득점	배점
	3

가.

나.

다.

24 금속재 바탕처리법 중 화학적 방법 3가지를 쓰시오.

득점	배점
	3

가.

나.

다.

25 강구조 볼트접합과 관련하여 용어를 쓰시오.

득점	배점
	3

가. 볼트 중심 사이의 간격 :

나. 볼트 중심 사이를 연결하는 선 :

다. 볼트 중심 사이를 연결하는 선 사이의 거리 :

26 커튼월 조립방식에 의한 분류에서 각 설명에 해당하는 방식을 번호로 쓰시오.

득점	배점
	3

① Stick Wall 방식　　② Window Wall 방식　　③ Unit Wall 방식

가. 구성 부재 모두가 공장에서 조립된 프리패브(Pre－Fab) 형식으로 현장상황에 융통성을 발휘하기가 어렵다. 창호와 유리, 패널의 일괄발주 방식　(　　　)

나. 구성 부재를 현장에서 조립·연결하여 창틀이 구성되는 형식으로 유리는 현장에서 주로 끼운다. 현장 적응력이 우수하여 공기조절이 가능 창호와 유리, 패널의 분리발주 방식　(　　　)

다. 창호와 유리, 패널의 개별발주 방식으로 창호 주변이 패널로 구성됨으로써 창호의 구조가 패널 트러스에 연결할 수 있어서 비교적 경제적인 시스템 구성이 가능한 방식　(　　　)

27 T 부재에 발생하는 부재력을 구하시오.

득점	배점
	2

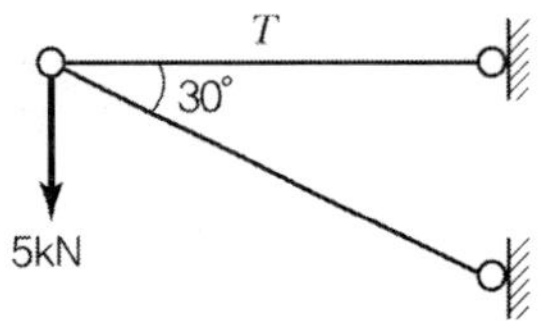
T
30°
5kN

〈산출근거〉

답 :

28 다음 용어를 간단히 설명하시오.

득점	배점
	4

가. 부대입찰제도 :

나. 대안입찰제도 :

29 다음 설명에 적합한 용어명을 쓰시오.

득점	배점
	3

가. 길이 조절이 가능한 무지주공법의 수평지지보 :

나. 무량판 구조에서 2방향 장선 바닥판 구조가 가능하도록 된 특수상자 모양의 기성재 거푸집 :

다. 벽식 철근콘크리트 구조를 시공할 때 한 구획 전체의 벽판과 바닥판을 일체로 제작하여 한 번에 설치·해체할 수 있도록 한 거푸집 :

30 보의 압축연단에서 중립축까지의 거리 C를 구하시오.(단, f_{ck}=35MPa, f_y=400MPa, A_s =2,028mm^2)

득점	배점
	4

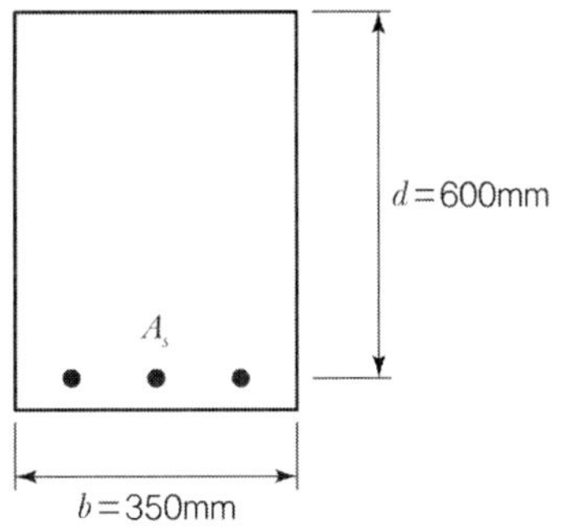

d=600mm
A_s
b=350mm

〈산출근거〉

답 :

2011

2011년 2회 과년도 기출문제

01 다음 도면과 같은 기둥 주근의 철근량을 산출하시오.(단, 층고는 3.6m, 주근의 이음길이는 25d로 하고, 철근의 중량은 D22는 3.04kg/m, D19는 2.25kg/m, D10은 0.56kg/m로 한다.)

득점	배점
	4

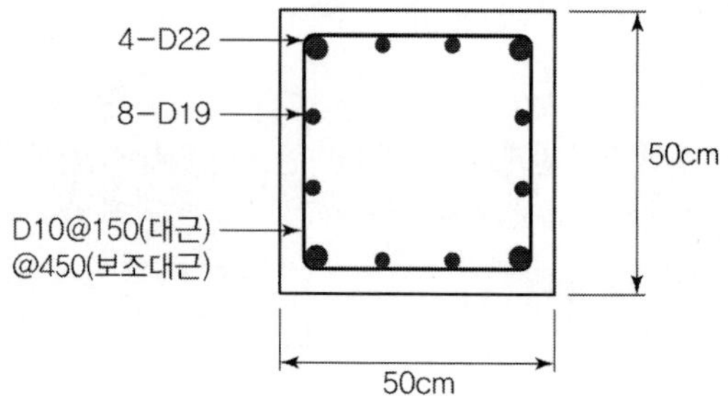

4-D22
8-D19
D10@150(대근)
@450(보조대근)
50cm
50cm

〈산출근거〉

답 :

02 철근의 응력-변형률 곡선에서 해당하는 4개의 주요 영역과 6개의 주요 포인트에 관련된 용어를 쓰시오.

득점	배점
	3

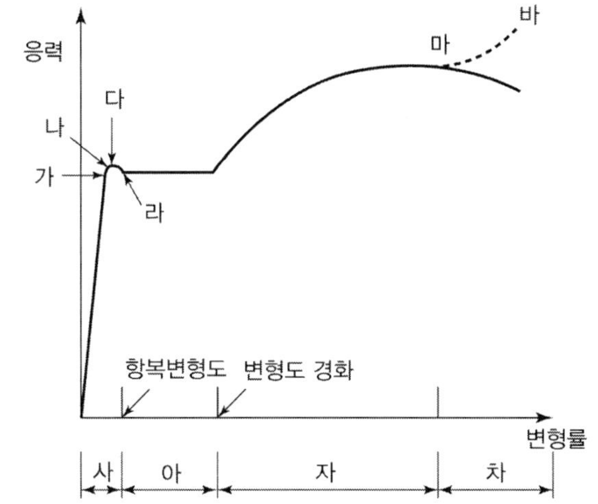

응력
가
나
다
라
마
바
항복변형도
변형도 경화
변형률
사
아
자
차

가.　　　　　　　나.

다.　　　　　　　라.

마.　　　　　　　바.

사.　　　　　　　아.

자.　　　　　　　차.

03 콘크리트 구조체 공사의 VH(Vertical Horizontal) 타설공법에 관하여 기술하시오.

득점	배점
	3

04 다음 보기에서 열거한 항목을 이용하여 시트방수의 시공순서를 기호로 쓰시오.

득점	배점
	3

① 시트 붙이기　② 프라이머칠　③ 바탕처리　④ 접착제칠

(가) → (나) → (다) → (라) → 마무리

가.　　　　　　　나.

다.　　　　　　　라.

05 다음 설명이 의미하는 거푸집 관련 용어를 쓰시오.

득점	배점
	4

가. 철근의 피복두께를 유지하기 위해 벽이나 바닥 철근에 대어주는 것

( )

나. 벽 거푸집 간격을 일정하게 유지하여 격리와 긴장재 역할을 하는 것

( )

다. 기둥 거푸집의 고정 및 측압 버팀용으로 주로 합판 거푸집에서 사용되는 것

( )

라. 거푸집의 탈형과 청소를 용이하게 만들기 위해 합판 거푸집 표면에 미리 바르는 것

( )

06 콘크리트의 크리프(Creep) 현상에 대하여 쓰시오.

득점	배점
	3

07 지반조사 시 실시하는 보링(Boring)의 종류를 3가지만 쓰시오.

득점	배점
	3

가.

나.

다.

08 건축공사에서 기준점(Bench Mark)의 설치 시 주의사항을 2가지 쓰시오.

득점	배점
	2

가.

나.

09 벽돌벽의 표면에 생기는 백화현상의 정의와 발생방지 대책을 3가지 쓰시오.

득점	배점
	5

가. 백화현상의 정의 :

나. 방지대책 : ①

②

③

10 다음이 설명하는 용어를 쓰시오.

득점	배점
	2

가. 창 밑에 돌 또는 벽돌을 15도 정도 경사지게 옆세워 쌓는 방법

나. 벽돌벽 등에 장식적으로 구멍을 내어 쌓는 방법

11 한중기 콘크리트에 관한 내용 중 ( )을 적당히 채우시오.

득점	배점
	4

가. 한중 콘크리트는 초기강도 (   )MPa까지는 보양을 실시한다.

나. 한중 콘크리트 물-결합재비(W/C)는 (   )% 이하로 한다.

12 구조물을 신축하기 전에 실시하는 Mock-up Test의 정의와 시험항목을 3가지만 쓰시오.

득점	배점
	5

가. 정의 :

나. 시험항목 :

13 다음에 설명하는 콘크리트의 줄눈 명칭을 쓰시오.

득점	배점
	3

> 지반 등 안정된 위치에 있는 바닥판이 수축에 의하여 표면에 균열이 생길 수 있는데 이러한 균열을 방지하기 위해 설치하는 줄눈

답 :

2011

14 아래에 표기된 실비정산 보수가산방식의 종류를 〈보기〉에 주어진 기호를 사용하여 적절히 표기하시오.

득점	배점
	3

〈보기〉
A : 공사실비　　A′ : 한정된 실비　　f : 비율보수　　F : 정액보수

가. 실비비율 보수 가산식 :

나. 실비한정비율 보수 가산식 :

다. 실비정액 보수 가산식 :

15 다음 측정기별 용도를 쓰시오.

득점	배점
	4

가. Washington Meter :

나. Piezo Meter :

다. Earth Pressure Meter :

라. Dispenser :

16 목재에 가능한 방부제 처리법을 4가지 쓰시오.

득점	배점
	4

가.

나.

다.

라.

17 TQC에 이용되는 7가지 도구 중 4가지를 쓰시오.

득점	배점
	4

가.

나.

다.

라.

18 **다음은 철근콘크리트 부재의 구조계산을 수행한 결과이다. 물음에 답하시오.**

득점	배점
	4

(1) 하중조건
① 고정하중 : $M=150\text{kN}\cdot\text{m}$, $V=120\text{kN}$
② 활하중 : $M=130\text{kN}\cdot\text{m}$, $V=110\text{kN}$
(2) 강도감소계수
① 휨에 대한 강도감소계수 : $\phi=0.85$
② 전단에 대한 강도감소계수 : $\phi=0.75$

(1) 소요공칭휨강도 :

(2) 소요공칭전단강도 :

19 **BOT(Build－Operate－Transfer contract) 방식을 설명하고 이와 유사한 방식을 3가지 쓰시오.**

득점	배점
	5

가. BOT 방식 :

나. 유사한 방식 :

20 다음 그림과 같은 구조물의 전단력도와 휨모멘트도를 그리시오.(단, 휨모멘트 및 전단력의 크기와 부호를 표기해야 함)

득점	배점
	4

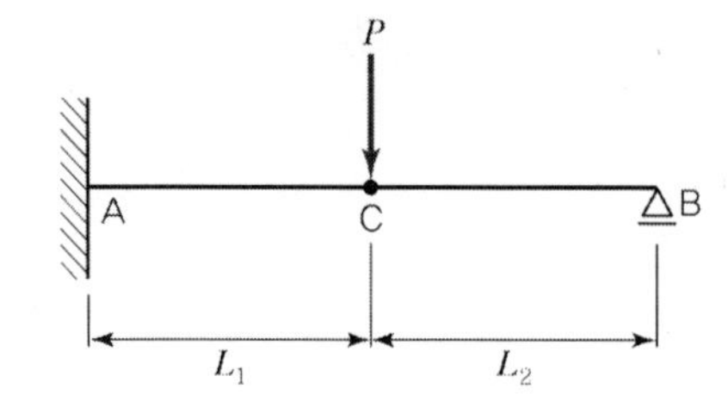

P
A
C
B
L_1
L_2

가. 전단력도(S.F.D) :

나. 휨모멘트도(B.M.D) :

21 그림과 같은 철근콘크리트 보가 $f_{ck}=21$MPa, $f_y=400$Mpa, D22(단면적 387mm²) 일 때 강도감소계수 $\phi=0.85$를 적용함이 적합한지 부적합한지를 판정하시오.

득점	배점
	4

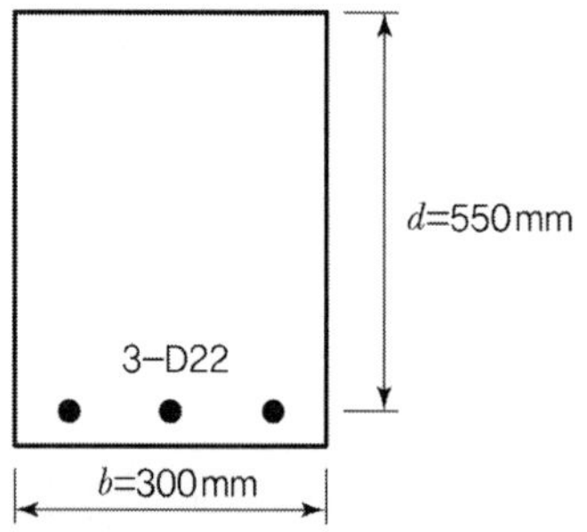

d=550mm
3–D22
b=300mm

〈산출근거〉

답 :

22 다음 그림과 같은 겔버보의 A, B, C 지점반력을 구하시오.

득점	배점
	3

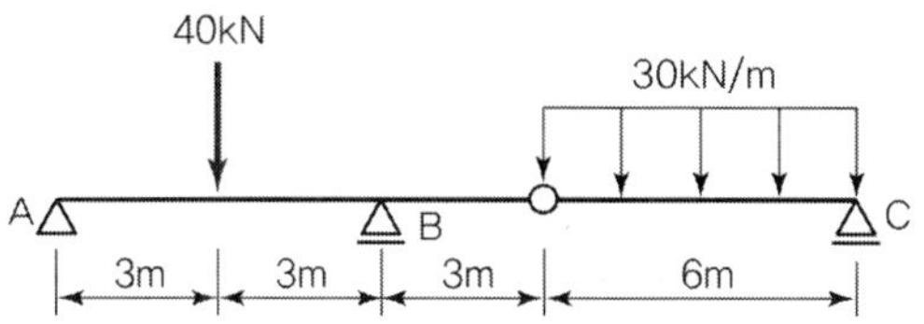

40kN
30kN/m
A
B
C
3m
3m
3m
6m

〈산출근거〉

답 :

23 다음 보기는 용접부의 검사 항목이다. 〈보기〉에서 골라 알맞은 공정에 해당번호를 써 넣으시오.

득점	배점
	3

〈보기〉

① 트임새 모양	② 전류	③ 침투수압	④ 운봉
⑤ 모아대기법	⑥ 외관판단	⑦ 구속	⑧ 용접봉
⑨ 초음파검사	⑩ 절단검사		

가. 용접 착수 전 :

나. 용접 작업 중 :

다. 용접 완료 후 :

24 철골세우기에서 기초 상부 고름질의 방법을 3가지만 쓰시오.

득점	배점
	3

가.

나.

다.

25 다음에 제시된 화살표형 네트워크 공정표를 통해 일정계산 및 여유시간, 주공정선(CP)과 관련된 빈칸을 모두 채우시오.(단, CP에 해당하는 작업은 ※ 표시를 하시오.)

득점	배점
	10

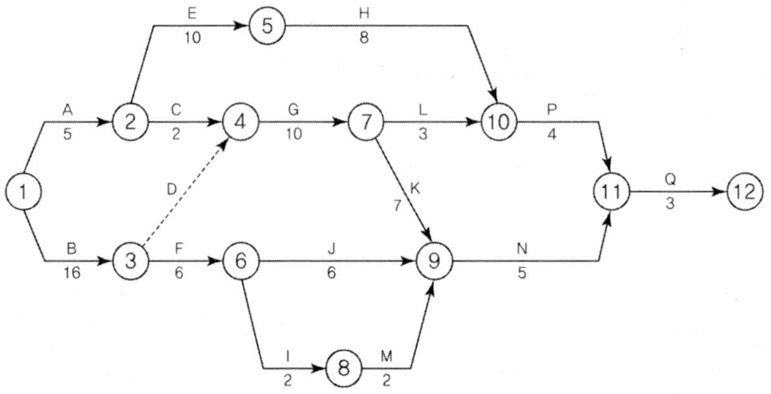

E 10
H 8
A 5
C 2
G 10
L 3
P 4
D
K 7
Q 3
B 16
F 6
J 6
N 5
I 2
M 2
1
2
3
4
5
6
7
8
9
10
11
12

작업명	EST	EFT	LST	LFT	TF	FF	DF	CP
A								
B								
C								
D								
E								
F								
G								
H								
I								
J								
K								
L								
M								
N								
P								
Q								

26 굵은골재의 최대치수 25mm, 4kg을 물속에서 채취하여 표면건조 내부포수 상태의 질량이 3.95kg, 절대건조 질량이 3.60kg, 수중에서의 질량이 2.45kg일 때 흡수율과 밀도를 구하시오.

득점	배점
	4

가. 흡수율 :

나. 표건밀도 :

다. 겉보기밀도 :

라. 절건밀도 :

27 총 단면적 $A_s = 5.624\text{mm}^2$의 H－250×175×11(SM490)의 설계인장강도를 한계상태설계법에 의해 산정하시오.(단, 설계저항계수 $\phi = 0.90$을 적용한다.)

득점	배점
	2

2011

2011년 4회 과년도 기출문제

01 아래 도면은 건물 옥상 도면이다. 다음을 산출하시오.(단, 벽돌의 할증률은 5%로 한다.)

득점	배점
	6

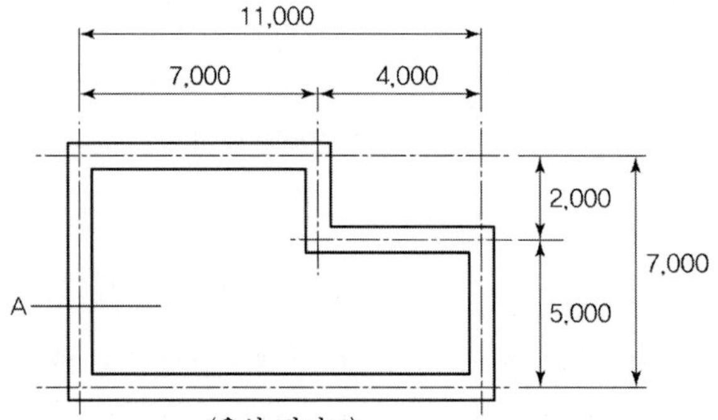

11,000
7,000
4,000
2,000
5,000
7,000
A

〈옥상 평면도〉

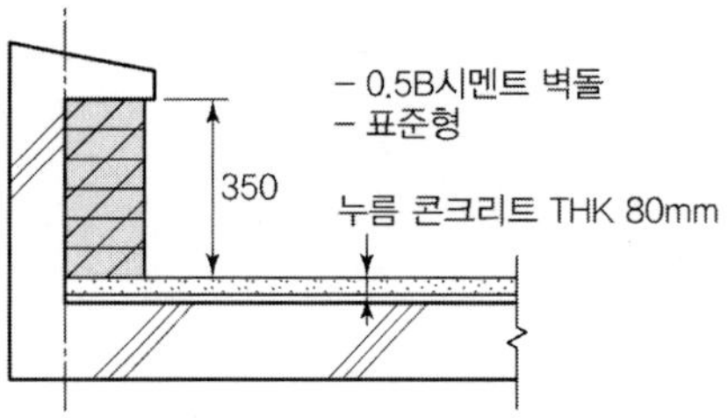

– 0.5B시멘트 벽돌
– 표준형
350
누름 콘크리트 THK 80mm

〈A단면 상세도〉

(1) 옥상 방수 면적

답 : ____________ (m^2)

(2) 누름 콘크리트량

답 : ____________ (m^3)

(3) 보호벽돌 소요량

답 : ____________ (장)

02 **흙은 흙입자 · 물 · 공기로 구성되며, 도식화하면 다음 그림과 같다. 그림에 주어진 기호로 아래의 각종 용어를 표기하시오.**

득점	배점
	6

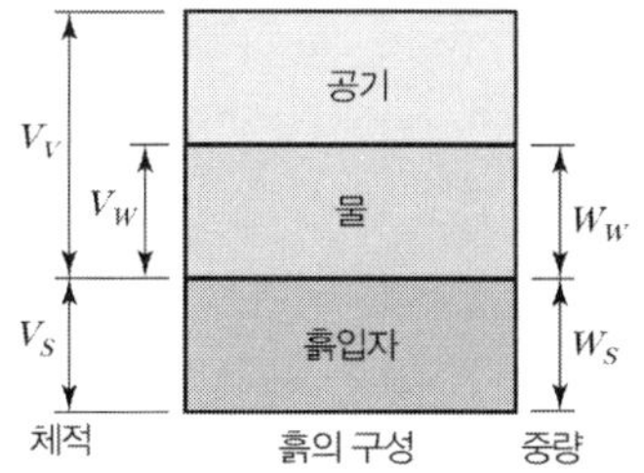
공기
물
흙입자
V_V
V_W
V_S
W_W
W_S
체적
흙의 구성
중량

가. 함수비 :

나. 간극비 :

다. 포화도 :

03 **콘크리트 공사에서의 헛응결(False Set)에 대하여 설명하시오.**

득점	배점
	3

04 **방수공법 중 도막방수와 시트방수의 방수층 형성 원리에 대하여 기술하시오.**

득점	배점
	4

가. 도막방수 :

나. 시트방수 :

05 시스템거푸집 중에서 갱폼(Gang Form)의 장단점을 각각 2개씩 쓰시오.

득점	배점
	4

가. 장점 ①

②

나. 단점 ①

②

06 기초를 보강하는 언더피닝 공법을 3가지 쓰시오.

득점	배점
	3

가.

나.

다.

07 네트워크 공정표에서 작업상호 간의 연관관계만을 나타내는 명목상의 작업인 더미(Dummy)의 종류를 3가지 쓰시오.

득점	배점
	3

가.

나.

다.

08 흐트러진 상태의 흙 $30m^3$를 이용하여 $30m^2$의 면적에 다짐 상태로 60cm 두께를 터돋우기 할 때 시공 완료된 다음의 흐트러진 상태의 토량을 산출하시오.(단, 이 흙의 L = 1.2이고, C = 0.9이다.)

득점	배점
	3

〈산출근거〉

답 : .... m^3

09 도급계약 중 공동도급(Joint Venture) 방식의 장점 4가지를 설명하시오.

득점	배점
	4

가.

나.

다.

라.

10 콘크리트 헤드(Concrete Head)의 정의를 쓰시오.

득점	배점
	3

11 지반조사 방법 중 보링(Boring)의 정의와 종류 4가지를 쓰시오.

득점	배점
	5

가. 정의 :

나. 종류 :

①

②

③

④

12 ALC(Autoclaved Lightweight Concrete) 패널의 설치공법을 4가지 쓰시오.

득점	배점
	4

가.

나.

다.

라.

13 숏크리트(Shotcrete)공법의 정의를 기술하고, 그에 대한 장단점을 1가지씩 쓰시오.

득점	배점
	4

가. 정의 :

나. 장점 :

다. 단점 :

14 그림과 같은 철골조 용접상세에서 다음 번호에 해당하는 부위의 명칭을 쓰시오.

득점	배점
	3

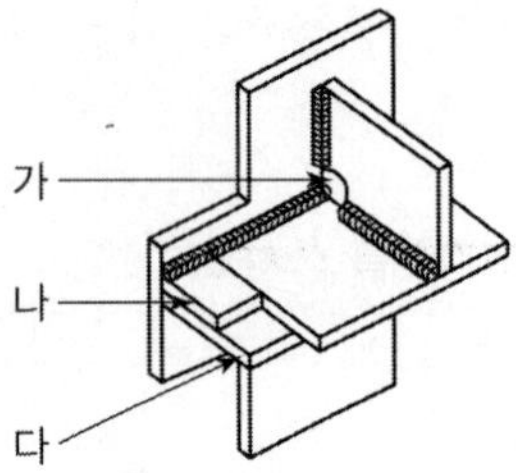

가
나
다

가.

나.

다.

15 건설공사의 원가절감기법 중 Value Engineering의 사고방식 4가지를 쓰시오.

득점	배점
	4

가.

나.

다.

라.

16 시멘트의 시험 중 분말도 시험의 종류 2가지를 쓰시오.

득점	배점
	4

가.

나.

17 기둥에서 띠철근의 역할 2가지를 쓰시오.

득점	배점
	2

가.

나.

18 다음과 같은 Network 공정표의 최장 소요일수를 구하고 CP를 표기하시오.

득점	배점
	4

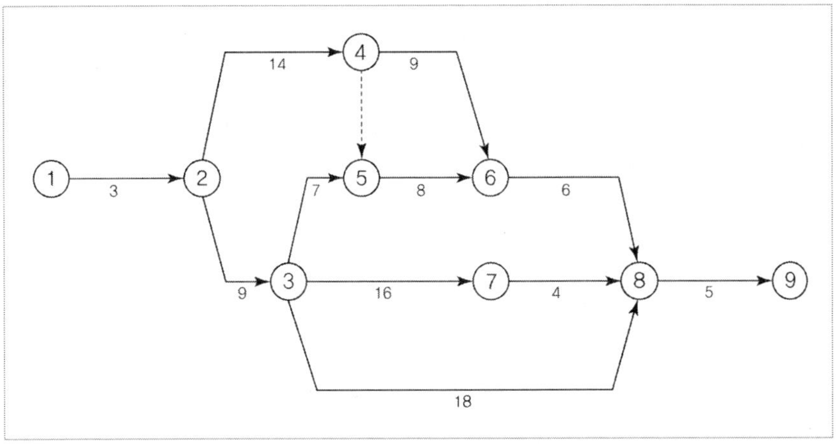

1
2
3
4
5
6
7
8
9
3
14
9
7
8
6
9
16
4
5
18

최장 소요일수 :

19 온도철근의 배근 목적에 대하여 설명하시오.

득점	배점
	2

20 다음의 입찰방법을 간단히 설명하시오.

득점	배점
	3

가. 공개경쟁입찰 :

나. 지명경쟁입찰 :

다. 특명입찰 :

21 **흙막이 공사에 사용하는 어스앵커 공법의 특징을 4가지 쓰시오.**

득점	배점
	4

가.

나.

다.

라.

22 **다음에서 설명하는 용어를 쓰시오.**

득점	배점
	2

> 드라이비트라는 일종의 못박기총을 사용하여 콘크리트나 강재 등에 박는 특수못머리가 달린 것을 H형, 나사로 된 것을 T형이라고 한다.

답 :

23 **보통골재를 사용한 콘크리트의 압축강도(f_{ck})가 24MPa, 철근의 탄성계수(E_s)가 200,000MPa, 항복강도(f_y)가 400MPa일 때 콘크리트의 탄성계수(E_c)와 탄성계수비($\frac{E_s}{E_c}$)를 구하시오.**

득점	배점
	4

가. 콘크리트의 탄성계수 :

나. 탄성계수비 :

24 **T형 보에서 압축을 받는 플랜지 부분의 유효폭을 결정할 때는 세 가지 조건에 의하여 산출된 값 중 가장 작은 값으로 결정하여야 하는데 이 세 가지 조건에 대하여 기술하시오.**

득점	배점
	3

가.

나.

다.

25 그림과 같은 플랫슬래브 지판(드롭 패널)의 최소 크기와 두께를 산정하시오.(단, 슬래브두께(t_s)는 200mm)

득점	배점
	4

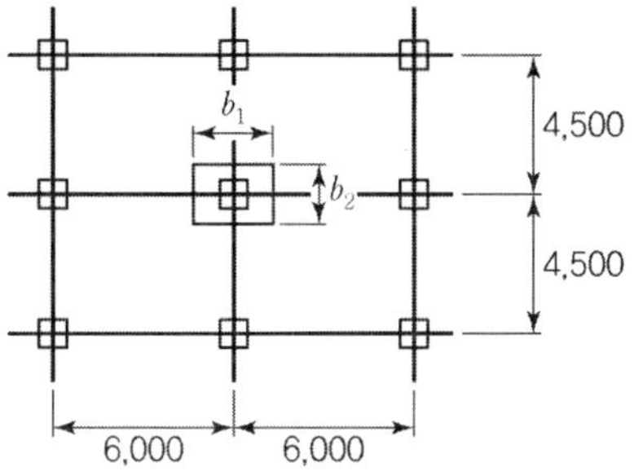

b_1
b_2
4,500
4,500
6,000
6,000

〈산출근거〉

가. 지판의 최소 크기

답 :

나. 지판의 두께

답 :

26 한 변의 길이가 1.8m인 정사각형 철근콘크리트 기초판 바닥면에 작용하는 총토압(kPa)을 계산하시오.(단, 흙의 단위질량 $\rho_s=2{,}082\text{kg/m}^3$), 철근콘크리트의 단위질량 $\rho_s=2{,}400\text{kg/m}^3$)

득점	배점
	5

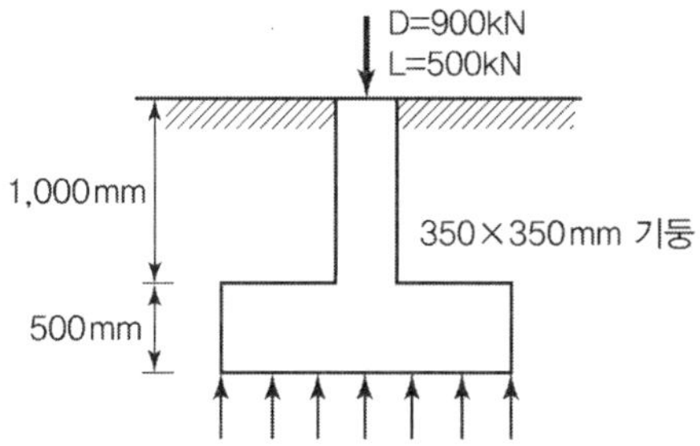

D=900kN
L=500kN
1,000mm
350×350mm 기둥
500mm

가. 흙과 철근콘크리트의 단위무게 계산 :

나. 기초판의 바닥에 작용하는 모든 하중 계산 :

다. 총토압 계산 :

27 **그림과 같은 모살용접부의 설계 강도를 구하시오. 사용강재는 SS400이고, F_y= 235N/mm^2, F_u = 400N/mm^{2}이다.**

득점	배점
	3

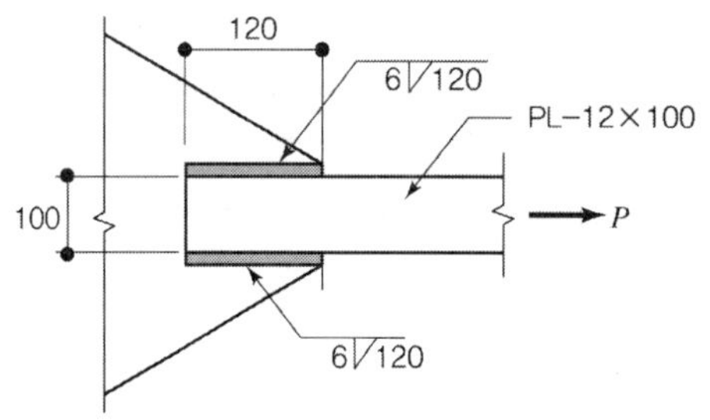
120
6 ⌵ 120
PL-12×100
100
P
6 ⌵ 120

〈산출근거〉

Engineer Architecture

2010년 과년도 기출문제

CONTENTS

2010년 1회 과년도 기출문제

01 다음 설명한 콘크리트의 종류를 쓰시오.

득점	배점
	3

가. 콘크리트 제작 시 골재는 전혀 사용하지 않고 물, 시멘트, 발포제만으로 만든 경량 콘크리트
나. 콘크리트 타설 후 mat, Vaccum pump 등을 이용하여 콘크리트 속에 잔류해 있는 잉여수 및 기포 등을 제거함을 목적으로 하는 콘크리트
다. 거푸집 안에 미리 굵은 골재를 채워 넣은 후 그 공극 속으로 특수한 모르타르를 주입하여 만든 콘크리트

가.

나.

다.

02 콘크리트를 타설할 때 거푸집의 측압이 증가되는 요인을 4가지 쓰시오.

득점	배점
	4

가.

나.

다.

라.

03 벽타일 붙이기 시공순서를 나열하시오.

득점	배점
	2

① 타일붙이기 ② 타일나누기 ③ 보양 ④ 치장줄눈 ⑤ 바탕처리

(　) → (　) → (　) → (　) → (　)

04 Life Cycle Cost(L.C.C)에 대하여 기술하시오.

득점	배점
	2

05 표준관입시험에 대하여 쓰시오.

득점	배점
	3

06 알칼리 골재반응을 설명하고 방지대책 3가지를 쓰시오.

득점	배점
	5

가. 정의 :

나. 대책

①

②

③

07 다음 용어의 뜻을 간략히 설명하시오.

득점	배점
	4

가. 코너비드(Corner Bead) :

나. 차폐용 콘크리트 :

08 목재의 방부 처리 방법을 세 가지 쓰고, 그 내용을 설명하시오.

득점	배점
	3

가.

나.

다.

09 건설산업통합전산망인 CALS(Computer Aided Logistic Support)에 관하여 기술하시오.

득점	배점
	4

10 두께 0.15, 길이 100m, 너비 6m 도로를 7m^3 레미콘을 이용하여 하루 8시간 작업 시 레미콘의 배차간격은?

득점	배점
	4

11 공기단축기법 중에서 MCX(Minimum Cost Expediting) 기법의 순서를 〈보기〉에서 찾아 기호로 쓰시오.

득점	배점
	4

가. 우선 비용구배가 최소인 작업을 단축한다.
나. 보조주공정선(Sub-Critical Path)의 발생을 확인한다.
다. 단축한계까지 단축한다.
라. 단축가능한 작업이어야 한다.
마. 주공정선(Critical Path)상의 작업을 선택한다.
바. 보조주공정선의 동시 단축 경로를 고려한다.
사. 앞의 순서를 반복한다.

답 :

12 조적구조의 안전규정에 대한 다음 문장 중 ( ) 안에 적당한 내용을 쓰시오.

득점	배점
	2

조적조 대린벽으로 구획된 벽길이는 (①) 이하이어야 하며, 내력벽으로 둘러싸인 바닥면적은 (②) 이하이어야 한다.

① ②

13 옥상 8층 아스팔트 방수공사의 표준 시공순서를 쓰시오.(단, 아스팔트 종류는 구분하지 않고 아스팔트로 하며, 펠트와 루핑도 구분하지 않고 아스팔트 펠트로 표기한다.)

득점	배점
	4

가. 1층 :　　　　나. 2층 :

다. 3층 :　　　　라. 4층 :

마. 5층 :　　　　바. 6층 :

사. 7층 :　　　　아. 8층 :

14 건축공사표준시방서에서 표기한 방수층의 영문기호 중 아스팔트 방수층에 적용되는 영문기호 Pr, Mi, Al, Th, In의 의미를 설명하시오.

득점	배점
	5

가. Pr :

나. Mi :

다. Al :

라. Th :

마. In :

15 공정관리 중 진도관리에 사용되는 S－Curve(바나나곡선)는 주로 무엇을 표시하는 데 활용되는지를 설명하시오.

득점	배점
	2

16 건설공사 입찰과정에서 실시하는 PQ제도의 장점과 단점을 각각 3가지씩 쓰시오.

득점	배점
	6

가. 장점 ①

②

③

나. 단점 ①

②

③

17 대형 System 거푸집 중 터널 폼(Tunnel Form)을 설명하시오.

득점	배점
	3

18 실링 방수제가 수밀성과 기밀성을 확보하면서 방수재로서 기능을 만족하고, 이를 장기적으로 유지시키기 위해서 요구되는 실링방수제의 품질성능 요소를 3가지 쓰시오.

득점	배점
	3

가.

나.

다.

19 철근콘크리트 공사를 하면서 철근간격을 일정하게 유지하는 이유를 2가지 쓰시오.

득점	배점
	2

가.

나.

20 지하구조물 축조 시 인접구조물의 피해를 막기 위해 실시하는 언더피닝(Under Pinning) 공법의 종류 4가지를 쓰시오.

득점	배점
	4

가.

나.

다.

라.

21 다음 콘크리트 균열 시 보수방법에 대해 설명하시오.

득점	배점
	4

가. 표면처리법 :

나. 주입공법 :

득점	배점
	8

22 **다음 데이터를 네트워크 공정표로 작성하시오.**

작업명	소요일수	선행관계	작업명	소요일수	선행관계	비 고
A	4	없음	F	7	B, C	단, 이벤트(Event)에는 번호를 기입하고, 주공정선은 굵은 선으로 표기한다. 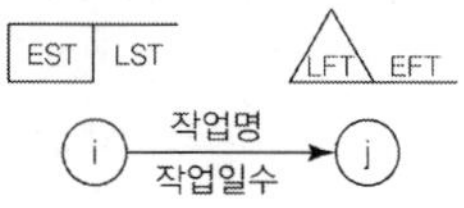 EST LST LFT EFT i 작업명 작업일수 j
B	8	없음	G	5	B, C	
C	6	A	H	2	D	
D	11	A	I	8	D, F	
E	14	A	J	9	E, H, G, I	

네트워크 공정표

득점	배점
	9

23 다음 그림과 같은 온통기초에서 터파기량, 되메우기량, 잔토처리량을 산출하시오. (단, 토량환산계수 L=1.2, C=0.9이다.)

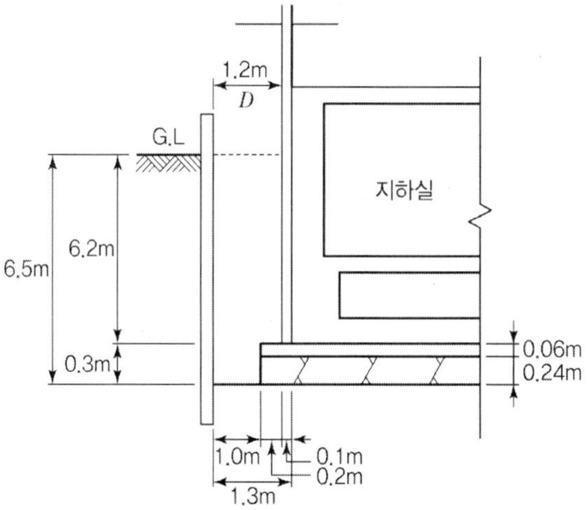

1.2m
D
G.L
지하실
6.5m
6.2m
0.3m
0.06m
0.24m
1.0m
0.1m
0.2m
1.3m

〈 터파기 여유폭 단면도 〉

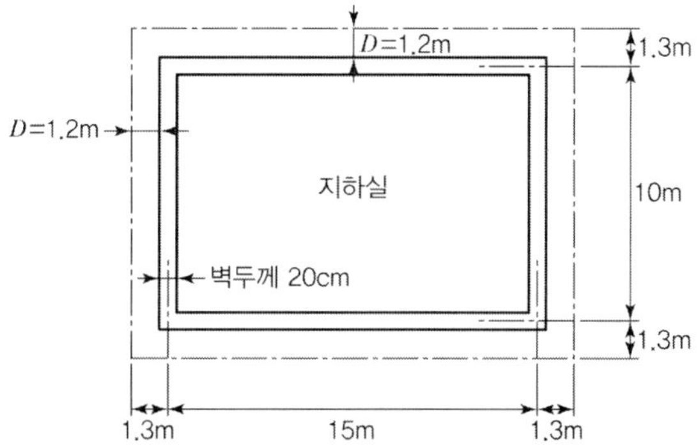

D=1.2m
1.3m
D=1.2m
지하실
10m
벽두께 20cm
1.3m
1.3m
15m
1.3m

〈 지하실 평면도 〉

〈산출근거〉

가. 터파기량

답 : .... m^3

나. 되메우기량

답 : .... m^3

다. 잔토처리량

답 : .... m^3

2010

24 다음 블록의 명칭을 쓰시오.

득점	배점
	4

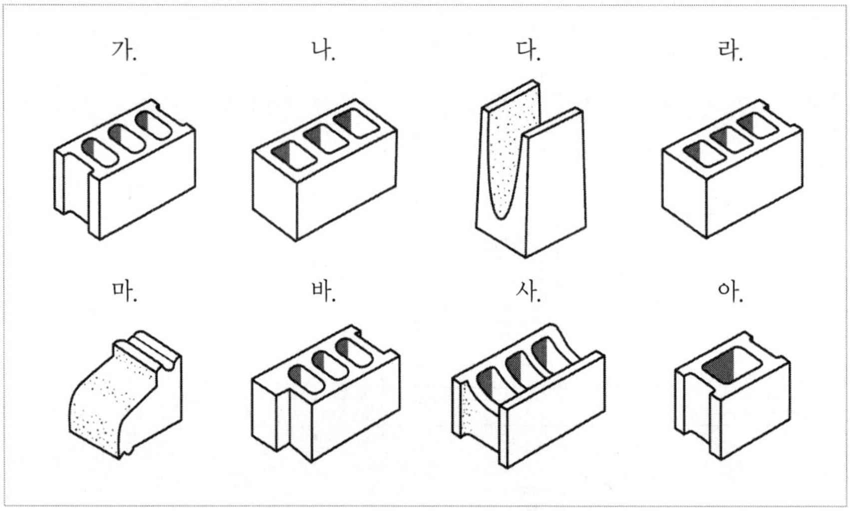
가.
나.
다.
라.
마.
바.
사.
아.

가.　　　　　　　　　　　　나.
다.　　　　　　　　　　　　라.
마.　　　　　　　　　　　　바.
사.　　　　　　　　　　　　아.

25 샌드 드레인(Sand Drain) 공법에 대하여 설명하시오.

득점	배점
	3

26 다음 용어를 설명하시오.

득점	배점
	4

가. 기준점 :

나. 방호선반 :

2010년 2회 과년도 기출문제

01 다음 데이터를 네트워크 공정표로 작성하고, 각 작업의 여유시간을 구하시오. 또한 이를 횡선식 공정표로 전환하시오.

득점	배점
	10

작업명	소요일수	선행작업	비 고
A	5	없음	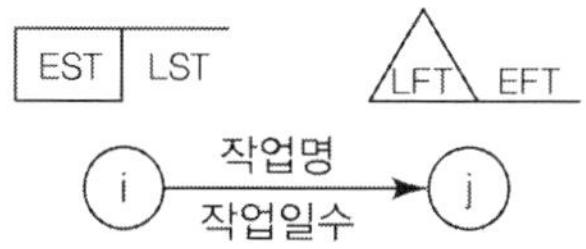 EST LST LFT EFT i 작업명 작업일수 j
B	6	없음	
C	5	A	
D	2	A, B	주공정선은 굵은 선으로 표시하시오.
E	3	A	(단, Bar Chart로 전환하는 경우)
F	4	C, E	■ : 작업일수
G	2	D	□ : FF
H	3	G, F	⬚ : DF로 표기함

가. 네트워크 공정표 작성

나. 여유시간 계산

작업명	TF	FF	DF	CP
A				
B				
C				
D				
E				
F				
G				
H				

다. 횡선식 공정표(Bar Chart)

작업 \ 일수	1	2	3	4	5	6	7	8	9	10	11	12	13	14	15	16	17	비고
A																		
B																		
C																		
D																		
E																		
F																		
G																		
H																		

02 **시공이 빠르고 이음이 없는 수밀한 콘크리트 구조물을 완성할 수 있는 벽체 전용 System 거푸집의 종류를 3가지 쓰시오.**

득점	배점
	3

가.

나.

다.

03 아래 그림은 철근콘크리트조 경비실건물이다. 주어진 평면도 및 단면도를 보고 C_1, G_1, G_2, S_1에 해당되는 부분의 1층과 2층 콘크리트량과 거푸집량을 산출하시오.

득점	배점
	10

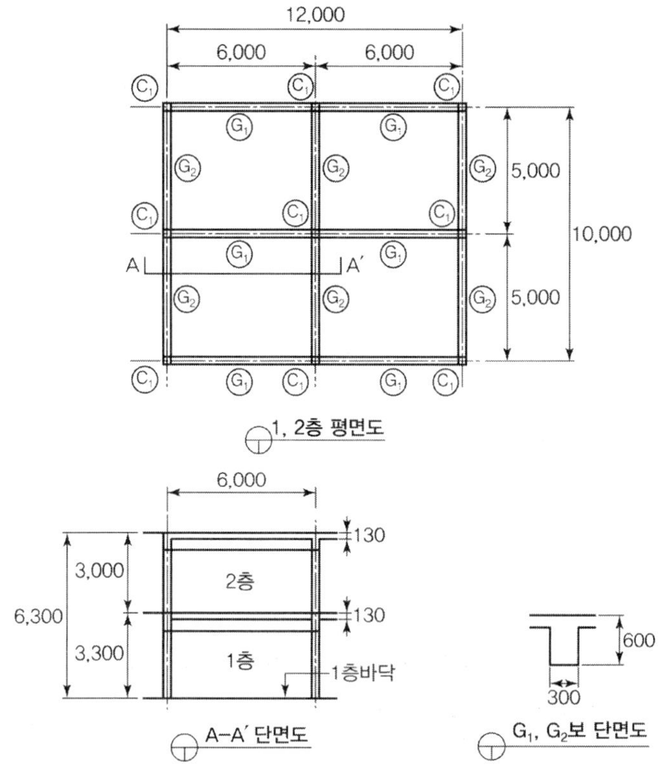

12,000
6,000
6,000
C1
G1
G2
5,000
10,000
5,000
A
A'
1, 2층 평면도
6,000
130
3,000
2층
6,300
130
3,300
1층
1층바닥
600
300
A-A' 단면도
G1, G2보 단면도

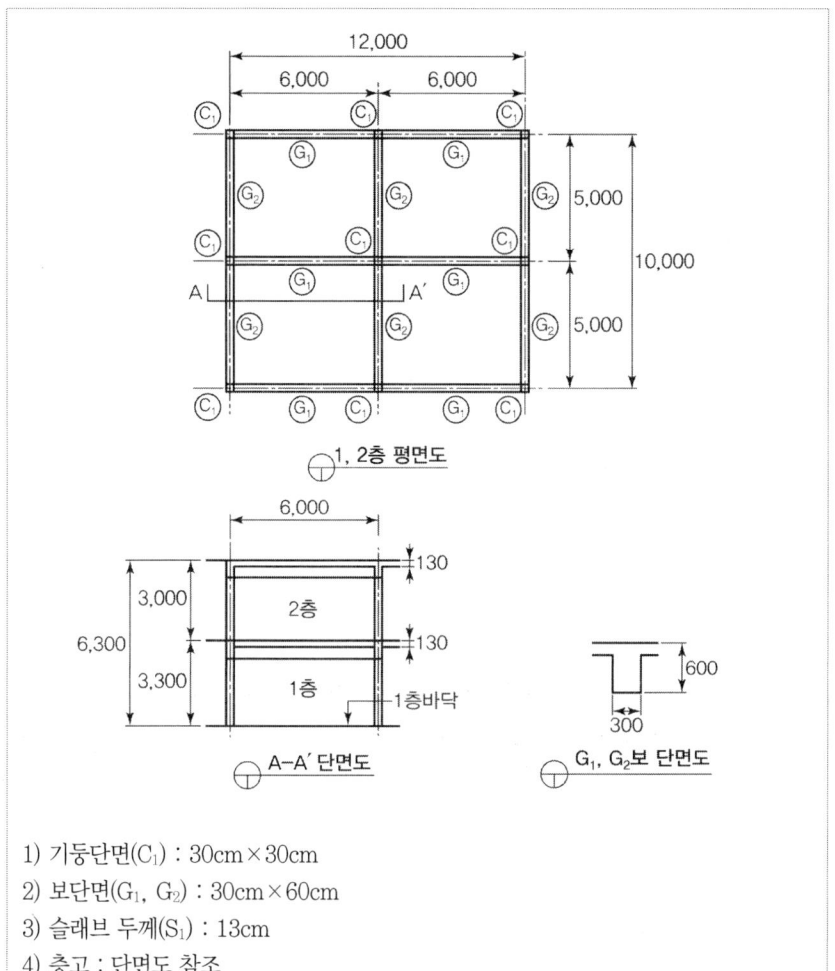

1) 기둥단면(C_1) : 30cm×30cm
2) 보단면(G_1, G_2) : 30cm×60cm
3) 슬래브 두께(S_1) : 13cm
4) 층고 : 단면도 참조

단, 단면도에 표기된 1층 바닥선 이하는 계산하지 않는다.

〈산출근거〉

콘크리트량 : ....

거푸집량 : ....

2010

04 철근콘크리트의 선팽창 계수가 1.0×10^{-5}이라면 10m 부재가 10℃의 온도변화 시 부재의 길이 변화량은 몇 cm인가?

득점	배점
	3

05 철골 용접공사에서 과대전류에 의한 용접결함을 고르시오.

득점	배점
	3

① 슬래그 감싸들기	② 언더 컷	③ 오버랩
④ 블로홀	⑤ 크랙	⑥ 피트
⑦ 용입 부족	⑧ 크레이터	⑨ 피시아이

답 :

06 콘크리트 압축강도를 조사하기 위해 슈미트 해머를 사용할 때 반발경도를 조사한 후 추정강도를 계산할 때 실시하는 보정 방안 3가지를 쓰시오.

득점	배점
	3

가.

나.

다.

07 다음 용어를 설명하시오.

득점	배점
	4

가. 레이턴스(Laitance) :

나. 콜드조인트(Cold Joint) :

다. 모세관 공극(Capillary Cavity) :

라. 크리프(Creep) :

08 한국산업규격(KS) 속 빈 블록치수 3가지를 쓰시오.

득점	배점
	3

가. 나.

다.

09 대형 시스템거푸집 중에서 갱폼(Gang Form)의 장단점을 각각 2가지씩 쓰시오.

득점	배점
	4

가. 장점 :

①

②

나. 단점 :

①

②

10 벽면적 $20m^2$에 표준형 벽돌 1.5B 쌓기 시 붉은벽돌량을 산출하시오.

득점	배점
	3

11 다음은 도급업자 선정 시 입찰방식에 대한 설명이다. 각 설명에 맞는 입찰방식을 쓰시오.

득점	배점
	3

> 가. 부적격자가 제거되어 공사의 신뢰성을 확보할 수 있으나 담합의 우려가 있음
> 나. 입찰참가에 균등한 기회를 부여한 민주적 방식으로 과다 경쟁으로 인한 부실공사 우려가 발생
> 다. 공사비가 상승할 우려가 있으나 공사의 기밀유지가 가능

가.

나.

다.

12 슬러리월(Slurry Wall) 공법의 특징을 3가지 쓰시오.

득점	배점
	3

가.

나.

다.

13 피복두께의 정의와 유지목적을 쓰시오.

득점	배점
	4

가. 정의 :

나. 유지목적 :

14 중량콘크리트의 용도를 쓰고, 대표적으로 사용되는 골재 2가지를 쓰시오.

득점	배점
	3

가. 용도 :

나. 사용골재 :

15 벽타일 붙이기 공법의 종류를 3가지 쓰시오.

득점	배점
	3

가.

나.

다.

16 다음 문장의 ( ) 안을 적당한 용어로 채우시오.

득점	배점
	2

물시멘트비는 시멘트에 대한 물의 ( ) 백분율이다.

답 :

17 다음 공사관리 계약방식에 대해 설명하시오.

득점	배점
	4

가. CM for Fee 방식 :

나. CM at Risk 방식 :

18 **프리스트레스트 콘크리트에 이용되는 긴장재의 종류를 3가지 쓰시오.**

득점	배점
	3

가.

나.

다.

19 **2중바닥 구조인 Access Floor의 지지방식을 3가지 쓰시오.**

득점	배점
	4

가.

나.

다.

20 **CIC(Computer Integrated Construction)에 대하여 쓰시오.**

득점	배점
	3

21 **히빙(Heaving) 현상에 대하여 쓰시오.**

득점	배점
	2

22 **철골공사에서 고력볼트 접합의 종류에 대한 설명이다. (　　) 안에 알맞은 용어를 쓰시오.**

득점	배점
	4

가. Torque Control 볼트로서 일정한 조임 토크치에서 볼트축이 절단 (　　　　　)

나. 2겹의 특수너트를 이용한 것으로 일정한 조임 토크치에서 너트(Nut)가 절단 (　　　　　)

다. 일반 고장력볼트를 개량한 것으로 조임이 확실한 방식 (　　　　　)

라. 직경보다 약간 작은 볼트구멍에 끼워 너트를 강하게 조이는 방식 (　　　　　)

23 **토질의 종류와 지반의 허용응력도에 관하여 (　　) 안을 알맞은 내용으로 채우시오.**

득점	배점
	5

가. 장기허용 지내력도

① 경암반 : (　　　　　　　　　　)kN/m^2

② 연암반 : (　　　　　　　　　　)kN/m^2

③ 자갈과 모래의 혼합물 : (　　　　　　　　　　　　　)kN/m^2

④ 모래 : (　　　　　　　　　　　)kN/m^2

나. 단기허용 지내력도=장기허용 지내력도×(　　　　　　　　　　)

24 **다음과 같은 조건으로 변전소 면적을 산출하고 1개월 소요 전력량을 구하시오.**

득점	배점
	5

① 20HP 전동기 5대
② 5HP 윈치 2대
③ 150W 전등 10개
④ 1일 10시간 사용으로 30일 사용한다.

가. 변전소 면적 :

나. 1개월 소요 전력량 :

25 **말뚝의 시공방법 중 무소음·무진동 공법을 3가지 쓰고 설명하시오.**

득점	배점
	3

가.

나.

다.

2010년 4회 과년도 기출문제

01 다음은 시멘트 풍화작용에 대한 설명이다. (   ) 안에 알맞은 말을 쓰시오.

득점	배점
	3

> 시멘트의 풍화작용은 시멘트가 대기 중에서 수분을 흡수하여 수화작용으로 (①)이 생기고 공기 중의 (②)를 흡수하여 (③)을 생기게 하는 작용이다.

①

②

③

02 철골공사에서 앵커볼트 매입공법의 종류 3가지를 쓰시오.

득점	배점
	3

가.

나.

다.

03 기둥축소(Column Shortening) 현상에 대한 다음 항목을 기술하시오.

득점	배점
	4

가. 원인 :

나. 기둥축소에 따른 영향 2가지

①

②

04 다음 용어를 설명하시오.

득점	배점
	3

가. LCC(Life Cycle Cost) :

나. VE(Value Engineering) :

다. Task Force 조직 :

05 콘크리트의 알칼리 골재반응을 방지하기 위한 대책을 3가지만 쓰시오.

득점	배점
	3

가.

나.

다.

06 다음 데이터를 이용하여 네트워크 공정표를 작성하고 각 작업의 여유시간을 계산하시오.

득점	배점
	10

작업명	작업일수	선행작업	비 고
A	5	없음	더미는 작업이 아니므로 여유시간 계산에서는 제외하고 실제적인 여유에 대하여 계산한다.
B	2	없음	
C	4	없음	
D	4	A, B, C	
E	3	A, B, C	
F	2	A, B, C	

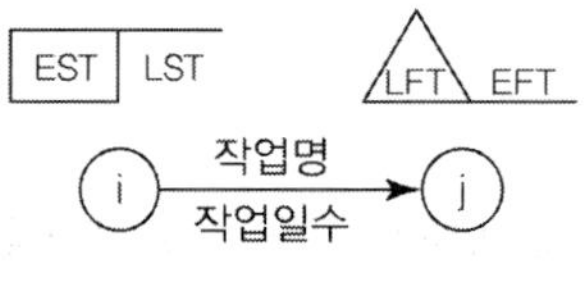
EST
LST
LFT
EFT
작업명
i
j
작업일수

가. 네트워크 공정표 작성

나. 여유시간 산정

07 철골공사에서 활용되는 표준볼트장력과 설계볼트장력을 비교하여 설명하시오.

득점	배점
	2

08 토공사용 기계 중 정지용 기계장비의 종류 3가지를 들고 특성 및 용도에 대해 간단히 설명하시오.

득점	배점
	3

가.

나.

다.

09 하절기 콘크리트 시공 시 발생하는 문제점으로써 콘크리트 품질 및 시공면에 미치는 영향에 대해 5가지를 쓰시오.

득점	배점
	5

가.

나.

다.

라.

마.

10 Ready Mixed Concrete가 현장에 도착하여 타설될 때 시공자가 현장에서 일반적으로 행하여야 하는 품질관리 항목을 〈보기〉에서 모두 골라 기호로 쓰시오.

득점	배점
	3

〈보기〉

① Slump 시험　　② 물의 염소이온량 측정

③ 골재의 반응성　　④ 공기량 시험

⑤ 압축강도 측정용 공시체 제작　　⑥ 시멘트의 알칼리량

답 :

11 벽돌에 나타나는 일반적인 백화현상에 대해 설명하시오.

득점	배점
	4

12 다음의 네트워크 공정관리 기법에 사용되는 용어를 설명하시오.

득점	배점
	4

가. 최장패스(Longest Path) :

나. 주공정선(Critical Path) :

다. 급속(특급)점 :

라. 비용구배(Cost Slope) :

13 다음 설명이 뜻하는 계약방식의 용어를 쓰시오.

득점	배점
	4

가. 사회간접시설의 확충을 위해 민간이 자금조달과 공사를 완성하여 투자액의 회수를 위해 일정기간 운영하고 시설물과 운영권을 발주 측에 이전하는 방식
나. 사회간접시설의 확충을 위해 민간이 자금조달과 공사를 완성하여 소유권을 공공부분에 먼저 이양하고, 약정기간 동안 그 시설물을 운영하여 투자금액을 회수하는 방식
다. 사회간접시설의 확충을 위해 민간이 자금조달과 공사를 완성하여 시설물의 운영과 함께 소유권도 민간에 이전되는 방식
라. 발주자는 설계에서 시공까지 건물의 요구성능만을 제시하고 시공자가 재료나 시공방법을 선택하여 요구성능을 실현하는 방식

가. 나.

다. 라.

14 타일시공법 중 붙임재 사용법에 따른 공법을 1가지씩 쓰시오.

득점	배점
	4

가. 타일 측에 붙임재를 바르는 공법 :

나. 바탕 측에 붙임재를 바르는 공법 :

15 다음 두 용어를 구분지어 설명하시오.

득점	배점
	4

가. 다시비빔(Remixing) :

나. 되비빔(Retempering) :

16 네트워크 공정표에 사용되는 다음 용어에 대해 설명하시오.

득점	배점
	4

가. TF(전체여유) :

나. FF(자유여유) :

17 다음 괄호에 공통적으로 들어갈 용어를 쓰시오.

득점	배점
	2

가. 한중 콘크리트에서는 초기강도 발현이 늦어지므로 (   )를 이용하여 거푸집의 해체시기, 콘크리트 양생기간 등을 검토한다.
나. 양생온도가 달라져도 그 (   )가 같으면 콘크리트 강도는 비슷하다고 본다.

답 :

18 시험에 관계되는 것을 〈보기〉에서 골라 그 번호를 쓰시오.

득점	배점
	4

〈보기〉
① 신월 샘플링(Thin Wall Sampling)   ② 베인시험(Vane Test)
③ 표준관입시험   ④ 정량분석시험

가. 진흙의 점착력 :

나. 지내력 :

다. 연한 점토질의 시료채취 :

라. 염분 :

19 PMIS(Project Management Information System)에 대해 설명하시오.

득점	배점
	3

20 흙막이공사의 지하연속벽(Slurry Wall) 공법에 사용되는 안정액의 기능 2가지만 쓰시오.

득점	배점
	4

가.

나.

21 탈수공법 중 다음 공법에 대하여 기술하시오.

득점	배점
	4

가. 페이퍼 드레인(Paper Drain) 공법 :

나. 생석회 말뚝(Chemico Pile) 공법 :

22 일반적인 품질관리 순서를 〈보기〉에서 골라 번호로 나열하시오.

득점	배점
	4

〈보기〉
① 이상의 판정 및 수정조치
② 관리도의 작성
③ 품질의 검사
④ 품질 및 작업표준의 교육훈련 및 작업실시
⑤ 작업표준설정
⑥ 품질표준설정
⑦ 관리항목선정

( ) → ( ) → ( ) → ( ) → ( ) → ( ) → ( )

23 천장이나 벽체에 주로 사용되는 일반 석고보드의 장단점을 각각 2가지씩 나열하시오.

득점	배점
	4

가. 장점 ①

②

나. 단점 ①

②

24 KSF 5201 규정에서 정한 포틀랜드 시멘트의 종류를 5가지 쓰시오.

득점	배점
	5

가.

나.

다.

라.

마.

득점	배점
	6

25 **다음 기초에 소요되는 철근, 콘크리트 정미량을 산출하시오.(단, 이형철근 D16의 단위중량은 1.56kg/m, D13의 단위중량은 0.995kg/m이다.)**

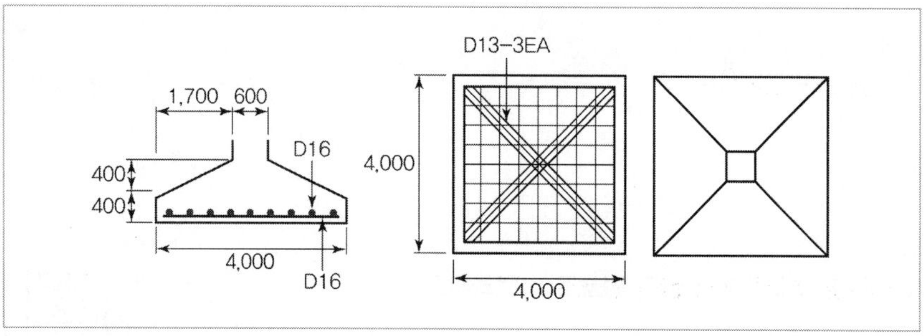

1,700
600
D16
400
400
4,000
D16
D13-3EA
4,000
4,000

〈산출근거〉

가. 철근량

답 :

나. 콘크리트량

답 :

Engineer Architecture

과년도 기출문제 해설 및 정답

CONTENTS

2024년 1회 해설 및 정답

01 콘크리트 헤드(Con'c head)

수직거푸집에서 타설된 콘크리트 윗면으로부터 최대측압이 발생하는 수직의 거리

02 어스앵커 공법의 특징

가. 버팀대와 지주를 필요로 하지 않는다.
나. 대형 토공장비 투입이 가능하다.
다. 부정형 파기에서도 유효하다.
라. 부분 굴착시공도 가능하며 공기가 단축된다.
마. 시공비가 높으며, 앵커의 인발시험을 정확히 하여야 한다.

03 용어 설명 – 유리 열파손

열전도율이 적어 갑작스런 강열이나 냉각 등 급격한 온도 변화에 따라 파손되는 현상

04 레미콘 공장 선정 시 유의사항

가. 현장과의 거리　　나. 운반 시간
다. 콘크리트 제조 능력　　라. 운반차의 수
마. 공장의 제조 설비　　바. 품질관리 상태

05 품질시험계획서에 기입해야 하는 항목

가. 품질 방침 및 목표
나. 품질관리 절차
다. 품질관리 검사 및 시험계획
라. 품질관리 부적격 판정 및 처리계획

06 용어 설명

가. 로이유리 : 적외선 반사율이 높은 금속막 코팅을 이중 또는 삼중유리 안쪽에 붙인 친환경 유리
나. 단열간봉 : 복층유리의 간격을 유지하며 열전달을 차단하여 단열성능을 향상시킨 재료

07 용어 설명

가. 콜드조인트(Cold Joint) : 콘크리트 시공과정 중 휴식시간 등으로 응결하기 시작한 콘크리트에 새로운 콘크리트를 이어칠 때 일체화가 저해되어 생기게 되는 줄눈
나. 시공줄눈(Construction Joint) : 거푸집의 측압을 고려하여 계획적으로 이어 붓기에 의해 형성되는 줄눈

08 영식 쌓기

A켜는 마구리 쌓기, B켜는 길이 쌓기로 교대로 쌓으며 이오토막을 이용하여 통줄눈을 생성하지 않는 쌓기법

09 커튼월 알루미늄바 설치 시 누수방지대책

가. 멀리온과 패널의 이음매 처리 철저
나. 오픈 조인트 설치 시 물의 이동으로 인한 누수 차단
다. 클로즈드 조인트 설치 시 이음새 없이 시공
라. 용도에 적합한 실런트 사용

10 표준 네트워크 공정표

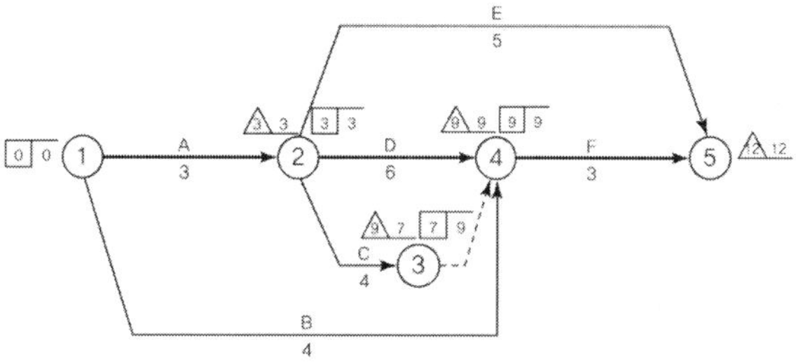

E
5
A
3
D
6
F
3
C
4
B
4
0 0
3 3
3 3
9 9
9 9
9 7
7 9
12 12
1
2
3
4
5

11 기성 콘크리트 말뚝 공사 후 검사 항목

가. 최종 관입깊이　　나. 지지력 확인
다. 편심 정도　　라. 이음 여부 및 품질
마. 말뚝머리 파손 여부

12 적산 – 강판 소요량 / 스크랩량

강판(플레이트) 수량은 면적×면적당 단위중량으로 산출하나 여기서는 문제조건으로 단위중량이 주어져 있지 않고 비중이 주어져 있으므로 다음의 식을 이용한다.

비중 = $\frac{\text{부피}}{\text{중량}}$ ∴ 중량(t) = 비중×부피(m^3)

가. 강판소요량
　= (0.4×0.4×0.004×7.85×1,000kg×20개)×1.1
　= 110.528kg
나. 스크랩량
　= 0.4×0.15×0.5×0.004×7.85×1,000kg×20개
　= 18.84kg

13 용어 설명

가. 종합심사낙찰제도 : 입찰제 개선과 시공품질 제고, 적정 공사비 확보를 정착시키기 위하여 가격과 공사수행 능력 및 사회책임의 점수를 합산하여 높은 점수의 입찰자를 낙찰하는 제도
나. 적격낙찰제도 : 비용 이외에 기술능력, 공법, 품질관리 능력, 시공경험, 재무상태 등 공사 이행능력을 종합심사하여 공사에 적격하다고 판단되는 입찰자에게 낙찰시키는 제도

14 용어 – 잭서포트

가. 용어 : 거푸집 및 콘크리트의 큰 무게와 하중을 지지하기 위하여 설치하는 부재 또는 높은 작업 장소 발판, 재료 운반이나 위험물 낙하 방지를 위해 설치하는 임시 지지대

나. 설치 장소

① 슬래브 스팬 중앙

② 빔이나 거더의 중앙

15 라멘구조 기둥의 주철근 이음 위치

가. ③

나. 중앙 부분이 휨응력이 가장 작기 때문이다.

$\sigma_b = M/Z$

※ 기둥의 주철근(수직철근)은 휨모멘트에 저항하므로(전단력은 띠철근이 저항함) 일반적으로 기둥부재의 휨모멘트가 0이 되는 중앙부 위치에서 이음을 하는 것이 가장 적절하다.

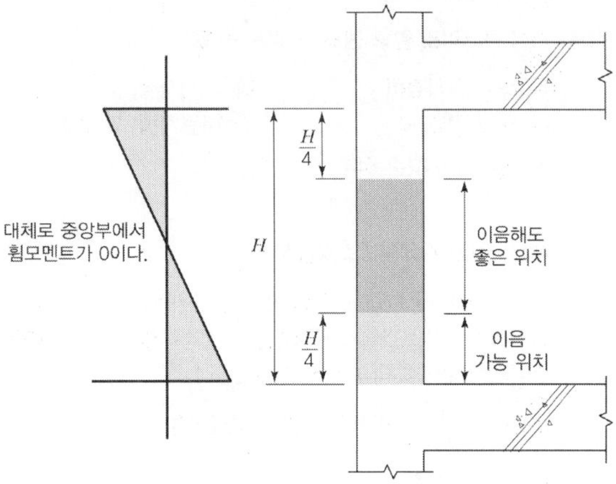

대체로 중앙부에서
휨모멘트가 0이다.
H
$\frac{H}{4}$
$\frac{H}{4}$
이음해도
좋은 위치
이음
가능 위치

일반 기둥의 휨모멘트　　　일반 기둥의 이음 위치

16 용어

BTL

17 띠(Hoop)철근의 역할

가. 콘크리트의 가로방향 변형 방지

나. 기둥의 좌굴 방지

18 용어

가. ②　　나. ③　　다. ①　　라. ④

19 배합비에 따른 각 재료량

콘크리트 $1m^3$ = 물의 용적 + 시멘트 용적 + 전골재(모래 + 자갈) 용적 + 공기 용적

(1) 물

① 중량 = 160kg(∵ 문제 조건의 단위수량)

② 용적 = $0.16m^3$(∵ $1m^3$ = 1,000kg)

(2) 시멘트

① 중량 = 물의 양 ÷ 물 시멘트비 = 160kg ÷ 0.5 = 320kg

② 용적 = $\frac{0.32}{3.15}$(∵ 비중 = $\frac{중량(t)}{부피(m^3)}$) = $0.102m^3$

(3) 공기 용적 = $0.01m^3$

여기서 전골재의 용적

= 1 − (물의 용적 + 시멘트 용적 + 공기량)

= 1 − (0.16 + 0.102 + 0.01) = $0.728m^3$

(4) 잔골재

① 용적 = 전골재 용적 × 잔골재율 = 0.728 × 0.4 = $0.2912m^3$

② 중량 = 0.2912 × 2.5 × 1,000 = 728kg

(5) 굵은 골재

① 용적 = 전골재 용적 − 잔골재 용적 = 0.728 − 0.2912 = $0.4368m^3$

② 중량 = 0.4368 × 2.6 × 1,000 = 1,135.68kg

∴ 가. 시멘트량 : 320kg

나. 모래량 : 728kg

다. 자갈량 : 1,135.68kg

20 되메우기 규정

300

21 보 – 균열모멘트

$$M_{cr} = f_r \times Z = 0.63\lambda\sqrt{f_{ck}} \cdot \frac{bh^2}{6}$$

$$= 0.63 \times 1 \times \sqrt{(30)} \times \frac{300 \times 600^2}{6}$$

$$= 62,111,783\text{N} \cdot \text{mm} = 62.111\text{kN} \cdot \text{m}$$

22 콘크리트 휨 및 압축 설계기준

0.004, 2

23 기둥의 세장비

$$\lambda = \frac{KL}{r} = \frac{KL}{\sqrt{\frac{I}{A}}} = \frac{2 \times 3,000}{\sqrt{\frac{\left(\frac{600 \times 600^2}{12}\right)}{600 \times 600}}} = 34.641$$

24 내진설계의 종류

가. 내진구조 : 강도설계법에 근거하여 지진하중(횡력)에 대하여 건축물의 모든 부재가 요구강도 이상이 되도록 설계하는 방법
나. 제진구조 : 건축물에 제진장치 등을 설치하여 건축물의 고유진동주기를 제어하여 지진하중을 감소시키는 방법
다. 면진구조 : 건물과 지면 사이에 면진장치(적층고무 또는 미끄럼받이 등)를 설치하여 지진에 의한 진동이 구조물에 전달되지 않도록 하는 방법

25 단면 1차 모멘트

$$G_g = (50\times100)(50)-(35\times80)(50)=110{,}000\text{mm}^3$$

26 독립기초 최대 압축응력

$$\text{최대 압축응력}(\sigma_{max}) = -\frac{P}{A}-\frac{M}{Z}$$

$$-\frac{P}{A}-\frac{P\cdot e}{Z} = -\frac{1{,}000\times10^3}{2{,}500\times4{,}000}-\frac{1{,}000\times10^3\times500}{\frac{2{,}500\times4{,}000^2}{6}}$$

$$=-0.175\text{N/mm}^2=-0.175\text{MPa}(\text{압축})$$

2024년 2회 해설 및 정답

01 석재의 물갈기 마감공정

다 – 가 – 라 – 나

02 석고보드 양면 취부(2번 기재)의 시공순서

⑤ – ① – ④ – ② – ② – ③

03 가연성 도료창고의 구비사항

가. 독립한 단층건물로서 주위 건물에서 1.5m 이상 떨어져 있게 한다.
나. 내화구조 또는 방화구조로 된 구획된 장소를 선택한다.
다. 지붕은 불연재로 하고 천장은 설치하지 않는다.
라. 시너를 많이 보관할 때에는 소화방법 및 기타 위험물 취급에 관한 법령에 준하여 소화기 및 소화용 모래 등을 비치한다.

04 용어 설명

가. 달비계 : 상부에서 와이어로프 등으로 매달린 형태의 비계
나. 말비계 : 주로 건축물의 천장과 벽면의 실내 내장 마무리 등을 위해 바닥에서 일정한 높이의 발판을 설치하여 사용하는 기계

05 적산

1) 옥상 방수 면적(m^2)
① 바닥 $= 11 \times 7 - 4 \times 2 = 69m^2$
② 파라펫 $= (11+7) \times 2 \times 0.43 = 15.48m^2$
∴ ① + ② $= 84.48m^2$

2) 누름 콘크리트량(m^3) $= 69 \times 0.08 = 5.52m^3$

3) 보호벽돌 소요량(장)
$\{(11-0.09)+(7-0.09)\} \times 2 \times 0.35 \times 75 \times 1.05 = 982.3$
∴ 983장

06 공정–공기단축

가. 표준 네트워크 공정표

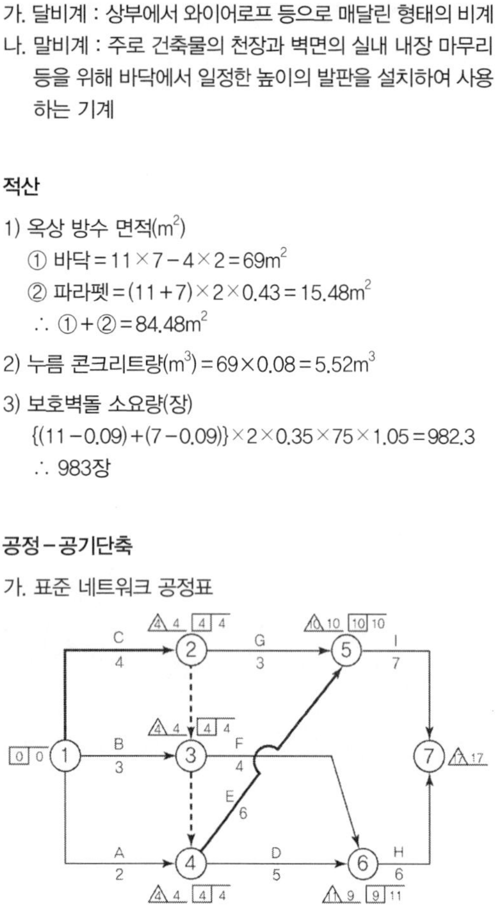

C 4
G 3
I 7
B 3
F 4
E 6
A 2
D 5
H 6

나. 공기단축 네트워크 공정표

(1) 공기단축

명	비용구배	단축가능일수	1차	2차	3차	4차	5차	6차
A	50,000	1						
B	40,000	1				1		
C	30,000	2		1		1		
D	20,000	2			1		1	
E	10,000	3	2		1			
F	15,000	2					1	
G	23,000	1						
H	37,000	3						1
I	45,000	3					1	1

(2) 공기단축 시 증가 비율

① 1차 단축 E작업 2일 단축
∴ $2 \times 10,000 = 20,000$원
② 2차 단축 C작업 1일 단축
∴ $1 \times 30,000 = 30,000$원
③ 3차 단축 D작업 1일 단축
∴ $1 \times 20,000 = 20,000$원
3차 단축 E작업 1일 단축
∴ $1 \times 10,000 = 10,000$원
④ 4차 단축 B작업 1일 단축
∴ $1 \times 40,000 = 40,000$원
4차 단축 C작업 1일 단축
∴ $1 \times 30,000 = 30,000$원
⑤ 5차 단축 D작업 1일 단축
∴ $1 \times 20,000 = 20,000$원
5차 단축 F작업 1일 단축
∴ $1 \times 15,000 = 15,000$원
5차 단축 I작업 1일 단축
∴ $1 \times 45,000 = 45,000$원
⑥ 6차 단축 H작업 1일 단축
∴ $1 \times 37,000 = 37,000$원
6차 단축 I작업 1일 단축
∴ $1 \times 45,000 = 45,000$원
∴ ① + ② + ③ + ④ + ⑤ + ⑥ = 312,000원

(3) 공기단축된 공정표(전부가 주공정선임)

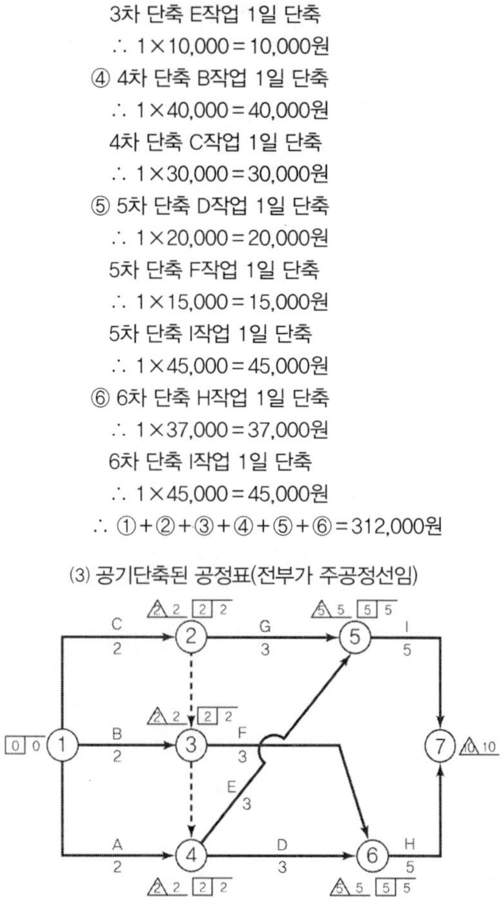

C 2
G 3
I 5
B 2
F 3
E 3
A 2
D 3
H 5

07 적산 – 토량환산 계수

① 시공되는 다짐상태의 흙량 = 10 × 0.5 = 5m^3

② 시공되는 다짐상태의 흙량을 흐트러진 상태로 환산

$$5 \times \frac{L}{C} = 5 \times \frac{1.2}{0.9} = 6.67\text{m}^3$$

③ 시공 후 흐트러진 상태로 남는 흙량

10 – 6.67 = 3.33m^3

08 목재 데크 설치 순서

② – ⑤ – ④ – ① – ③

09 표준관입시험

가. 0.5kg

나. 760mm

다. 표준관입시험용 샘플러

라. 300mm

10 알칼리 골재반응 방지대책

가. 반응성 골재, 알칼리 성분, 수분 중 한 가지는 배제

나. 비반응성 골재 사용

다. 저알칼리 시멘트(고로시멘트, Fly Ash 등) 사용

라. 포졸란 반응 사전 촉진

마. 염분 사용 금지

바. 방수제를 사용하여 수분을 억제

11 블록의 붕괴시간

가. 압축강도 = $\frac{P}{A} \le 8$(N/mm^2)

나. $P = A \times 8$ = 390 × 190 × 8 = 592,800N

다. 1초당 가압하중 = 0.2 × 390 × 190 = 14,820N

라. 붕괴시간 = $\frac{592,800}{14,820}$ = 40초

12 줄눈 명칭

가. 조절줄눈　　나. 슬라이딩줄눈

다. 시공줄눈　　라. 신축줄눈

13 콘크리트의 재령(일)

시멘트 종류 / 평균 기온	조강 포틀랜드 시멘트	보통포틀랜드 시멘트/ 고로슬래그 시멘트(1종)	고로슬래그 시멘트(2종)/ 포졸란 시멘트(2종)
20℃ 이상	2일	4일	5일
20℃ 미만 10℃ 이상	3일	6일	8일

① 4일　② 5일　③ 3일　④ 6일

14 용어 – 종합심사 낙찰제도

입찰제 개선과 시공품질 제고, 적정 공사비 확보를 정착기 위하여 가격과 공사수행능력 및 사회책임의 점수를 합여 높은 점수의 입찰자를 낙찰자로 선정하는 제도

15 용접기호

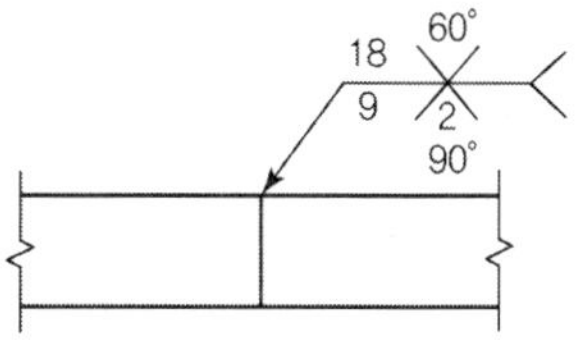
18
60°
9
2
90°

16 온도균열 방지대책

가. 단위시멘트량 감소

나. 저열성 시멘트 사용

다. 프리쿨링

라. 포스트쿨링

마. 외부 구속의 저하

바. 수축줄눈 및 신축줄눈 설치

17 철근의 조립 순서

④ – ③ – ① – ② – ⑤

18 골재의 실적률

가. 실적률 + 공극률 = 100%

나. 공극률 = $\frac{2.65 - 1.8}{2.65} \times 100 = 32.08$

다. 실적률 = 100 – 32.08 = 67.92%

19 벽돌쌓기

가. 엇모쌓기　　나. 영롱쌓기

20 오토 클레이브 팽창도 및 판별

가. 오토 클레이브 팽창도 = $\frac{255.78 - 254}{254} \times 100 = 0.70\%$

나. 판정 = 합격

21 발포폴리스티렌 단열재의 종류

가. ②　　나. ①

다. ③

22 탄성계수비 보간

① 4MPa

② 6MPa

23 평판구조 전단보강법

가. 슬래브 두께 증가
나. 전단머리(Shear Head) 보강
다. 지판 또는 주두 사용
라. 기둥열 철근을 스터럽으로 보강

24 인장부재의 순단면적

$$A_n = A_g - n \cdot d \cdot t + \sum \frac{s^2}{4g} \cdot t$$

$$A_g = (40+50+60+40) \times 10 = 1{,}900\,\text{mm}^2$$

여기서, $n = 3$

$d = 22$

$t = 10$

$$A_n = 1{,}900 - 3 \times 22 \times 10 + \left(\frac{50^2}{4 \times 50} \times 10\right) + \left(\frac{50^2}{4 \times 60} \times 10\right)$$

$$= 1446.3\,\text{mm}^2$$

25 용수철(Spring) 계수

후크의 법칙에 의해 단위하중을 받는 용수철 시스템의 힘의 방정식은 다음과 같다.

$$F = k \cdot \Delta L \rightarrow k = \frac{F}{\Delta L}$$

여기서, F는 작용하는 힘(N), k는 용수철 상수(N/m), ΔL은 변형량(m)을 뜻한다.
주어진 조건에 의해 변형량을 구하면

$$\frac{P}{A} = E \cdot \frac{\Delta L}{L} \rightarrow \Delta L = \frac{P \times L}{A \times E}$$

따라서, $k = \dfrac{F \times A \times E}{P \times L}$

여기서, $F = P$는 동일하므로 정리하면 다음과 같다.

$$\therefore k = \frac{A \times E}{L}$$

26 변단면 부재의 늘어난 길이

(1) 후크의 법칙에 의해

$\sigma = E \cdot \epsilon$로부터 $\dfrac{P}{A} = E \cdot \dfrac{\Delta L}{L}$

$$\therefore \Delta L = \frac{PL}{EA}$$

(2) 구간별 변위

$$\Delta L_1 = \frac{PL_1}{E_1 A_1},\ \Delta L_2 = \frac{PL_2}{E_2 A_2}$$

(3) 전체 변위

$$\Delta L = \Delta L_1 + \Delta L_2 = \frac{PL_1}{E_1 A_1} + \frac{PL_2}{E_2 A_2}$$

2024년 3회

해설 및 정답

01 용어

징두리(판)벽

02 마이크로 말뚝의 정의와 장점

가. 정의 : 지반을 천공하여 철근 또는 강봉 등을 삽입하고 그라우팅하여 형성된 직경 300mm 이하의 소구경 말뚝
나. 장점
 ① 시공 시 주변 지반 최소 교란
 ② 시공 조건과 토질에 관계없이 시공 가능
 ③ 대형 말뚝 시공차량의 진입이 어려운 곳에 사용 가능
 ④ 협소한 작업공간에서 사용 가능

03 백화현상의 방지대책

가. 벽체방수(파라핀 도료, 실베스터법 등)
나. 흡수율 낮은 벽돌 사용(벽돌의 소성온도를 높임)
다. 줄눈을 수밀하게 시공
라. 구조적인 비막이 고려(처마, 채양, 돌림띠 등)

04 품질관리 도구

가. 히스토그램 나. 파레토도 다. 특성 요인도
라. 층별 마. 체크시트 바. 산점도
사. 그래프

05 라멜라 티어링

용접 시 열 영향부의 국부 열변형으로 모재 내부에 구속응력이 생겨 미세한 균열이 발생되는 현상

06 타일의 박리 · 박락의 원인

가. 구조체 균열 나. 동해에 의한 팽창
다. 바름바탕 불량 라. 붙임 모르타르 불량

07 철골공사 내화공법 중 습식 공법

가. 타설공법 나. 조적공법
다. 미장공법 라. 뿜칠공법

08 CIP공법의 정의

어스 오거로 굴착한 후에 철근을 넣고 모르타르 주입관을 삽입한 다음 자갈을 충전한 후에 모르타르를 주입하여 만든 지지

09 공사착공 전 계획서

가. 유해위험방지계획서
나. 안전관리계획서

10 지반조사법 중 보링의 종류

가. 충격식 나. 회전식
다. 수세식 라. 오거식

11 히빙파괴 방지대책

가. 흙막이벽의 근입장을 증가
나. 터파기 저면 지반개량
다. 이중 흙막이널 설치

12 적산 – 토량환산계수

가. 덤프트럭 1회 적재량
 1대당 적재량(흐트러진 상태)
 $8t \div 1.8t/m^3 = 4.44m^3$
나. 필요 차량 대수
 ① 흐트러진 상태의 잔토처리량
 $7{,}000 \times 1.25 = 8{,}750m^3$
 ② 필요한 차량대수
 $8{,}750 \div 4.44 = 1{,}988.6$
 ∴ 1,989대

13 콘크리트 구조물의 비파괴 검사방법

가. 슈미트 해머법(반발경도법)
나. 공진법
다. 방사선 투과법
라. 인발법
마. 복합법

14 폭렬현상 방지대책

가. 내화 도료의 도포
나. 내화 모르타르 시공
다. 표층부 메탈라스 시공
라. 유기질 섬유 혼입
마. 강관 등의 콘크리트 피복

15 Anchor Bolt 매입공법의 종류

가. 고정 매입 공법
나. 가동 매입 공법
다. 나중 매입 공법

16 계측기기

가. 지하수위계 나. 지중침하계

17 용어

가. 오버랩
나. 언더컷
다. 슬래그 감싸들기
라. 블로우홀

18 공정표

가. 네트워크 공정표

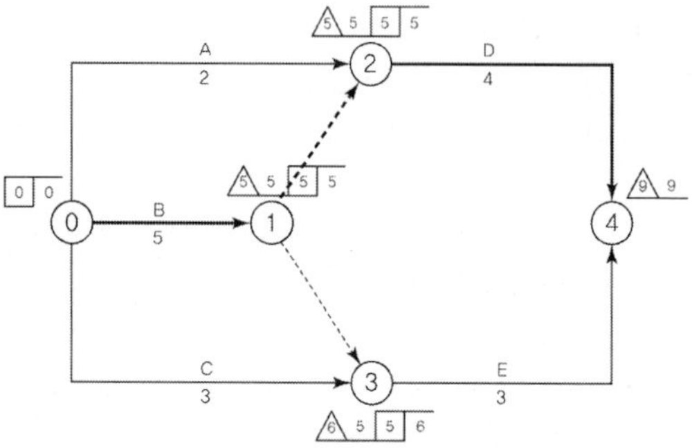

A 2
D 4
B 5
C 3
E 3
0 0
5 5 5
5 5 5 5
6 5 5 6
9 9

나. 각 작업의 여유시간

작업명	TF	FF	DF	CP
A	3	3	0	
B	0	0	0	*
C	3	2	1	
D	0	0	0	*
E	1	1	0	

19 방부제 처리법

가. 도포법
나. 뿜칠법
다. 침지가압법
라. 생리적 침투법

20 용어

탄성파

21 내민보 SFD / BMD

(1) $\Sigma M_B = 0$

$R_A(\uparrow) \times 2 + 10 \times 1 = 0$

$\therefore\ R_A = -5\text{kN}(\downarrow)$

(2) $\Sigma V = 0$

$-5 + R_B - 10 = 0$

$\therefore\ R_B = 15\text{kN}(\uparrow)$

(3) M_B가 최대 모멘트

$M_B = R_A \times 2$

$= -5 \times 2$

$= -10\text{kN} \cdot \text{m}$

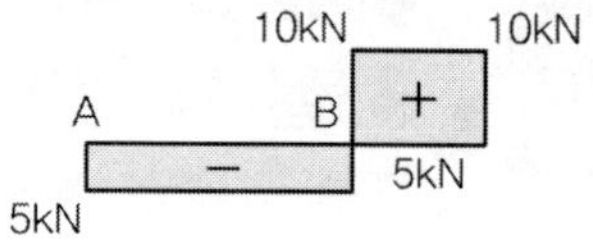

10kN
10kN
A
B
+
−
5kN
5kN

⟨SFD⟩

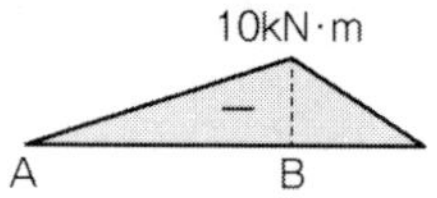

10kN·m
−
A
B

⟨BMD⟩

22 고력볼트의 설계미끄럼강도

① 고력볼트 1개의 설계미끄럼강도

$\phi R_n = \phi \mu h_f T_0 N_s = 1.0 \times 0.5 \times 1.0 \times 200 \times 1 = 100\text{kN}$

표준구멍 및 주어진 조건이 없는 일반적인 경우이므로

- 저항계수 $\phi = 1.0$, 미끄럼계수 $\mu = 0.5$, 필러계수 $h_f = 1.0$
- 부재 2개를 고력볼트 접합한 경우이므로 전단면의 수는 1이다.

② 고력볼트 4개의 설계미끄럼강도

$\phi R_n = 100 \times 4 = 400\text{kN}$

답 : 400kN

23 변형량

$$\Delta L = \frac{P \cdot L}{E \cdot A} = \frac{(80 \times 10^3)(4 \times 10^3)}{(210{,}000)(10 \times 10^2)} = 1.52380\text{mm}$$

24 지진력 저항시스템에 대한 설계계수

기본 지진력 저항시스템	설계계수		
	반응수정계수 R	시스템 초과강도 계수 Ω_0	변위증폭계수 C_d
내력벽 시스템			
a. 철근콘크리트 특수전단벽	5	2.5	가
b. 철근콘크리트 보통전단벽	나	2.5	4
c. 철근보강 조적전단벽	2.5	다	1.5
d. 무보강 조적전단벽	라	2.5	1.5

가. 5　　나. 4　　다. 2.5　　라. 1.5

25 건축물 내진설계기준 (KDS 41 17 00; 7.3 동적해석법)

가. 응답스펙트럼해석
나. 선형 시간이력해석
다. 비선형 시간이력해석

26 내진설계 종류

면진구조

2023년 1회 해설 및 정답

01 용어 – 보링(Boring)의 정의와 종류

가. 정의 : 지반을 천공하고 토질의 시료를 채취하여 지층 상황을 판단하는 방법

나. 종류 : ① 오거 보링(Auger Boring)
② 수세식 보링(Wash Boring)
③ 충격식 보링(Percussion Boring)
④ 회전식 보링(Rotary Boring)

02 레미콘(25 – 30 – 180)의 현장 반입 시 송장 표기 내용

가. 25 : 굵은골재 최대치수 25mm

나. 30 : 호칭강도 30MPa

다. 180 : 슬럼프치 180mm

03 용어 설명 – LOB

반복작업에서 각 작업조의 생산성을 유지시키면서, 그 생산성을 기울기로 하는 직선으로 각 반복작업을 표시하여 전체 공사를 도식화 하는 공정기법

04 용어 설명 – 압밀과 다짐 비교

압밀은 지반에 하중을 가하여 지반 내의 간극수를 빼내서 개량하는 공법이고, 다짐은 지반 내에 공기를 제거하여 지반을 개량하는 공법이다.

05 Fastener의 긴결방식

가. 슬라이드 방식　나. 회전 방식　다. 고정 방식

06 용어 설명 – 패스트 트랙 공법

설계와 시공을 분리하여 진행하지 않고 공기단축을 위하여 n 차수로 나누어서 병행하여 진행하는 공법

07 블록 압축강도 시험(합격 및 불합격 판정)

1) $\dfrac{550 \times 1,000}{390 \times 190} = 7.42\text{MPa}$

2) $\dfrac{500 \times 1,000}{390 \times 190} = 6.75\text{MPa}$

3) $\dfrac{600 \times 1,000}{390 \times 190} = 8.10\text{MPa}$

∴ 평균강도 $= \dfrac{7.42 + 6.75 + 8.1}{3} = 7.42\text{MPa}$

∴ 합격(∵ $6 < 7.42$)

08 Normal Time 네트워크 공정표, 단축 네트워크 공정표 및 총공사금액 산출

가. 표준 네크워크 공정표

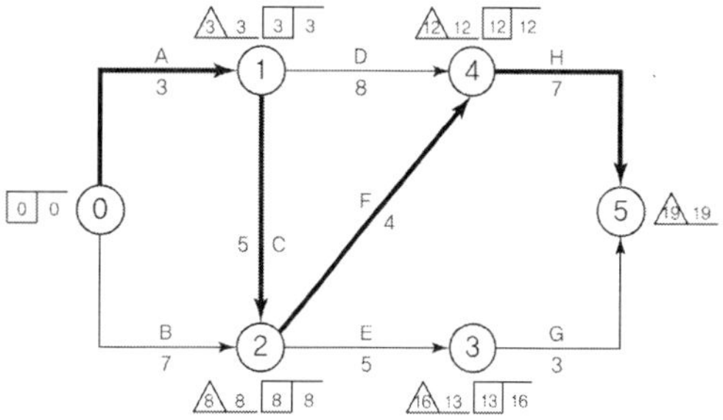

A 3
B 7
C 5
D 8
E 5
F 4
G 3
H 7
0 0
3 3 3
8 8 8
12 12 12
13 13 16
19 19

나. 공기단축 공정표

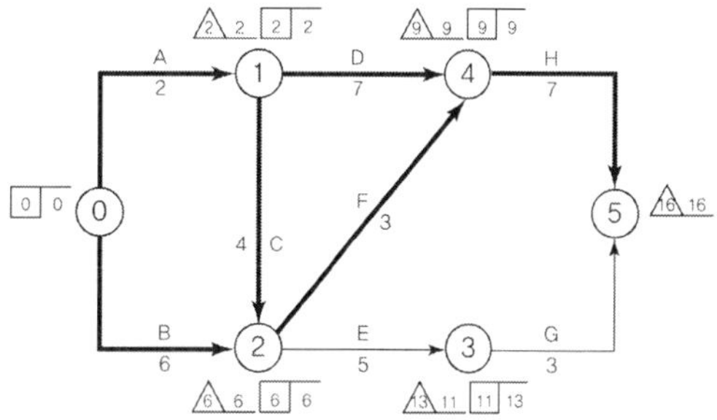

A 2
B 6
C 4
D 7
E 5
F 3
G 3
H 7
0 0
2 2 2
6 6 6
9 9 9
11 11 13
16 16

다. 단축 시 총공사비

1) 표준상태 총공사비 = 280,000원

2) 단축 시 증가 비용

① 1차 : F작업 1일 = 1 × 5,000 = 5,000원

② 2차 : A작업 1일 = 1 × 6,000 = 6,000원

③ 3차 : B작업 1일 = 1 × 5,000 = 5,000원
C작업 1일 = 1 × 7,000 = 7,000원
D작업 1일 = 1 × 10,000 = 10,000원

∴ ① + ② + ③ = 33,000원

3) 공기 단축 시 총공사비 = 1 + 2 = 280,000 + 33,000
= 313,000원

09 이어치기 시간

가. 150　　나. 120

10 지하연속벽(Slurry Wall) 공법의 안정액 역할

가. 굴착공 내의 붕괴 방지

나. 지하수 유입장지(차수역할)

다. 굴착부의 마찰저항 감소

라. Slime 등의 부유물 배제, 방지효과

11 ALC 제조 시 주재료와 기포제조 방법

가. 주재료 : 석회질, 규산질

나. 기포 제조 방법 : 발포제(알루미늄 분말) 혼입

12 강구조 볼트 접합 용어

가. 피치
나. 게이지 라인
다. 게이지

13 예민비

예민비 $= \dfrac{\text{자연 시료의 강도}}{\text{이긴 시료의 강도}} = \dfrac{8}{5} = 1.6$

14 용어 설명 – 폭렬현상

화재 시 콘크리트 내부가 고열로 인하여 생성된 수증기가 밖으로 분출되지 못해 수증기의 압으로 콘크리트가 떨어져 나가는 현상

15 레미콘 품질 검사 항목

가. 압축강도
나. 슬럼프 치
다. 공기량
라. 염화물 함유량

16 철근콘크리트 부재의 부피와 중량(t)

1) 기둥 : ① 부피 : 0.45 × 0.6 × 4 × 50=54m³
② 중량 : 54m³ × 2.4=129.6t
2) 보 : ③ 부피 : 0.3 × 0.4 × 1 × 150=18m³
④ 중량 : 18 × 2.4=43.2t

가. 부피 : ① + ③ = 72m³
나. 중량 : ② + ④ = 172.8t

17 석재가 깨진 경우 사용되는 접착제

에폭시 접착제

18 베이스 플레이트와 기초 사이에 사용되는 충전재

무수축 모르타르

19 건물 부상 방지대책

가. 락앙카 공법
나. 자중 증가
다. 이중 지하실 설치
라. 배수공법

20 용어

드라이브 핀

21 트러스 구조물의 부정정 차수 및 판별

부정정 차수(n)=반력 수(r)+부재 수$(m) - 2\times$절점 수(j)
$r+m-2j = 3+8-2\times5 = 1$차 부정정 구조물

답 : $r+m-2j = 3+8-2\times5 = 1$
1차 부정정 구조물이므로 안정구조이다.

22 인장재의 순단면적

$A_n = A_g - ndt$

1) $A_g = (100+100-7)\times7 = 1,351\text{mm}^2$
2) $A_n = A_g - ndt$
$= 1,351 - 2\times22\times7 = 1,043\text{mm}^2$

답 : 1,043mm²

23 지진하중에 대한 하중계수

답 : 1.0E

〈참고자료〉 KDS 41 12 00 건축물 설계하중
강도설계법 또는 한계상태설계법으로 구조물을 설계하는 경우에는 다음의 하중조합으로 소요강도를 구하여야 한다.

$1.4(D+F)$ (1.7–1)
$1.2(D+F+T)+1.6L+0.5(L_r$ 또는 S 또는 $R)$ (1.7–2)
$1.2D+1.6(L_r$ 또는 S 또는 $R)+(1.0L$ 또는 $0.5W)$ (1.7–3)
$1.2D+1.0W+1.0L+0.5(L_r$ 또는 S 또는 $R)$ (1.7–4)
$1.2D+1.0E+1.0L+0.2S$ (1.7–5)
$0.9D+1.0W$ (1.7–6)
$0.9D+1.0E$ (1.7–7)

24 단면 2차 모멘트

$r = \sqrt{\dfrac{I}{A}}$ 이므로

$$A = \frac{I}{r^2} = \frac{64,000}{\left(\dfrac{20}{\sqrt{3}}\right)^2} = 480\text{cm}^2$$

$$I = \frac{b\times h^3}{12} = \frac{A\times h^2}{12} = 64,000\text{cm}^4$$

$$h = \sqrt{64,000\times\frac{12}{480}} = 40\text{cm}$$

$$b = \frac{480}{40} = 12\text{cm}$$

답 : b = 12cm, h = 40cm

25 T형보의 유효폭 산정 기준

T형보의 유효폭은 다음 값 중 가장 작은 값을 사용한다.

① 보 경간의 $L/4$

② $16h_f + b_w$

③ 양측 슬래브의 중심 간 거리

26 겔버보의 지점 반력

힌지 절점을 기준으로 좌와 우 구조물로 나눠 풀이한다.

$V_{hinge} = 30\times 6\times \frac{1}{2} = 90\,\mathrm{kN}$

$V_C = 90\,\mathrm{kN}(\uparrow)$

hinge 절점의 반력은 좌측 구조물로 전이되고 이때 방향은 반대로 적용한다.

$\sum M_B = 0$

$V_A \times 6 - 40\times 3 + 90\times 3 = 0$

$V_A = \frac{120-270}{6} = -25\,\mathrm{kN}(\downarrow)$

$V_A + V_B + V_C = 220\,\mathrm{kN}$ 이므로

$V_B = 155\,\mathrm{kN}(\uparrow)$

답 : $V_A = -25\mathrm{kN}$, $V_B = 155\mathrm{kN}$, $V_C = 90\,\mathrm{kN}$

2023년 2회 해설 및 정답

01 용어 설명 – 컬럼쇼트닝

고층건물에서 위층부터 누적되는 축하중에 의해 기둥과 벽 등의 축소량이 생기는데, 수직부재 간의 축소량이 다르게 나타나는 현상

02 부동침하 방지대책

가. 건물의 경량화 및 중량 분배
나. 건물의 강성을 높이며 평면의 평균길이를 짧게 한다.
다. 이웃하는 건물과의 거리를 띄운다.
라. 기초 유효면적을 크게 한다.
마. 지정 등으로 보강
바. 지반 개량

03 연약지반개량 공법

가. 치환	나. 다짐	다. 탈수
라. 주입	마. 동결	바. 소결
사. 샌드 드레인	아. 페이퍼 드레인	
자. 생석회 공법		

04 철골 주각부의 현장 시공 순서

라 – 가 – 마 – 나 – 다 – 바

05 입찰제도

가. 적격낙찰제도
나. 종합심사낙찰제도

06 건물 부상 방지대책

가. 자중(옥상정원 등) 증가
나. 락–앙카 사용
다. 유입 지하수 배수 철저
라. 이중 지하실 설치하여 지하수 채움

07 설계도서 작성기준(시방서와 설계도서의 우선순위)

공사시방서 – 설계도면 – 전문시방서 – 표준시방서 – 산출내역서 – 승인된 상세시공도면 – 관계법령의 유권해석 – 감리자의 지시사항
∴ 다 – 나 – 마 – 라 – 가

08 온통기초의 터파기량, 되메우기량, 잔토처리량 산출

가. 터파기량 $= (15+1.3\times2)\times(10+1.3\times2)\times6.5$
$= 1,441.44m^3$
나. 되메우기량 = 터파기량 – 기초구조부 체적
∴ 기초구조부 체적
① 잡석 : $15.6\times10.6\times0.24 = 39.69m^3$
② 버림 : $15.6\times10.6\times0.06 = 9.92m^3$
③ 지하실 용적 : $15.2\times10.2\times6.2 = 961.25m^3$
①+②+③ $= 1,010.86m^3$
∴ 되메우기량 $= 1,441.44 - 1,010.86 = 430.58m^3$
다. 잔토처리량 = 기초구조부 체적×토량환산계수
$= 1,010.86\times1.3 = 1,314.12m^3$

09 네트워크 공정표와 총공사금액

가. 공기 단축된 공정표

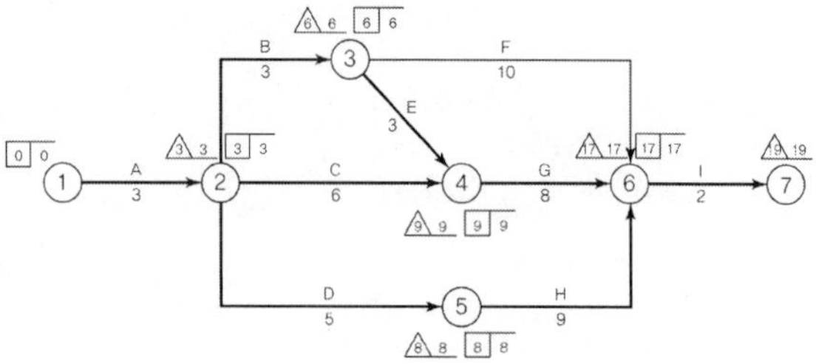

나. 공기단축 및 비용
1) 1차 단축
E작업에서 1일 ∴ 1×500 = 500원
2) 2차 단축
B작업에서 2일 ∴ 2×1,000 = 2,000
D작업에서 2일 ∴ 2×3,000 = 6,000
3) 증가비용 1)+2) = 8,500
4) 공기단축 시 총공사비
① 표준비용 = 69,000
② 증가비용 = 8,500
∴ ①+② = 77,500원

10 보링공법의 종류

가. 오우거 보링	나. 충격식 보링
다. 수세식 보링	라. 회전식 보링

11 수평철근의 순간격

가. 25
나. 1.0
다. 4/3

12 콘크리트의 재령(일)

시멘트 종류 / 평균 기온	조강 포틀랜드 시멘트	보통포틀랜드 시멘트/ 고로슬래그 시멘트(1종)	고로슬래그 시멘트(2종)/ 포졸란 시멘트(2종)
20℃ 이상	①	③	5일
20℃ 미만 10℃ 이상	②	6일	④

① 2일　　　② 3일
③ 4일　　　④ 8일

13 수경성 재료와 기경성 재료

가. 수경성 재료
① 시멘트 모르타르　　② 소석고 플라스터
③ 무수석고 플라스터　　④ 인조석 갈기
나. 기경성 재료
① 돌로마이트 플라스터　　② 회반죽
③ 진흙

14 고장력볼트

가. 규정값　　나. 표준
다. 설계　　라. 10

15 용어 설명 – 콘크리트 헤드

수직거푸집에 타설된 콘크리트 상단면으로부터 최대측압이 발생하는 수직거리

16 방부 및 방충 처리된 목재를 사용해야 하는 경우

가. 콘크리트 및 토양과 직접 접하는 부위
나. 기타 장기간 습윤한 환경에 노출되는 부분
다. 급수 및 배수시설에 근접한 목재로서 수분으로 인한 열화의 가능성이 있는 경우
라. 목재가 직접 우수에 맞거나 습기 차기 쉬운 부분의 모르타르바름, 라스붙임 등의 바탕에 사용되는 경우
마. 목재가 외장 마감재로 사용되는 경우
바. 목재 부재가 외기에 직접 노출되는 경우
사. 구조 내력상 중요한 부분에 사용되는 목재로서 콘크리트, 벽돌, 흙, 돌 및 기타 이와 비슷한 투습성의 재질에 접하는 경우

17 쉬어커넥터의 역할

슬래브 및 데크 플레이트에 등에 사용되며 강재와 콘크리트의 전단을 보강하기 위하여 사용되는 철물

18 용어

철골철근콘크리트 구조

19 가설출입구 설치 시 고려할 사항

가. 자재를 적재하고 필요한 곳까지 가깝게 이동할 수 있는지 동선 확인
나. 승강기 자재와 같이 부피가 크고 중량이 있는 자재를 승강로 주변까지 이동할 수 있는지 확인
다. 자재를 수직 이동할 수 있는 곳까지 편리하게 이동할 수 있는지 확인
라. 편하게 토사 반출을 하기 위해서는 6m 폭의 게이트가 필요

20 줄눈의 명칭

조절줄눈

21 용어

가. 표면건조내부포수　　나. 절대건조
다. 물–결합재

22 비계면적

쌍줄 비계면적 = {Σl + (8×0.9)}×H
= {(18+13)×2+(8×0.9)}×13.5
= 934.2m^2

23 비틀림 전단응력

$$\tau_t = \frac{T}{2t \cdot A_m} = \frac{T}{2t \cdot \pi r^2}$$

24 X축에 대한 단면 2차 모멘트

$$I_x = \frac{bh^3}{12} + A \times {e_y}^2$$

$$I_x = I_{xA} + I_{xB}$$

$$I_x = \left[\frac{(3)(9)^3}{12} + (3\times9)(4.5)^2\right] + \left[\frac{(6)(3)^3}{12} + (6\times3)(1.5)^2\right]$$

$$= 783\text{cm}^4$$

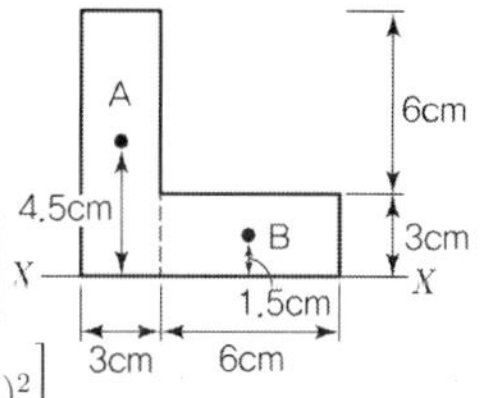
A
B
6cm
3cm
4.5cm
1.5cm
3cm
6cm
X
X

25 용어 설명 – 전이보

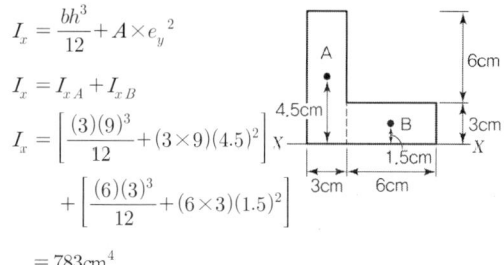

상부층의 기둥이 받던 힘을 하부층의 위치가 다른 기둥이 받거나 상부층 벽체가 받던 힘을 하부층 기둥이 받아야 하는 경우 힘을 이동시킬 수 있는 구조

26 장주의 유효좌굴길이

① 0.7×2L=1.4L
② 0.5×4L=2.0L
③ 2.0×L=2.0L
④ 1.0×0.5L=0.5L
답 : ① 1.4L　② 2.0L　③ 2.0L　④ 0.5L

2023년 4회 해설 및 정답

01 용어 설명

가. 솟음 : 보, 슬래브 및 트러스 등에서 그의 정상적 위치 또는 형상으로부터 처짐을 고려하여 상향으로 들어 올리는 것
나. 토핑 콘크리트 : 하프 슬래브를 설치하고 그 위에 타설하는 콘크리트

02 품질관리의 도구

가. 특성요인도 : 결과에 원인이 어떻게 관계하고 있는가를 한눈에 알아보기 위하여 작성하는 것
나. 파레토도 : 불량, 결점, 고장 등의 발생 건수를 분류항목별로 나누어 크기 순서대로 나열해 놓은 것
다. 층별 : 집단을 구성하고 있는 많은 데이터를 어떤 특징에 따라 몇 개의 부분 집단으로 나눈 것
라. 산점도 : 서로 대응되는 두 개의 짝으로 된 데이터를 그래프 용지에 점으로 나타내어 두 변수 간의 상관관계를 나타내는 것

03 적산

1. 기둥
   1) 콘크리트량
      ① 1층 $= 0.3 \times 0.3 \times 3.17 \times 9$개소 $= 2.568\text{m}^3$
      ② 2층 $= 0.3 \times 0.3 \times 2.87 \times 9$개소 $= 2.325\text{m}^3$
   2) 거푸집량
      ① 1층 $= (0.3+0.3) \times 2 \times 3.17 \times 9 = 34.236\text{m}^2$
      ② 2층 $= (0.3+0.3) \times 2 \times 2.87 \times 9 = 30.996\text{m}^2$
2. G_1 보
   3) 콘크리트량
      ① 1층 $= 0.3 \times 0.47 \times 5.7 \times 6$개소 $= 4.822\text{m}^3$
      ② 2층 $= 0.3 \times 0.47 \times 5.7 \times 6$개소 $= 4.822\text{m}^3$
   4) 거푸집량
      ① 1층 $= 0.47 \times 2 \times 5.7 \times 6$개소 $= 32.148\text{m}^2$
      ② 2층 $= 0.47 \times 2 \times 5.7 \times 6$개소 $= 32.148\text{m}^2$
3. G_2 보
   5) 콘크리트량
      ① 1층 $= 0.3 \times 0.47 \times 4.7 \times 6 = 3.976\text{m}^3$
      ② 2층 $= 0.3 \times 0.47 \times 4.7 \times 6 = 3.976\text{m}^3$
   6) 거푸집량
      ① 1층 $= 0.47 \times 2 \times 4.7 \times 6$개소 $= 26.508\text{m}^2$
      ② 2층 $= 0.47 \times 2 \times 4.7 \times 6$개소 $= 26.508\text{m}^2$
4. 슬래브
   7) 콘크리트량 $= 12.3 \times 10.3 \times 0.13 \times 2$개층 $= 32.939\text{m}^3$
   8) 거푸집량
      ① 밑면 $= 12.3 \times 10.3 \times 2$개층 $= 253.38\text{m}^2$
      ② 측면 $= (12.3 + 10.3) \times 2 \times 0.13 \times 2$개층 $= 11.752\text{m}^2$

∴ Con'c $= 1) + 3) + 5) + 7) = 55.428\text{m}^3 \fallingdotseq 55.43\text{m}^3$
∴ 거푸집 $= 2) + 4) + 6) + 8) = 447.676\text{m}^2 \fallingdotseq 447.68\text{m}^2$

04 용어 설명 – 크리프(Creep) 변형

콘크리트에 일정 하중을 계속 주면 하중의 증가 없이도 시간의 경과에 따라 변형이 증가하는 소성변형 현상

05 한중 콘크리트 공사

가. 4 나. 0
다. 60

06 용어 설명

가. 물결합재비 : 혼화재로 고로슬래그 미분말, 플라이애시, 실리카 퓸 등 결합재를 사용한 모르타르나 콘크리트에서 골재가 표면 건조 포화상태에 있을 때에 반죽 직후 물과 결합재의 질량비(기호 : W/B)
나. 물시멘트비 : 모르타르나 콘크리트에서 골재가 표면건조 포화상태에 있을 때에 반죽 직후 물과 시멘트의 질량비(기호 : W/C)

07 벽타일의 붙임 공법

가. 떠붙이기 공법
나. 압착공법
다. 개량압착공법
라. 밀착(동시줄눈) 공법

08 목재면 바니쉬칠 공정의 작업순서

다 – 라 – 가 – 나

09 네트워크 공정표와 총공사금액

가. 표준 네트워크 공정표

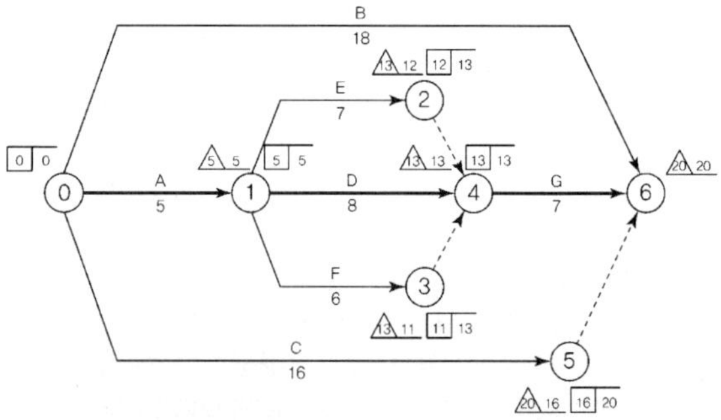

B
18
E
7
A
5
D
8
G
7
F
6
C
16
0
1
2
3
4
5
6

나. 표준 공기 시 총공사비
$= 170{,}000 + 300{,}000 + 320{,}000 + 200{,}000 + 110{,}000 + 120{,}000 + 150{,}000$
$= 1{,}370{,}000$원

다. 공기단축 시 총공사비
① 1차 단축 : 주공정선 중에서 비용구배가 가장 적은 D작업에서 1일 단축, E작업이 주공정선으로 추가
∴ $1 \times 30{,}000 = 30{,}000$원

② 2차 단축 : G작업에서 1일 단축, B작업이 주공정선으로 추가

∴ 1×35,000 = 35,000원

③ 3차 단축 : B작업에서 1일 ∴ 1×30,000 = 30,000원

G작업에서 1일 ∴ 1×35,000 = 35,000원

④ 4차 단축 : A작업에서 1일 ∴ 1×40,000 = 40,000원

B작업에서 1일∴ 1×30,000 = 30,000원

C작업 주공정선 추가

∴ 총증가비용 = ① + ② + ③ + ④ = 200,000원

공기단축 시 총공사비 = 1,370,000 + 200,000

= 1,570,000원

10 적산 – 창고면적 산출

창고면적 = $0.4 \times \frac{500}{12} = 16.67\text{m}^2$

11 용어 설명 – 유리

가. 로이유리 : 적외선 반사율이 높은 금속막 코팅을 이중 또는 삼중유리 안쪽에 붙인 친환경 유리

나. 접합유리 : 두 장 이상의 판유리에 합성수지 필름을 이용하여 붙여댄 유리

12 안정액의 기능

가. 굴착공 내의 붕괴 방비

나. 지하수 유입방지(차수 역할)

다. 굴착부의 마찰저항 감소

라. 슬라임 등의 부유물 배제 방지효과

13 용어

실비정산보수가산식 도급

14 쇼트크리트 콘크리트의 장단점

가. 장점 : 시공성이 좋고 가설공사비 감소

나. 단점 : 건조수축 균열이 크고 숙련공을 필요로 함

15 용어 설명 – 페이퍼 조인트

서류상으로는 공동도급을 취하지만 실질적으로는 한 회사가 수주공사 전체를 수행하여 나머지 회사는 하도급의 형태 또는 단순 이익을 배당 받는 일종의 담합형태

16 용어

배수판(드레인보드)

17 벽체 전용거푸집

가. 대형패널폼　　나. 갱폼

다. 셔터링폼　　라. 클라이밍 폼

18 매스 콘크리트

가. 선행 냉각 방식 : 매스 콘크리트 시공에서 콘크리트를 타설하기 전에 콘크리트의 온도를 제어하기 위해 원재료를 냉각하는 방법

나. 사용재료 : 얼음, 액체질소

19 용어 설명 – 스캘럽

용접 시 인접 부재가 열영향을 받는 것을 방지하기 위하여 용접부재를 모따기 한 것

20 용어 설명 – 신축줄눈

건축물의 온도에 의한 신축팽창, 부동침하 등에 의하여 발생하는 건축물의 전체적인 불규칙 열을 한 곳에 집중시키도록 설계 및 시공 시 고려되는 줄눈

21 귀규준틀과 평규준틀의 수량

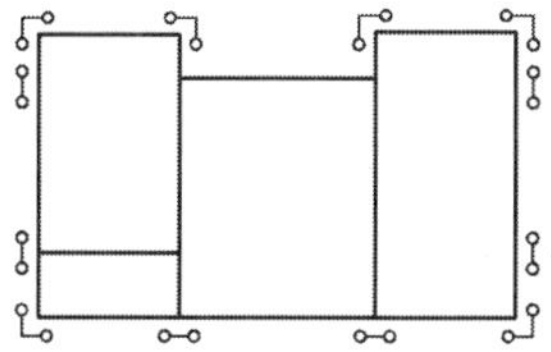

가. 귀규준틀 : 6개

나. 평규준틀 : 6개

22 용접유효길이(l_e)

① 계수하중

$P_u = 1.2D + 1.6L = 1.2 \times 20 + 1.6 \times 30 = 72\text{kN}$

$P_u = 1.4D = 1.4 \times 20 = 28\text{kN}$

계수하중은 연직하중에 대한 하중계수를 적용하여 산정된 값 중 큰 값 사용 ∴ 72kN

② 용접길이

$P_u = \phi R_n,\ F_{uw} = 490\text{MPa}$

$P_u = \phi F_w A_w = \phi 0.6 F_{uw} \times 0.7s \times l_e$

$$l_e = \frac{P_u}{\phi 0.6 F_{uw} \cdot 0.7s} = \frac{72 \times 10^3}{0.75 \times 0.6 \times 490 \times 0.7 \times 5}$$

$= 93.29\text{mm}$

답 : l_e = 93.29mm

23 원형 강봉의 세장비(λ)

세장비 $\lambda = \dfrac{kL}{r}$

① 양단 고정 : $k = 0.5$

② 단면 2차 반경

$$r = \sqrt{\frac{I}{A}} = \sqrt{\frac{\frac{\pi \times D^4}{64}}{\frac{\pi \times D^2}{4}}} = \sqrt{\frac{D^2}{16}} = \frac{D}{4} = 25\text{mm}$$

$$\lambda = \frac{kL}{r} = \frac{0.5 \times 3 \times 10^3}{25} = 60$$

답 : 60

24 지점의 반력

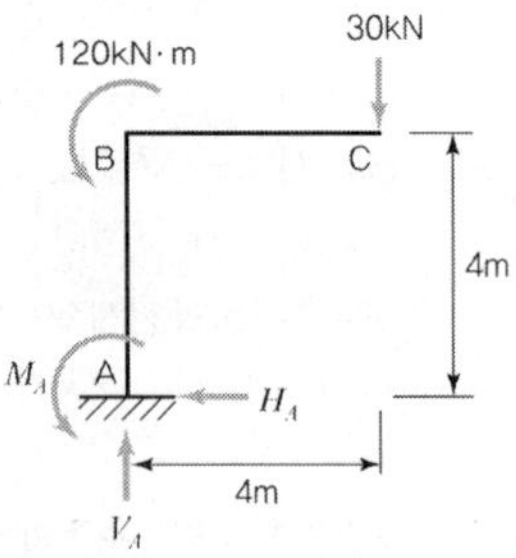

120kN·m
30kN
B
C
4m
M_A
A
H_A
4m
V_A

① $\Sigma V = 0$

$\rightarrow V_A -$ 30kN$= 0$

② $\Sigma H = 0 \rightarrow H_A = 0$

③ $\Sigma M = 0$

$\rightarrow -M_A -$120kN · m

+ 30kN×4m$= 0$

답 : $V_A =$ 30kN(↑),

$\Sigma H = 0 \rightarrow H_A = 0,\ M_A = 0$

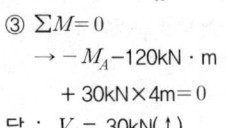

25 T형보의 X축에 대한 단면 2차 모멘트

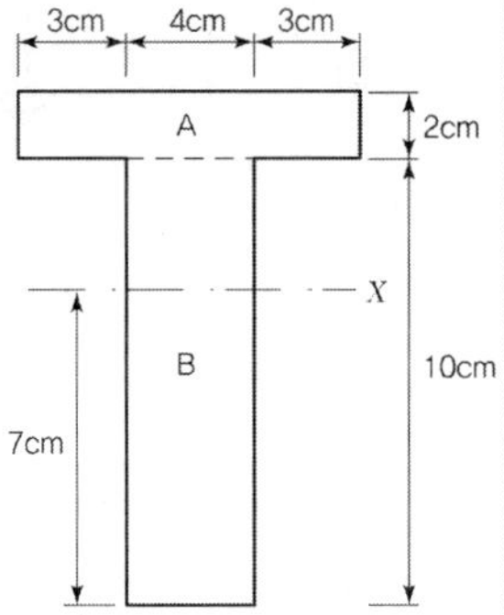

3cm
4cm
3cm
A
2cm
X
B
10cm
7cm

$$I_x = \frac{bh^3}{12} + A \times {e_y}^2$$

$$I_x = I_{xA} + I_{xB}$$

$$= \left[\frac{10 \times 2^3}{12} + (10 \times 2) \times 4^2\right]$$

$$+ \left[\frac{4 \times 10^3}{12} + (4 \times 10) \times 2^2\right]$$

$$= 820\text{cm}^4$$

답 : 820cm^4

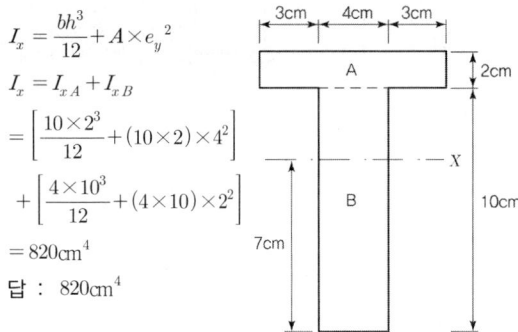

26 계수집중하중(P_u)의 최댓값

① $a = \dfrac{A_S f_y}{\eta(0.85 f_{ck})b} = \dfrac{(1{,}500)(400)}{0.85(28)(300)} = 84.03\text{mm}$

$\eta = 1.0$

② $\phi M_n = \phi A_S f_y \left(d - \dfrac{a}{2}\right)$

$= (0.85)(1{,}500)(400)\left(500 - \dfrac{84.03}{2}\right)$

$= 233{,}572{,}350$ N · mm $= 233.572$kN · m

③ $M_u = \dfrac{P_u \cdot L}{4} + \dfrac{w_u \cdot L^2}{8} = \dfrac{P_u(6)}{4} + \dfrac{(5)(6)^2}{8}$

④ $M_u \le \phi M_n$으로부터

$\dfrac{P_u(6)}{4} + \dfrac{(5)(6)^2}{8} \le 233.572$에서

$\therefore\ P_u \leqq 140.715$ kN · m

답 : $P_u \leqq 140.715$ kN · m

2022년 1회 해설 및 정답

01 흙막이 작용 토압

가. ⑤ 나. ③ 다. ①

02 적산

(1) 기둥부분 = (0.5 + 0.5) × 2 × 3 × 4(개소) = 24m^2

(2) 벽부분

① 가로벽 = (5 − 0.5 × 2) × 3 × 2(양면) × 2개 = 48m^2

② 세로벽 = (8 − 0.5 × 2) × 3 × 2(양면) × 2개 = 84m^2

① + ② = 132

∴ (1) + (2) = 156m^2

03 적산

20 × 224 = 4,480

∴ 4,480장(매)

04 용어 – WBS

프로젝트의 모든 작업 내용을 계층적으로 분류한 작업분류체계

05 용어 설명 – LCC

건축물의 초기 기획단계에서 설계, 시공, 유지관리, 해체에 이르는 일련의 과정에 소요되는 비용을 분석하는 원가관리기법

06 창호 기호표

구분	창	문
목재	1 WW	2 WD
철재	3 SW	4 SD
알루미늄재	5 AW	6 AD

07 흡수율

$$= \frac{\text{표건상태 중량} - \text{절건상태 중량}}{\text{절건상태 중량}} \times 100$$

$$= \frac{2,000 - 1,992}{1,992} \times 100 = 0.40\%$$

08 인장강도

$$\frac{2P}{\pi l d} = \frac{2 \times 100 \times 1,000}{3.14 \times 500 \times 300} = 0.42\text{MPa}$$

09 용어 설명 – 크리프

하중의 증가 없이 일정한 하중을 계속적으로 가하면 시간의 흐름에 따라 증가되는 콘크리트의 소성변형

10 녹막이 칠을 하지 않는 경우

가. 콘크리트에 매입되는 부분

나. 고장력 볼트 접합부의 마찰면

다. 조립에 의하여 맞닿는 면

라. 폐쇄형 단면의 밀폐되는 면

마. 현장 용접하는 부분

11 공정표 작성 및 여유시간

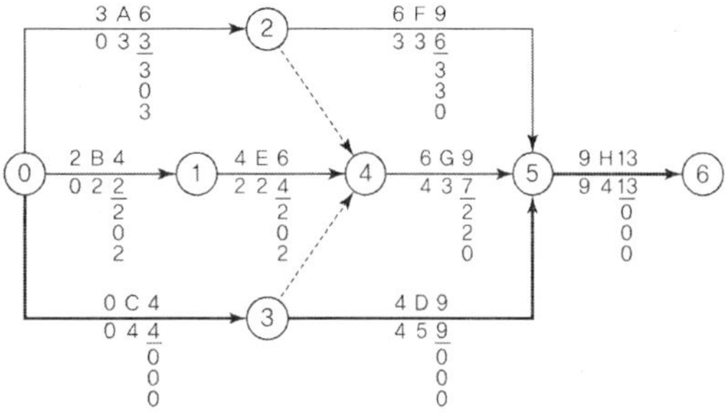

3 A 6
0 3 3
6 F 9
3 3 6
2 B 4
0 2 2
4 E 6
2 2 4
6 G 9
4 3 7
9 H 13
9 4 13
0 C 4
0 4 4
4 D 9
4 5 9

가. 공정표

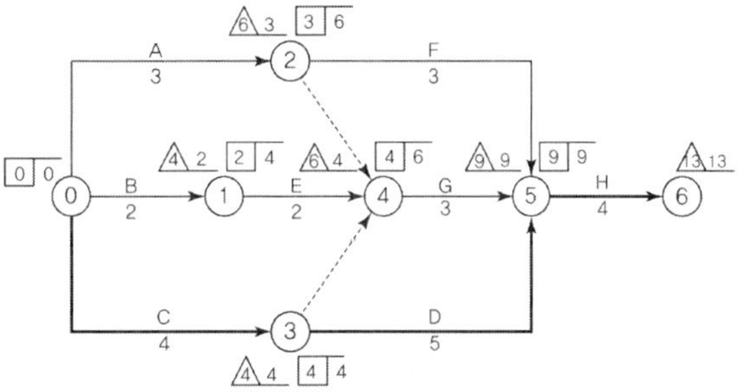

A
3
F
3
B
2
E
2
G
3
H
4
C
4
D
5

나. 여유시간

작업명	TF	FF	DF	CP
A	3	0	3	
B	2	0	2	
C	0	0	0	※
D	0	0	0	※
E	2	0	2	
F	3	3	0	
G	2	2	0	
H	0	0	0	※

12 철골 보-기둥 접합부의 명칭

가. 스티프너(Stiffener)
나. 하부 플랜지 플레이트(하부 띠판)
다. 전단 플레이트
라. ① 맞댐용접 ② 모살용접

13 가치공학

가. V : 가치
나. F : 기능
다. C : 비용

14 일체형 거푸집의 종류

가. 갱폼 나. 슬립폼
다. 클라이밍 폼 라. 터널 폼

15 용어

가. 캠버 나. 동바리

16 레디믹스트 콘크리트 타설 품질관리 항목

①, ④, ⑤

17 기성 콘크리트 인방보

가. 200mm
나. 철근
다. 블록 메시
라. 컨트롤 조인트

18 용어

가. 공개 경쟁 입찰
나. 지명 경쟁 입찰
다. 특명입찰(수의 계약)

19 보강 블록조

가. 40
나. 20mm

20 용어 설명 – 강재의 항복비

인장강도에 대한 항복강도의 비

21 용어 설명 – 한계상태설계법의 사용성 한계

하중계수가 1.0인 사용하중상태 하에서 건물의 기능, 외관, 유지관리, 내구성 및 사용자의 편리함을 일정한 기준 이상이 되도록 확보하도록 하는 것으로 대체적으로 구조물의 변형 및 진동에 관한 설계가 이에 포함된다.

22 강재의 응력-변형률 곡선

A : ⑥	B : ⑧	C : ⑦
D : ②	E : ④	F : ③
G : ⑨	H : ⑩	I : ⑤
J : ⑪	K : ①	

23 유효좌굴길이 계수

A : $K=1.0$
B : $K=2.0$
C : $K=0.5$
D : $K=0.7$
B → A → D → C

24 설계축하중

$$\begin{aligned}\phi P_n &= 0.8\phi[0.85 f_{ck}(A_g - A_{st}) + f_y A_{st}] \\ &= 0.8\times0.65\times[0.85\times27\times(400\times300-3{,}096) \\ &\quad +400\times3{,}096]\times10^{-3} \\ &= 2{,}039.1\,\mathrm{kN}\end{aligned}$$

25 공칭강도와 설계강도

가. 공칭강도 : 재료 자체가 지니는 강도, 재료의 저항강도
나. 설계강도 : 공칭강도에 강도감소계수를 곱한 값. 강도감소계수는 하중의 불확실성, 설계 및 시공상의 불완전성, 재료의 품질 오차와 같은 부재의 기본강도에 대한 감소율을 고려한 값이다.

26 단순보의 처짐각

탄성곡선법(Elastic Curve Method)을 적용

$$M_x = M - \frac{M\cdot x}{l}$$

$$\theta_x = \int \frac{M_x}{EI}dx = \frac{M\cdot x}{EI} - \frac{M\cdot x^2}{2l\cdot EI} + C_1$$

$$y_x = \int \theta_x\, dx = \frac{M\cdot x^2}{2EI} - \frac{M\cdot x^3}{6l\cdot EI} + C_1\cdot x + C_2$$

경계조건에 의해 $y_A = y_B = 0$이므로 적분상수 $C_2 = 0$

$$y_{B(x=l)} = \frac{M\cdot l^2}{2EI} - \frac{M\cdot l^2}{6EI} + C_1\cdot l = 0$$

$$\therefore C_1 = \left(\frac{M\cdot l^2}{6EI} - \frac{M\cdot l^2}{2EI}\right)\cdot\frac{1}{l} = -\frac{M\cdot l}{3EI}$$

$$\rightarrow \theta_{A(x=0)} = \frac{M\cdot 0}{EI} - \frac{M\cdot 0}{2l\cdot EI} - \frac{M\cdot l}{3EI} = -\frac{M\cdot l}{3EI}$$

정답 : $\theta_A = -\dfrac{Ml}{3EI}$

2022년 2회 해설 및 정답

01 역타설공법의 장점

가. 지하와 지상층의 공사병행으로 공기단축이 가능하다.
나. 1층 바닥판 선시공으로 작업공간 활용(확보)이 가능하다.
다. 주변지반과 건물에 악영향이 없는 안정적 공법이다.
라. 기후와 무관한 전천후 작업이 가능하다.

02 용어

가. 함수비 : $\dfrac{\text{물의 중량}}{\text{흙입자의 중량}} = \dfrac{W_W}{W_S}$

나. 간극비 : $\dfrac{\text{간극의 용적}}{\text{흙입자의 용적}} = \dfrac{V_V}{V_S}$

다. 포화도 : $\dfrac{\text{물의 용적}}{\text{간극부분의 용적}} \times 100(\%)$

$= \dfrac{V_W}{V_V} \times 100(\%)$

03 일정계산 및 여유시간

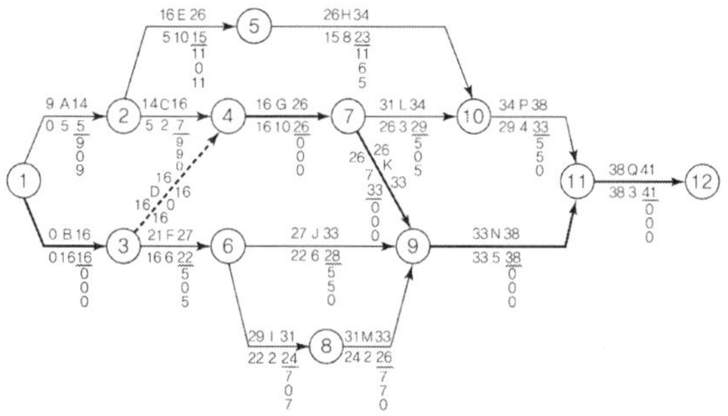

16 E 26
5 10 15
26 H 34
15 8 23
9 A 14
0 5 5
14 C 16
5 2 7
16 G 26
16 10 26
31 L 34
26 3 29
34 P 38
29 4 33
38 Q 41
38 3 41
0 B 16
0 16 16
21 F 27
16 6 22
27 J 33
22 6 28
33 N 38
33 5 38
29 I 31
22 2 24
31 M 33
24 2 26

작업명	EST	EFT	LST	LFT	TF	FF	DF	CP
A	0	5	9	14	9	0	9	
B	0	16	0	16	0	0	0	※
C	5	7	14	16	9	9	0	
D	16	16	16	16	0	0	0	※
E	5	15	16	26	11	0	11	
F	16	22	21	27	5	0	5	
G	16	26	16	26	0	0	0	※
H	15	23	26	34	11	6	5	
I	22	24	29	31	7	0	7	
J	22	28	27	33	5	5	0	
K	26	33	26	33	0	0	0	※
L	26	29	31	34	5	0	5	
M	24	26	31	33	7	7	0	
N	33	38	33	38	0	0	0	※
P	29	33	34	38	5	5	0	
Q	38	41	38	41	0	0	0	※

04 용어 설명

가. 스캘럽(Scallop) : 철골부재 용접 시 이음 및 접합부 위의 용접선이 교차되어 재용접된 부위가 열영향을 받아 취약해지기 때문에 모재에 부채꼴 모양의 모따기를 한 것
나. 엔드탭(End Tab) : 용접 결함이 생기기 쉬운 용접 비드(Bead)의 시작과 끝 지점에 용접을 정확히 하기 위하여 모재의 양단에 부착하는 보조 강판

05 목재의 천연건조의 장점

가. 별도의 설치비가 필요 없음
나. 대량으로 건조 가능

06 적산(흙량 산출)

가. 시공되는 다짐 상태의 흙량 $=30 \times 0.6 = 18\text{m}^3$
나. 시공되는 다짐 상태의 흙량을 흐트러진 상태로 환산

$18 \times \dfrac{L}{C} = 18 \times \dfrac{1.2}{0.9} = 24\text{m}^3$

∴ 시공 후 흐트러진 상태로 남는 흙량 $= 30 - 24 = 6\text{m}^3$

07 예민비

가. 식 : $\dfrac{\text{자연시료의 강도}}{\text{이긴시료의 강도}}$
나. 정의 : 함수율의 변화가 없는 상태에서의 이긴시료의 강도에 대한 자연시료의 강도의 비

08 약액주입공법 판정 방법

가. 굴착 후 육안에 의한 확인
나. 지반조사 및 시험을 통한 확인
다. 물리탐사에 의한 비파괴 확인
라. 주입상황이나 기록에 의한 간접 확인

09 용어 설명

가. 복층유리 : 유리와 유리 사이에 진공상태를 만들거나 공기를 넣어 만든 유리
나. 배강도유리 : 보통 판유리의 강도보다 2배 정도 크게 만든 유리

10 세로규준틀 설치 위치 및 기입사항

가. 설치위치 : 건물의 모서리 등 기준이 될 수 있는 곳, 면이 긴 경우 중앙부, 기타 요소
나. 기입사항 : ① 개구부 위치, 치수
② 쌓기 단수
③ 줄눈의 위치
④ 앵커, 매립철물의 위치
⑤ 테두리보, 인방보의 위치

11 콘크리트 소성 수축균열

가. 정의 : 굳지 않은 콘크리트에서 발생되는 초기균열로서 콘크리트 타설 후 블리딩의 속도보다 표면의 증발 속도가 빠른 경우 표면 수축에 의해 발생되는 불규칙 균열
나. 원인
① 물의 증발속도가 1kg/m^2/h 이상일 때
② 블리딩이 적은 된비빔의 콘크리트일 때
③ 건조한 바람이 심하게 불 경우
④ 고온 저습한 기온일 경우

12 액상 하드너 시공 시 유의사항

가. 바탕은 평탄하게 마무리 할 것
나. 기온이 5도 이하면 작업 중지
다. 액상바닥 바탕은 최소 21일 양생하여 완전 건조시킬 것

13 합격 불합격 판정

가. 합격
나. 불합격(회전과다)
다. 불합격(회전부족)

14 밀시트(강재 시험성적서)

가. 품질보증서
나. 재료의 역학적 시험 내용 : 각종 강도 표시
다. 화학 성분 시험 내용 : 철, 황, 규소, 납, 탄소 등의 구성비
라. 규격표시 : 길이, 두께 크기 및 형상, 단위중량
마. 시험 규준의 명시 : 시방서, KS

15 용어 설명 – 거푸집

가. 슬라이딩 폼 : 유닛 거푸집을 설치하여 요크로 거푸집을 끌어 올리면서 연속해서 콘크리트를 타설 가능한 수직 활동 거푸집
나. 워플 폼 : 무량판 구조에서 2방향 장선 바닥판 구조가 가능하도록 된 특수상자 모양의 기성재 거푸집

16 가설공사의 기준점 및 설치 시 유의사항

가. 정의 : 공사 중의 높낮이의 기준이 되는 원점
나. 주의 사항
① 이동의 염려가 없는 곳에 설치
② 현장 어디서나 바라보기 좋고 공사에 지장이 없는 곳에 설치
③ 최소 2개소 이상 설치
④ 지면에서 0.5~1m정도 위치에 설치
⑤ 착공과 동시에 설치하고 완공 시까지 존치

17 용어 설명

가. 흡수량 : 표면건조 내부포수 상태의 골재 중에 포함되는 물의 양
나. 함수량 : 습윤상태 골재의 내·외부에 함유된 전 수량

18 철근간격 유지 목적

가. 콘크리트 유동성(시공성) 확보
나. 재료 분리 방지
다. 소요강도 유지 및 확보

19 용접결함

가. 원인
① 용접 시 슬래그 제거 상태가 불량일 때
② 운봉 속도가 너무 느릴 때
③ 용접봉 운봉 폭이 너무 넓을 때
④ 용접봉 지름이 너무 큰 것을 사용 했을 때
⑤ 아크 앞부분에 작은 슬래그 등이 있을 때
나. 대책
① 용접 시 슬래그를 철저히 제거할 것
② 전류를 약간 높이고 슬래그가 선행하지 않는 속도로 용접할 것
③ 용접봉 운봉 폭을 감소시킬 것
④ 용접봉 지름이 작은 것을 사용할 것
⑤ 용접봉 이송 속도를 증가시키거나 용접봉의 각도를 바꾸어 보거나 아크 길이를 줄일 것

20 용어

볼트축 전단형 고력볼트

21 1방향 슬래브의 최소 두께

부재	최소 두께			
	캔틸레버	단순지지	1단연속	양단연속
• 1방향 슬래브	$l/10$	$l/20$	$l/24$	$l/28$
• 보 • 리브가 있는 1방향 슬래브	$l/8$	$l/16$	$l/18.5$	$l/21$

22 설계인장강도

$$\phi_t P_n = 0.9 \times F_y A_g = 0.9 \times 325 \times 5,620 \times 10^{-3}$$
$$= 1,643.85\,\text{kN}$$

23 부재력 산정

라미의 정리를 이용

$$\frac{5}{\sin(30)} = \frac{T}{\sin(90-30)} \rightarrow T = \frac{5}{\sin(30)} \times \sin(60)$$

$$= 5\sqrt{3}\,\text{kN}\ (\text{인장})$$

24 철근의 인장정착길이

- 수평철근의 위치계수 $\alpha = 1.3$
- 에폭시 도막계수 $\beta = 1.0$
- 철근의 크기계수 $\gamma = 1.0$
- 경량콘크리트계수 $\lambda = 1.0$
- 철근의 순간격과 피복두께는 철근직경 이상이므로,

$$l_d = \frac{0.6 d_b f_y}{\lambda\sqrt{f_{ck}}} \cdot \alpha\beta\gamma = \frac{0.6 \times 25 \times 400}{1.0 \times \sqrt{25}} \times 1.3 \times 1.0 \times 1.0$$

$$= 1{,}560\,\text{mm}$$

25 휨모멘트

- 처짐각법으로 풀이

$$M_{AB} = k_{AB}(2\phi I_A + \phi_B + R) + C_{AB} = \phi_B + R$$
$$M_{BA} = k_{BA}(2\phi_B + \phi_A + R) + C_{BA} = 2\phi_B + R$$

$$M_{BC} = k_{BC}(2\phi_B + \phi_C + R) + C_{BC} = 0$$
$$M_{CB} = k_{CB}(2\phi_C + \phi_B + R) + C_{CB} = 0$$

$$M_{CD} = k_{CD}(2\phi_C + \phi_D + R) + C_{CD} = 2\phi_C + R$$
$$M_{DC} = k_{DC}(2\phi_D + \phi_C + R) + C_{DC} = \phi_C + R$$

$$k_{BC} = k_{CB} = 0$$

$$\phi_A = \phi_D = 0$$

$$C_{AB} = C_{BC} = C_{CD} = 0$$

- 절점 평행 방정식에 따라

$$\sum M_B = M_{BA} + M_{BC} = 0$$

$$\therefore 2\phi_B + R = 0 \quad \cdots \ 1식$$

$$\sum M_C = M_{CB} + M_{CD} = 0$$

$$\therefore 2\phi_C + R = 0 \quad \cdots \ 2식$$

- 층방정식에 따라

$$M_{AB} + M_{BA} + M_{CD} + M_{DC} + P \cdot h = 0$$

$$\therefore 3\phi_B + 3\phi_C + 4R = -P \cdot h \quad \cdots \ 3식$$

1~3식을 연립방정식으로 풀면,

$$\phi_B = \frac{P \cdot h}{2},\ \phi_C = \frac{P \cdot h}{2},\ R = -P \cdot h$$

$$\therefore M_A = -\frac{Ph}{2},\ M_B = 0,\ M_C = 0,\ M_D = -\frac{Ph}{2}$$

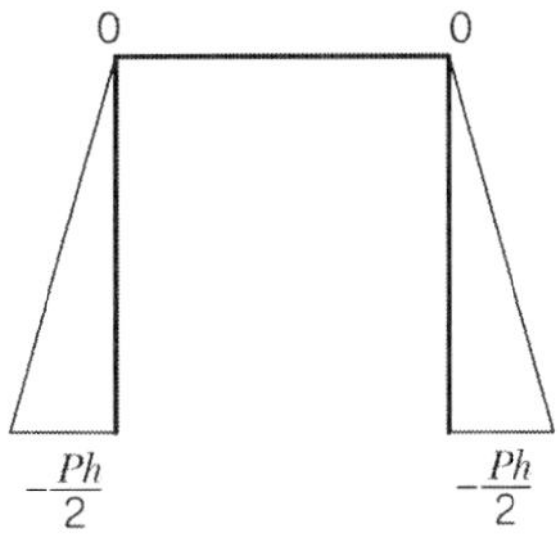
0
0
-Ph/2
-Ph/2

26 주철근 단면적

A : 0.01
B : 0.08
C : 0.04

2022년 4회 해설 및 정답

01 용어

콜드조인트

02 접합의 명칭

가. ② 나. ③ 다. ①

03 철골공사 내화습식공법

가. 타설공법 나. 조적공법
다. 미장공법 라. 뿜칠공법

04 용어

가. 스캘럽(Scallop) : 철골부재 용접 시 이음 및 접합부 위의 용접선이 교차되어 재용접된 부위가 열영향을 받아 취약해지기 때문에 모재에 부채꼴 모양의 모따기를 한 것
나. 뒷댐재(Back Strip) : 맞댄 용접 시 루트부에 완전 용입을 얻을 수 있도록 뒤쪽에 대는 보조 강판재

05 용어 – 라멜라 티어링

용접 시 열 영향부의 국부 열변형으로 모재 내부에 구속 응력이 생겨 미세한 균열이 발생되는 현상

06 레미콘의 표시 형식

가. 보통 : 보통콘크리트
나. 25 : 굵은골재 최대치수 25mm
다. 24 : 호칭강도 24MPa
라. 150 : 슬럼프치 150mm

07 포틀랜드 시멘트

가. 보통 포틀랜드 시멘트
나. 중용열 포틀랜드 시멘트
다. 조강 포틀랜드 시멘트
라. 저열 포틀랜드 시멘트
마. 내황산염 포틀랜드 시멘트

08 건물부상 방지대책

가. 자중 증가
나. 락–앵커 사용
다. 지하수 배수
라. 이중 지하실 설치

09 조적조 외부 방수공법

가. 시멘트 액체방수
나. 시트방수
다. 도막방수

10 가치공학 추진절차

마 – 가 – 라 – 나 – 사 – 다 – 아 – 바 – 자

11 적산 – 철근, 콘크리트 정미량

가. 철근량(간격이 주어지지 않아서 도면의 개수로 적용)
① 가로근(D16) : 4×9개 = 36m
② 세로근(D16) : 4×9개 = 36m
③ 대각선근(D13) : $\sqrt{4^2+4^2}$ ×3×2개 = 33.94m
∴ D13 = ③ = 33.94m×0.995kg/m = 33.77kg
D16 = ①+② = 72m×1.56kg/m = 112.32kg
∴ 총중량 = D13+D16 = 146.09kg

나. 콘크리트량
① 수평부 = 4×4×0.4 = $6.4m^3$
② 경사부
$= \frac{0.4}{6} \times \{(2\times4+0.6)\times4+(2\times0.6+4)\times0.6\}$
$= 2.5m^3$
∴ ①+② = $8.9m^3$

12 용접부 검사항목

가. 용접 착수 전 : ①, ⑤, ⑦
나. 용접 작업 중 : ②, ④, ⑧
다. 용접 완료 후 : ③, ⑥, ⑨

13 용어 – 로이 삼중유리

가. 정의 : 적외선 반사율이 높은 금속막 코팅을 삼중유리 안쪽에 붙인 친환경유리
나. 특징
① 고단열 삼중유리로 에너지 절약
② 단열과 결로 방지

14 보링 공법의 종류

가. 충격식 나. 회전식
다. 오거식 라. 수세식

15 언더피닝

가. 터파기 인접건물의 침하를 방지하고자 할 때
나. 경사진 건물을 바로잡고자 할 때
다. 기존 건축물의 기초를 보강하고자 할 때
라. 기존 건축물의 새로운 기초를 축조하고자 할 때

16 시멘트 분말도 시험방법

가. 체가름 시험
나. 브레인 법

17 콘크리트의 균열보수법

가. 표면처리법 : 보통 진행이 정지된 0.2mm 이하의 경미한 균열에 폴리머시멘트나 모르타르로 보수하는 방법
나. 주입공법 : 주입구멍을 천공하고 주입파이프나 주사기를 20~30cm 간격으로 설치하여 깊이 20mm 정도로 에폭시 수지를 주입하는 공법

18 거푸집 종류

가. 워플 폼　　나. 트래블링 폼
다. 슬라이딩 폼　　라. 데크 플레이트

19 철근 인장강도

가. 시멘트의 비중 = $\dfrac{100}{32.2-0.5}$ = 3.15

나. 판정 : 합격(3.15>3.10)

20 평지붕 외단열 시트 방수공법 시공순서

마 - 라 - 다 - 나 - 가

21 네트워크 공정표 및 전체여유와 자유여유

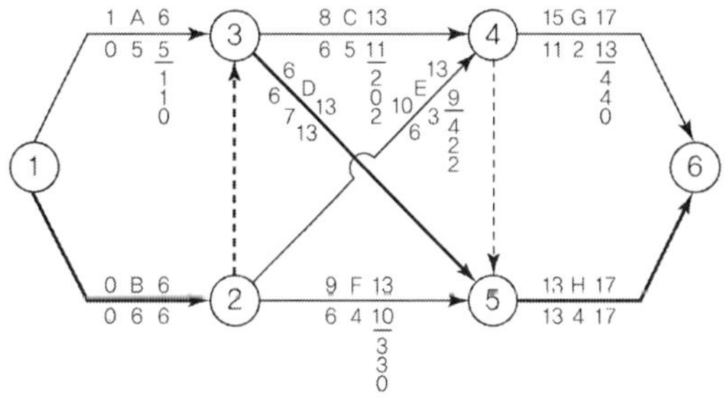

1 A 6
0 5 5
8 C 13
6 5 11
15 G 17
11 2 13
0 B 6
0 6 6
9 F 13
6 4 10
13 H 17
13 4 17

가. 공정표 작성

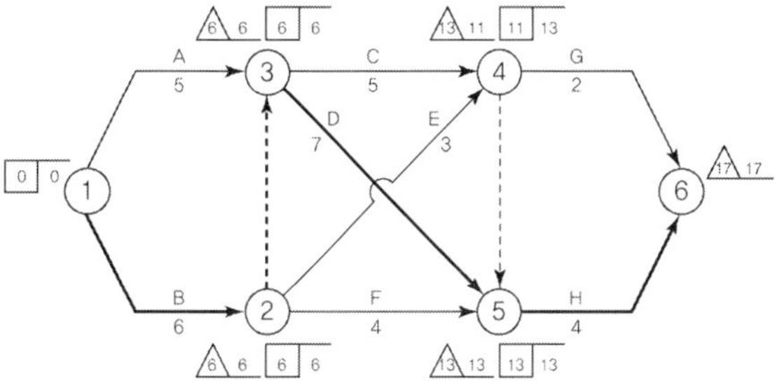

A
5
C
5
G
2
D
7
E
3
B
6
F
4
H
4

나. 작업의 여유시간

작업	TF	FF
A	1	1
B	0	0
C	2	0
D	0	0
E	4	2
F	3	3
G	4	4
H	0	0

22 철근 방청 대책

가. 철근에 아연도금하거나 에폭시 코팅 철근 사용
나. 콘크리트에 방청제 혼입
다. 골재에 제염제 혼합 사용
라. 철근 피복 두께 확보

23 트러스 부재력

구하고자 하는 부재를 포함하여 3개의 부재가 절단되도록 임의의 절단선으로 트러스를 절단한다.

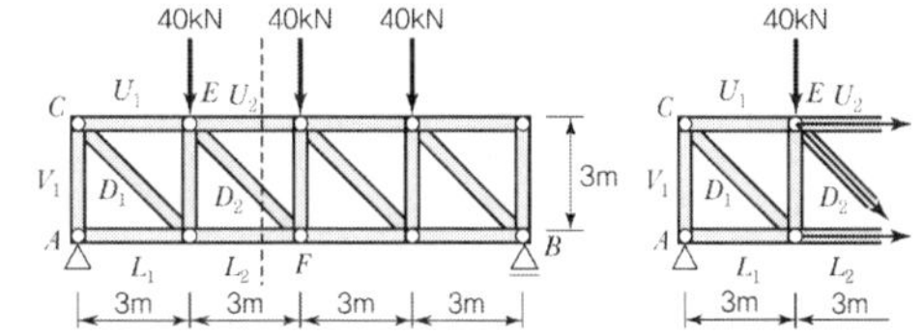

40kN
40kN
40kN
3m
3m
3m
3m
3m
40kN
3m
3m

① 반력

$\Sigma H=0 \rightarrow H_A=0$

$\Sigma V=0 \rightarrow V_A+V_B-40-40-40=0$

$\therefore V_A=\dfrac{120}{2}=60\text{kN}$

② L_2 부재 – L_2 부재를 제외한 나머지 2개의 부재가 만나는 점(E)

$\Sigma M_E=0 \rightarrow V_A\times 3-L_2\times 3=0$

$\therefore L_2=\dfrac{60\times 3}{3}=60\text{kN}$ (인장)

③ U_2 부재 – U_2 부재를 제외한 나머지 2개의 부재가 만나는 점(F)

$\Sigma M_F=0 \rightarrow V_A\times 6-40\times 3+U_2\times 3=0$

$\therefore U_2=\dfrac{-60\times 6+40\times 3}{3}=-80\text{kN}$ (압축)

답 : $L_2=60\text{kN}$ (인장)
$U_2=-80\text{kN}$ (압축)

24 최대 전단응력

(1) 최대 전단력

$$V_{\max} = \frac{P}{2} = 100\text{kN}$$

(2) 최대 전단응력

$$\tau_{\max} = k \cdot \frac{V_{\max}}{A} = \frac{3}{2} \times \frac{100 \times 10^3}{300 \times 500}$$

$$= 1\text{N/mm}^2(\text{MPa})$$

답 : $1\text{N/mm}^2(\text{MPa})$

25 보의 설계전단강도

① 콘크리트의 전단강도

$$V_c = \frac{1}{6}\lambda\sqrt{f_{ck}}b_w d = \frac{1}{6} \times 1.0 \times \sqrt{24} \times 300 \times 550$$

$$= 134,722\text{N}$$

② 전단보강근의 전단강도

$$V_s = \frac{A_v f_{yt} d}{s} = \frac{(2 \times 71.33) \times 400 \times 550}{150} = 209,235\text{N}$$

③ 설계전단강도

$$\phi V_n = \phi(V_c + V_s) = 0.75(134,722 + 209,235)$$

$$= 257,968\text{N} = 257.97\text{kN}$$

26 소요공칭휨강도 및 소요공칭전단강도 산정

① 소요공칭휨강도(M_n)

$$M_u = 1.2 \times 150 + 1.6 \times 130 = 388\text{kN} \cdot \text{m}$$

$$M_u = \phi M_n \rightarrow M_n = \frac{M_u}{\phi} = \frac{388}{0.85} = 456.47\text{kN} \cdot \text{m}$$

② 소요공칭전단강도(V_n)

$$V_u = 1.2 \times 120 + 1.6 \times 110 = 320\text{kN}$$

$$V_u = \phi V_n \rightarrow V_n = \frac{V_u}{\phi} = \frac{320}{0.75} = 426.67\text{kN}$$

2021년 1회 **해설 및 정답**

01 용어

가. 샌드 드레인
나. 웰 포인트 공법

02 용어 설명

가. 방호선반 : 주출입구 및 리프트 출입구 상부에 설치하는 수평 방호설비
나. 기준점 : 공사 시 높이를 결정하는 원점

03 콘크리트 비파괴시험

가. 슈미트 해머법(반발경도법)
나. 공진법
다. 방사선 투과법
라. 인발법
마. 복합법

04 흙의 함수량

가. 소성한계
나. 액성한계

05 적산 – 온통터파기량

1. 온통파기
   가. 터파기량 = 50×40×10 = 20,000m^3
   나. 운반대수
      ① 운반량 = 20,000×1.3 = 26,000m^3
      ② 운반대수 = 26,000÷12 = 2,166.67
      ∴ 2,167대
   다. 성토높이(다짐상태)
      ① 터파기량을 다짐상태로 부피 환원
      = 20,000×0.9 = 18,000m^3
      ② 성토높이 = 18,000÷5,000 = 3.6m
2. 독립기초 공식 사용(별해)
   가. 터파기량
   $= \frac{H}{6}\{(2a+a')\times b+(2a'+a)\times b'\}$
   $= \frac{10}{6}\{(2\times 60+40)\times 50+(2\times 40+60)\times 30\}$
   $= 20,333.33\text{m}^3$
   나. 운반대수
      ① 운반량 = 20,333.33×1.3 = 26,433.33m^3
      ② 운반대수 = 26,433.33÷12 = 2,202.77
      ∴ 2,203대
   다. 성토높이(다짐상태)
      ① 터파기량을 다짐상태로 환산
      = 20,333.33×0.9
      = 18,299.99m^3
      ② 성토높이 = 18,299.99÷5,000≒3.66m

06 벽돌쌓기법

가. 엇모쌓기
나. 영롱쌓기

07 콘크리트 압축강도

$$강도 = \frac{P}{A} = \frac{P}{\frac{3.14\times d\times d}{4}} = \frac{500\times 1,000}{\frac{3.14\times 150\times 150}{4}}$$
$$= 28.31\text{MPa}$$

08 품질관리

가. $흡수율 = \frac{3,950-3,600}{3,600}\times 100 = 9.72\%$

나. $겉보기밀도 = \frac{3,600}{3,600-2,450}\times 1 = 3.13$

다. $표건상태의\ 밀도 = \frac{3,950}{3,950-2,450}\times 1 = 2.63$

09 용어 설명

가. 아일랜드 컷 : 널말뚝을 설치 후 중앙부를 굴착하고 중앙부의 기초구조물를 만든 다음 주변부를 굴착하고 기초구조물을 완성하는 공법
나. 트렌치 컷 : 널말뚝을 설치 후 가장자리를 굴착하고 가장자리 기초구조물을 만든 다음 중앙부를 굴착하고 기초구조물을 완성하는 공법

10 알루미늄 거푸집

가. 골조 품질 : 골조의 수직, 수평의 정밀도가 우수하며, 면처리(견출)작업이 감소된다.
나. 해체 : 거푸집 해제 시 소음이 저감되며, 해체작업의 안정성이 향상된다.

11 용어 설명 – BOT

민간사업자가 비용을 부담하여 공공시설물을 완공하고 시설물을 운영하여 비용을 회수한 뒤, 시설물의 운영권과 시설물을 발주자 측에 이전하는 방식

12 경량철골 칸막이공사 작업순서

바탕 처리 – 벽체틀 설치 – 단열재 설치 – 석고보드 설치 – 마감

13 용어 설명 – 유리 열파손

열전도율이 작아 갑작스런 강열이나 냉각 등 급격한 온도 변화에 따라 파손되는 현상

14 안방수와 바깥방수 비교

가. 안방수는 방수바탕이 필요 없고 바깥방수는 필요하다.
나. 안방수는 본 공사 진행과 무관하고 바깥방수는 선행되어야 한다.
다. 안방수는 공사가 간단하고 바깥방수는 복잡하다.
라. 안방수는 보호누름이 필요하고 바깥방수는 필요 없다.

15 스페이서의 용도

가. 철근의 피복두께 유지
나. 철근의 간격 유지

16 목구조에서 방충 및 방부 처리된 목재를 쓰는 경우

가. 목조의 외부 버팀기둥을 구성하는 부재의 모든 면
나. 급수 및 배수시설에 근접된 목부로서 부식의 우려가 있는 부분
다. 구조내력상 주요 부분인 토대, 외부 기둥, 외부 벽 등에 사용하는 목재로서 포수성의 재질에 접하는 부분
라. 납작 마루틀의 멍에, 장선
마. 직접 우수를 맞거나 습기가 차기 쉬운 부분의 모르타르 바름 등의 바탕에 해당하는 부분

17 품질관리(QC) 수법

가. 파레토도
나. 특성요인도
다. 히스토그램

18 공정표 작성 및 여유 계산

가. 네트워크 공정표

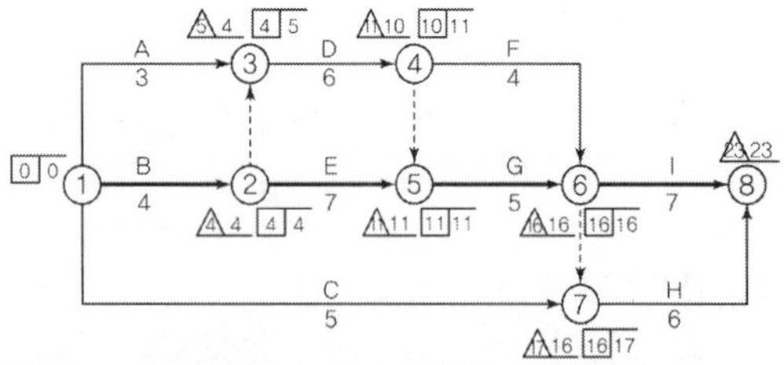

A
3
B
4
C
5
D
6
E
7
F
4
G
5
H
6
I
7

나. 여유시간

작업명	TF	FF	DF	CP
A	2	1	1	
B	0	0	0	※
C	12	11	1	
D	1	0	1	
E	0	0	0	※
F	2	2	0	
G	0	0	0	※
H	1	1	0	
I	0	0	0	※

19 한중콘크리트 초기 양생 시 주의사항

가. 압축강도가 5MPa이 될 때까지 어느 부분도 0도 이하가 되지 않도록 함
나. 한풍에 의한 온도 저하 유의
다. 양생 종료 12시간 전부터 살수 금지
라. 초기 보호양생 종료 시 급속한 온도 저하 방지
마. 방풍막이용 천막은 적설하중을 고려하여 견고하게 설치

20 용어 설명

가. 데크 플레이트 : 아연 도금된 철판을 절곡하여 철골구조의 거푸집 대용으로 사용
나. 시어커넥터 : 전단연결철물이라고도 하며, 스터드 볼트와 하프 슬래브 등에 사용

21 커튼월 시험항목

가. 기밀시험
나. 수밀시험
다. 층간변위시험
라. 내풍압시험
마. 구조성능시험
바. 영구변형시험

22 용어 설명 – 종합심사낙찰제도

입찰제 개선과 시공품질 제고, 적정 공사비 확보를 정착시키기 위하여 가격과 공사수행능력 및 사회책임의 점수를 합산하여 높은 점수의 입찰자를 낙찰하는 제도이다.

23 콘크리트의 굳지 않는 성질

가. 컨시스턴시
나. 워커빌리티

24 휨모멘트도 도시

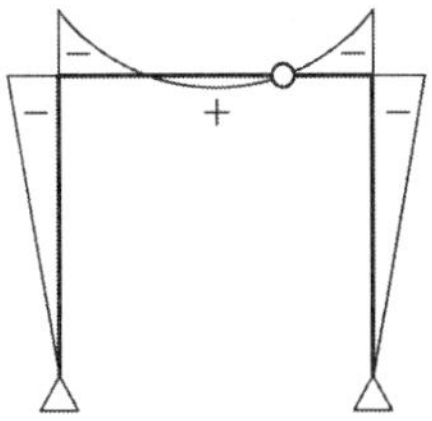

25 지판의 최소 크기와 두께 산정

지판의 길이 및 최소 두께는 다음과 같은 규정에 따른다.

1) 지판의 길이 : 각 방향 받침부 중심 간 경간의 1/6 이상 연장
2) 지판의 두께 : 슬래브 두께의 1/4 이상

① 지판의 크기

- $b_1 = \dfrac{6,000}{6} = 1,000\text{mm}$

  양쪽으로 연장해야 하므로,

  $b_1 = 1,000 \times 2 = 2,000\text{mm}$

- $b_2 = \dfrac{4,500}{6} = 750\text{mm}$

  양쪽으로 연장해야 하므로,

  $b_2 = 750 \times 2 = 1,500\text{mm}$

② 지판의 두께

$h_{\min} = t_s/4 = \dfrac{200}{4} = 50\text{mm}$

$\therefore\ b_1 \times b_2 = 2,000\text{mm} \times 1,500\text{mm}$,

$h_{\min} = 50\text{mm}$

26 강접합과 전단접합 도시 및 설명

가. 강접합 : 웨브 및 플랜지를 모두 용접 혹은 고장력볼트로 접합한 형식이며, 부재 간 작용하는 모든 부재력을 전달한다.

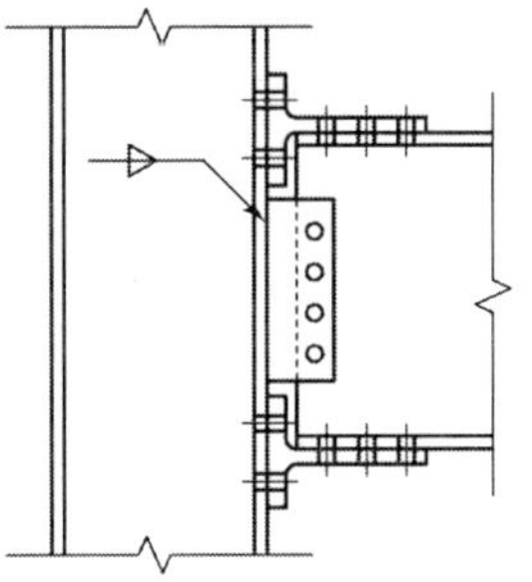

나. 전단접합 : 웨브만 용접 혹은 고장력볼트로 접합한 형식이며, 부재 간 부재력 중 휨모멘트를 전달하지 않는다.

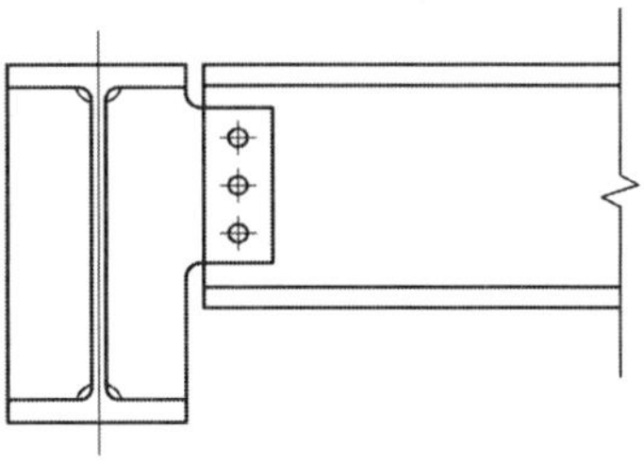

2021

2021년 2회 해설 및 정답

01 폭렬현상 방지대책

가. 콘크리트 내 섬유제 혼입
나. 방화 페인트 도포
다. 방화 피막재 붙임
라. 방화 설비 시스템 설치

02 콘크리트 온도균열 방지대책

가. 수화열이 낮은 시멘트 사용
나. 혼화재 사용
다. 굵은 골재 크기를 가능한 한 크게 할 것
라. 단위 시멘트량을 감소시킬 것
마. 냉각 공법을 적용
바. 콘크리트 타설 온도를 낮출 것

03 품질관리(TQC) 수법

가. 히스토그램
나. 특성요인도
다. 파레토도
라. 체크시트
마. 그래프
바. 산점도
사. 층별

04 메탈터치 도해 / 용어

가. 정의
철골 수직 부재에서 맞닿는 면을 정밀하게 가공하여 축방향력을 직접 전달하기 위한 가공
나. 도해

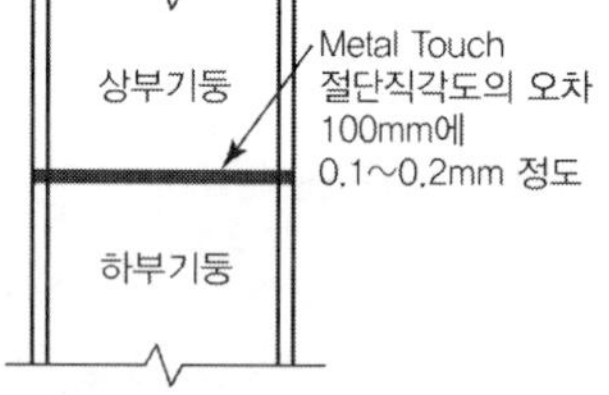

상부기둥
Metal Touch
절단직각도의 오차
100mm에
0.1~0.2mm 정도
하부기둥

05 톱다운 공법의 장점

가. 지하와 지상층의 공사 병행으로 공기단축이 가능
나. 1층 바닥판을 선시공으로 작업공간의 활용이 가능하여 협소한 장소에 적용
다. 주변 지반과 건물에 악영향이 적음
라. 기후와 무관한 전천후 작업이 가능

06 토공사 계측기기 설치위치

가. 토압계 – 흙막이 배면
나. 하중계 – 버팀대 단부
다. 변형률계 – 버팀대, 띠장
라. 경사계 – 인접건물

07 용어

징두리판벽(징두리벽)

08 철골공사 중 앵커볼트 설치방법의 종류

가. 고정식
나. 가동식
다. 나중식

09 용어 설명 – 샌드 드레인

연약 점토층에 모래 말뚝을 형성하여 압밀을 촉진시키는 개량공법

10 적산 – 비용구배

• A작업 : $\frac{3,000-2,000}{2-1}$ = 1,000원/일
• B작업 : $\frac{6,000-3,000}{4-2}$ = 1,500원/일
• C작업 : $\frac{8,000-5,000}{8-3}$ = 600원/일
∴ B작업 – A작업 – C작업

11 용접기호에 따른 상세도

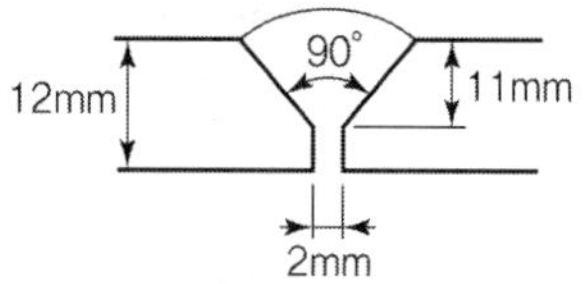

90°
12mm
11mm
2mm

12 1층 마루널 설치순서

동바리돌 – 동바리 – 멍에 – 장선 – 마루널

13 시멘트 창고면적

창고면적 = $\frac{500}{12} \times 0.4 = 16.67m^2$

14 벽돌쌓기

가. 10
나. 화란식
다. 1.2m
라. 1.5m
마. 3단

15 목재의 방부처리법

가. 표면탄화법 : 표면을 태워 균의 기생을 제거하는 방법
나. 일광직사법 : 햇빛을 30시간 이상 쏘이는 방법
다. 수침법 : 물속에 목재를 담가 균이 기생하지 못하게 하는 방법
라. 피복법 : 금속이나 기타 재료로 목재를 감싸는 방법
마. 방부제법 : 방부제를 바르거나 침투시키는 방법

16 재료량 산출

가. 방수면적
① 바닥 : 10 × 8 − 4 × 2 = 72m²
② 파라펫 : (10 + 8) × 2 × 0.48 = 17.28m²
∴ ① + ② = 89.28m²
나. 누름 콘크리트량 = 72 × 0.08 = 5.76m³
다. 벽돌정미량(0.5B)
= {(10 − 0.09) + (8 − 0.09)} × 2 × 0.4 × 75
= 1,069.2
∴ 1,070장

17 용어 설명

가. 슬럼프 플로 : 슬럼프 시험을 한 결과 콘크리트가 평면적으로 퍼진 정도
나. 조립률 : 체가름 시험을 통해 골재의 입도를 간단히 나타낸 수치

18 백화현상 방지책

가. 흡수율이 적고 질이 좋은 벽돌과 모르타르 사용
나. 줄눈을 수밀하게 시공
다. 구조적으로 비막이 설치
라. 벽면 방수처리

19 콘크리트 시공

가. 서중　　　나. 1.5
다. 35

20 공정표/여유시간

가. 공정표

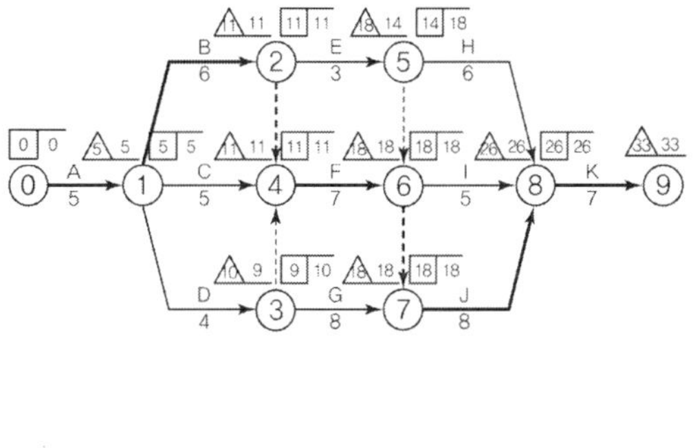

A 5
B 6
C 5
D 4
E 3
F 7
G 8
H 6
I 5
J 8
K 7

나. 여유시간

작업명	TF	FF	DF	CP
A	0	0	0	※
B	0	0	0	※
C	1	1	0	
D	1	0	1	
E	4	0	4	
F	0	0	0	※
G	1	1	0	
H	6	6	0	
I	3	3	0	
J	0	0	0	※
K	0	0	0	※

21 용접 결함

가. 언더컷

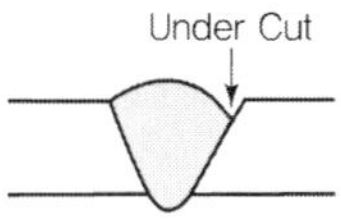

Under Cut

나. 오버랩

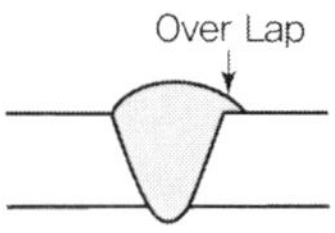

Over Lap

22 고정용 인서트 간격

가. 1
나. 2

23 총처짐량

(1) 압축철근비 : $\rho' = \dfrac{A_s'}{bd} = \dfrac{1,000}{400 \times 500} = 0.005$

(2) 장기처짐계수 : $\lambda = \dfrac{T}{1+50\rho'} = \dfrac{2}{1+50 \times 0.005} = 1.6$

(3) 장기처짐 = 단기처짐 × 장기처짐계수
= 20 × 1.6 = 32mm

(4) 총처짐 = 단기처짐 + 장기처짐 = 20 + 32 = 52mm

∴ 52mm

24 탄성좌굴하중

탄성좌굴하중(= 오일러 좌굴하중)은 다음과 같은 식을 통해 산정한다. 여기서, 경계조건(Boundary Condition)이 1단 자유, 타단고정이므로 유효좌굴길이계수 K는 2.0을 적용한다. 또한 좌굴하중은 약축에 대해서 산정해야 하므로 y축에 대한 좌굴하중을 산정한다.

$$P_{cr} = \frac{\pi^2 EI_y}{(KL)^2} = \frac{\pi^2 \times 205,000 \times 1.34 \times 10^6}{(2.0 \times 2,500)^2}$$

$$= 108,447.21\text{N} = 108.45\text{kN}$$

$$\therefore\ P_{cr} = 108.45\text{kN}$$

25 띠철근의 최대 수직간격

철근콘크리트 기둥 띠철근의 최대 수직간격은 다음 중 가장 작은 값을 사용한다.

① 주근 지름의 16배 이하($22 \times 16 = 352\text{mm}$)

② 띠철근 지름의 48배 이하($10 \times 48 = 480\text{mm}$)

③ 기둥의 최소폭 이하(300mm)

$\therefore\ 300\text{mm}$

26 용수철계수

후크의 법칙에 의해 단위하중을 받는 용수철시스템의 힘의 방정식은 다음과 같다.

$$F = k \cdot \Delta L \rightarrow k = \frac{F}{\Delta L}$$

여기서, F는 작용하는 힘(N), k는 용수철상수(N/m), ΔL은 변형량(m)을 뜻한다.

주어진 조건에 의해 변형량을 구하면

$$\frac{P}{A} = E \cdot \frac{\Delta L}{L} \rightarrow \Delta L = \frac{P \times L}{A \times E}$$

따라서, $k = \dfrac{F \times A \times E}{P \times L}$

여기서, $F = P$는 동일하므로 정리하면 다음과 같다.

$$\therefore\ k = \frac{A \times E}{L}$$

2021년 4회 해설 및 정답

01 용어 설명

가. 수세식 보링 : 케이싱에 물을 넣어 흙과 물을 같이 배출시켜 침전된 상태로 지층의 토질을 판단하는 지하탐사법

나. 회전식 보링 : 비트를 회전시켜 굴착하는 방법으로 토사를 분쇄하지 않고 채취할 수 있어 가장 정확한 지하탐사법

02 용어 – 사운딩 공법의 정의와 종류

가. 정의 : 로드의 선단에 붙은 스크류 포인트를 회전시켜서 압입하거나 원추 콘을 정적으로 압입하여 흙의 경도나 다짐 상태를 조사하는 토질시험

나. 공법의 종류 : 베인테스트, 표준관입시험, 콘시험, 스웨덴식 사운딩, 네덜란드식 사운딩

03 공기 단축

가. 표준 네트워크 공정표

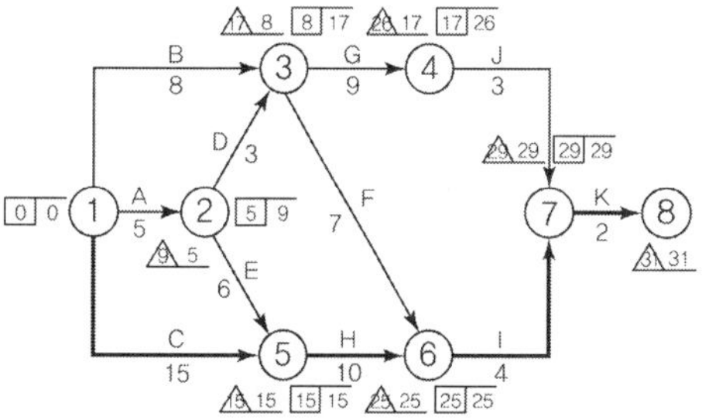
B 8
G 9
J 3
D 3
A 5
F 7
E 6
K 2
C 15
H 10
I 4

나. 공기 단축된 공정표

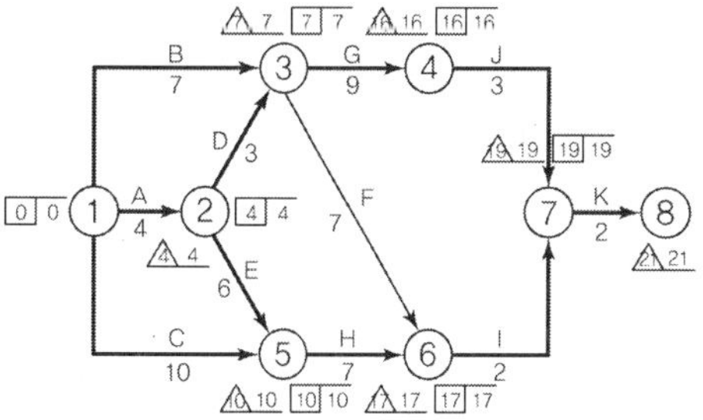
B 7
G 9
J 3
D 3
A 4
F 7
E 6
K 2
C 10
H 7
I 2

다. 공기 단축된 총공사비

1) 표준상태 총공사비 = 1,000,000원

2) 단축 시 증가 비용

① 1차 단축 H작업 3일 ∴ 8,500×3일 = 25,500원

② 2차 단축 C작업 4일 ∴ 9,000×4일 = 36,000원

③ 3차 단축 I 작업 2일 ∴ 9,500×2일 = 19,000원

④ 4차 단축

A작업 1일 ∴ 10,000×1 = 10,000원

B작업 1일 ∴ 15,000×1 = 15,000원

C작업 1일 ∴ 9,000×1 = 9,000원

∴ ①+②+③+④ = 114,500원

3) 단축 시 총공사비 = 1)+2) = 1,114,500원

04 용어 설명

가. 이음 : 2개 이상의 부재를 길이방향으로 잇는 접합방법

나. 맞춤 : 두 개의 부재를 각을 갖고 접합하는 방법

05 용어 설명 – 히빙현상

하부 지반이 연약할 때 흙막이 배면의 토압이나 하중에 의해 저면 흙이 붕괴되고 흙막이 바깥 흙이 안으로 밀려 터파기 저면이 불룩하게 솟아나는 현상

06 용어 설명 – Concrete Filled Tube

원형 또는 사각형의 강관 기둥 내부에 고성능 콘크리트를 충진하여 만든 구조

07 벤치마크 설치 시 주의사항

가. 바로 보기 쉽고 공사에 지장이 없는 곳에 설치

나. 2개소 이상 설치

다. 지반에서 0.5~1m 위에 두고 설치

라. 이동되거나 소멸되지 않는 곳에 설치

08 목재 방부제 처리법

가. 도포법 나. 뿜칠법

다. 침지가압법 라. 생리적 침투법

09 레미콘 배차간격

가. 콘크리트 작업량 : 0.15 × 6 × 100 = 90m^3

나. 레미콘 작업대수 : 90÷6 = 15대

다. 배차간격 횟수 = 15 − 1 = 14회

라. 배차간격 = 8시간 × 60÷14 = 34.286

∴ 34분(소수점 이하 버림)

10 시트방수공법의 단점

가. 접착 불완전 시 균열, 박리

나. 보호층 필요

다. 복잡한 형상 시공 어려움

11 알칼리 골재반응 대책

가. 저알칼리 시멘트 사용

나. 무반응 골재 사용

다. 포졸란반응 사전 촉진

12 용어 – 백화현상

가. 정의 : 벽체에 침투된 물이 모르타르 중의 석회분과 결합한 후 증발되면서 공기 중의 탄산가스와 반응하여 벽면을 하얗게 오염시키는 현상

나. 방지법
① 흡수율이 적고 잘 소성된 벽돌 사용
② 줄눈을 밀실하게 시공
③ 구조적 비막이 설치
④ 파라핀 등의 벽면 방수 시공

13 입찰의 종류

지역제한경쟁입찰

14 용어 설명 – BOT

공공시설물을 민간자본이 투자되어 시설물을 짓고, 투자자가 운영하여 비용을 회수하고 발주자에게 시설물에 대한 권리 일체를 이양하는 방식

15 시멘트 안정성 시험

① 오토 클레이브 팽창도(%) = $\frac{255.78-254}{254}\times 100$
= 0.70%

② 판정 = 합격($\because$ 0.70 < 0.80)

16 조적식 구조 기준

가. 연속
나. 190
다. 10m
라. $80m^2$

17 습식공법

가. 타설공법
나. 뿜칠공법
다. 미장공법
라. 도장공법
마. 조적공법

18 용어

구체 방수

19 비산먼지 방지시설의 종류

가. 방진덮개
나. 방진벽
다. 방진망

20 용어

엔드탭

21 용어 설명 – 인장지배단면

최외단 인장철근의 순인장변형률이 0.005 이상, 인장철근의 항복변형률 2.5배 이상인 단면

22 용어

면진구조

23 큰보 / 작은보

가. ① 큰보(Girder) : 기둥과 기둥을 연결하는 보
② 작은보(Beam) : 보와 보를 연결하는 보

나. ① 큰보
② 큰보
③ 작은보
④ 큰보
⑤ 큰보

다. ① (장변/단변) = 8,500/4,000 = 2.125
② 1방향 슬래브 : 변장비가 2.0을 초과하는 슬래브

24 직사각형의 단면계수(Z)

$$Z=\frac{bh^2}{6}=\frac{4b^3}{6}=\frac{2}{3}b^3$$

$$D^2=b^2+h^2=b^2+(2b)^2=5b^2$$

$$b=\frac{D}{\sqrt{5}}$$

$$\therefore\ \frac{2}{3}\times\left(\frac{D}{\sqrt{5}}\right)^3=0.06D^3$$

25 구조용 강재기호

- SM : 용접 구조용 압연강재
- 355 : 강재의 항복강도(MPa)

26 총처짐량

$$\lambda=\frac{2.0}{1+50\times 0}=2.0$$

장기처짐 $= 5\times 2.0 = 10\text{mm}$

$\therefore$ 총처짐 $= 5+10 = 15\text{mm}$

2020년 1회 해설 및 정답

01 용어 – 미장철물

코너비드

02 부상 방지대책

가. 락앙카 공법
나. 옥상정원 설치
다. 2중 지하실 설치
라. 자중 증가
마. 배수공법 적용

03 사회간접자본시설의 정의와 종류

가. 정의 : 공공시설물을 민간부분에서 직접 투자하여 시설물을 완공하고, 운영하여 비용을 회수한 뒤 권리를 정부에 이양하는 방식
나. 종류 : BTO, BLT, BTL, BOO

04 ALC 재료

가. 석회질
나. 규산질
다. 발포제

05 공정표

가. 공정표 작성

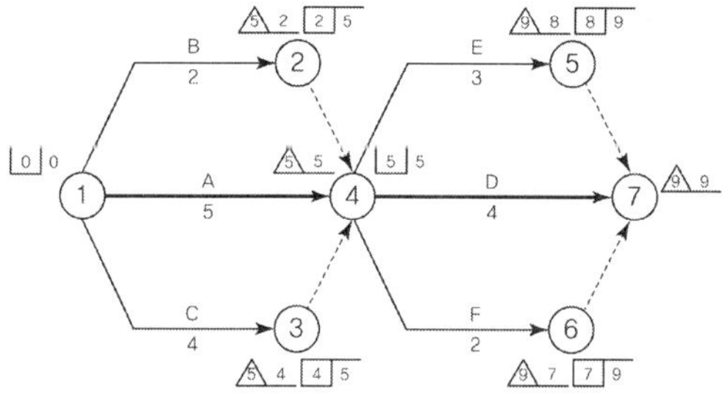

B
2
A
5
C
4
E
3
D
4
F
2

나. 작업의 여유시간

작업명	EST	EFT	LST	LFT	TF	FF	DF	CP
A	0	5	0	5	0	0	0	※
B	0	2	3	5	3	3	0	
C	0	4	1	5	1	1	0	
D	5	9	5	9	0	0	0	※
E	5	8	6	9	1	1	0	
F	5	7	7	9	2	2	0	

06 적산 – RC조 1개층

1. 기둥(C_1)
   (1) 콘크리트량
      ① 1층 = 0.3 × 0.3 × 3.17 × 9개소 = 2.568m^3
      ② 2층 = 0.3 × 0.3 × 2.87 × 9개소 = 2.325m^3
   (2) 거푸집량
      ① 1층 = (0.3 + 0.3) × 2 × 3.17 × 9 = 34.236m^2
      ② 2층 = (0.3 + 0.3) × 2 × 2.87 × 9 = 30.996m^2

2. 보(G_1)
   (3) 콘크리트량
      ① 1층 = 0.3 × 0.47 × 5.7 × 6개소 = 4.822m^3
      ② 2층 = 0.3 × 0.47 × 5.7 × 6개소 = 4.822m^3
   (4) 거푸집량
      ① 1층 = 0.47 × 2 × 5.7 × 6개소 = 32.148m^2
      ② 2층 = 0.47 × 2 × 5.7 × 6개소 = 32.148m^2

3. 보(G_2)
   (5) 콘크리트량
      ① 1층 = 0.3 × 0.47 × 4.7 × 6 = 3.976m^3
      ② 2층 = 0.3 × 0.47 × 4.7 × 6 = 3.976m^3
   (6) 거푸집량
      ① 1층 = 0.47 × 2 × 4.7 × 6개소 = 26.508m^2
      ② 2층 = 0.47 × 2 × 4.7 × 6개소 = 26.508m^2

4. 슬래브(S_1)
   (7) 콘크리트량 = 12.3 × 10.3 × 0.13 × 2개층
      = 32.939m^3
   (8) 거푸집량
      ① 밑면 = 12.3 × 10.3 × 2개층 = 253.38m^2
      ② 측면 = (12.3 + 10.3) × 2 × 0.13 × 2개층
         = 11.752m^2

∴ 콘크리트 = (1) + (3) + (5) + (7) = 55.428m^3 ≒ 55.43m^3
∴ 거푸집 = (2) + (4) + (6) + (8) = 447.676m^2 ≒ 447.68m^2

07 굵은 골재 최대 치수

가. 25mm
나. 40mm
다. 40mm(부재 최소 치수의 1/4을 초과해서는 안 됨)

08 용어 설명 – 특성요인도

결과에 원인이 어떻게 작용하고 있는지를 한눈에 알아보기 위하여 작성하는 것

09 용어 설명

가. 레이턴스 : 블리딩으로 인한 잉여수가 증발된 뒤 콘크리트 표면에 남는 하얀 이물질
나. 크리프 : 하중의 증가 없이 일정한 하중이 지속될 때 나타나는 소성변형

10 용어 설명 – 압밀과 다짐의 비교

압밀은 지반에 하중을 가하여 지반 내의 간극수를 빼내서 개량하는 공법이고, 다짐은 지반 내에 공극을 제거하여 지반을 개량하는 공법이다.

11 배합비에 따른 각 재료량

콘크리트 $1m^3$ = 물의 용적 + 시멘트 용적
+ 전골재(모래 + 자갈) 용적 + 공기 용적

(1) 물
① 중량 = 160kg(∵ 문제 조건의 단위수량)
② 용적 = $0.16m^3$(∵ $1m^3$ = 1,000kg)

(2) 시멘트
① 중량 = 물의 양 ÷ 물 시멘트비 = 160kg ÷ 0.5
= 320kg
② 용적 = $\frac{0.32}{3.15}$(∵ 비중 = $\frac{중량(t)}{부피(m^3)}$) = $0.102m^3$

(3) 공기 용적 = $0.01m^3$

여기서 전골재의 용적
= 1 – (물의 용적 + 시멘트 용적 + 공기량)
= 1 – (0.16 + 0.102 + 0.01) = $0.728m^3$

(4) 잔골재
① 용적 = 전골재 용적 × 잔골재율
= 0.728 × 0.4 = $0.2912m^3$
② 중량 = 0.2912 × 2.5 × 1,000 = 728kg

(5) 굵은 골재
① 용적 = 전골재 용적 – 잔골재 용적
= 0.728 – 0.2912 = $0.4368m^3$
② 중량 = 0.4368 × 2.6 × 1,000 = 1,135.68kg

∴ 가. 시멘트량 : 320kg
나. 모래량 : 728kg
다. 자갈량 : 1,135.68kg
라. 물의 양 : 160kg

12 영구버팀대 공법의 특징

가. 환기시설이 필요 없다.
나. 최소한의 조명시설 이외의 별도 조명이 필요 없다.
다. 가설버팀대를 설치하지 않으므로 해체작업이 필요 없다.
라. 해체작업에 대한 안정성이 확보된다.
마. 해체작업에 대한 비용이 절약된다.
바. 구조적 안정성이 확보된다.
사. 공기가 단축된다.
아. 폐기물이 감소한다.

13 수평보강재 – 목구조

가. 가새　　나. 버팀대　　다. 귀잡이

14 용어 설명

가. 시공줄눈 : 콘크리트 타설시 계획된 이어붓기로 인하여 발생하는 줄눈
나. 신축줄눈 : 콘크리트의 온도 변화와 부동침하 등으로 인하여 발생하는 균열을 방지하기 위하여 설치하는 줄눈

15 매스콘크리트 – 수화열 저감대책

가. 프리쿨링(재료 냉각)
나. 포스트쿨링
다. 저열 시멘트 사용
라. 굵은 골재 최대 치수를 키움

16 콘크리트 압축강도

$$압축강도 = \frac{P}{A} = \frac{450 \times 1,000}{\left(\frac{3.14 \times 150 \times 150}{4}\right)} = 25.48\text{MPa}$$

17 커튼월 종류 – 조립방식

가. ③
나. ①
다. ②

18 용어 설명 – 적격낙찰제도

비용 이외에 기술능력, 공법, 품질관리능력, 시공경험, 재무상태 등 공사 이행능력을 종합 심사하여 공사에 적격하다고 판단되는 입찰자에게 낙찰시키는 제도

19 부동침하 방지대책

가. 기초의 유효면적을 넓힌다.
나. 지정으로 보강한다.
다. 기초를 경질 지반에 지지한다.

20 용접부 비파괴시험

가. 방사선 투과법　　나. 초음파 탐상법
다. 자기분말 탐상법　　라. 침투 탐상법

21 용어 설명 – 메탈터치

철골공사 수직부재에서 기둥 이음의 밀착도에 따라 축응력과 휨응력을 직접 전달하기 위한 정밀 가공방법

22 보－최대 휨모멘트, 균열모멘트

가. 최대 휨모멘트

$$M_{max} = \frac{wL^2}{8} = \frac{50 \times 12^2}{8} = 900\text{kN} \cdot \text{m}$$

나. 균열모멘트

$$M_{cr} = f_r Z = 0.63\lambda\sqrt{f_{ck}}\,\frac{bh^2}{6}$$

$$= 0.63 \times 1.0 \times \sqrt{24} \times \frac{200 \times 600^2}{6} \times 10^{-6}$$

$$= 37.04\text{kN} \cdot \text{m}$$

$\therefore M_{max}(=900\text{kN} \cdot \text{m}) > M_{cr}(=37.04\text{kN} \cdot \text{m})$ …균열 발생

23 반력 구하기

$$\Sigma V = 0,\ V_A - 2 \times 3 \times \frac{1}{2} \rightarrow V_A = 3\text{kN}$$

$$\Sigma H = 0,\ H_A = 0$$

$$\Sigma M = 0,\ M_A = 12 - \left(2 \times 3 \times \frac{1}{2}\right) \times 4 + rM_A = 0$$

$$\therefore rM_A = 12 - 12 = 0$$

24 강재의 구조적 특징

가. SN 강 : 건축물의 내진성능을 확보하기 위하여 만든 건축 구조용 압연강

나. TMCP 강 : 구조물의 고층화, 대형화, 장 스팬화에 대응하기 위해 사용하는 용접성과 내진성이 뛰어난 극후판의 고강도 · 고성능 강재

25 인장이형철근 최소 겹침이음 길이

① A급 이음 : $1.0l_d$ 또한 300mm 이상

② B급 이음 : $1.3l_d$ 또한 300mm 이상

26 철골보의 처짐값

단순보에 등분포하중이 작용하는 경우의 처짐값

$$y_{max} = \frac{5wl^4}{384EI} = \frac{5 \times (10+18) \times (7{,}000^4)}{384 \times 205{,}000 \times 47{,}800 \times 10^4} = 8.93\text{mm}$$

2020

2020년 2회 해설 및 정답

01 강재 말뚝의 장점

가. 경량이고 강하다.
나. 용접 등으로 이을 수 있어 길이 조정이 용이하다.
다. 관입성이 양호하며, 말뚝 상부의 파손이 적다.

02 지하 연속벽의 장단점

가. 장점
① 소음과 진동이 낮아 도심지 공사에 유리
② 벽체의 강성이 높아 대규모 건물에 이용
③ 차수성이 우수하여 주변 지반에 대한 영향이 적음
④ 지반 조건에 좌우되지 않고 임의의 치수와 형상이 자유로움
⑤ 구조물 본체로 사용 가능

나. 단점
① 고가의 장비 소요에 따른 시공비 상승 우려
② 고도의 기술과 경험 필요
③ 슬라임 처리 미흡 시 침하 우려
④ 다른 흙막이 공법에 비하여 공기가 긺

03 시스템 비계 일체형 발판의 장점

가. 공장에서 규격화 생산으로 균일한 품질 확보
나. 수직재, 수평재, 계단의 일체화로 작업자의 안전성 보장
다. 넓은 작업공간 확보로 작업성 향상

04 용어 설명

가. 프리텐션 : 강현재에 미리 인장력을 가한 상태로 콘크리트를 타설하고 완전 경화 후 강현재 단부에서 스트레스트를 부여하는 방식
나. 포스트텐션 : 콘크리트를 타설하기 전 덕트(시스관)을 묻고 콘크리트를 타설 후 덕트 내에서 강현재에 인장력을 가하고 그라우팅하여 완전 경화 후 스트레스트를 부여하는 방식

05 적산 – 토공사량

가. 터파기량 = (15 + 1.3 × 2) × (10 + 1.3 × 2) × 6.5
= 1,441.44m^3

나. 되메우기량 = 터파기량 – 기초구조부 체적
∴ 기초구조부 체적
① 잡석 : 15.6 × 10.6 × 0.24 = 39.69m^3
② 버림 : 15.6 × 10.6 × 0.06 = 9.92m^3
③ 지하실 용적 : 15.2 × 10.2 × 6.2 = 961.25m^3
① + ② + ③ = 1,010.86
∴ 되메우기량 = 1,441.44 – 1,010.86 = 430.58m^3

다. 잔토처리량 = 기초구조부 체적 × 토량환산계수
= 1,010.86 × 1.3 = 1,314.12m^3

06 용어 설명

가. 부대입찰제도 : 하도급업체의 보호 · 육성 차원에서 입찰자에게 하도급자의 계약서를 입찰서에 첨부하도록 하는 입찰방식
나. 대안입찰제도 : 처음 설계된 내용보다 기본방침의 변경 없이 공사비를 낮추면서 동등 이상의 기능과 효과를 갖는 방안을 시공자가 제시할 수 있는 입찰방식

07 합성수지의 종류

가. 열경화성 수지 : 페놀수지, 요소수지, 멜라민수지, 폴리에스테르수지, 에폭시수지, 실리콘수지, 우레탄수지
나. 열가소성 수지 : 염화비닐수지, 초산비닐수지, 아크릴수지, 폴리스티렌수지, 폴리에틸렌수지, 폴리아미드수지

08 용어 설명 – 폭렬현상

화재 시 콘크리트 내부가 고열로 인하여 생성된 수증기가 밖으로 분출되지 못하여 생긴 수증기의 압력으로 콘크리트가 떨어져 나가는 현상

09 거푸집 측압 증가의 원인

가. 사용철근량이 적을수록
나. 온도가 낮을수록
다. 습도가 높을수록
라. 부어넣기 속도가 빠를수록
마. 슬럼프가 클수록
바. 벽두께가 두꺼울수록
사. 시공연도가 충분할수록
아. 다지기가 충분할수록

10 블록치수

가. 390 × 190 × 100
나. 390 × 190 × 150
다. 390 × 190 × 190

11 섬유포화점 – 함수율과 강도의 관계

섬유포화점 이상에서는 강도가 일정하고 섬유포화점 이하에서는 함수율이 낮을수록 강도는 증가한다.

12 용접기호

전체 둘레 현장 용접

13 거푸집 존치기간

① 2일
② 3일
③ 4일
④ 8일

14 용어 설명 – 샌드 드레인 공법

연약 점토층에 모래 말뚝을 형성하여 모래를 통하여 간극수를 제거하는 지반개량공법

15 공정표

가. 공정표 작성

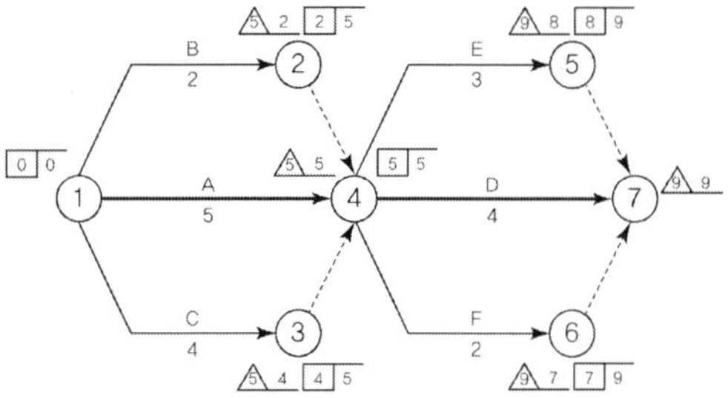

B
2
E
3
A
5
D
4
C
4
F
2

나. 작업의 여유시간

작업명	EST	EFT	LST	LFT	TF	FF	DF	CP
A	0	5	0	5	0	0	0	※
B	0	2	3	5	3	3	0	
C	0	4	1	5	1	1	0	
D	5	9	5	9	0	0	0	※
E	5	8	6	9	1	1	0	
F	5	7	7	9	2	2	0	

16 용어

드라이브 핀(Drive Pin)

17 피복두께

가. 도해

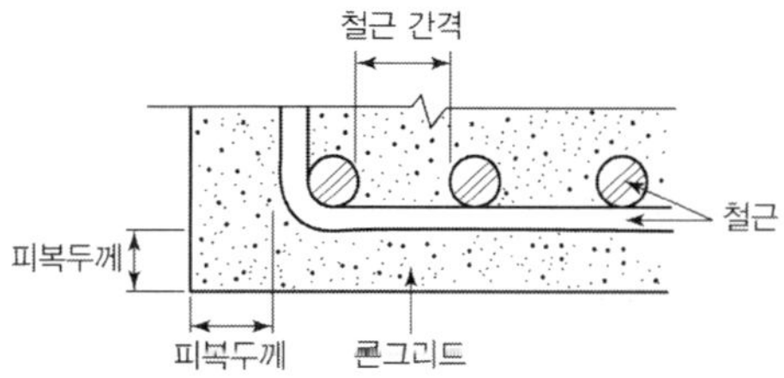

철근 간격
철근
피복두께
피복두께
콘크리트

나. 목적

① 콘크리트의 내구성 확보
② 콘크리트의 시공성 확보
③ 콘크리트의 내화성 확보
④ 콘크리트와의 부착력 확보

18 내화공법

가. 타설공법
① 콘크리트 ② 경량콘크리트

나. 조적공법
① 벽돌 ② 블록

다. 미장공법
① 모르타르 ② 펄라이트 모르타르

19 공기 단축 순서

가－나－다－라－마

20 용접부 검사

가. ①, ④, ⑦
나. ②, ③, ⑧
다. ⑤, ⑥

21 반력 구하기(3힌지 라멘)

$$\Sigma V=0,\ V_A+V_B-P=0$$
$$\Sigma H=0,\ H_A+H_B=0$$
$$\Sigma M=0,\ M_A=P\times\frac{L}{4}-V_B\times L=0$$
$$\therefore\ V_B=\frac{PL}{4L}=\frac{P}{4}$$
$$\therefore\ V_A=\frac{3P}{4}=4.5\text{kN}$$
$$M_E=V_A\times\frac{L}{2}-H_A\times h-P\times\frac{L}{4}=0$$
$$\therefore\ H_A=\frac{PL}{8h}=\frac{6\times4}{8\times3}=1\text{kN}$$

22 순단면적(형강)

$$A_g=(200-7)\times7=1{,}351\text{mm}^2$$
$$A_n=A_g-ndt=1{,}351-2\times22\times7=1{,}043\text{mm}^2$$

23 단순보－처짐각, 최대 처짐량

$$\theta_A=-\frac{PL^2}{16EI}=-\frac{30\times10^3\times(6\times10^3)^2}{16\times206\times10^3\times1.6\times10^8}$$
$$=0.00205\text{rad}$$
$$\delta_c=\frac{PL^3}{48EI}=\frac{30\times10^3\times(6\times10^3)^3}{48\times206\times10^3\times1.6\times10^8}=4.10\text{mm}$$

24 휨균열강도

① 최대 휨모멘트 $M_{max}=12\times0.15=1.8\text{kN}\cdot\text{m}$

② 단면계수 $Z=\frac{bh^2}{6}=\frac{150\times150^2}{6}=562{,}500\text{mm}^3$

③ 휨파괴계수

$$f_r=\frac{M_{max}}{Z}=\frac{1.8\times10^6}{562{,}500}=3.2\text{MPa}(\text{N/mm}^2)$$

25 최대 철근간격

슬래브 두께의 2배 이하, 300mm 이하의 간격
(기타 : 슬래브 두께의 3배 이하, 450mm 이하의 간격)

26 휨부재－최소 허용변형률

$\varepsilon_{a,\min}=0.004$ 혹은 $2\varepsilon_y$ 중 큰 값

2020년 3회 해설 및 정답

01 용어 설명

가. 페이퍼 드레인 : 점토지반에 합성수지로 된 카드보드를 삽입하여 지반 내 간극수를 제거하는 지반개량공법
나. 생석회 말뚝 : 점토지반에 생석회를 넣어 탈수를 촉진시키는 지반개량공법

02 백화현상 방지법

가. 구조적인 비막이 설치
나. 벽체 방수
다. 줄눈을 밀실하게 시공
라. 흡수율 낮은 벽돌 사용

03 석재 접착제

에폭시수지 접착제

04 용어 설명 – 기준점

공사 중에 높낮이의 기준이 되는 점

05 용어

스터드 볼트

06 용어 설명

가. VE : 기능과 비용으로 가치를 판단하여 향상시키는 대안을 창출하는 원가관리 기법
나. LCC : 건축물의 초기 투자비용과 설계, 시공, 유지관리, 해체의 전 과정에 필요한 비용을 분석하여 원가를 절감하고자 하는 원가관리 기법

07 적산 – 벽돌량(벽면적)

$1m^2 : 224 = x m^2 : 1{,}000$

$\therefore x = \frac{1{,}000}{224} = 4.46m^2$

08 적산 – 보 콘크리트량 / 거푸집량

(1) 콘크리트량
① 보 부분 : $0.5 \times 0.8 \times 8.3 = 3.32m^3$
② 헌치 부분 : $0.3 \times 1 \times 0.5 \times 0.5 \times 2$개소$= 0.15m^3$
$\therefore$ ①+② $= 3.47m^3$
(2) 거푸집
① 보 측면(수평부) : $(0.8-0.12) \times 8.3 \times 2$(양면) $= 11.288m^2$
② 보 측면(헌치부) : $0.3 \times 1 \times 0.5 \times 2$(양면)$\times 2$(양쪽) $= 0.6m^2$
③ 보 밑면(수평부) : $0.5 \times 6.3 = 3.15m^2$
④ 보 밑면(헌치부) : $\sqrt{1^2 + 0.3^2} \times 0.5 \times 2 = 1.044m^2$
$\therefore$ ①+②+③+④ $= 16.082m^2$

09 콘크리트의 균열 보강법

가. 강판접착법
나. 강재앵커공법
다. 프리스트레스트 공법
라. 탄소섬유판 부착공법
마. 단면보강공법

10 ALC 제조

가. 주재료 : 석회질, 규산질
나. 기포 제조방법 : 발포제(알루미늄 분말)

11 용어 설명

가. 메탈라스 : 금속판에 자름금을 내어 만든 판형의 수장 철물
나. 펀칭메탈 : 금속판에 각종 모양의 구멍을 뚫어 만든 판형의 수장 철물

12 VE의 사고방식

가. 고정관념의 제거
나. 사용자 중심의 사고
다. 기능 중심의 접근
라. 전사적 노력

13 내화공법(습식공법)

가. 습식공법 : 화재 발생 시 강재의 온도 상승 및 강도 저하를 방지하기 위하여 강재 주위에 물을 혼합한 재료를 타설 또는 미장하는 내화피복공법
나. 공법과 사용 재료
① 조적공법 : 벽돌, 블록
② 타설공법 : 콘크리트, 경량콘크리트
③ 미장공법 : 철망 모르타르

14 공정표

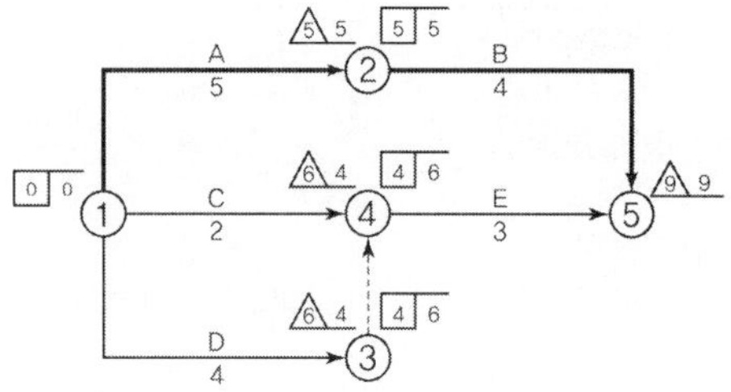

5 5
5 5
A
5
B
4
0 0
6 4
4 6
C
2
E
3
9 9
6 4
4 6
D
4
1
2
3
4
5

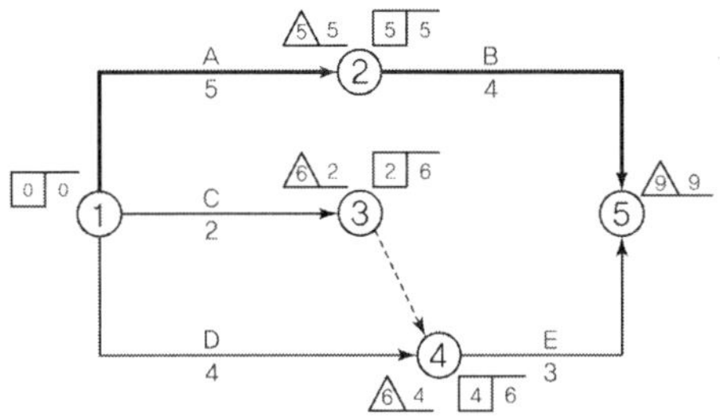
A
5
B
4
C
2
D
4
E
3
5 5
5 5
6 2
2 6
0 0
9 9
6 4
4 6

15 용접기호

가. 공장용접

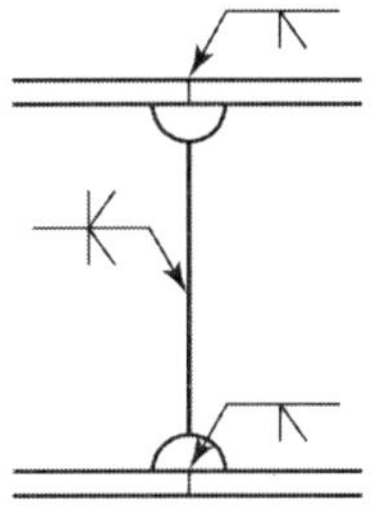

나. 현장용접

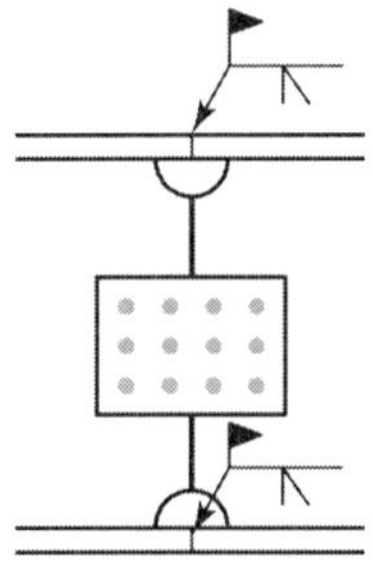

16 히빙 / 보일링 방지대책

가. 히빙 현상 방지대책
  ① 이중 흙막이 설치
  ② 흙막이벽 깊게 설치
  ③ 지반개량

나. 보일링 현상 방지대책
  ① 흙막이벽을 깊게 시공
  ② 배수공법

17 유성 바니시에 사용되는 재료

가. 유용성 수지
나. 건성유
다. 휘발성 용제(미네랄 스피릿)

18 골재의 공극률

$$\text{공극률(\%)} = \left(\frac{G-M}{G}\right)\times 100$$

$$\therefore \text{공극률} = \left(\frac{2.65-1.6}{2.65}\right)\times 100$$
$$= 39.62\%$$

19 레미콘 공장 선정 시 유의사항

가. 현장과의 거리
나. 운반시간
다. 콘크리트 제조능력
라. 운반차의 대수
마. 공장의 제조 설비
바. 품질관리 상태

20 목재 데크 설치순서

②－⑤－④－①－③

21 철근의 인장강도 시험

(1) 철근의 단면적 = $\frac{3.14\times 14\times 14}{4} = 153.86\text{mm}^2$

(2) 철근의 인장강도 = $\frac{P}{A}$

① $\frac{37,000}{153.86} = 240.47\text{N/mm}^2$

② $\frac{40,570}{153.86} = 263.68\text{N/mm}^2$

③ $\frac{38,150}{153.86} = 247.95\text{N/mm}^2$

(3) 평균 강도

$\frac{240.47+263.68+247.95}{3} = 250.7\text{N/mm}^2$

(4) 판정－기준강도 이상(250.7 > 240) ∴ 합격

22 판폭두께비

가. 플랜지의 판폭두께비

$$\frac{b}{t_f} = \frac{\left(\frac{200}{2}\right)}{13} = 7.69$$

나. 웨브의 판폭두께비

$$\frac{h}{t_w} = \frac{(400-2\times 13-2\times 16)}{8} = 42.75$$

23 강도감소계수

$$\varepsilon_t = \frac{d_t-c}{c}\cdot\varepsilon_c = \frac{550-250}{250}\cdot 0.0033 = 0.00396$$

$0.002 < \varepsilon_t < 0.005$이므로 변화구간단면

$$\phi = 0.65+(\varepsilon_t-0.002)\cdot\frac{200}{3}$$
$$= 0.65+(0.00396-0.002)\cdot\frac{200}{3} = 0.7806$$

24 부재력 구하기(라미의 정리)

$$\frac{1}{\sin(30)} = \frac{T_1}{\sin(90)}$$

$$\rightarrow T_1 = \frac{1}{\sin(30)} \times \sin(90) = 2\text{kN}(\text{인장})$$

25 단면 2차 모멘트

$$I_{X'} = \frac{bh^3}{12} + bh \cdot e^2$$

$$= \frac{600 \times 200^3}{12} + 600 \times 200 \times 200^2$$

$$= 5,200,000,000\text{mm}^4 \text{ 또는 } 5.2 \times 10^9\text{mm}^4$$

26 슬래브 철근량 구하기

① 0.0014 이상

② $f_y \leq 400\text{MPa}$인 이형철근의 경우 : 0.002

③ 0.0035의 항복변형도에 대한 항복강도 f_y가 400MPa를 초과하는 철근의 경우 : $0.002 \times \frac{400}{f_y}$

$\therefore \rho_{\min} = 0.002$

$A_s = 1,000 \times 250 \times 0.002 = 500\text{mm}^2$

$n = \frac{A_s}{a_1} = \frac{500}{127} = 3.937$

$\therefore n = 4\text{EA/m}$ → 단위 m당 4개의 철근을 배근

2020년 4회

해설 및 정답

01 용어 설명 – 유리 열파손

열전도율이 적어 갑작스런 강열이나 냉각 등 급격한 온도 변화에 따라 파손되는 현상

02 시어커넥터의 역할

철골과 콘크리트의 일체성 확보와 전단력을 보강하는 역할

03 용어 설명

가. CM for fee : 관리자가 발주자의 대행인으로 공사관리업무를 수행하는 방식
나. CM at risk : 관리자가 직접 계약까지 참여하여 시공품질에 대한 책임을 지는 방식

04 철골 주각부 설치공법

가. 핀주각공법
나. 고정주각공법
다. 매립주각공법

05 안정액의 역할

가. 굴착공 내의 붕괴 방지
나. 지하수 유입 방지(차수 역할)
다. 굴착부의 마찰저항 감소
라. 슬라임 등의 부유물 배제

06 보링의 종류

가. 오우거 보링
나. 회전식 보링
다. 충격식 보링
라. 수사식 보링

07 철근이음방법

가. 겹침이음(결속선 이음)
나. 용접이음
다. 가스압접
라. 기계적 이음(강관 이음, 슬리브 이음)

08 섬유보강콘크리트(섬유 종류)

가. 합성섬유
나. 강섬유
다. 유리섬유

09 블록벽체 습기 침투 원인

가. 재료 자체의 방수성 부족 및 보양 불량
나. 물흘림, 물끊기, 빗물막이 등의 불완전 시공
다. 치장줄눈의 불완전 시공 및 균열
라. 창호재 등 개구부 접합부 시공 불량

10 스캘럽 – 용어, 도해

가. 용어 : 스캘럽
나.

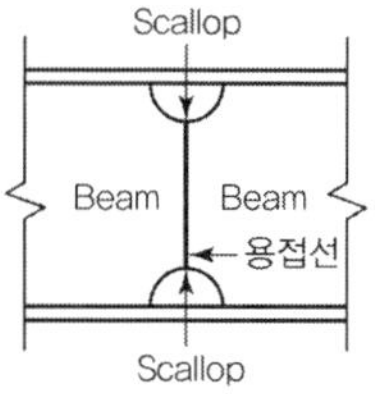
Scallop
Beam
Beam
용접선
Scallop

11 용접방법

가. 맞댐용접
나. 모살용접

12 적산 – 토량환산 계수

① 시공되는 다짐상태의 흙량 = 10 × 0.5 = 5m^3
② 시공되는 다짐상태의 흙량을 흐트러진 상태로 환산

$$5 \times \frac{L}{C} = 5 \times \frac{1.2}{0.9} = 6.67m^3$$

③ 시공 후 흐트러진 상태로 남는 흙량
10 − 6.67 = 3.33m^3

13 공기 단축

가. 공기 단축된 상태의 공정표

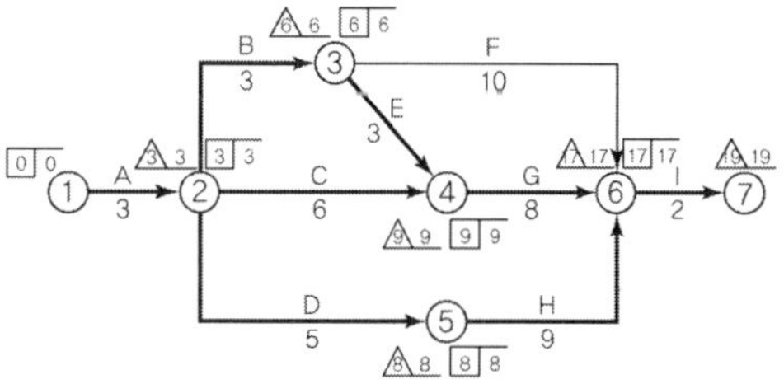
A
3
B
3
C
6
D
5
E
3
F
10
G
8
H
9
I
2

나. 단축된 상태의 총공사비
(1) 표준상태 총공사비
7,000 + 5,000 + 9,000 + 6,000 + 8,000 + 15,000 + 6,000 + 10,000 + 3,000 = 69,000원
(2) 단축 시 증가 비용
① 1차 단축 : E작업에서 1일 단축
∴ 1 × 500원 = 500원
② 2차 단축
B작업에서 2일 단축 ∴ 2 × 1,000 = 2,000원
D작업에서 2일 단축 ∴ 2 × 3,000 = 6,000원
∴ ① + ② = 8,500원

(3) 단축 시 총공사비

(1)+(2)=69,000+8,500=77,500원

14 용어 설명 – 기둥축소(컬럼쇼트닝)

기둥축소 현상으로 구조의 차이, 재료의 재질에 따른 응력의 차이, Creep 변형 등에 의해 기둥의 축소 변위가 달라지는 현상을 말한다.

15 해사 사용 시 대책

가. 콘크리트에 방청제 혼입
나. 골재에 제염제 혼합 사용
다. 코팅철근 사용(아연도금, 에폭시)
라. 피복두께 확보
마. 염분의 허용량 이하 준수

16 용어 설명

가. 기초 : 건축물의 하중을 안전하게 지반에 전달하는 목적으로 지중에 설치된 구조
나. 지정 : 기초를 보강하는 구조

17 용어

BTL

18 히스토그램 작성순서

바–라–마–다–나–가

19 계측기기

가. 토압계
나. 응력측정계
다. 간극수압계
라. 하중계
마. 경사계

20 적산 – 규준틀

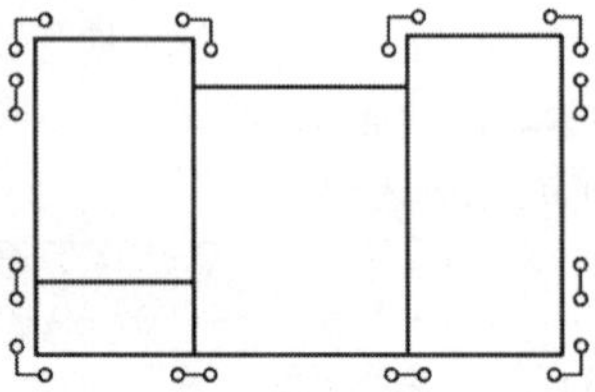

가. 6개소
나. 6개소

21 용어

프리 쿨링

22 용어

구체 방수

23 콘크리트 인장강도

인장강도 $= \dfrac{2P}{3.14 \times l \times d} = \dfrac{2 \times 180 \times 1{,}000}{3.14 \times 150 \times 300} =$ 2.55MPa

24 전단력 / 휨모멘트

$\Sigma H = 0 \rightarrow H_A = 0$

$\Sigma V = 0 \rightarrow V_A - 3 - 4 - 2 = 0$

$\therefore\ V_A = 9\text{kN}$

$\Sigma M_A = 0 \rightarrow 3 \times 3 + 4 \times 6 + 2 \times 8 + rM_A = 0$

$\therefore\ rM_A = -49\text{kN} \cdot \text{m}$

$V_c = V_A - 3 = 6\text{kN}$

$M_c = V_A \times 4 - 3 \times 1 + rM_A$

$\quad = 9 \times 4 - 3 \times 1 - 49 = -16\text{kN} \cdot \text{m}$

25 정착길이(압축철근)

압축철근의 기본정착길이(l_{db}) $= \dfrac{0.25\, d_b f_y}{\lambda \sqrt{f_{ck}}}$

$l_{db} = \dfrac{0.25 \times 22 \times 400}{\sqrt{24}} = 449.07\text{mm}$

$0.043 d_b f_y = 0.043 \times 22 \times 400 = 378.4\text{mm}$

※ $\left[\dfrac{0.25 d_b f_y}{\lambda \sqrt{f_{ck}}},\ 0.043 d_b f_y \right]$ 중 큰 값

일반적으로 $\dfrac{0.25 d_b f_y}{\lambda \sqrt{f_{ck}}}$ 가 크지만, $0.043 d_b f_y$를 구하여 비교할 필요가 있다.

$\therefore\ l_{db} = 449.07\text{mm}$

26 독립기초 단변방향 유효철근량

소정폭에 배근되는 유효철근량

$= \left(\dfrac{2}{\beta + 1} \right) \times$ 단변방향 전체철근량 A_s

장변비$(\beta) = \dfrac{\text{장변의 길이}\ (l_2)}{\text{단변의 길이}\ (l_1)} = \dfrac{4}{2} = 2$

$\therefore\ A_{s,eff} = \left(\dfrac{2}{2+1} \right) \times 4{,}800 = 3{,}200\text{mm}^2$

2020년 5회 해설 및 정답

01 용접접합의 단점

가. 숙련공 필요
나. 용접 내부 시공검사 곤란
다. 용접열에 의한 결함 및 변형 발생
라. 재시공 곤란(모재부터 다시 가공)

02 톱다운 공법

1층 바닥판을 선시공하여서 이것을 작업장으로 활용하므로 협소한 대지에서도 효율적인 공간 활용이 가능하다.

03 용어 설명 – 미장

가. 손질 바름 : 초벌 바름 전에 마감 두께를 균등하게 할 목적으로 모르타르 등으로 조정하는 바름
나. 실러 바름 : 바탕의 흡수 조정, 바름재와 바탕과의 접착력 증진을 위해 합성수지, 에멀션, 희석액 등을 바르는 것

04 용어 설명 – 거푸집

가. 슬라이딩 폼 : 유닛 거푸집을 설치하여 요크의 장비로 거푸집을 끌어올리면서 콘크리트를 연속적으로 타설하여 단면 변화가 없는 곳에 사용하는 거푸집
나. 터널 폼 : 슬래브와 벽체를 일체화하기 위한 것으로 벽판과 바닥판을 동시에 만들 수 있도록 ㄱ자, ㄷ자형으로 짜서 사용하는 거푸집

05 굴착장비명

가. 파워 쇼벨
나. 클램쉘

06 트러스 명칭

가. 하우트러스
나. 프랫트러스

07 적산 – 벽돌량 / 쌓기 모르타르량

가. 벽돌량

① 외벽 : [(20 + 6.5) × 2 × 3.6 − {(2.2 × 2.4) + (0.9 × 2.4) + (1.8 × 1.2 × 3) + (1.2 × 1.2)}] × 224 × 1.05 = 41,264장

② 내벽 : {(6.5 − 0.29) × 3.6 − (0.9 × 2.1)} × 149 × 1.05 = 3,202장

∴ ① + ② = 44,466장

나. 미장면적

① 외벽 : {(20 + 0.29) + (6.5 + 0.29)} × 2 × 3.6 − {(2.2 × 2.4) + (0.9 × 2.4) + (1.8 × 1.2 × 3) + (1.2 × 1.2)} = 179.62m²

② 내벽

㉠ 창고 A : $[\{5-(\frac{0.29}{2}+\frac{0.19}{2})\}+(6.5-\frac{0.29}{2}\times 2)]$ × 2 × 3.6 − {(0.9 × 2.4) + (0.9 × 2.1) + (1.2 × 1.2)} = 73.494m²

㉡ 창고 B : $[15-(\frac{0.19}{2}+\frac{0.29}{2})+(6.5-\frac{0.29}{2}\times 2)]$ ×2×3.6 − {(2.2 × 2.4) + (1.8 × 1.2 × 3) + (0.9 × 2.1)} = 137.334m²

∴ ① + ② = 390.448m²

08 용어 설명 – 백화현상

벽체에 침투된 물이 모르타르 중의 석회분과 결합한 후 벽면으로 흘러나와 물이 증발되면서 공기 중의 탄산가스와 반응하면서 벽이 하얗게 되는 현상

09 용어 설명 – 폭렬현상

화재 시 콘크리트 내부가 고열로 인하여 생성된 수증기가 밖으로 분출되지 못해 수증기의 압으로 콘크리트가 떨어져 나가는 현상으로 주로 고강도 콘크리트에서 발생한다.

10 환경관리계획서

가. 저에너지 건물 조성기술
나. 고효율 설비기술
다. 신 · 재생에너지 이용기술
라. 외부 환경 조성기술
마. 에너지 절감 정보기술

11 목재의 인공건조법

가. 열기법
나. 훈연법
다. 진공법
라. 증기법
마. 고주파법

12 용어

수지 미장

13 용어

BTL

14 거푸집 측압

가. 1차 타설

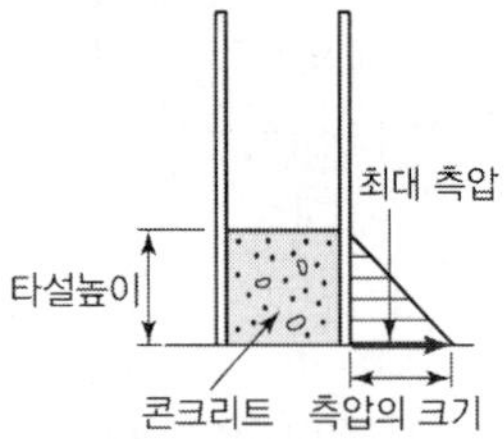
최대 측압
타설높이
콘크리트
측압의 크기

나. 2차 타설

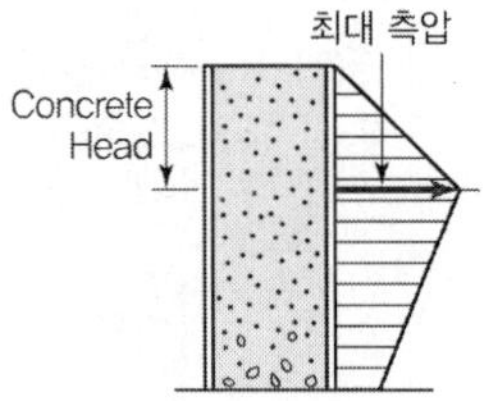
최대 측압
Concrete
Head

15 경화성질

가. 기경성 : 진흙, 회반죽, 돌로마이트 플라스터
나. 수경성 : 시멘트 모르타르, 순석고 플라스터, 석고 플라스터

16 용어 설명

가. 로이유리 : 적외선 반사율이 높은 금속막 코팅을 이중유리 안쪽에 붙인 친환경 유리
나. 단열간봉 : 이중유리와 로이유리 사이에 끼는 스페이서로 플라스틱 내부에 열전도율이 낮은 소재를 삽입하여 단열 성능을 향상시킨 재료

17 마이크로 말뚝의 정의와 장점

가. 정의
지반을 천공하여 철근 또는 강봉 등을 삽입하고 그라우팅 하여 형성된 직경 300mm 이하의 소구경 말뚝
나. 장점
① 시공 시 주변 지반 최소 교란
② 시공 조건과 토질에 관계없이 시공 가능
③ 대형 말뚝 시공차량의 진입이 어려운 곳에 사용 가능
④ 협소한 작업공간에서 사용 가능

18 철골 절단방법

가. 기계절단
나. 가스절단
다. 플라즈마 절단
라. 레이저 절단

19 공정표 작성

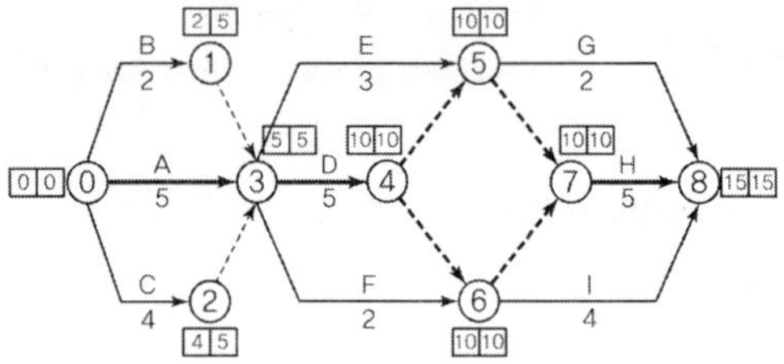
0 0
0
A
5
B
2
1
2 5
C
4
2
4 5
3
5 5
D
5
4
10 10
E
3
5
10 10
F
2
6
10 10
G
2
7
10 10
H
5
I
4
8
15 15

20 피복두께

80mm 이상

21 온도 조절 철근

콘크리트의 건조 수축, 온도 변화 및 기타의 원인에 의하여 콘크리트에 일어나는 인장응력에 대응하기 위해 사용한다.

22 실적률

$$실적률 = \frac{중량}{비중} = \frac{1.8}{2.65} \times 100 = 67.92 ≒ 68\%$$

23 탄성계수 / 탄성계수비

가. 콘크리트 탄성계수

$$E_c = 8,500\sqrt[3]{f_{cm}} = 8,500\sqrt[3]{24+4} = 25,811\text{MPa}$$

나. 콘크리트 탄성계수비

$$n = \frac{E_s}{E_c} = \frac{200,000}{25,811} = 7.75$$

24 보 - 균열 모멘트

$$M_{cr} = f_r \times Z = 0.63\lambda\sqrt{f_{ck}} \cdot \frac{bh^2}{6}$$

$$= 0.63 \times 1 \times \sqrt{30} \times \frac{300 \times 600^2}{6}$$

$$= 62,111,738.02\text{N} \cdot \text{mm} = 62.11\text{kN} \cdot \text{m}$$

25 용어

전단중심(Shear Center)

26 T형보 유효폭

T형보의 유효폭은 다음 값 중 가장 작은 값을 사용한다.
① 보 경간의 $l/4$
② 슬래브 두께의 16배에 보의 복부 폭을 더한 값
③ 양측 슬래브의 중심 간 거리

- $\frac{l}{4} = \frac{6,000}{4} = 1,500\text{mm}$
- $16h_f + b_w = 16 \times 200 + 300 = 3,500\text{mm}$
- $3,000 + 300 = 3,300\text{mm}$

∴ 유효폭은 1,500mm이다.

2019년 1회 해설 및 정답

01 폭렬현상 방지 대책

가. 내화 도료의 도포
나. 내화 모르타르 시공
다. 표층부 메탈라스 시공
라. 유기질 섬유 혼입
마. 강관 등의 콘크리트 피복

02 Mock up 성능시험

가. 수밀시험
나. 기밀시험
다. 내풍압시험
라. 층간변위시험

03 천연건조 특징

가. 별도의 설치비가 필요 없음
나. 대량으로 건조 가능

04 숏크리트

가. 정의 : 모르타르를 압축공기로 분사하여 바르는 뿜칠 콘크리트 공법
나. 장점
① 시공성이 좋다.
② 가설공사비가 감소한다.
③ 얇은 벽 바름에 유리하다.
다. 단점
① 건조수축이 크다.
② 균열이 발생한다.
③ 숙련공을 필요로 한다.

05 콘크리트 온도균열 방지대책

가. 수화열이 낮은 시멘트 사용
나. 혼화재 사용
다. 굵은 골재 크기를 가능한 한 크게 할 것
라. 단위 시멘트량을 감소시킬 것
마. 냉각공법을 적용
바. 콘크리트 타설 온도를 낮출 것

06 멤브레인 방수

가. 장점
① 내후성, 신축성, 접착성 우수
② 공기 단축
③ 내약품성 우수
나. 단점
① 박리 발생 우려
② 보호층 필요
③ 복잡한 부분 시공의 어려움

07 사운딩 시험

가. 정의 : 지반에 저항체를 관입, 회전, 인발 등으로 흙의 연경도를 파악하는 토질시험
나. 종류
① 베인테스트
② 표준관입시험
③ 콘시험
④ 스웨덴식 사운딩
⑤ 네덜란드식 사운딩

08 시공연도 측정방법

가. 슬럼프 테스트
나. 플로우 시험
다. 비비 시험
라. 구 관입시험
마. 다짐계수시험
바. 낙하시험

09 파워셔블 시간당 작업량

가. 시간당 작업횟수 = 3,600초 ÷ 40초 = 90회
나. 1회당 작업량 = $0.8 \times 0.83 \times 0.8 \times 0.7 = 0.372m^3$
다. 시간당 작업량 = $0.372 \times 90 = 33.48m^3$/시간
$\therefore$ $33.48m^3$/시간

10 용어 설명

가. 기초 : 건물의 하중을 지반에 전달하는 구조
나. 지정 : 기초를 보강하는 구조

11 용어 – 어스앵커공법

흙막이 배면에 긴장재를 설치하여 지반에 지지하고 강재의 인장력을 이용하여 흙막이를 설치하는 공법

12 용어 설명

가. 밀시트 : 철강제품의 품질보증을 위해 공인된 시험기관에서 발급하는 제조업체의 품질보증서
나. 뒷댐재 : 맞댄 용접 시 루트부에 완전 용입을 얻을 수 있도록 뒤쪽에 대는 보조 강판재

13 공정표

가. 네트워크 공정표

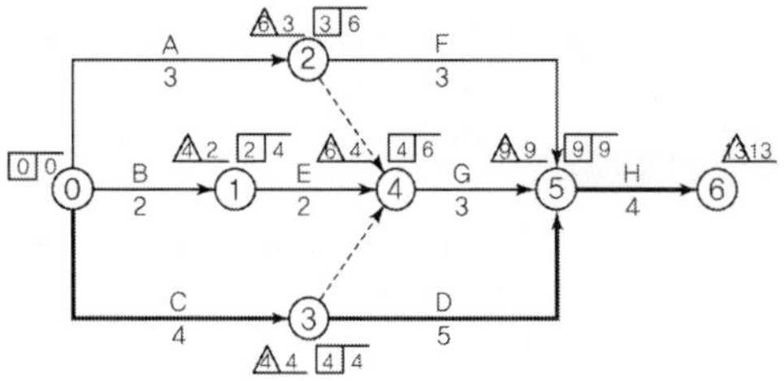

A
3
F
3
B
2
E
2
G
3
H
4
C
4
D
5

나. 각 작업의 여유시간

작업명	TF	FF	DF	CP
A	3	0	3	
B	2	0	2	
C	0	0	0	※
D	0	0	0	※
E	2	0	2	
F	3	3	0	
G	2	2	0	
H	0	0	0	※

14 용어

볼트축 전단형 고력볼트

15 용어 설명

가. 로이 유리 : 적외선 반사율이 높은 금속막 코팅을 이중유리 안쪽에 붙인 친환경 유리

나. 접합 유리 : 두 장 이상의 판유리를 합성수지 필름을 이용하여 붙인 유리

16 용어

철골철근콘크리트 구조

17 용접결함

가. 오버랩　　나. 언더컷

다. 슬래그 감싸들기　　라. 블로홀

18 거푸집 존치기간

① 2일　② 3일　③ 4일　④ 8일

19 커튼월 - 누수방지대책

가. 멀리온과 패널의 이음매 처리 철저

나. 오픈 조인트 설치 시 물의 이동으로 인한 누수 차단 철저

다. 클로즈드 조인트 설치 시 이음새 없이 시공

라. 용도에 적합한 실런트 사용

20 용어

조절 줄눈

21 용어

면진구조

22 기둥 설계축하중 구하기

$$\phi P_n = (0.65)(0.80)[0.85(24)\times\{(500\times500)-(8\times387)\} + (400)(8\times387)]$$
$$= 3,263,125\text{N} = 3,263.125\text{kN}$$

23 반력 구하기

(1) $\Sigma M_B = 0 : (V_A)(L) - (P)\left(\frac{3L}{4}\right) = 0$

$\therefore V_A = \frac{3P}{4}(\uparrow)$

(2) $\Sigma_{h,Left} : \left(\frac{3P}{4}\right)\left(\frac{L}{2}\right) - (P)\left(\frac{L}{4}\right) - (H_A)(h) = 0$

$\therefore H_A = \frac{PL}{8h}(\rightarrow)$

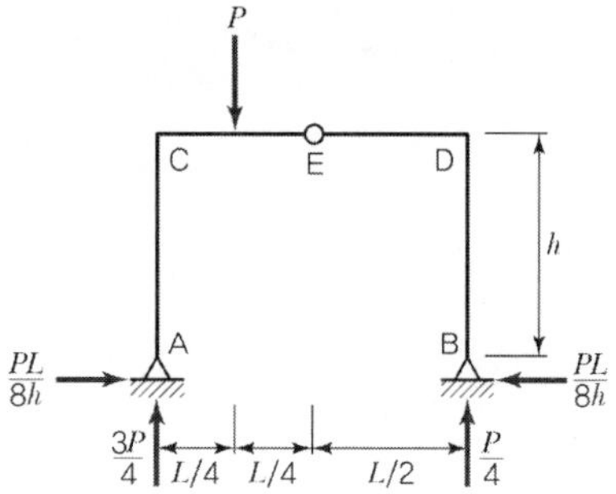

P
C
E
D
h
A
B
PL/8h
PL/8h
3P/4
L/4
L/4
L/2
P/4

24 철근 인장 정착길이

$$l_d = \frac{0.6(25)(400)}{(1.0)\sqrt{(25)}} \times 1.3 = 1,560\text{mm}$$

25 1방향 슬래브의 최소 두께

부재	최소 두께			
	캔틸레버	단순지지	1단연속	양단연속
• 1방향 슬래브	$l/10$	$l/20$	$l/24$	$l/28$
• 보 • 리브가 있는 1방향 슬래브	$l/8$	$l/16$	$l/18.5$	$l/21$

26 전단중심

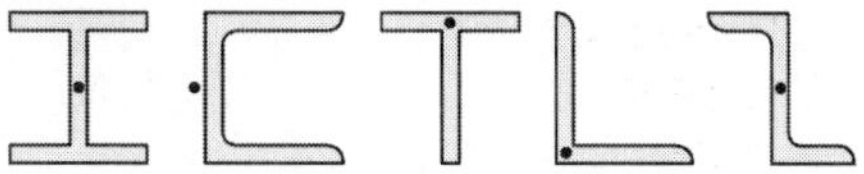

2019년 2회 해설 및 정답

01 철골 내화습식공법

가. 조적공법　　나. 타설공법
다. 미장공법　　라. 뿜칠공법

02 벽돌량 산출

20 × 224 = 4,480장(매)

03 고력볼트 시공 순서

라 - 나 - 다 - 가

04 알칼리 골재 반응 대책

가. 저알칼리 시멘트 사용
나. 무반응 골재 사용
다. 포졸란 반응 사전에 촉진

05 금속기와 설치 순서

③ - ④ - ⑤ - ① - ② - ⑥

06 갱폼의 특징

가. 장점
① 인력 및 비용절감
② 이음부위 감소 마감 단순화
③ 거푸집 기능공의 작업영향 미약

나. 단점
① 설치 장비 필요
② 초기 투자비 증가
③ 거푸집 조립시간 필요

07 용어 설명

가. Closed Joint : 커튼월과 접하는 부분을 실제로 완전히 밀폐시켜 틈 없이 비처리하는 방식
나. Open Joint : 벽의 외측면과 내측면 사이에 공간을 두어 옥외의 기압과 같은 기압을 유지하여 비처리하는 방식

08 시트방수 단점

가. 접착 불완전 시 균열이나 박리 발생
나. 보호층 필요
다. 복잡한 형상시공 어려움

09 기둥축소현상(컬럼 쇼트닝)

가. 원인 : 철골조 건축을 축조 시 내 · 외부의 기둥구조가 다르거나 재료의 재질 및 응력의 차이로 인한 신축량이 발생하는데, 이때 발생하는 기둥의 축소 변위를 말한다.
나. 기둥축소에 따른 영향 3가지
① 기둥의 변위 발생
② 구조재의 변형 및 조립 불량
③ 창호재의 변형 및 조립 불량

10 공정표 작성

가. 네트워크 공정표

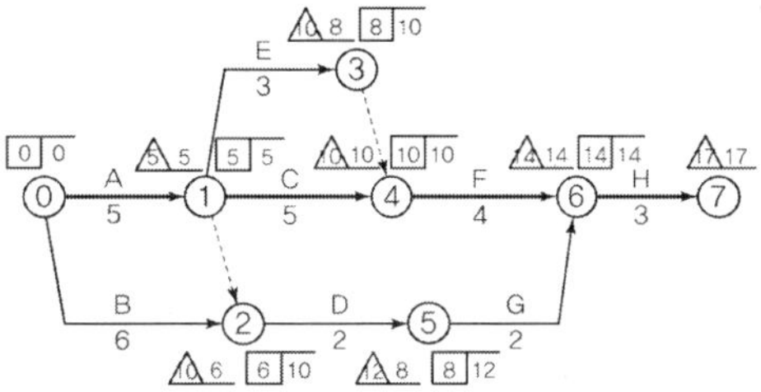

A
5
B
6
C
5
D
2
E
3
F
4
G
2
H
3

나. 각 작업의 여유시간

작업명	TF	FF	DF	CP
A	0	0	0	※
B	4	0	4	
C	0	0	0	※
D	4	0	4	
E	2	2	0	
F	0	0	0	※
G	4	4	0	
H	0	0	0	※

11 골재의 흡수율

$$흡수율 = \frac{표건상태\ 중량 - 절건중량}{절건중량} \times 100$$

$$= \frac{2,000 - 1,992}{1,992} \times 100 = 0.40\%$$

12 한중 콘크리트 동결방지 대책

가. AE제 사용
나. 초기 양생(5MPa 발현 시까지)
다. 재료 가열
라. 콘크리트 보온양생

13 용어

가. BOT(Build - Operate - Transfer) 방식
나. BTO(Build - Transfer - Operate) 방식
다. BOO(Build - Operate - Own) 방식
라. 성능발주방식

14 용어 설명 – 매스콘크리트 냉각법

가. Pre – cooling : 콘크리트 재료(물 · 골재)의 일부 또는 전부를 미리 냉각하여 콘크리트의 온도를 저온화시키는 방법

나. Post – cooling : 콘크리트 타설 전 관경 25mm 파이프를 수평으로 배치하여 파이프 내에 자연지하수 또는 인공냉각수를 통과 · 순환시켜 콘크리트의 온도를 저하시키는 방법

15 형강 표시법

H – 294 × 200 × 10 × 15

16 거푸집 산출

가. 기둥 부분 = (0.4 + 0.4) × 2 × 3 × 4(개소) = 19.2m²

나. 벽 부분

① 가로벽 = (5 – 0.4 × 2) × 3 × 2(양면) × 2개
= 50.4m²

② 세로벽 = (8 – 0.4 × 2) × 3 × 2(양면) × 2개
= 86.4m²

① + ② = 136.8

∴ 가 + 나 = 156m²

17 슬러리월

가. 벤토나이트 안정액
나. 철근망
다. 콘크리트

18 흙막이 붕괴 원인

가. Heaving 파괴에 의한 경우
나. Boiling 파괴에 의한 경우
다. Piping에 의한 침하
라. 널말뚝의 저면타입 깊이를 작게 했을 경우
마. 뒤채움 불량에 의한 침하

19 역타설(Top – Down) 공법의 장점

가. 지하와 지상층의 공사 병행으로 공기단축이 가능하다.
나. 1층 바닥판 선시공으로 작업공간 활용(확보)이 가능하다.
다. 주변 지반과 건물에 악영향이 없는 안정적 공법이다.
라. 기후와 무관한 전천후 작업이 가능하다.

20 좌굴길이

① $0.7 \times 2L = 1.4L$
② $0.5 \times 4L = 2L$
③ $2 \times L = 2L$
④ $1 \times \dfrac{L}{2} = 0.5L$

21 콘크리트 파괴계수 구하기

$$f_r = 0.63\lambda\sqrt{f_{ck}} = 0.63(0.85)\sqrt{21} = 2.45\text{MPa}$$

22 단순보 최대 휨응력 구하기

$$\sigma_{\max} = \frac{M_{\max}}{Z} = \frac{\dfrac{wL^2}{8}}{\dfrac{bh^2}{6}} = \frac{\dfrac{(30)(9\times10^3)^2}{8}}{\dfrac{(400)(700)^2}{6}}$$

$$= 9.30\text{N/mm}^2 = 9.30\text{MPa}$$

23 반력 구하기

(1) 적합조건

$$\delta_C = \frac{5wL^4}{384EI} - \frac{V_C \cdot L^3}{48EI} = 0\text{으로부터}$$

$$V_C = \frac{5}{8}wL = \frac{5}{8}(2)(8) = 10\text{kN}(\uparrow)$$

(2) 평형조건

$$V_A = V_B = \frac{1.5}{8}wL = \frac{1.5}{8}(2)(8) = 3\text{kN}(\uparrow)$$

24 벽체의 설계 축하중 구하기

$$\phi P_{nw} = 0.55\phi f_{ck}A_g\left[1-\left(\frac{kl_e}{32h}\right)^2\right]$$

$$= (0.55)(0.65)(24)(2{,}000\times200)\left[1-\left(\frac{(0.8)(3{,}200)}{32(200)}\right)^2\right]$$

$$= 2{,}882{,}880\text{N} = 2{,}882.880\text{kN}$$

25 탄성계수비 보간

① 4MPa
② 6MPa

26 용어 설명 – 항복비

강재가 항복에서 파단에 이르기까지를 나타내는 기계적 성질의 지표로서, 인장강도에 대한 항복강도의 비

2019년 4회 해설 및 정답

01 언더피닝의 정의와 종류

가. 정의 : 인접건물의 기초나 지정을 보강하는 공법
나. 종류
① 이중 널말뚝 설치 공법
② 지반 개량 공법
③ 지반 지정 보강공법
④ 갱 피어 공법

02 이어 붓기 시간

가. 150
나. 120

03 용어 설명 – 악세스 플로어

정방형의 플로어 패널을 받침대로 지지시켜 구성하는 2층 뜬 바닥구조

04 지반개량공법

가. 치환
나. 다짐
다. 탈수
라. 주입

05 용어 설명 – CM

가. CM for fee : 관리자가 발주자의 대행인으로서 관리업무만 수행하는 방식
나. CM at risk : 관리자가 직접 계약에 참여하여 시공에 대한 책임을 시는 방식

06 용어 설명

가. 예민비 : 함수량이 변화하지 않은 상태의 이긴 시료에 대한 자연시료의 강도의 비
나. 지내력 시험 : 지반면에 직접 하중을 가하여 기초지반의 지지력을 파악하는 토질시험

07 히빙현상

가. 정의 : 흙막이 벽 좌우 측의 토압 차이로 흙막이 배면의 흙이 공사장 안 흙막이벽 아래로 돌아 들어오면서 터파기 하부가 불룩하게 솟아오르는 현상
나. 도식 :

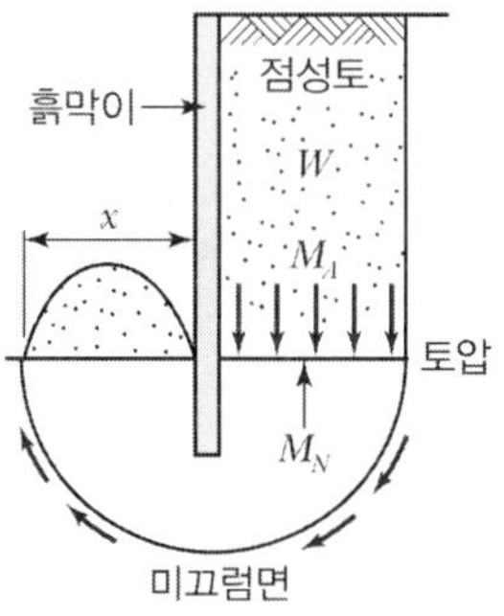

흙막이
점성토
W
x
M_A
토압
M_N
미끄럼면

08 안방수, 바깥방수 비교

(1) ①, ②
(2) ①, ②
(3) ①, ②
(4) ①, ②
(5) ①, ②
(6) ①, ②

09 공정표 / 여유시간

1. 공정표 작성

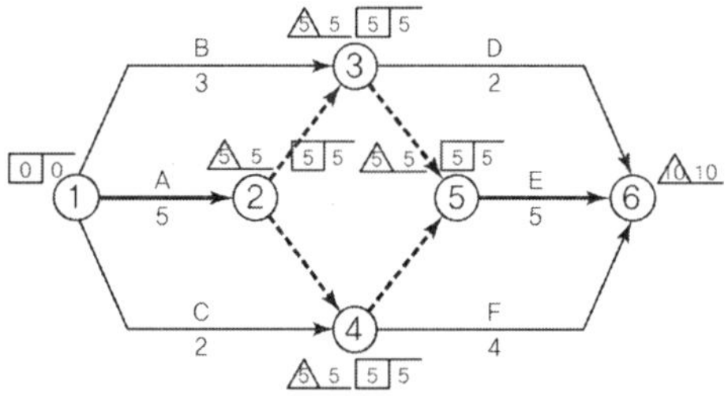

A 5
B 3
C 2
D 2
E 5
F 4

2. 작업의 여유시간

작업명	TF	FF	DF	CP
A	0	0	0	※
B	2	2	0	
C	3	3	0	
D	3	3	0	
E	0	0	0	※
F	1	1	0	

10 용어 설명

가. 코너 비드 : 기둥이나 벽 등의 모서리를 보호하기 위해 설치하는 미장 철물
나. 차폐용 콘크리트 : 방사선 차폐를 위한 중량 콘크리트

11 밀시트 내용

가. 품질 보증서
나. 재료의 역학적 시험 내용 : 각종 강도 표시
다. 화학 성분 시험 내용 : 철, 황, 규소, 납, 탄소 등의 구성비
라. 규격표시 : 길이, 두께, 크기 및 형상, 단위중량
마. 시험규준의 명시 : 시방서, KS

12 적산 – 콘크리트량

1. 기둥(C_1) : $0.5 \times 0.5 \times 3.48 \times 10$개 $= 8.70m^3$
2. 보(G_1) : $0.4 \times (0.6-0.12) \times 8.4 \times 2$개 $= 3.22m^3$
3. 보(G_2 : 5.45m) : $0.4 \times (0.6-0.12) \times 5.45 \times 4$개
   $= 4.19m^3$
4. 보(G_2 : 5.5m) : $0.4 \times (0.6-0.12) \times 5.5 \times 4$개
   $= 4.22m^3$
5. 보(G_3) : $0.4 \times (0.7-0.12) \times 8.4 \times 3$개 $= 5.85m^3$
6. 보(B_1) : $0.3 \times (0.6-0.12) \times 8.6 \times 4$개 $= 4.95m^3$
7. 슬래브 : 가로 $= (24+0.2 \times 2) = 24.4m$
   세로 $= (9+0.2 \times 2) = 9.4m$
   콘크리트량 : $24.4 \times 9.4 \times 0.12 = 27.52m^3$

∴ 전체 콘크리트량 $= 1+2+3+4+5+6+7 = 58.65m^3$

13 용어 설명 – 골재의 함수상태

가. 흡수량 : 골재의 표면건조 내부 포수상태의 중량과 절건 상태의 중량의 차
나. 함수량 : 골재의 습윤상태의 중량과 절건 상태의 중량의 차

14 녹막이를 칠하지 않는 부분

가. 고장력볼트의 접합면
나. 부재의 맞닿는 면
다. 콘크리트에 매입되는 면
라. 밀폐된 면
마. 현장 용접하는 부위

15 용어 설명

가. 스캘럽 : 철골부재의 용접접합에서 인접부재의 열 영향을 방지하기 위한 모따기 가공
나. 엔드탭 : 맞댐용접에서 용접의 원활함을 위하여 접합부재의 단부 쪽에 설치하는 보조부재

16 목재의 방부법

가. 일광직사법 : 햇빛을 30시간 이상 쏘이는 방법
나. 표면탄화법 : 목재 표면을 살짝 태워서 살균을 하는 방법
다. 수침법 : 목재를 물속에 담가 균이 기생하지 못하게 하는 방법
라. 피복법 : 목재를 다른 재료로 피복하는 방법
마. 방부제법 : 방부제를 도포, 뿜칠, 가압, 생리적 침투 방법 등으로 바르거나 주입하는 방법

17 레미콘 표시 형식

가. 25 : 굵은 골재의 최대 치수(mm)
나. 30 : 레미콘의 호칭강도(MPa)
다. 150 : 콘크리트 슬럼프치(mm)

18 토공사 용어

가. ②
나. ③
다. ①
라. ④

19 용어 설명

테이블 폼

20 용어 – LCC(Life Cycle Cost)

건축물의 초기 기획단계에서부터 계획, 설계, 시공, 유지관리, 철거의 단계까지 총체적인 과정에서 사용되는 비용

21 용어

백화현상

22 응력 – 변형도 곡선

A : ⑥	B : ⑧	C : ⑦
D : ②	E : ④	F : ③
G : ⑨	H : ⑩	I : ⑤
J : ⑪	K : ①	

23 전단 철근 간격

① $0.25d = 0.25 \times 550 = 137.5$mm 이하
② 300mm 이하
①, ② 중 작은 값이므로 137.5mm

24 슬래브 기준

(1) 1방향 슬래브(1–Way Slab) :

$$\text{변장비} = \frac{\text{장변 경간}}{\text{단변 경간}} > 2$$

(2) 2방향 슬래브(2–Way Slab) :

$$\text{변장비} = \frac{\text{장변 경간}}{\text{단변 경간}} \leq 2$$

25 용어 설명 – 사용성 한계

구조체가 붕괴되지는 않지만 구조기능이 저하되어 외관, 유지관리, 내구성 및 사용에 매우 부적합하게 되는 상태

26 내민보 SFD / BMD

(1) $\Sigma M_B = 0$

$R_A(\uparrow) \times 2 + 10 \times 1 = 0$

$\therefore\ R_A = -5\text{kN}(\downarrow)$

(2) $\Sigma V = 0$

$-5 + R_B - 10 = 0$

$\therefore\ R_B = 15\text{kN}(\uparrow)$

(3) M_B가 최대 모멘트

$M_B = R_A \times 2$

$= -5 \times 2$

$= -10\text{kN} \cdot \text{m}$

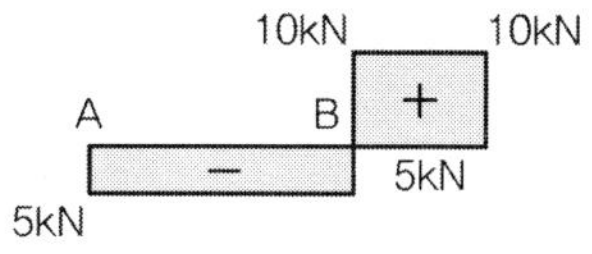

10kN
10kN
A
B
+
−
5kN
5kN

〈SFD〉

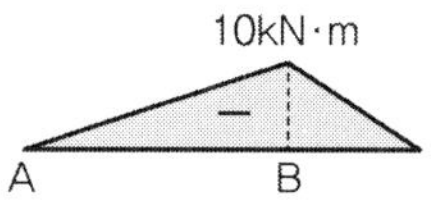

10kN·m
−
A
B

〈BMD〉

2018년 1회 해설 및 정답

01 아일랜드 터파기 순서

가. 중앙부 터파기
나. 중앙부 지하구조물 축조
다. 버팀대 설치

02 용어 설명 – 이형철근, 배력근

가. 이형철근 : 콘크리트와의 부착력을 증가시키기 위해 표면에 리브와 마디를 설치해서 만든 철근
나. 배력근 : 슬래브에서 주근과 직교되어 장방향으로 배근되는 철근

03 보링의 목적

가. 지층의 구성상태 파악　나. 흙의 샘플링 추출
다. 지층의 토질 분석　라. 주상도 작성
마. 지하수위 파악　바. 각 토질의 깊이 파악

04 폭렬현상

화재 시 콘크리트 내부가 고열로 인하여 생성된 수증기가 밖으로 분출되지 못해 수증기의 압으로 콘크리트가 떨어져 나가는 현상

05 언더피닝

가. 터파기 인접건물의 침하를 방지하고자 할 때
나. 경사진 건물을 바로잡고자 할 때
다. 기존 건축물의 기초를 보강하고자 할 때
라. 기존 건축물의 새로운 기초를 축조하고자 할 때

06 합성수지 분류

가. 열가소성 수지 : 염화비닐수지, 초산비닐수지, 아크릴수지, 폴리스티렌수지, 폴리에틸렌수지, 폴리아미드수지 등
나. 열경화성 수지 : 페놀수지, 요소수지, 멜라민수지, 폴리에스테르수지, 에폭시수지, 실리콘수지, 우레탄수지

07 적산 – 미장소요일수

1) 1,000 × 0.05 = 50인
2) 50 ÷ 10 = 5일

08 용어 설명 – 메탈라스, 펀칭메탈

가. 메탈라스 : 금속판에 자름금을 내어 만든 판형의 수장 철물
나. 펀칭메탈 : 금속판에 각종 모양의 구멍을 뚫어 만든 판형의 수장 철물

09 목재 방부제 처리법

가. 도포법　나. 상압주입법
다. 가압주입법　라. 생리적 주입법
마. 침지법

10 거푸집 종류

가. 워플 폼　나. 트래블링 폼
다. 슬라이딩 폼　라. 데크 플레이트

11 적산 – 벽돌량 산출

100 × 224 × 1.03 = 23,072장

12 각종 줄눈

가. 조절줄눈　나. 슬라이딩 줄눈
다. 시공줄눈　라. 신축줄눈

13 거푸집 존치기간

가. 3일　나. 4일
다. 6일　라. 5일

14 기준점의 정의와 설치 시 주의사항

가. 정의 : 건축공사에서 높이를 설정하는 데 기준이 되는 원점
나. 주의사항
① 지반에서 0.5~1m 정도 이격시켜 설치
② 바라보기 좋은 곳에 설치
③ 이동되거나 소멸되지 않는 곳에 설치
④ 2개소 이상 설치

15 블록의 압축강도

(1) $\frac{550 \times 1,000}{390 \times 190} = 7.42\text{MPa}$

(2) $\frac{500 \times 1,000}{390 \times 190} = 6.75\text{MPa}$

(3) $\frac{600 \times 1,000}{390 \times 190} = 8.10\text{MPa}$

∴ 평균강도 $= \frac{7.42 + 6.75 + 8.1}{3}$

$= 7.42\text{MPa}$ … 기준강도 이하

∴ 불합격

16 적산 – 토량환산계수

(1) 시공되는 다짐 상태의 흙량 = 10 × 0.5 = 5m^3
(2) 시공되는 다짐 상태의 흙량을 흐트러진 상태로 환산

$5 \times \frac{L}{C} = 5 \times \frac{1.2}{0.9} = 6.67\text{m}^3$

(3) 시공 후 흐트러진 상태로 남는 흙량

10 − 6.67 = 3.33m^3

17 용어

드라이브 핀

18 공동도급의 종류

가. 주계약자 관리형
나. 페이퍼 조인트
다. 파트너링(파트너십)

19 공정표 작성 및 여유시간

가. 공정표

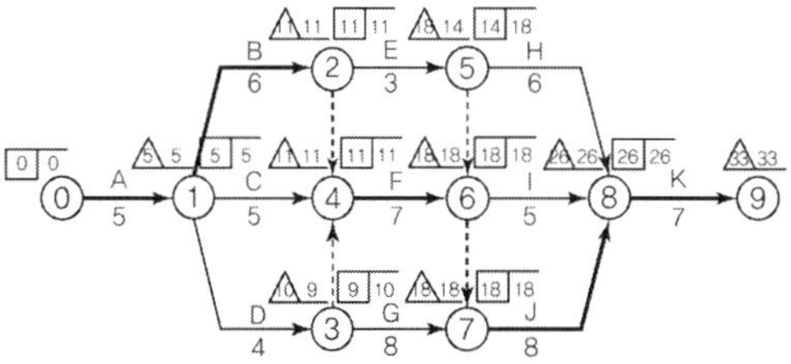

B 6
E 3
H 6
A 5
C 5
F 7
I 5
K 7
D 4
G 8
J 8

나. 각 작업의 여유시간

작업기호	TF	FF	DF
A	0	0	0
B	0	0	0
C	1	1	0
D	1	0	1
E	4	0	4
F	0	0	0
G	1	1	0
H	6	6	0
I	3	3	0
J	0	0	0
K	0	0	0

20 주각부 설치 공법

가. 핀주각 공법
나. 고정 주각 공법
다. 매립형 주각 공법

21 용접기호

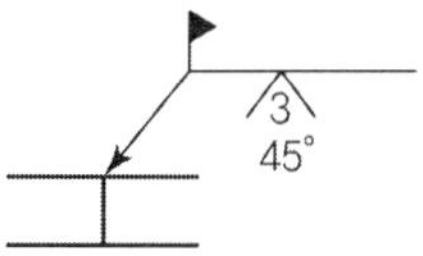

3
45°

22 흙막이 계측기기

가. Piezo Meter(간극수압 측정)
나. Water Level Meter(지하수위 측정)
다. Level And Staff(지표면 침하 측정)
라. Transit(수평이동 측정)
마. Inclino Meter(경사, 수평변위 측정)
바. Load Cell(토압변위 측정)
사. Crack Gauge(균열 측정)
아. Tilt Meter(기울기 측정)
자. Sound Level Meter(소음 측정)
차. Vibro Meter(진동 측정)
카. 토압계(Soil Pressure Gauge)
타. 유압식 토압계(Earth Pressure Meter)
파. 응력 측정계(Strain Gauge)

23 형강 플랜지 판폭 두께비

플랜지 : $\dfrac{B}{t_f} = \dfrac{\left(\dfrac{300}{2}\right)}{14} = 10.71$

24 독립기초 2방향 전단 응력

① 위험단면의 둘레길이(b_o) – 문제조건에 의해 $1.0d$

$b_o = 2(c_1 + 1.0d) + 2(c_2 + 1.0d)$

$= 2(50 + 1.0 \times 60) + 2(50 + 1.0 \times 60)$

$= 440\text{cm}$

② 위험단면의 단면적

$A = b_o \times d = 440 \times 60 = 26,400\text{cm}^2$

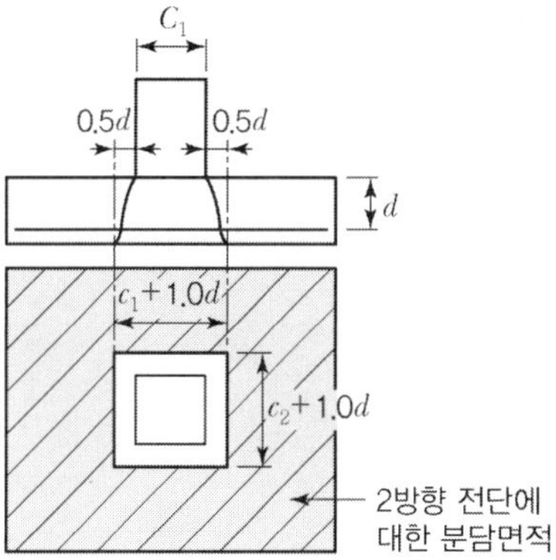

C_1
0.5d
0.5d
d
$c_1 + 1.0d$
$c_2 + 1.0d$
2방향 전단에
대한 분담면적

25 T 부재력

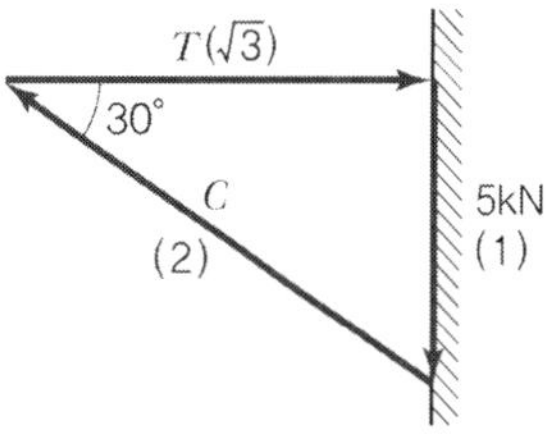

$T(\sqrt{3})$
30°
C
(2)
5kN
(1)

(1) $\frac{T}{\sqrt{3}} = \frac{5}{1}$

$T = 5\sqrt{3}$kN(인장)

(2) $\frac{C}{2} = -\frac{5}{1}$

$C = -10$kN(압축)

26 캔틸레버보

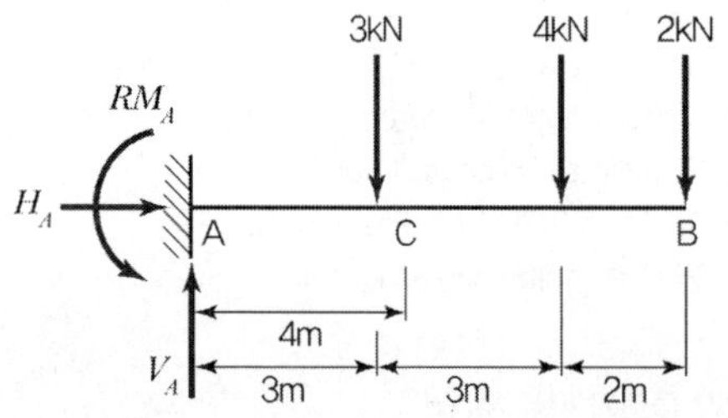

3kN
4kN
2kN
RM_A
H_A
A
C
B
4m
V_A
3m
3m
2m

(1) $\sum V = 0 \rightarrow V_A - 3 - 4 - 2 = 0$

$V_A = 9$kN

(2) $\sum H = 0 \rightarrow H_A = 0$

(3) $\sum M = 0 \rightarrow 3\times3 + 4\times6 + 2\times8 + RM_A = 0$

$RM_A = -49$kN · m

(4) $BM_c = 9(V_A)\times4 - 3\times1 - 49 = -16$kN · m

2018년 2회

해설 및 정답

01 용어 설명

가. 콜드 조인트 : 콘크리트 시공 중 휴식시간 등으로 응결 시작된 콘크리트에 새로운 콘크리트를 이어 칠 때 일체가 저하되어 생기는 줄눈

나. 조절줄눈 : 콘크리트 건조수축으로 인한 균열을 방지하기 위하여 바닥판 등에 설치되는 줄눈

다. 신축줄눈 : 온도 변화에 따른 팽창, 수축 혹은 부동침하, 진동 등에 의해 균열이 예상되는 곳에 설치되는 줄눈

02 입찰의 종류

가. 지명입찰 : 건축주가 공사가 적합하다고 판단되는 3~7개 정도의 회사를 지명하여 진행하는 입찰방식

나. 특명입찰 : 일명 수의계약이라고도 하며, 공사에 적합한 1개의 회사와 진행하는 입찰방식

다. 공개입찰 : 최소한의 자격을 가진 누구나 참여가 가능케 하여 진행하는 입찰방식

03 철골 내화피복의 정의와 공법

가. 정의 : 화재 발생 시 강재의 온도상승 및 강도저하를 방지하기 위하여 강재 주위에 물과 함께 사용되는 재료로 피복하는 공법

나. 공법의 종류와 재료

① 타설공법 : 콘크리트, 경량 콘크리트
② 뿜칠공법 : 암면, 석면
③ 조적공법 : 벽돌, 블록
④ 미장공법 : 모르타르, 펄라이트 모르타르

04 목재의 인공건조법

가. 열기건조
나. 훈연건조
다. 진공건조
라. 증기건조
마. 고주파건조

05 슬럼프 손실 요인

가. 수분의 증발로 인한 경우
나. 운반시간이 긴 경우
다. 펌프 압송거리가 클 때
라. 타설시간이 길어질 때
마. 서중콘크리트일 때

06 예민비

가. 식 : $\dfrac{\text{자연시료의 강도}}{\text{이긴 시료의 강도}}$

나. 용어 : 함수율의 변화가 없는 상태에서 이긴 시료의 강도에 대한 자연시료의 강도의 비

07 섬유의 종류

가. 합성섬유
나. 강섬유
다. 유리섬유

08 접착제

에폭시 접착제

09 블록벽체 습기 침투 원인

가. 재료자체의 방수성 결여 및 보양 불량
나. 물흘림, 물끊기, 빗물막이의 불완전 시공
다. 치장줄눈의 불완전 시공 및 균열
라. 개구부, 창호재 접합부의 시공불량

10 철근 조립순서

② - ① - ⑤ - ③ - ④

11 용어

징두리 판벽

12 적산 – 토공사

가. 터파기량 = 단면적 × 유효길이

$$= \frac{1.2+0.8}{2} \times 1.8 \times (13+7) \times 2$$

$= 72\text{m}^3$(자연상태토량)

나. 잔토처리량의 중량 = 터파기량 × 흙의 단위중량

$= 72 \times 1.6\text{t/m}^3 = 115.2\text{ton}$

다. 6톤 트럭 운반대수 = 115.2 ÷ 6 = 19.2대

∴ 20대

※ 잔토처리량을 흐트러진 상태로 부피를 변환하여도 중량의 변화는 없음

13 용어

실비정산비율 보수가산식

14 매스콘크리트 온도균열 저감대책

②, ③, ④

15 보강 블록조

가. 40
나. 20

16 용어 설명 – 터널폼

대형 형틀로서 슬래브와 벽체의 콘크리트 타설을 일체화하기 위한 것으로 한 구획 전체의 벽판과 바닥판을 ㄱ자, ㄷ자 형태로 짜서 아파트 공사 등에 사용되는 거푸집

17 공정표

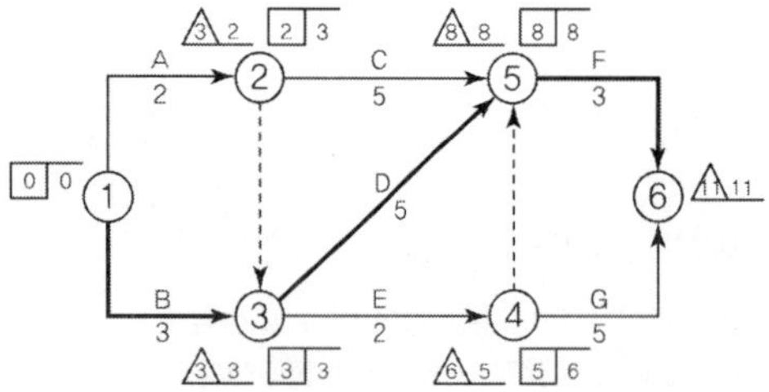

A
2
B
3
C
5
D
5
E
2
F
3
G
5
1
2
3
4
5
6
0 0
3 2 2 3
8 8 8 8
3 3 3 3
6 5 5 6
11 11

18 철근 인장강도

가. 철근의 단면적 = $\dfrac{3.14\times14\times14}{4}=153.86\text{mm}^2$

나. 철근 인장 강도 = $\dfrac{\text{P}}{\text{A}}$

① $\dfrac{37,000}{153.86}=240.47\text{N/mm}^2$

② $\dfrac{40,570}{153.86}=263.68\text{N/mm}^2$

③ $\dfrac{38,150}{153.86}=247.95\text{N/mm}^2$

다. 평균 강도 $=\dfrac{240.47+263.68+247.95}{3}$

$=250.7\text{N/mm}^2$

라. 판정 – 기준강도 이상(250.7 > 240) ∴ 합격

19 터파기 장비

가. 파워쇼벨
나. 드래그 라인

20 용어

수지 미장

21 단면 2차 모멘트 비

$$\frac{I_x}{I_y}=\frac{\dfrac{300\times600^3}{12}}{\dfrac{600\times300^3}{12}}=\frac{5,400,000,000}{1,350,000,000}=4$$

22 인장이형철근

인장철근의 정착길이 $l_d=\dfrac{0.9d_b\cdot f_y}{\lambda\sqrt{f_{ck}}}\times\dfrac{\alpha\cdot\beta\cdot\gamma}{\left(\dfrac{c+K_{tr}}{d_b}\right)}$

여기서, α : 수평철근의 위치계수
β : 에폭시 도막계수
γ : 철근 또는 철선의 크기계수
λ : 경량콘크리트 계수

23 좌굴길이계수

B(K=2.0) → A(K=1.0) → D(K=0.7) → C(K=0.5)

24 인장재 순단면적

$$A_n=A_g-ndt+\sum\frac{s^2}{4g}t$$

(1) $A_{n(A-1-2-3-B)}$

$=3,000-3\times22\times10+\dfrac{50^2}{4\times80}\times10+\dfrac{50^2}{4\times80}\times10$

$=2,496.25\text{mm}^2$

(2) $A_{n(A-1-3-B)}=3,000-2\times22\times10=2,560\text{mm}^2$

계산 결과 (1), (2) 중 작은 값을 순단면적으로 택한다.
$\therefore\ A_n=2,496.25\text{mm}^2$

25 독립기초 최대 압축응력

최대 압축응력$(\sigma)=-\dfrac{P}{A}-\dfrac{M}{Z}$

$$-\frac{P}{A}-\frac{P\cdot e}{Z}=-\frac{1,000\times10^3}{2,500\times4,000}-\frac{1,000\times10^3\times500}{\dfrac{2,500\times4,000^2}{6}}$$

$=-0.175\text{MPa}$(압축)

26 용어

인장지배단면

2018년 4회 해설 및 정답

01 친환경 시공계획서

가. 저에너지 건물 조성기술
나. 고효율 설비기술
다. 신 · 재생에너지 이용기술
라. 외부환경 조성기술
마. 에너지절감 정보기술

02 용어 설명

가. 프리텐션 공법 : 강현재에 인장력을 가한 상태로 콘크리트를 부어 넣고 경화 후 단부에서 인장력을 풀어주어 콘크리트에 스트레스트를 부여한다.
나. 포스트텐션 공법 : 덕트(쉬스관)을 설치하고 콘크리트를 경화시킨 뒤 덕트 구멍에 강현재를 삽입, 긴장시키고, 시멘트 페이스트로 그라우팅한 후 경화시킨 후 스트레스트를 부여한다.

03 용어 설명

가. 트래블링폼 : System 폼으로서 한 구간 콘크리트 타설 후 다음 구간으로 수평이동이 가능한 거푸집 공법
나. 슬립폼 : 시공이음 없이 연속으로 콘크리트를 타설하기 위한 수직 활동 거푸집 공법으로 Silo 등의 시공에 사용

04 용어 설명 – 종합건설업(제네콘)

프로젝트 발굴에서 설계, 시공 및 유지관리에 이르는, 즉 건축물 생애 전반의 과정을 일괄 추진할 수 있는 능력을 갖춘 종합 건설업체를 말함

05 철골 세우기 장비

가. 진폴
나. 가이데릭
다. 스티프레그데릭
라. 타워크레인
마. 트럭크레인

06 언더피닝의 정의와 공법

가. 정의 : 기존 건물 가까이에서 건축공사를 할 때 지하수위의 저하 또는 터파기 공사 등에 따른 인접 지반의 지내력 약화에 대한 지반 및 기초 보강공법
나. 종류
① 이중널 말뚝 설치
② 지정보강(현장타설 말뚝, 기성콘크리트 말뚝, 강재 말뚝 등 공법 가능)
③ 지반 개량(지반개량 공법 나열 가능)
④ 갱 피어 공법

07 거푸집 부속재

가. 간격재(스페이서)
나. 격리재(세퍼레이터)
다. 인서트철물
라. 긴결재(폼타이)

08 현장 절단 불가능한 유리의 종류

가. 강화유리
나. 유리블록
다. 이중(복층)유리

09 적산 – 콘크리트 부피와 중량

1) 기둥
① 부피 : $0.45 \times 0.6 \times 4 \times 50 = 54m^3$
② 중량 : $54 \times 2.4t = 129.6t$
2) 보
① 부피 : $0.3 \times 0.4 \times 1 \times 150 = 18m^3$
② 중량 : $18 \times 2.4t = 43.2t$

가. 부피 : $54 + 18 = 72m^3$
나. 중량 : $129.6 + 43.2 = 172.8t$

10 시멘트 응결시간에 영향을 주는 요인

가. 시멘트 성분 : 알루민산 삼석회의 성분이 많으면 응결이 빨라진다.
나. 시멘트 분말도 : 분말도가 크면 응결이 빨라진다.
다. 물의 양 : 물의 양이 적으면 응결이 빨라진다.
라. 온도 : 온도가 높으면 응결이 빨라진다.
마. 습도 : 대기 습도가 낮으면 응결이 빨라진다.
바. 혼화재료 : 응결경화촉진제를 사용하면 응결이 빨라진다.

11 철근 부식방지대책

가. 피복두께를 크게 한다.
나. 밀실한 콘크리트 타설
다. W/C를 작게 한다.
라. 염분 허용량 준수
마. 방청제 사용
바. 마감재 사용

12 녹막이를 칠하지 않는 부분

가. 콘크리트에 매입되는 부분
나. 조립에 의하여 맞닿는 면
다. 현장 용접하는 부분(용접부에서 100mm 이내)
라. 고장력 볼트 마찰 접합부의 마찰면
마. 밀착 또는 회전시키기 위한 기계 깎기 마무리면
바. 폐쇄형 단면을 한 부재의 밀폐된 면

13 조적조 구조제한

가. 10m　　　　　　나. $80m^2$

14 조적조 외벽 방수

가. 시멘트 액체 방수법을 이용하여 방수처리하는 방법
나. 수밀성(방수성능)이 있는 재료를 부착하여 처리하는 방법
다. 에폭시 수지 등의 도막방수 재료를 표면에 도포하는 방법

15 커튼월 시험항목

가. 수밀시험　　　　나. 기밀시험
다. 내풍압시험　　　라. 층간변위시험

16 공동도급의 장점

가. 융자력의 증대
나. 위험의 분산
다. 기술의 확충 · 강화 및 경험의 증대
라. 시공의 확실성

17 공정표 작성 및 여유시간

가. 네트워크 공정표

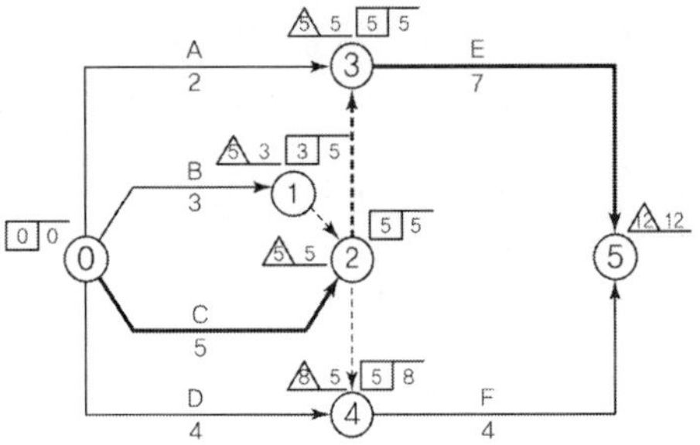

A
2
E
7
B
3
C
5
D
4
F
4

나. 작업의 여유시간

작업명	TF	FF	DF	CP
A	3	3	0	
B	2	2	0	
C	0	0	0	※
D	4	1	3	
E	0	0	0	※
F	3	3	0	

18 용어 – 콜드 조인트, 블리딩

가. 콜드 조인트(Cold Joint) : 콘크리트 시공과정 중 휴식시간 등으로 응결 시작된 콘크리트에 새로운 콘크리트를 이어 칠 때, 일체가 저하되어 생기는 줄눈
나. 블리딩(Bleeding) : 아직 굳지 않은 시멘트풀, 모르타르 및 콘크리트에서 물이 윗면에 스며 오르는 일종의 재료분리 현상

19 적산 – 레미콘 배차간격

가. 콘크리트 작업량 = 0.15 × 6 × 100 = $90m^3$
나. 레미콘 작업대수 = 90 ÷ 6 = 15대(그러므로 배차간격은 14회 발생)
다. 배차간격 = $\frac{8\times60}{14}$ = 34.286 ∴ 34분(절하)

20 목재 방부법

가. 표면탄화법 : 목재의 표면을 간단히 태워 균과 벌레를 없애는 방법
나. 일광직사법 : 목재를 30시간 이상 햇빛에 노출시키는 방법
다. 수침법 : 목재를 물속에 담가 균과 벌레가 기생하지 못하게 하는 방법
라. 피복법 : 목재를 다른 재료로 감싸는 방법
마. 방부제법 : 목재에 방부제를 칠하거나 주입하는 방법

21 용어 설명

가. 적산 : 공사에 필요한 재료, 품의 수, 즉 공사량을 산출하는 기술 활동
나. 견적 : 산출된 공사량에 단가를 곱하여 총공사비를 산출하는 기술 활동

22 트러스 부재력

① 상현재(F_1), 하현재(F_3)는 모멘트법을 적용하여 부재력 산출

$$\sum M_B = 0 \;:\; F_1(4) - 10(4) + (20-5)(8) = 0$$

$\therefore F_1 = -20\text{kN}$(압축)

$$\sum M_A = 0 \;:\; -F_3(4) + (20-5)(4) = 0$$

$\therefore F_3 = 15\text{kN}$(인장)

② 사재(F_2)는 전단력법을 적용하여 산출

$$\sum V = 0 \;:\; -\frac{1}{\sqrt{2}}F_2 + 20 - 5 - 10 = 0$$

$\therefore F_2 = 5\sqrt{2} = 7.07\text{kN}$(인장)

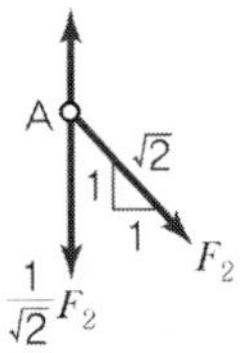

A
√2
1
1
F2
1/√2 F2

23 기둥 길이 구하기

(1) $I_x = \frac{b^3h}{12}$, $r = \sqrt{\frac{I}{A}} = \frac{b}{2\sqrt{3}}$

(2) 양단힌지 $l_k = kl = l\,(k=1.0)$

(3) $\lambda = \frac{l_k}{r_{\min}} = \frac{kl}{\frac{b}{2\sqrt{3}}} = \frac{2\sqrt{3}\,l}{b}$

$$l = \frac{\lambda \cdot b}{2\sqrt{3}} = \frac{(150)(150)}{2\sqrt{3}} = 6,495.19\text{mm} \fallingdotseq 6.5\text{m}$$

24 최대 휨모멘트 구하기

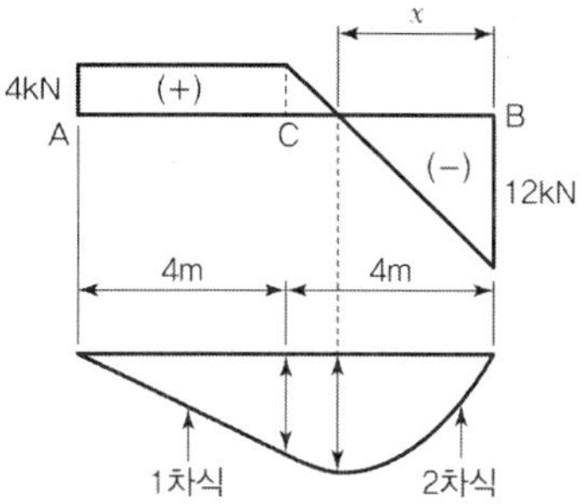

x
4kN
(+)
A
C
B
(−)
12kN
4m
4m
1차식
2차식

최대 휨모멘트는 전단력의 부호가 바뀌는 점이나 전단력이 0이 되는 점에서 일어난다.
그러므로 전단력도의 면적은 그 점의 휨모멘트와 같다.

$$\frac{x}{12} = \frac{4}{4+12} \rightarrow x = \frac{48}{16} = 3\text{m}$$

$$M_{max} = \frac{12 \times 3}{2} = 18\text{kN} \cdot \text{m}$$

25 단순보 총처짐량 구하기

(1) 총처짐 = 단기처짐 + 장기처짐

(2) 장기처짐계수$(\lambda) = \dfrac{\xi}{1+50\rho'} \rightarrow \dfrac{2.0}{1+50\times(0)} = 2.0$

(인장철근만 배근되어 있으므로 압축철근비는 0이 된다.)

(3) 장기처짐 = 단기처짐 × λ → 5 × 2 = 10mm

∴ 총처짐 = 5+10 = 15mm

26 순인장변형률 / 단면구간 판정

(1) $a = \dfrac{A_s f_y}{\eta(0.85 f_{ck})} = \dfrac{1,927 \times 400}{0.85 \times 24 \times 250} = 151.13\text{mm}$

(2) $c = \dfrac{a}{\beta_1} = \dfrac{151.13}{0.8} = 188.9125$

(3) 순인장변형률 $\varepsilon_t = 0.0033\left(\dfrac{d_t}{c} - 1\right)$

$$= 0.0033\left(\frac{450}{188.9125} - 1\right)$$

$$= 0.00465$$

$0.002 < \varepsilon_t (= 0.00465) < 0.005$ 이므로 변화구간단면

2017년 1회 해설 및 정답

01 기준점 설치 시 주의사항

가. 이동의 염려가 없는 곳에 설치
나. 지면에서 0.5~1.0m 높이의 공사에 지장이 없는 곳에 설치
다. 2개소 이상 설치

02 히빙파괴 방지대책

가. 흙막이벽의 근입장을 증가
나. 터파기 저면 지반개량
다. 이중 흙막이널 설치

03 콘크리트별 재령일

평균기온 \ 시멘트 종류	조강 포틀랜드 시멘트	보통포틀랜드 시멘트/ 고로슬래그 시멘트(1종)	고로슬래그 시멘트(2종)/ 포졸란 시멘트(2종)
20℃ 이상	2일	4일	5일
20℃ 미만 10℃ 이상	3일	6일	8일

가. 2일 나. 3일 다. 4일 라. 8일

04 Entrained Air의 목적

가. 단위수량 감소
나. 재료분리 감소
다. 동결융해 저항성 증대
라. 워커빌리티 개선

05 용어 설명 – 헛응결(False Set)

시멘트에 가수 후 10~20분 정도 경과되면 굳어졌다가 다시 묽어지고 이후 순조롭게 경화되는데 먼저 굳어진 것처럼 보이는 응결을 말한다.

06 콘크리트의 종류

가. 서머콘
나. 진공 콘크리트
다. 프리플레이스트 콘크리트

07 보강공법

가. 강재앵커
나. 강판붙임
다. 프리스트레스트법 도입

08 적산 – 배합비 재료량

(1) 단위수량
① $160kg/m^3$
② 용적 : $0.16m^3$
(2) 시멘트
① 중량 : 320kg(W/C : 50%)
② 용적 : $\dfrac{0.32}{3.15} = 0.102m^3$
(3) 공기량 : $0.01m^3$
(4) 골재 체적 : $1-(0.16+0.102+0.01)=0.728m^3$
(5) 잔골재
① 부피 : $0.728\times0.4=0.2912m^3$
② 중량 : $2.6\times0.2912\times1{,}000=757.12kg$
(6) 굵은 골재
① 부피 : $0.728\times0.6=0.4368m^3$
② 중량 : $2.6\times0.4368\times1{,}000=1{,}135.68kg$

가. 시멘트 중량 : $320kg/m^3$
나. 모래 중량 : 757.12kg
다. 자갈 중량 : 1,135.68kg

09 철근 정착길이

$$l_{db}=\frac{0.6\,d_b\,f_y}{\lambda\sqrt{f_{ck}}}=\frac{0.6\times22.2\times400}{\sqrt{30}}$$
$$=972.76\text{mm}$$

10 맞댐용접 · 필릿용접의 개략도

(1) 맞댐용접

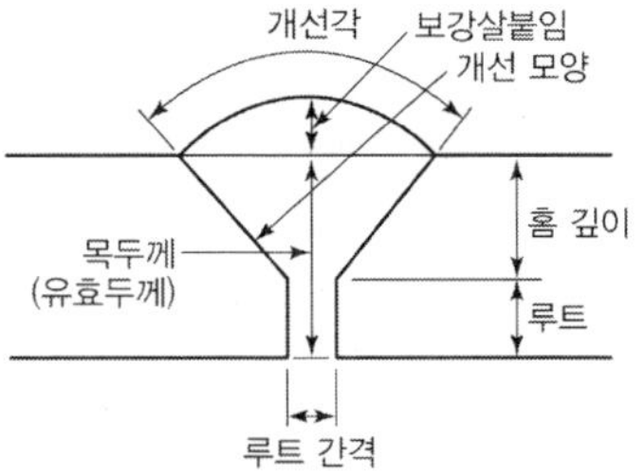

개선각
보강살붙임
개선 모양
홈 깊이
목두께
(유효두께)
루트
루트 간격

(2) 필릿용접

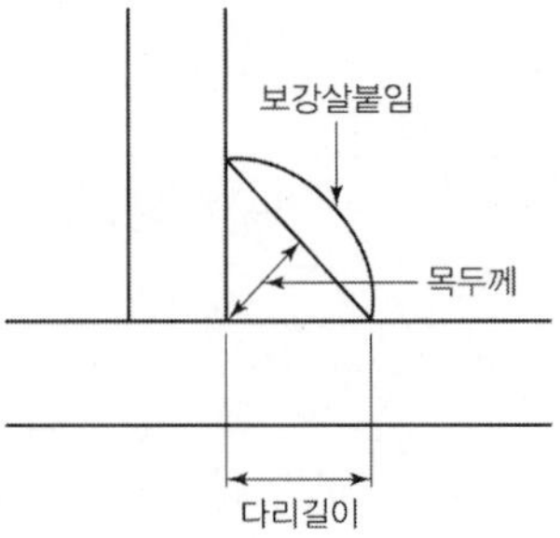

보강살붙임
목두께
다리길이

11 과대전류에 의한 용접결함

②, ⑤, ⑧

12 볼트설계 전단강도

$$\phi R_n = \phi F_{nv} A_b = 0.75 F_{nv} A_b$$
$$= \left(0.75 \times 450 \times \frac{\pi(22)^2}{4}\right) \times 4(\text{개}) = 513,179\text{N}$$
$$= 513.179\text{kN}$$

13 판폭두께비

가. 플랜지의 판폭두께비

$$\lambda_f = \frac{B/2}{t_f} = \frac{200/2}{13} = 7.69$$

나. 웨브의 판폭두께비

$$\lambda_w = \frac{H-2(t_f+r)}{t_w} = \frac{400-2(13+16)}{8} = 42.75$$

14 전단 연결 철물

스터드 볼트

15 영식 쌓기

한 켜는 길이, 다음 켜는 마구리를 반복하여 쌓는 방식으로 모서리에 이오토막이나 반반절을 사용하여 통줄눈을 방지한다.

16 지하실 바깥방수 시공순서

②-①-⑧-③-⑤-⑥-④-⑦

17 커튼월 분류

가. ③
나. ①
다. ②

18 용어 설명 – BOT 방식

사회간접시설을 민간부문이 주도하여 설계, 시공하고 일정기간 시설물을 운영하여 투자금액을 회수한 후 시설물과 운영권을 공공부문에 이전하는 방식

19 특성요인도

결과에 어떤 원인이 관계하는지를 알 수 있도록 작성한 그림

20 공정표 작성

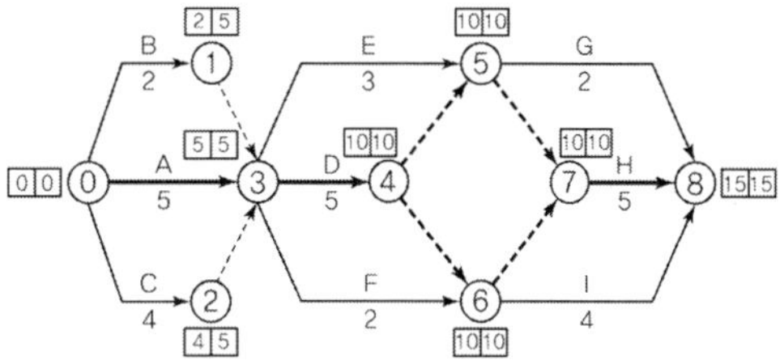

0 0
0
A 5
B 2
C 4
2 5
1
5 5
3
4 5
2
D 5
10 10
4
E 3
F 2
10 10
5
10 10
6
10 10
7
G 2
H 5
I 4
8
15 15

21 PERT 기법

$$T_e = \frac{4+4\times7+8}{6} = 6.67$$

22 용어 설명 – WBS

프로젝트의 모든 작업 내용을 계층적으로 분류한 작업분류체계

23 흙 되메우기 작업 시

가. 30cm
나. 95%

24 비산먼지 방지대책

가. 야적 물질 1일 이상 보관 시 방진덮개 설치
나. 1.8m 이상의 높이로 방진벽 설치
다. 비산먼지의 발생을 억제하기 위한 살수시설 설치

25 압축철근의 역할과 특징

가. 장기처짐 감소 : Creep 변형 억제
나. 연성의 증진
다. 철근조립의 편리 : 피복두께 유지

26 설계축하중 구하기

$$\phi P_{nw} = 0.55\phi f_{ck} A_g \left[1-\left(\frac{k \cdot l_e}{32h}\right)^2\right]$$
$$= 0.55(0.65)(24)(200)(2,000)\left[1-\left(\frac{0.8\times3,200}{32\times200}\right)^2\right]$$
$$= 2,882,880\text{N} = 2,882.88\text{kN}$$

2017

2017년 2회 해설 및 정답

01 용어 설명

가. 엔트랩트 에어 : 콘크리트 시공 시 자연적으로 내부에 혼입되는 공기
나. 엔트레인드 에어 : 콘크리트 시공 시 혼화재료 등의 투입과 같이 인위적으로 혼입되는 공기

02 타일의 박리원인

가. 구조체 바탕의 균열　　나. 구조체의 결함
다. 타일의 동해현상　　라. 모르타르 접착력 부족
마. 오픈 타임 미준수　　바. 타일시공 불량
사. 흡수율 높은 타일 사용

03 포틀랜드 시멘트의 종류

가. 보통 포틀랜드 시멘트
나. 조강 포틀랜드 시멘트
다. 중용열 포틀랜드 시멘트
라. 저열 포틀랜드 시멘트
마. 내황산염 포틀랜드 시멘트

04 시트 붙이기 순서

가. 프라이머　　나. 시트 붙이기　　다. 마무리

05 T/S 고력볼트의 부위별 명칭

가. 축부　　나. 나사부　　다. 핀테일

06 용어 설명 – BTL

공공시설물에 민간자본을 투입하여 시설물을 완성하고 권리를 이양한 후 임대료로 비용을 회수하는 방식

07 기초의 부동침하 대책

가. 지하실 설치　　나. 유효 기초 면적 증가
다. 복합기초 사용　　라. 지정으로 보강
마. 기초를 경질의 지반에 지지

08 용어 설명 – 아일랜드컷

흙막이를 설치하고 중앙부를 굴착하고 중앙부의 기초를 만들고 주변부를 굴착하고 주변부 기초를 만드는 공법

09 공개 입찰순서

⑦ → ① → ② → ⑥ → ③ → ⑤ → ④

10 특명입찰의 장단점

가. 장점 ① 공사의 기밀을 유지
② 입찰업무가 간단
③ 우량공사가 기대됨
나. 단점 ① 공사비 증대
② 초기공사금액 결정이 어려움
③ 시공자 독선 우려

11 철골공사 내화피복 재료

가. 타설 : 콘크리트, 경량 콘크리트
나. 조적 : 벽돌, 블록, ALC블록
다. 미장 : 시멘트 모르타르, 펄라이트 모르타르

12 토공장비 선정 시 고려사항

가. 지반상태　　나. 장비의 작업위치
다. 운반로 및 교통방안　　라. 전체 작업량
마. 장비의 작업능력(시공성)　　바. 경제성

13 용어 설명

가. 포스트텐션 : 덕트(쉬스관)을 설치하고 콘크리트를 타설한 후 덕트 내에 긴장재를 설치하고 그라우팅한 다음 스트레스트를 부여하는 방식
나. 프리텐션 : 긴장재를 설치하고 콘크리트를 타설, 양생한 후 스트레스트를 부여하는 방식

14 용어 설명

가. 복층유리 : 유리와 유리 사이에 진공상태를 만들거나 공기를 넣어 만든 유리
나. 배강도 유리 : 보통 판유리의 강도보다 2배 정도 크게 만든 유리

15 어스앵커 공법의 특징

가. 버팀대와 지주를 필요로 하지 않는다.
나. 대형 토공장비 투입이 가능하다.
다. 부정형 파기에서도 유효하다.
라. 부분 굴착시공도 가능하며 공기가 단축된다.
마. 시공비가 높으며, 앵커의 인발시험을 정확히 하여야 한다.
바. 불균등 토압에 적용이 가능하다.
사. 인접 지하시설물이 있는 경우 적용이 힘들다.
아. 시공 후 케이블을 제거하지 않으면 주변 지반이 오염될 수 있다.

16 커튼월 – 스팬드럴 방식

수평선을 강조하는 창과 스팬드럴의 조합으로 이루어지는 방식

17 예민비 구하기

$$\frac{\text{자연시료의 강도}}{\text{이긴 시료의 강도}}=\frac{8}{5}=1.6$$

18 계측기기

가. 워싱턴미터　　　　나. 피에조미터
다. 토압계　　　　　　라. 디스펜서

19 공기 단축

가. 표준 네트워크 공정표

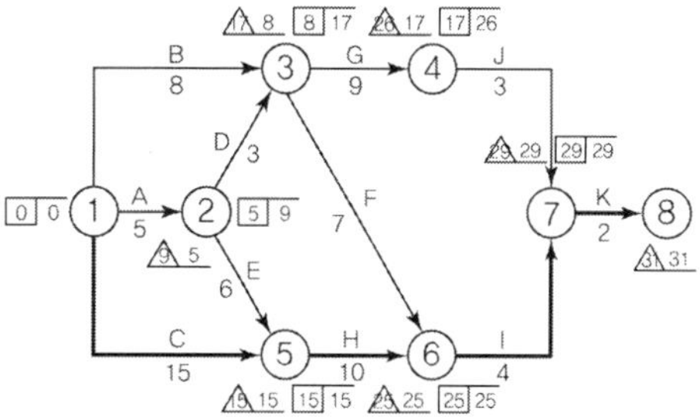

B 8
G 9
J 3
D 3
A 5
F 7
K 2
E 6
C 15
H 10
I 4

나. 공기 단축된 공정표

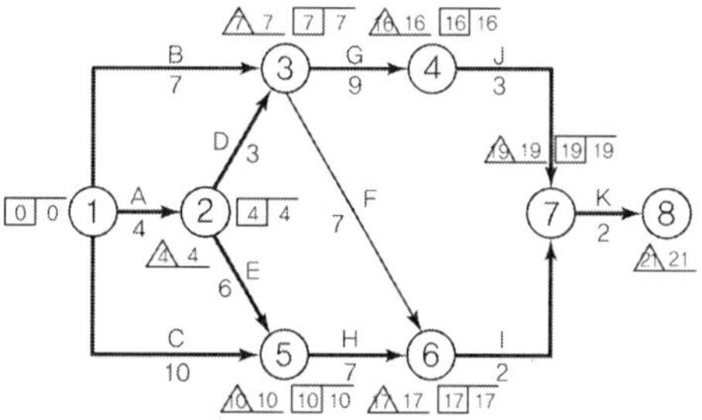

B 7
G 9
J 3
D 3
A 4
F 7
K 2
E 6
C 10
H 7
I 2

다. 공기 단축된 총공사비
1) 표준상태 총공사비 = 1,000,000원
2) 단축 시 증가 비용
① 1차 단축 H작업 3일 ∴ 8,500×3일 - 25,500원
② 2차 단축 C작업 4일 ∴ 9,000×4일 = 36,000원
③ 3차 단축 I 작업 2일 ∴ 9,500×2일 = 19,000원
④ 4차 단축
A작업 1일 ∴ 10,000×1 = 10,000원
B작업 1일 ∴ 15,000×1 = 15,000원
C작업 1일 ∴ 9,000×1 = 9,000원
∴ ①+②+③+④ = 114,500원

3) 단축 시 총공사비 = 1) + 2) = 1,114,500원

20 철골공사 중 앵커볼트 설치방법의 종류

가. 고정 매입　　　나. 가동 매입　　　다. 이동 매입

21 품질관리

가. 흡수율 $=\dfrac{3,950-3,600}{3,600}\times 100=9.72\%$

나. 겉보기밀도 $=\dfrac{3,600}{3,600-2,450}\times 1=3.13$

다. 표건상태의 밀도 $=\dfrac{3,950}{3,950-2,450}\times 1=2.63$

라. 절대건조상태의 밀도

$=\dfrac{3,600}{3,950-2,450}\times 1=2.40$

22 톱다운 공법

1층 바닥판을 선시공하여 작업장으로 활용이 가능하기 때문

23 기초 저항면적

(1) 위험단면의 둘레길이
$b_0=2(60+70)+2(60+70)=520\text{cm}$
(2) 위험단면의 면적 $A=b_0\times d=520\times 70=36,400\text{cm}^2$

24 콘크리트 탄성계수

(1) $E_c=8,500\sqrt[3]{F_{cm}}=8,500\sqrt[3]{F_{ck}+\Delta f}$
여기서, $f_{ck}\leq 40\text{MPa}:\Delta f=4$
$f_{ck}\geq 60\text{MPa}:\Delta f=6$
$40<f_{ck}<60$: 직선보간법
(2) $f_{ck}=30\text{MPa}\rightarrow\Delta f=4$
(3) $E_c=8,500\sqrt[3]{30+4}=27,536.7\text{MPa}$

25 단면계수

(1) $\dfrac{\pi D^2}{4}=a^2$으로부터 $D=\sqrt{\dfrac{4a^2}{\pi}}=1.128a$

(2) $Z_A=\dfrac{\pi}{32}D^3=\dfrac{\pi}{32}(1.128a)^3=0.141a^3$

$Z_B=\dfrac{1}{6}a^3$

(3) $Z_A:Z_B=1:1.182$

26 필릿용접에서의 용접유효길이(l_e)

① 계수하중 : 계수하중은 연직하중에 대한 하중계수를 적용하여 산정된 값 중 큰 값을 사용
$P_u=1.2D+1.6L=72\text{kN}$
$P_u=1.4D=28\text{kN}$
② 용접유효길이 : 계수하중에 대한 최소 용접길이를 산정하기 위하여 $P_u=\phi R_n$을 적용하면, 다음과 같이 식을 정리할 수 있다.
$P_u=\phi F_w A_w=\phi 0.6F_{uw}\times 0.7s\times l_e$

$$l_e=\frac{P_u}{\phi 0.6F_{uw}\cdot 0.7s}=\frac{72\times 10^3}{0.75\times 0.6\times 490\times 0.7\times 5}$$
$=93.29\text{mm}$

2017년 4회 해설 및 정답

01 용어 설명 – CFT

원형 또는 사각형의 강관 내에 고유동화 콘크리트를 충진하여 만든 구조

02 적산 – 쌍줄비계면적

$\{(18+13)\times 2+8\times 0.9\}\times 13.5=934.2\text{m}^2$

03 용어 설명

가. 알칼리 골재반응 : 시멘트의 알칼리 성분과 골재 중의 실리카, 탄산염 등의 광물이 화합하여 알칼리 실리카 겔이 생성 · 팽창되며 콘크리트에 균열, 조직붕괴가 일어나는 현상
나. 엔트랩트 에어 : 콘크리트를 비빌 때 자연적으로 함입되는 공기로서 비비는 콘크리트량의 1~2% 정도가 함입된다.
다. 배처 플랜트 : 콘크리트 비빔 시 사용되는 물, 시멘트, 골재 등을 자동 중량 계량하여 비벼내는 콘크리트 비빔기계 설치

04 용어

BTL

05 용어 설명 – 콘크리트 폭렬현상

화재 시 콘크리트 내부에서 고열로 생성된 수증기가 밖으로 분출되지 못해 수증기의 압으로 콘크리트가 떨어져 나가는 현상으로 고강도 콘크리트에서 많이 발생된다.

06 가스 압접

가. 강도가 상이할 때
나. 재질이 다를 때
다. 두 개의 철근 지름이 6mm를 초과하는 경우

07 네트워크 공정표에서 사용되는 더미

가. 넘버링 더미
나. 로지컬 더미
다. 커넥션 더미
라. 타임 랙 더미

08 용어 설명

가. 복층 유리 : 건조공기층을 사이에 두고 판유리를 이중으로 접합하여 테두리를 둘러 밀봉한 유리
나. 강화 유리 : 판유리를 열처리한 후 냉각공기로 급랭 강화시켜 판유리의 3~5배 정도 강도를 높인 유리

09 거푸집 관련 용어

가. 스페이서
나. 세퍼레이터
다. 컬럼밴드
라. 박리제

10 거푸집의 측압 증가 요인

가. 단면이 클 때
나. 부재의 높이가 높을 때
다. 타설속도가 빠를 때
라. 거푸집의 투수성이 낮을 때
마. 철근량이 적을 때
바. 온도가 낮을 때
사. 대기 습도가 높을 때
아. 진동기를 사용할 때
자. 비중이 큰 콘크리트일 때
차. 슬럼프 값이 클 때

11 용어 설명

가. 베인테스트
나. 아스팔트 컴파운드

12 용어 설명

가. 콜드 조인트 : 콘크리트 부어 넣기 등의 작업 중에 우연히 발생하는 불연속인 면
나. 조절 줄눈 : 콘크리트의 건조수축으로 인하여 발생되는 균열을 방지하기 위하여 콘크리트 면에 홈을 내 설치하는 줄눈

13 반죽질기 확인방법

가. 슬럼프시험　　나. 흐름시험
다. 비비시험　　라. 구관입시험
마. 리몰딩시험　　바. 낙하시험

14 가치공학의 기본 추진절차

마 → 가 → 라 → 나 → 사 → 다 → 아 → 바 → 자

15 알루미늄의 장점

가. 비중이 철에 비해 1/3로 가볍다.
나. 녹슬지 않고 수명이 길다.
다. 공작이 자유롭다.
라. 창호로 사용하면 여닫음이 쉽다.

16 시멘트의 분말도 시험방법

가. 브레인법
나. 체가름법

17 용어 설명 – 샌드 드레인

점토층에 모래말뚝을 형성한 후 간극수를 모래말뚝으로 탈수하여 지반을 개량하는 공법

18 용접접합부의 비파괴 시험

가. 방사선 투과검사　　나. 초음파 탐상법
다. 자기분말 탐상법　　라. 침투 탐상법

19 네트워크 공정표 – 일정계산 및 여유시간, 주공정선

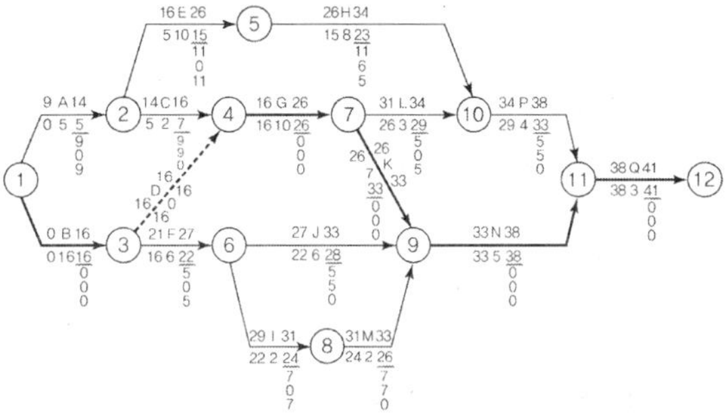

1
2
3
4
5
6
7
8
9
10
11
12
9 A 14
0 5 5
0 B 16
0 16 16
14 C 16
5 2 7
16 D 16
16 E 26
5 10 15
21 F 27
16 6 22
16 G 26
16 10 26
26 H 34
15 8 23
29 I 31
22 2 24
27 J 33
22 6 28
26 K 33
31 L 34
26 3 29
31 M 33
24 2 26
33 N 38
33 5 38
34 P 38
29 4 33
38 Q 41
38 3 41

작업명	EST	EFT	LST	LFT	TF	FF	DF	CP
A	0	5	9	14	9	0	9	
B	0	16	0	16	0	0	0	※
C	5	7	14	16	9	9	0	
D	16	16	16	16	0	0	0	※
E	5	15	16	26	11	0	11	
F	16	22	21	27	5	0	5	
G	16	26	16	26	0	0	0	※
H	15	23	26	34	11	6	5	
I	22	24	29	31	7	0	7	
J	22	28	27	33	5	5	0	
K	26	33	26	33	0	0	0	※
L	26	29	31	34	5	0	5	
M	24	26	31	33	7	7	0	
N	33	38	33	38	0	0	0	※
P	29	33	34	38	5	5	0	
Q	38	41	38	41	0	0	0	※

20 기대시간

$$t_e = \frac{t_o + 4 \times t_m + t_p}{6} = \frac{4 + 4 \times 5 + 6}{6} = 5\text{일}$$

21 톱다운 공법

가. 지하와 지상을 동시에 작업할 수 있어서 공기단축에 효과적이다.(전천후 작업)
나. 인접 건물 및 도로 침하를 방지 · 억제하는 가장 안전한 지하 터파기 공법이다.(흙막이 안전성이 높다)
다. 방축널로서 강성이 높게 되므로 주변 지반에 대한 악영향이 적다.
라. 부정형인 평면 형상이라도 굴착이 가능하다.
마. 1층 바닥을 먼저 축조한 후 그곳을 작업바닥으로 유효하게 이용할 수 있으므로 대지에 여유가 없는 경우에 유리하다.
바. 지보공에 대한 가설비용이 절감된다.
사. 정밀한 시공계획이 필요하다.
아. 지하공사 시 환기, 전기시설이 필수적이다.
자. 공사비 증가가 우려된다.
차. 수직부재와 수평부재의 이음부가 취약하다.

22 강관틀비계 수치

가. 8m
나. 6m

23 순단면적

$$A_n = A_g - n \cdot d \cdot t$$
$$= (200-7) \times 7 - 2 \times (20+2) \times 7$$
$$= 1{,}351 - 308 = 1{,}043\text{mm}^2$$

24 캔틸레버보의 반력 구하기

(1) $\Sigma H = 0 \rightarrow H_A = 0$

(2) $\Sigma V = 0 \rightarrow V_A - 2 \times 3 \times \frac{1}{2} = 0$

$\therefore V_A = 3\text{kN}(\uparrow)$

(3) $\Sigma M = 0 \rightarrow M_A = (3 \times 4) - 12 = 0$

$\therefore M_A = 0$

25 용접부 설계강도 구하기

(1) $\phi P_w = \phi F_w \cdot A_w$

$F_w = 0.6 F_{nw} = 0.6 \times 420 = 252\text{MPa}$

$A_w = l_e \times a = (L - 2S) \times 0.7S$

$= (200 - 2 \times 12)(0.7 \times 12)$

$= 1{,}478.4\text{mm}^2$

(2) 용접면이 2면이므로 $A_w \times 2 = 2{,}956.8\text{mm}^2$

(3) $\phi P_w = 0.75 \times 252\text{MPa} \times 2{,}956.8\text{mm}^2 \times 10^{-3}$

$= 558.84\text{kN}$

26 단면 2차 모멘트 구하기

$r = \sqrt{\frac{I}{A}}$ 로부터 $A = \frac{I}{r^2}$ 이므로

$$A = \frac{64{,}000}{\left(\frac{20}{\sqrt{3}}\right)^2} = 480\text{cm}^2$$

2017

2016년 1회 해설 및 정답

01 용어 설명 – 콘크리트 헤드(Concrete Head)

거푸집 수직부재에서 최종 타설된 콘크리트 면으로부터 최대 측압이 발생하는 곳까지의 수직거리

02 균형철근비 구하기

가. 균형철근비

$\beta_1 = 0.8(f_{ck} \le 28\text{MPa인 경우})$

$$\rho_b = 0.85\beta_1 \frac{f_{ck}}{f_y}\frac{660}{660+f_y}$$

$$= 0.85 \times 0.8 \times \frac{27}{300} \times \frac{660}{660+300}$$

$$= 0.042075$$

나. 최대 철근량

(1) 최대 철근비

$$\rho_{max} = 0.658\rho_b$$

$$= 0.658 \times 0.042075$$

$$= 0.0277$$

(2) 최대 철근량

$$A_s = \rho_{max} \cdot b \cdot d$$

$$= 0.0277 \times 500 \times 750$$

$$= 10.387.5\text{mm}^2$$

03 강관 충진 콘크리트의 정의와 장단점

가. CFT : 원형 또는 사각형의 강관기둥 내부에 고강도 콘크리트를 충진하여 만든 구조

나. 장점

① 휨 강성 증대

② 거푸집 불필요로 인한 공사비를 감소

다. 단점

① 고품질 콘크리트 요구

② 콘크리트 시공 확인이 어려움

04 적산 – 토량환산계수

가. 덤프트럭 1회 적재량

(1) 8t 트럭 적재량(자연상태)

$8\text{t} \div 1.8\text{t/m}^3 = 4.44\text{m}^3$

(2) 1대당 적재량(흐트러진 상태)

$4.44 \times 1.25 = 5.55\text{m}^3$

나. 필요 차량 대수

(1) 잔토처리량(흐트러진 상태)

$7{,}000 \times 1.25 = 8{,}750\text{m}^3$

(2) 필요한 차량대수

$8{,}750 \div 5.56 = 1{,}574.77$

∴ 1,575대

05 용어 설명 – Life Cycle Cost(LCC)

건축물의 초기 기획단계에서 설계, 시공, 유지관리, 해체에 이르는 일련의 과정에 소요되는 비용을 분석하는 원가관리기법

06 용어

실리카 퓸(흄)

07 커튼월의 분류

가. 구조형식에 의한 분류

① 패널방식　　② 샛기둥방식

나. 조립방식에 의한 분류

① Unit – Wall 방식　② Stick – Wall 방식

08 구조 – 휨모멘트도 / 전단력도

가. 반력구하기

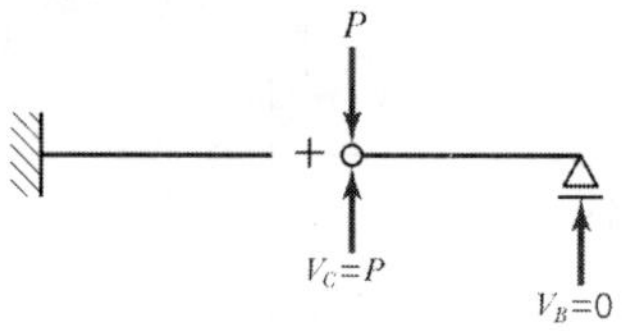

P
+
$V_C=P$
$V_B=0$

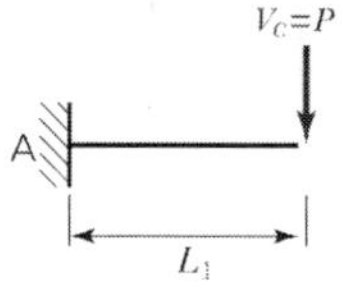

$V_C=P$
A
L_1

$$\sum V = 0 \rightarrow V_A - P = 0$$

$$V_A = P$$

$$\sum H = 0 \rightarrow H_A = 0$$

$$\sum H = 0 \rightarrow M_A = P \times L_1 + RM_A = 0$$

$$RM_A = -PL_1$$

나. 전단력도, 휨모멘트도

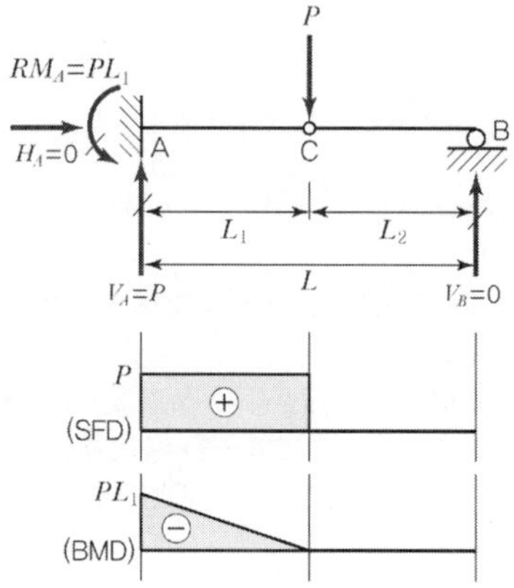

P
$RM_A=PL_1$
$H_A=0$
A
C
B
L_1
L_2
L
$V_A=P$
$V_B=0$
P
(SFD)
PL_1
(BMD)

09 철근이음 방식

가. 결속선이음(겹친이음)
나. 용접이음
다. 기계적 이음
라. 가스압접

10 긴장재의 종류

가. PC 강선
나. PC 강봉
다. PC 강연선(PC 꼬은 선)

11 말뚝의 간격

가. 2.5
나. 750

12 보 철근배치

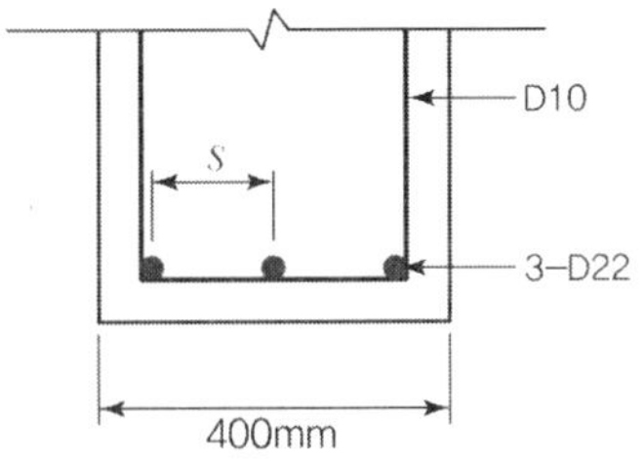
D10
S
3-D22
400mm

(1) 허용간격(s_a)

k_{cr} =210

C_c =40+10=50mm

(인장철근 표면과 콘크리트 표면 사이의 최소 두께)

$f_s = \frac{2}{3}f_y = \frac{2}{3}\times 400 =$266.7MPa

$s_1 = 375\left(\frac{k_{cr}}{f_s}\right) - 2.5C_c$

$= 375\left(\frac{210}{266.7}\right) - 2.5\times 50 = 170.31\text{mm}$

$s_2 = 300\left(\frac{k_{cr}}{f_s}\right) = 300\left(\frac{210}{266.7}\right)$=236.25mm

$s_a = [s_1,\ s_2]_{\min}$ =170.31mm

(2) 문제의 철근 중심간격(s)

$s = \frac{1}{2}\left[400 - 2\left(40+10+\frac{22}{2}\right)\right]$=139mm

(3) 적합 여부 판별

s_a(=170.31mm)>s(=139mm) – 적합

13 보링의 종류

가. 오우거 보링
나. 충격식 보링
다. 회전식 보링

14 프리팩트 콘크리트 종류

가. CIP 파일 나. MIP 파일
다. PIP 파일

15 N치에 따른 지반밀도

가. 0.2 이하 나. 0.2~0.4
다. 0.4~0.6 라. 0.8 이상

16 모멘트 분배율

$k_{OA} : k_{OB} : k_{OC} : k_{OD}$=2 : 3 : 4 : 1

$DF_{OA} = \frac{k_{OA}}{\sum k_i} = \frac{2}{2+3+4+1} = \frac{2}{10}$=0.2

17 용어 설명

가. AE 감수제
AE(Air Entraining Agent)제의 성능과 더불어 감수효과를 증대시킨 혼화제

나. Shrink mixed Concrete
믹싱 플랜트 고정믹서에서 어느 정도 비빈 콘크리트를 트럭믹서에 실어 운반 도중 완전히 비비는 것

18 흙막이 작용하는 토압

가. ⑤ 버팀대의 반력
나. ③ 주동토압
다. ① 수동토압

19 타일붙이기 공법

가. 떠붙이기 공법 나. 압착공법
다. 개량압착공법 라. 밀착(동시줄눈) 공법

20 목재의 난연처리

가. 대단면화 나. 피복법
다. 방화제법 라. 불연성도료칠

21 용어 설명

가. B.O.T(Build Operation Transfer) 방식
공공시설물의 건축을 활성화하기 위하여 민간자본을 유치하기 위한 방안으로서 민간자본에 의하여 건설된 시설물을 투자자가 일정기간 소요 · 운영한 뒤 시설물의 소유권을 발주자에게 이전하는 방식이다.

나. 파트너링(Partnering)
파트너링 방식 계약제도는 발주자가 직접 설계와 시공에 참여하여 발주자, 설계, 시공자와 프로젝트 관련자들이 하나의 팀으로 조직하여 공사를 완성하는 방식이다.

22 용어

Closed System

23 가설물 축조신고 시 구비서류

가. 가설건물 축조신고서
나. 토지주의 사용허가서
다. 건축물 현황도

24 공정-공기단축

가. 표준 네트워크 공정표

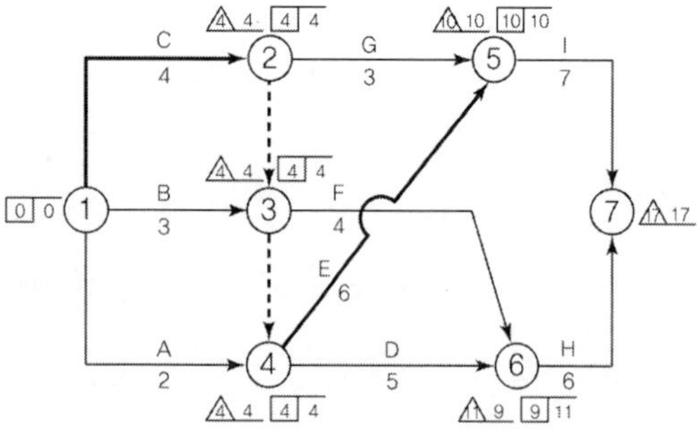

C 4
G 3
I 7
B 3
F 4
E 6
A 2
D 5
H 6
17

나. 공기단축 네트워크 공정표

(1) 공기단축

명	비용구배	단축가능일수	1차	2차	3차	4차	5차	6차
A	50,000	1						
B	40,000	1				1		
C	30,000	2		1		1		
D	20,000	2			1		1	
E	10,000	3	2		1			
F	15,000	2					1	
G	23,000	1						
H	37,000	3						1
I	45,000	3					1	1

(2) 공기단축 시 증가 비율

① 1차 단축 E작업 2일 단축
∴ 2×10,000=20,000원
② 2차 단축 C작업 1일 단축
∴ 1×30,000=30,000원
③ 3차 단축 D작업 1일 단축
∴ 1×20,000=20,000원
3차 단축 E작업 1일 단축
∴ 1×10,000=10,000원
④ 4차 단축 B작업 1일 단축
∴ 1×40,000=40,000원
4차 단축 C작업 1일 단축
∴ 1×30,000=30,000원
⑤ 5차 단축 D작업 1일 단축
∴ 1×20,000=20,000원
5차 단축 F작업 1일 단축
∴ 1×15,000=15,000원
5차 단축 I작업 1일 단축
∴ 1×45,000=45,000원
⑥ 6차 단축 H작업 1일 단축
∴ 1×37,000=37,000원
6차 단축 I작업 1일 단축
∴ 1×45,000=45,000원
∴ ①+②+③+④+⑤+⑥=312,000원

(3) 공기단축된 공정표(전부가 주공정선임)

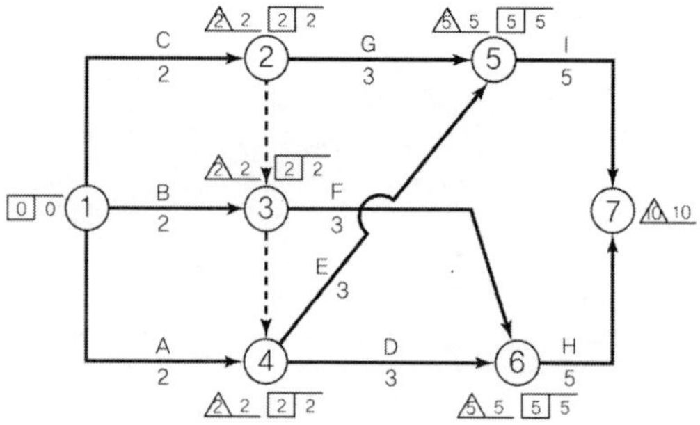

C 2
G 3
I 5
B 2
F 3
E 3
A 2
D 3
H 5
10

25 모살용접 부위의 설계강도(ϕP_w)-KBC 2016 기준 해설

$\phi P_w = \phi F_w \cdot A_w = 0.75(0.6 \cdot F_{nw})(a \cdot l_e)$

(1) $a = 0.7s = 0.7 \times 6 = 4.2\text{mm}$

(2) $l_e = 2(l - 2s) = 2(150 - 2 \times 6) = 276\text{mm}$

(3) $\phi P_w = 0.75 \times 0.6 \times 420 \times 4.2 \times 276 \times 10^{-3}$
$= 219.09\text{kN}$

26 골재가 갖추어야 할 조건

가. 소요강도 충족
나. 입도, 입형이 좋을 것
다. 재료 분리가 일어나지 않을 것
라. 불순물을 함유하지 않은 것

27 용어 설명-샌드 드레인

점토지반에 모래말뚝을 형성하여 지반의 간극수를 모래를 통해 제거하는 지반 개량공법

2016년 2회 해설 및 정답

01 혼화재료 – 착색제

가. ④ 나. ⑤
다. ③ 라. ⑥

02 멤브레인 방수 – 영문표기법

가. 아스팔트방수 나. 시트방수
다. 개량형 아스팔트방수 라. 도막방수

03 적산 – 규준틀

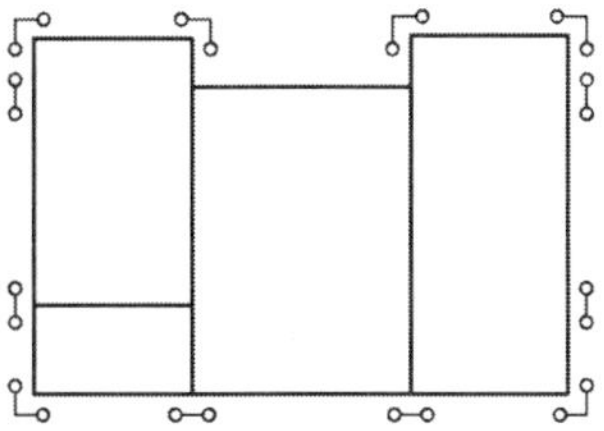

가. 6개소
나. 6개소

04 적산 – 토공장비

(1) 1회 작업량 = 0.6×0.7×0.9 = 0.378m^3
(2) 총 작업횟수 = 2,000÷0.378 = 5,291.01
∴ 5,292회
(3) 2대 작업횟수 = 5,292÷2대 = 2,646회
(4) 작업완료시간 = $\dfrac{2,646\times15}{60}$ = 661.5시간

05 최대 모멘트 / 균열모멘트

가. 사용하중에 의한 보의 최대 모멘트(M_{max})
단순보로 고려
$M_{max}=\dfrac{wl^2}{8}=\dfrac{5\times12^2}{8}$ = 90kN · m

나. 균열발생 여부 검토
(1) 균열모멘트 $M_{cr}=f_r\cdot Z$
① $f_r=0.63\lambda\sqrt{f_{ck}}=0.63\times1\times\sqrt{24}$ = 3.086MPa
($\lambda=1$: 보통중량의 콘크리트)
② $z=\dfrac{bh^2}{6}=\dfrac{200\times600^2}{6}$ = 12×10^{6}mm^3
∴ $M_{cr}=f_r\cdot z$ = 3.086×(12×10^6)
= 37.036×10^{6}N · mm = 37.04kN · m

(2) 균열검토
M_{max} (= 90kN · m) > M_{cr} (= 37.04kN · m)
→ 균열 발생

06 한중콘크리트

① 5 ② 60

07 용어 설명

가. 슬라이딩 폼(Sliding Form)
콘크리트를 부어 넣으면서 거푸집을 연속적으로 끌어올려 Silo, 굴뚝 등 단면 형상의 변화가 없는 구조물에 사용되는 거푸집

나. 터널 폼(Tunnel Form)
벽과 바닥의 콘크리트 타설을 일체화하기 위한 ㄱ자 또는 ㄷ자형의 기성재 거푸집으로 아파트공사에 주로 사용되는 거푸집

08 바니시 칠

다 → 라 → 가 → 나

09 철골보 처짐

$W=W_D+W_L$ = 10 + 18 = 28kN/m = 28N/mm

$$\delta_{max}=\frac{5wl^4}{384EI}$$
$$=\frac{5\times28\times(7,000)^4}{384\times(205,000)\times(47,800\times10^4)}$$
$$=8.933\text{mm}$$

10 금속재 바탕처리법

가. 용제에 의한 방법
나. 인산피막법(파커라이징법, 본더라이징법)
다. 워시프라이머법(에칭프라이머법)

11 적산 – 목재 운반 대수

(1) 목재의 부피 = 300,000才÷300才 = 1,000m^3
(∵ 1m^3 = 300才)
(2) 목재를 중량으로 환산 = 1,000×0.8 = 800t
(3) 목재 6t을 부피로 환산 = $\dfrac{6}{0.8}$ = 7.5m^3 (○)
(4) 목재 9.5m^3 중량으로 환산 = 0.8×9.5 = 7.6t (×)
∵ 트럭 9.5m^{3}의 용량에 목재를 9.5m^3 싣는 경우 중량이 초과된다.
(5) 1,000m^3 ÷ 7.5m^3 = 133.3
∴ 134대

2016

12 단열공법의 종류

가. 외벽 단열공법
나. 내벽 단열공법
다. 중공벽 단열공법

13 압축응력도 변형률 구하기

가. 압축응력도 $\sigma=\dfrac{P}{A}=\dfrac{1,000\times10^3}{100\times100}$
$=100\text{N/mm}^2=100\text{MPa}$

나. 변형률 $\varepsilon=\dfrac{\delta}{l}=\dfrac{1,000-990}{1,000}=0.01$

다. 탄성계수 $E=\dfrac{\sigma}{\varepsilon}=\dfrac{100}{0.01}=10^4\text{N/mm}^2=10^4\text{MPa}$

14 히스토그램 작성순서

⑥ → ④ → ⑤ → ③ → ② → ①

15 역타설공법의 장점

가. 지하와 지상을 동시에 작업할 수 있어서 공기단축에 효과적이다.(전천후 작업)
나. 인접 건물 및 도로 침하를 방지 · 억제하는 가장 완전한 지하터파기공법이다.(흙막이 안전성이 높다)
다. 방축널로서 강성이 높게 되므로 주변 지반에 대한 악영향력이 적다.
라. 부정형인 평면 형상이라도 굴착이 가능하다.
마. 1층 바닥을 먼저 축조한 후 그곳을 작업바닥으로 유효하게 이용할 수 있으므로 대지에 여유가 없는 경우에 유리하다.
바. 지보공에 대한 가설비용이 절감된다.

16 내화피복공법의 종류 – 습식공법

가. 조적공법
나. 타설공법
다. 미장공법
라. 뿜칠공법

17 폴리머 콘크리트의 특성을 보통콘크리트와 비교

가. 부재단면의 축소와 경량화가 가능하다.
나. 내열성이 약하고 경화 시 수축성이 작다.
다. 골재와의 접착성이 좋다.
라. 우수한 내약품성이 있다.

18 공정 – 공기단축

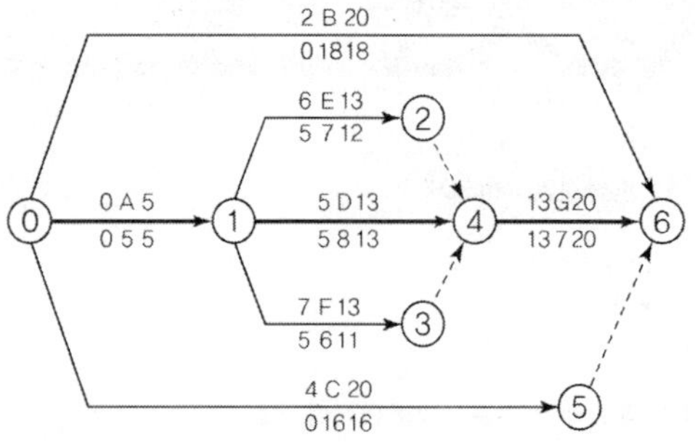
2 B 20
0 18 18
6 E 13
5 7 12
0 A 5
0 5 5
5 D 13
5 8 13
13 G 20
13 7 20
7 F 13
5 6 11
4 C 20
0 16 16

가. 표준 네트워크 공정표

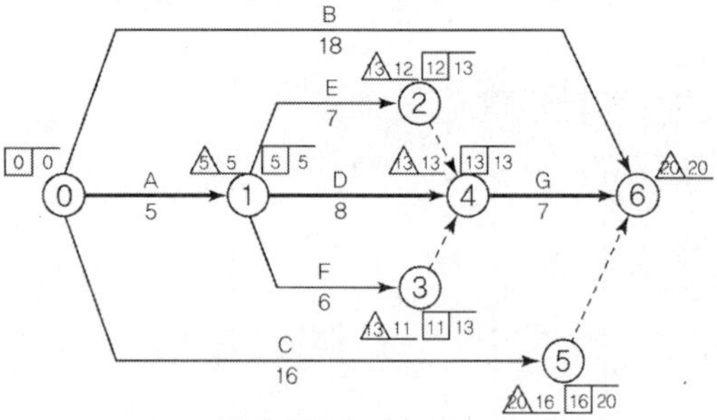
B
18
E
7
A
5
D
8
G
7
F
6
C
16

나. 정상 공기 시 총공사비
=170,000+300,000+320,000+200,000+110,000
+120,000+150,000
=1,370,000원

다. 공기 단축 시 총공사비

(1) 데이터 정리

CP	명	단축 가능 일수	비용구배	1차	2차	3차	4차
※	A	1	40,000				1
※	B	5	30,000			1	1
	C	4	40,000				
※	D	2	30,000	1			
※	E	1	30,000				
	F	2	40,000				
※	G	2	35,000		1	1	

(2) 공기단축

① 1차 단축 : 주공정선 중에서 비용구배가 가장 적은 D작업에서 1일 단축, E작업이 주공정선으로 추가
∴ 1×30,000=30,000원

② 2차 단축 : G작업에서 1일 단축, B작업이 주공정선으로 추가
∴ 1×35,000=35,000원

③ 3차 단축 : B작업에서 1일
∴ 1×30,000=30,000원
G작업에서 1일
∴ 1×35,000=35,000원

④ 4차 단축 : A작업에서 1일
∴ 1×40,000 = 40,000원
B작업에서 1일
∴ 1×30,000 = 30,000원
C작업 주공정선 추가

∴ 총 증가비용 = ① + ② + ③ + ④ = 200,000원

공기단축 시 총공사비 = 1,370,000 + 200,000
= 1,570,000원

19 용어

Delay Joint(줄눈대)

20 적산 - 레미콘 펌핑

(1) 면적 = $\frac{\pi D^2}{4} = \frac{3.14 \times 0.18 \times 0.18}{4} = 0.0254\text{m}^2$

(2) 1회 작업량 = 0.0254×1×0.9 = 0.02286m^3

(3) 1분 작업량 = 0.02286×24 = 0.54864m^3

(4) 1차 작업시간 = 7÷0.54864 = 12.76분
∴ 12분

21 용어

면진 구조

22 용어 설명

가. 엔드탭(End Tab)
용접 결함이 생기기 쉬운 용접 시작 부분이나 끝 부분에 설치하는 보조 부재

나. 스캘럽(Scallop)
철골부재 용접 시 이음 및 접합부 위의 용접선이 교차되어 재용접된 부위가 열영향을 받아 취약해지기 때문에 모재에 부채꼴 모양의 모따기를 한 것

23 T - 부재력

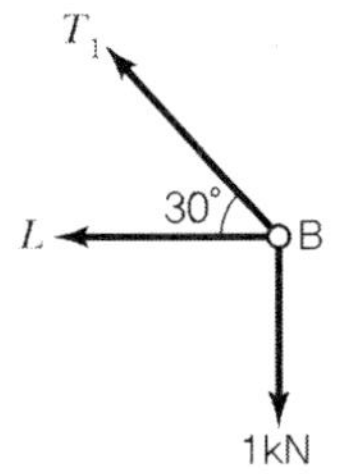

T1
30°
L
B
1kN

$\Sigma F_y = 0(\uparrow \oplus)$

$T_1 \cdot \sin 30° - 1 = 0$

∴ T_1 = 2kN(인장)

24 철근의 간격

가. 25
나. 1.0배

25 점토지반개량공법

가. 공법 제시
① 샌드 드레인
② 페이퍼 드레인

나. 샌드 드레인 : 점토지반에 모래를 삽입하여 지반 내의 간극수를 모래를 통해서 제거하는 방법

26 커튼월 시험

가. 기밀시험 나. 수밀시험
다. 풍압시험 라. 층간변위시험

27 EVMS

가. ⑦
나. ⑥
다. ⑤

2016

2016년 4회 해설 및 정답

01 용어 설명 – 목재 접합

가. 이음 : 두 부재를 길이 방향으로 길게 접합하는 것
나. 맞춤 : 두 부재를 서로 직각 또는 일정한 각도로 접합하는 것

02 타일 박리·박락 원인

가. 구조체 균열
나. 동해에 의한 팽창
다. 바름바탕 불량
라. 붙임 모르타르 불량

03 적산 – 온통파기

1. 온통파기

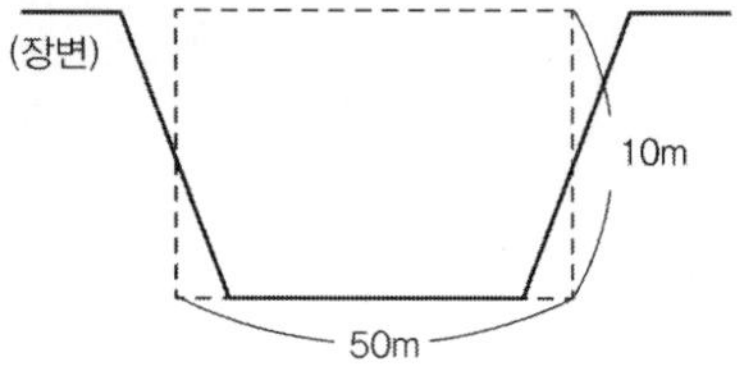

(장변)
10m
50m

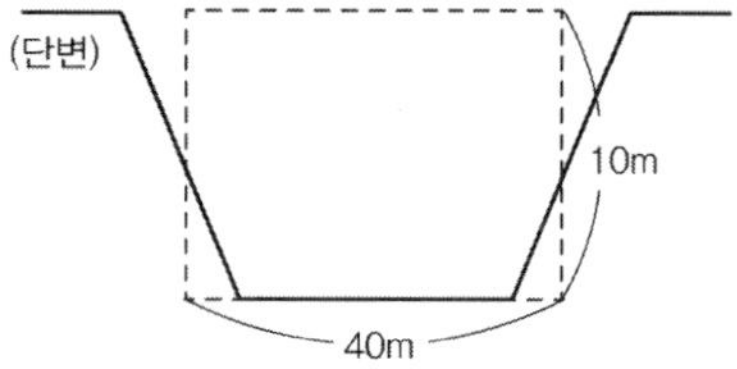

(단변)
10m
40m

가. 터파기량 = 50×40×10 = 20,000m³
나. 운반대수
① 운반량 = 20,000×1.3 = 26,000m³
② 운반대수 = 26,000÷12 = 2,166.67 ∴ 2,167대
다. 성토높이(다짐상태)
① 터파기량을 다짐상태로 부피 환원
20,000×0.9 = 18,000m³
② 성토높이 = 18,000÷5,000 = 3.6m

2. 독립기초 공식 사용

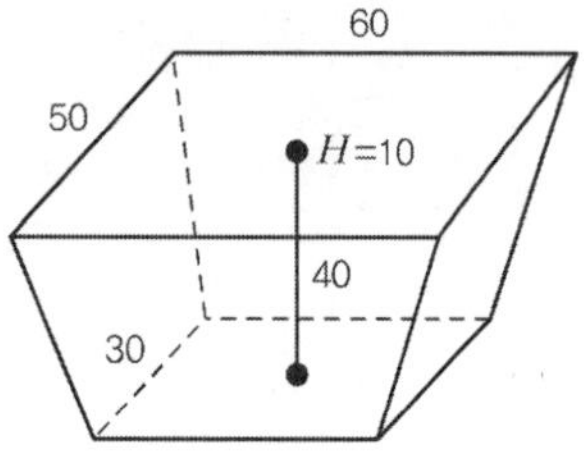

60
50
H=10
40
30

$a=60,\ b=50$
$a'=40,\ b'=30$
$H=10$

가. 터파기량 $= \frac{H}{6}\{(2a+a')\times b+(2a'+a)\times b'\}$

$= \frac{10}{6}\{(2\times 60+40)\times 50 + (2\times 40+60)\times 30\}$

$= 20,333.33\text{m}^3$

나. 운반대수
① 운반량 = 20,333.33×1.3 = 26,433.33m³
② 운반대수 = 26,433.33÷12 = 2,202.77
∴ 2,203대
다. 성토높이(다짐상태)
① 터파기량을 다짐상태로 환산 = 20,333.33×0.9
= 18,299.99m³
② 성토높이 = 18,299.99÷5,000 ≒ 3.66m

04 모접기 종류

실모, 둥근모, 쌍사모, 게눈모, 큰모, 평골모, 실오리모, 티미리, 빰접기, 둥미리

05 녹막이용 도장재료

가. 광명단 도료　　　나. 알루미늄 도료

06 복근보 – 처짐량

$\rho' = \frac{A_s'}{bd} = \frac{1,000}{400\times 500} = 0.005$

$\lambda = \frac{\xi}{1+50\rho'} = \frac{2}{1+(50\times 0.005)} = 1.6$

$\delta_L = \lambda\delta_i = 1.6\times 20 = 32\text{mm}$

$\delta_T = \delta_i + \delta_L = 20+32 = 52\text{mm}$

07 용어 설명 – 기준점

건축물 시공 시 기준위치를 정하는 원점으로 공사 중 높이의 기준이 되는 것

08 세로규준틀

가. 개구부 치수 및 위치
나. 쌓기 단수 및 높이
다. 앵커, 매입철물의 위치
라. 테두리보, 인방보의 위치

09 용어 설명

가. 전단연결재(Shear Connector) : 전단연결철물이라고 하며 하프슬래브 및 데크 플레이트 등에 사용되는 전단보강 철물
나. 거싯 플레이트(Gusset Plate) : 기둥과 보를 연결시켜 주는 판
다. 데크 플레이트(Deck Plate) : 아연도금 철판을 절곡시켜 만든 판으로 철골공사에서 콘크리트 타설 시 거푸집 대용으로 사용

10 석고보드 특징

가. 장점
　① 방화성능, 단열성능 우수
　② 시공이 용이함, 공기단축 가능
나. 단점
　① 습기에 취약, 지하공사나 덕트 주위에 사용금지
　② 접착제 시공 시 온도, 습도변화에 민감하여 동절기 사용이 어려움
※ 기타 : 못 사용 시 녹막이 필요, 충격강도에 취약 등

11 용어 설명 – 건설계약방식

가. B.O.T(Build Operate Transfer) 방식 : 사회간접시설의 확충을 위해서 민간자본으로 시설물을 완성(Build)하고, 그 시설을 일정 기간 동안 운영(Operation)하여 투자자금을 회수한 후 발주자에게 그 시설을 양도(Transfer)하는 방식
나. 파트너링(Partnering) 방식 : 발주자가 직접 설계와 시공에 참여하여 발주자, 설계, 시공자와 프로젝트 관련자들이 하나의 팀으로 조직하여 공사를 완성하는 방식

12 플라이애시 시멘트의 특징

가. 시공연도를 증대시키며 사용수량을 감소시킬 수 있다.
나. 초기강도는 다소 떨어지나 장기강도는 증가한다.
다. 수밀성이 좋으므로 수리구조물에 적합하다.
라. 수화열이 적고 건조수축이 적다.
마. 해수에 대한 내화학성이 크다.

13 단순보 – 전단응력도

(1) 최대 전단력
$$V_{max} = 100\text{kN} = 100,000\text{N}$$
(2) 단면적
$$A = 300 \times 500 = 150,000\text{mm}^2$$
(3) 최대 전단응력
$$v_{max} = k\frac{V_{max}}{A} = 1.5 \times \frac{100,000}{150,000} = 1\text{N/mm}^2 = 1\text{MPa}$$

14 콘크리트 타설 시 현장 가수로 인한 문제점

가. 콘크리트의 강도저하
나. 재료분리현상 유발
다. 수분의 상승에 따른 콘크리트 강도의 불균일성
라. 수밀성 저하
마. 응결 지연
바. 건조수축률의 증대
사. Creep 증대
아. 철근부식의 촉진
자. 탄성변형량 증대

15 용접부 검사항목(작업 전, 중, 후)

가. ①, ④, ⑦　　나. ②, ③, ⑧　　다. ⑤, ⑥

16 시멘트 성분

가. 주요 화합물
　① $2CaO \cdot SiO_2$(규산이석회)
　② $3CaO \cdot SiO_2$(규산삼석회)
　③ $3CaO \cdot Al_2O_3$(알루민산삼석회)
　④ $4CaO \cdot Al_2O_3 \cdot Fe_2O_3$(알루민산철사석회)
나. 콘크리트의 28일 이후의 장기강도에 관여하는 화합물
　$2CaO \cdot SiO_2$(규산이석회)

17 슬러리월(Slurry Wall)

가. 벤토나이트 안정액　나. 철근망
다. 콘크리트

18 공정 – 공기단축

1. 공정표 작성

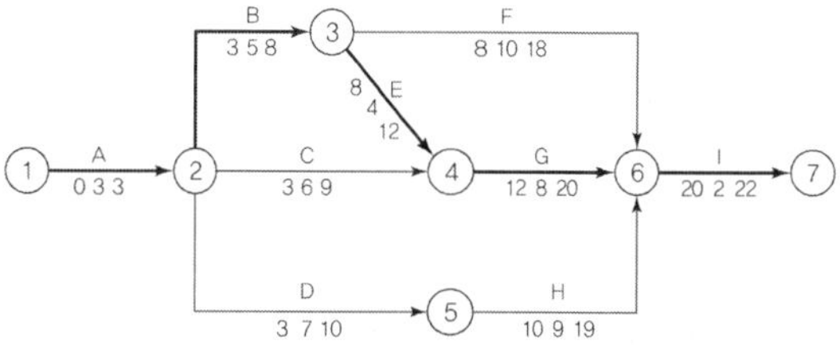

B
3 5 8
F
8 10 18
8
E
4
12
A
0 3 3
C
3 6 9
G
12 8 20
I
20 2 22
D
3 7 10
H
10 9 19
1
2
3
4
5
6
7

2. Data 정리

CP	작업	비용구배(원)	단축가능일수	1차	2차
※	A				
※	B	1,000	2		2
※	C	1,500	2		
※	D	3,000	3		2
※	E	500	1	1	
	F	1,000	4		
※	G	2,000	3		
※	H	4,000	2		
※	I				

3. 공기단축 및 비용
　(1) 1차 단축 E작업에서 1일 ∴ 1×500=500원
　(2) 2차 단축 B작업에서 2일 ∴ 2×1,000=2,000
　　　　　　 D작업에서 2일 ∴ 2×3,000=6,000
　(3) 증가비용 (1)+(2)=8,500
　(4) 공기단축 시 총공사비
　　① 표준비용=69,000
　　② 증가비용=8,500
　∴ ①+②=77,500원

4. 공기 단축된 공정표

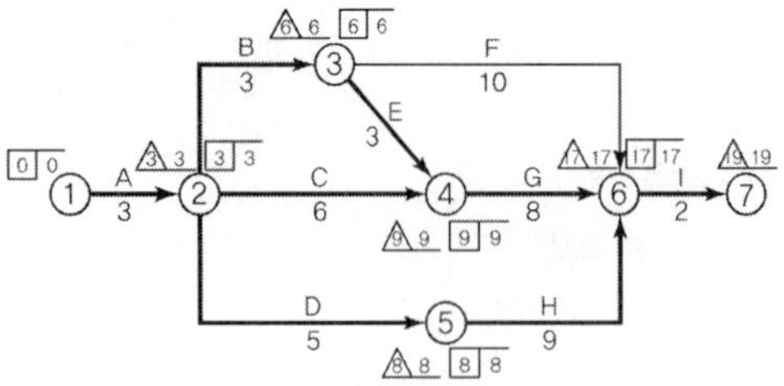

A
3
B
3
C
6
D
5
E
3
F
10
G
8
H
9
I
2

19 함수율 증감에 따른 강도변화

① 섬유포화점 이상에서는 강도가 일정하다.
② 섬유포화점 이하에서는 함수율이 낮을수록 강도는 증대한다.

20 반력 구하기

(1) $\Sigma H=0 \quad H_A+H_B=0$

(2) $\Sigma V=0 \quad P=V_A+V_B$

(3) $\Sigma M_B=0$

$V_A \times 4\text{m} - 6 \times 3 = 0$

$\therefore\ V_A=4.5\text{kN}(\uparrow),\ V_B=1.5\text{kN}(\uparrow)$

(4) $\Sigma M_C=0$

$V_A \times 2\text{m} - H_A \times 3\text{m} - 6 \times 1 = 0$

$\therefore\ H_A=1\text{kN}(\rightarrow),\ H_B=1\text{kN}(\leftarrow)$

21 목재 방부처리법

가. 표면탄화법
나. 일광직사법
다. 수침법
라. 피복법
마. 방부제법

22 고력볼트 마찰면

가. 기름 제거
나. 녹 제거
다. 밀스케일 제거
라. 틈새 발생 시 필러 끼움

23 보링의 종류

가. 수세식 보링(Wash Boring)
나. 충격식 보링(Percussion Boring)
다. 회전식 보링(Rotary Boring)

24 제자리 콘크리트말뚝

가. 컴프레솔 파일(Compressol Pile)
나. 심플렉스 파일(Simplex Pile)
다. 레이몬드 파일(Raymond Pile)
라. 페데스탈 파일(Pedestal Pile)
마. 프랭키 파일(Franky Pile)
바. 베노토 공법
사. 역순환(RCD) 공법
아. 어스 드릴 공법
자. PIP 공법
차. CIP 공법
카. MIP 공법

25 용어 설명(균열보수법)

가. 표면처리법 : 보통 진행 정지된 0.2mm 이하의 경미한 균열에 폴리머시멘트나 Mortar로 보수하는 방법
나. 주입공법 : 주입구멍을 천공하고 주입 파이프를 20~30cm 간격으로 설치하여 깊이 20mm 정도로 저점도의 에폭시 수지를 밀봉제로 주입하는 공법이다.

26 강도 감소 계수

① 최외단 인장철근의 변형률 : $0.002 < \varepsilon_t(\varepsilon_t=0.004)$ 0.005이므로 변화구간 단면의 부재이다.

②

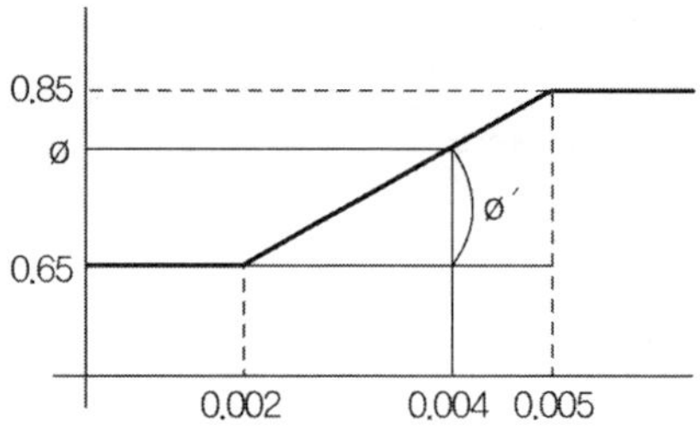

0.85
ø
ø'
0.65
0.002
0.004
0.005

$\phi = 0.65 + \phi'$

$0.0033 : 0.2 = 0.002 : \phi'$

$\phi' = \dfrac{0.2 \times 0.002}{0.0033} \fallingdotseq 0.1212$

$\phi = 0.65 + 0.1212 = 0.7712$

2015년 1회 **해설 및 정답**

01 부동침하 방지대책

가. 기초를 경질지반까지 지지
나. 마찰말뚝 사용
다. 지하층 설치(온통기초 사용)
라. 복합기초 사용(기초 전부 긴결)

02 철근량 산출

(1) 주근(D22) : $\{3.6+25\times0.022+10.3\times0.022\times2\}\times4$
$=18.41\text{m}\times3.04$
$=55.97\text{kg}$

(2) 주근(D19) : $\{3.6+25\times0.019+10.3\times0.019\times2\}\times8$
$=35.73\text{m}\times2.25$
$=80.39\text{kg}$

∴ (1)+(2) = 136.36kg

03 용어 설명

가. 물－시멘트비 : 모르타르나 콘크리트에서 골재가 표면건조 포화상태에 있을 때에 반죽 직후 물과 시멘트의 질량비
나. 아스팔트침입도 : 25℃, 100g 5초간 침의 관입을 말하는 것으로 아스팔트 양, 부를 파악하는 데 사용

04 전단강도 공식

$S=C+\sigma\tan\phi$
여기서, S : 흙의 전단강도
$\tan\phi$: 마찰계수
C : 진흙의 점착력
σ : 파괴면에 수직인 힘(수직응력)

05 용어－SPS 공법

영구버팀대(Strut as Permanent System)

06 단면 2차 모멘트의 비

$$I_x=\frac{bh^3}{3},\ I_y=\frac{b^3h}{3}$$

$$\frac{I_x}{I_y}=\frac{bh^3}{b^3h}=\frac{h^2}{b^2}=\frac{(600\times600)}{(300\times300)}=4$$

07 방부 · 방충법

가. 일광직사	나. 표면탄화
다. 피복법	라. 방부제법

08 강관 파이프 비계의 연결철물 종류와 기둥 하단 설치 철물

가. 연결철물 종류 : 자재형 클램프, 고정형 클램프
나. 기둥 하단 설치 철물 : 베이스 플레이트

09 수량 산출

1) 옥상 방수 면적(m^2)
① 바닥 $=11\times7-4\times2=69\text{m}^2$
② 파라펫 $=(11+7)\times2\times0.43=15.48\text{m}^2$
∴ ①+② $=84.48\text{m}^2$

2) 누름 콘크리트량(m^3)
$69\times0.08=5.52\text{m}^3$

3) 보호벽돌 소요량(장)
$\{(11-0.09)+(7-0.09)\}\times2\times0.35\times75\times1.05=982.3$
∴ 983장

10 세로규준틀

가. 설치위치 : 벽끝(벽모서리), 교차부, 벽체의 중간부
나. 기입사항 : 쌓기 높이, 쌓기 단수, 앵커 볼트 위치 표시, 매입철물 설치위치, 창문틀 설치위치

11 갱폼

가. 장점
① 조립 · 해체작업이 생략되어 설치시간 단축
② 거푸집의 처짐이 작고 외력에 대한 안전성 우수
③ 주요 부재의 재사용 가능 전용성 우수

나. 단점
① 중량이 커 양중장비가 필요
② 초기투자비, 제작시간이 필요
③ 복잡한 형상의 건물에는 적용 어려움

12 응력－변형률 곡선

가. 비례한도	나. 탄성한도
다. 상위 항복점	라. 하위 항복점
마. 최대응력	바. 파괴점

13 용어－콘크리트 헤드(Concrete Head)

수직거푸집에 타설된 콘크리트 윗면에서부터 최대 측압이 발생하는 수직거리

14 금속 철물의 종류

가. 와이어메시 : 연강철선을 직교해서 용접한 것
나. 와이어라스 : 철선을 꼬아서 그물처럼 만든 철망
다. 메탈라스 : 얇은 철판에 자름금을 내어서 당겨 늘인 것
라. 펀칭메탈 : 얇은 철판에 각종 모양으로 천공(도려낸 것)

15 기성콘크리트 말뚝의 무소음 · 무진동 공법

가. 회전압입공법
나. 중굴공법
다. 프리-보링공법

16 철골 세우기 순서

나 → 다 → 가 → 마 → 바 → 라

17 공정표 작성 및 여유시간

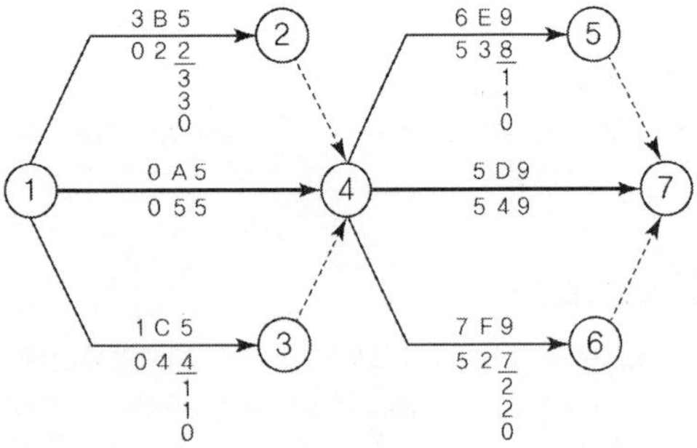

3 B 5
0 2 2
3
3
0
6 E 9
5 3 8
1
1
0
0 A 5
0 5 5
5 D 9
5 4 9
1 C 5
0 4 4
1
1
0
7 F 9
5 2 7
2
2
0
1
2
3
4
5
6
7

가. 공정표 작성

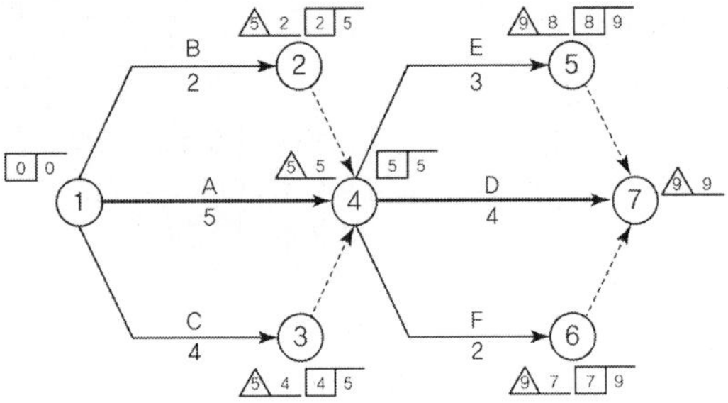

B
2
E
3
A
5
D
4
C
4
F
2
1
2
3
4
5
6
7

나. 작업의 여유시간

작업명	EST	EFT	LST	LFT	TF	FF	DF	CP
A	0	5	0	5	0	0	0	※
B	0	2	3	5	3	3	0	
C	0	4	1	5	1	1	0	
D	5	9	5	9	0	0	0	※
E	5	8	6	9	1	1	0	
F	5	7	7	9	2	2	0	

18 용어 설명-칼럼 쇼트닝

철골조 초고층 건물에서 내 · 외부 구조차이, 재질 상이, 기둥 · 벽의 과적하중에 의해 발생하는 기둥의 축소변위를 말함

19 전단철근의 간격

(1) $s = \dfrac{A_v f_{yt} d}{V_s} = \dfrac{(2\times127)\times400\times450}{265\times1{,}000} = 172.5\text{mm}$

(2) $s = d/2 = 450/2 = 225\text{mm}$

(3) $s = 600\text{mm}$

∴ 가장 작은 값 $s = 172.5\text{mm}$ 이하로 배근한다.

20 언더피닝(Under Pinning) 공법의 종류

가. 이중 널말뚝 설치
나. 지정 보강 공법
다. 지반 개량 공법
라. 갱 피어 공법

21 거푸집 존치기간

가. 5MPa(5N/mm^2)
나. 6일 이상

22 데이터 정리

가. 산술평균($\overline{X}$)

$$\frac{460+540+450+430+470+500+530+480+490+550}{10}$$

$= 490$

나. 표본분산(S^2)

① 편차 제곱의 합 : $(490-460)^2+(490-540)^2+(490-450)^2+(490-430)^2+(490-470)^2+(490-500)^2+(490-530)^2+(490-480)^2+(490-490)^2+(490-550)^2=14{,}400$

② 표본분산 : $\dfrac{14{,}400}{10-1} = 1{,}600$

23 시트(Sheet) 방수공법 순서

가. 프라이머칠
나. 시트 붙이기
다. 마무리

24 순인장변형률과 강도 감소계수

(1) 최외단 인장철근의 순인장변형률(ε_t)

① $a = \dfrac{A_s \cdot f_y}{\eta(0.85 f_{ck})b} = \dfrac{(2{,}100)(400)}{0.85(24)(280)} = 147.06\text{mm}$

$\eta = 1.0$

② $f_{ck} = 24\text{MPa} \le 40\text{MPa}$이므로 $\beta_1 = 0.8$

③ $a = \beta_1 \cdot c$에서 $c = \dfrac{a}{\beta_1} = \dfrac{147.06}{0.8} = 183.83\text{mm}$

④ 최외단 인장철근의 변형률

$$\varepsilon_t = \frac{(d_t - c)}{c} \cdot \varepsilon_c = \frac{(430 - 183.83)}{183.83} \times 0.0033$$

$$= 0.00442$$

(2) 변화구간의 강도 감소계수

$$\phi = 0.65 + \frac{200}{3}(\varepsilon_t - 0.002)$$

$$= 0.65 + \frac{200}{3}(0.00442 - 0.002) = 0.8113$$

25 VE 기법

가. 용어 : 최적의 비용으로 공사에 요구되는 품질, 공기, 안전성 등의 기능을 충족시키는 공사비 절감 개선방안으로 공사 초기에 적용한다.

나. 효율적인 적용단계 : 초기설계 단계

26 타일 붙이기

개량 압착 공법

27 최대 휨모멘트의 발생 위치

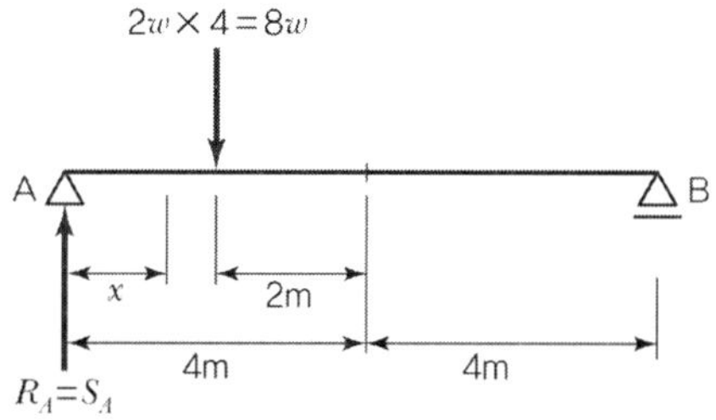
2w×4=8w
A
B
x
2m
4m
4m
R_A=S_A

(1) $S_A = \frac{8w \times 6}{8} = 6w$

(2) 최대 휨모멘트 발생(전단력 = 0)지점 거리 x

$S_x = 6w - 2w \cdot x = 0$

$\therefore\ x = \frac{6}{2} = 3\text{m}$

2015년 2회

해설 및 정답

01 수평규준틀의 설치 목적

가. 건물 각부의 위치를 정확하게 표시
나. 터파기 너비, 기초너비, 길이 등을 정확하게 결정

02 단면계수

(1) D와 b의 관계 유도

$D=\sqrt{b^2+h^2}=\sqrt{b^2+(2b)^2}=\sqrt{5b^2}=\sqrt{5}\,b$

$\therefore\ b=\dfrac{D}{\sqrt{5}}$

(2) 단면계수 S 산정

$S=\dfrac{bh^2}{6}=\dfrac{b(2b)^2}{6}=\dfrac{4b^3}{6}=\dfrac{2b^3}{3}$

(3) 단면계수 S를 D의 함수로 표현

$S=\dfrac{2b^3}{3}=\dfrac{2(D/\sqrt{5})^3}{3}=\dfrac{2D^3}{15\sqrt{5}}\fallingdotseq 0.06D^3$

03 파워셔블의 시간당 작업량

(1) 1회 작업량 = 0.8 × 0.8 × 0.83 × 0.7 = 0.37184
(2) 1시간 작업횟수 = 3,600 ÷ 40 = 90회
(3) 1시간 작업량 = 90 × 0.37184 = 33.466m^3
※ 소수 위 처리에 따른 오차범위는 답의 허용범위 안에 들어감

04 용어 설명

가. 접합유리 : 두 장의 판유리 사이에 합성수지(필림)를 겹붙인 것
나. 로이유리 : 적외선 반사율이 높은 금속막 코팅을 이중 또는 삼중 유리 안쪽에 붙인 친환경 유리

05 슬러리월 공법 – 가이드월

가. 스케치

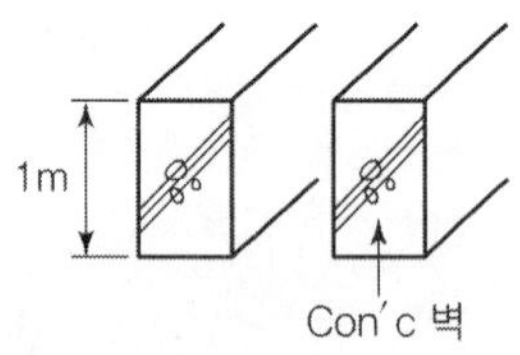

1m
Con'c 벽

나. 설치 목적
① 흙막이 역할
② 초기공벽 보호

06 용접 결함(슬래그 감싸들기)

가. 원인
① 용접 중에 발생하는 슬래그가 용접부 안으로 들어간 경우
② 용접부의 청소상태가 불량한 경우

나. 대책
① 용접 중 혼입된 슬래그를 제거하고 용접한다.
② 용접 부위의 청소를 확실히 한다.

07 용어 설명

가. 슬럼프 플로 : 아직 굳지 않은 콘크리트의 유동성을 나타내고, 시험규정에 따라 슬럼프 콘을 들어 올려 원형으로 퍼진 콘크리트의 지름을 측정하여 나타냄
나. 조립률 : 골재의 입도를 체가름 시험을 통해 각 체에 남은 누계(%)를 100으로 나누어 간단한 수치로 표현한 것

08 절단방법

가. 가스절단　　나. 기계절단
다. 플라즈마 절단　　라. 레이저 절단

09 인장재의 순단면적

(1) 파단선 A–1–3–B인 경우(정렬 배치)

$A_n=A_g-nd_0t=(300\times20)-2\times22\times20$
$=5,120\text{mm}^2$

(2) 파단선 A–1–2–3–B인 경우(엇모 배치)

$A_n=A_g-nd_0t+\sum\dfrac{p^2t}{4g}$
$=(300\times20)-3\times22\times20+\dfrac{50^2\times20}{4\times80}\times2$
$=4,992.5\text{mm}^2$

$\therefore$ 작은 값 $A_n=4,992.5\text{mm}^2$

10 용어 설명 – 대안입찰제도

처음 설계된 내용의 기본방침의 변경 없이 보다 저렴한 가격으로 동등 이상의 기능과 효과를 갖는 방안을 시공자가 제시한 경우 이를 검토하여 채택하는 방법

11 용어 설명 – 거푸집

가. 슬립폼 : 시공이음 없이 연속으로 콘크리트를 타설하기 위한 수직 활동 거푸집 공법으로 Silo 등의 시공에 사용
나. 트래블링폼 : System 폼으로서 한 구간 콘크리트 타설 후 다음 구간으로 수평이동이 가능한 거푸집 공법

12 운반 대수

(1) 목재 $1m^3$는 300手이므로 $300,000 \div 300 = 1,000m^3$

(2) 6t의 트럭에 적재되는 목재 $8.3m^3$를 중량으로 계산하면
8.3×0.6(비중) = 4.98t(6t 트럭에 적재 가능 범위)

(3) 목재 6t을 부피로 환산
부피 = $6 \div 0.6$(비중) = $10m^3$(6t 트럭의 적재 범위 초과)

(4) 운반대수는 = $1,000m^3 \div 8.3 = 120.48$대
∴ 121대

13 히스토그램 작성순서

⑥ → ④ → ⑤ → ③ → ② → ①

14 용어 설명

가. 예민비 : 함수비 변화가 없는 상태의 이긴 시료에 대한 자연 시료의 강도의 비

나. 압밀 : 흙에 하중을 가하여 간극수가 빠져나가면서 흙이 수축되는 현상

15 흙의 함수량

가. 소성한계　　　　　나. 액성한계

16 처짐량 산정

(1) 장기처짐 산정

① $\lambda_\Delta = \dfrac{\zeta}{1+50\rho'} = \dfrac{1.8}{1+50\times0.0016} = 1.6667$

② 장기처짐 $\Delta_t = \lambda_\Delta \times \Delta_i = 1.6667 \times 2 = 3.333$㎝

(2) 전체 처짐
$\Delta = \Delta_i + \Delta_t = 2 + 3.333 = 5.333$㎝

17 강접합과 전단접합

가. 강접합 : 보의 플랜지와 웨브를 기둥에 일체화되도록 접합하여 접합부에서 전단력과 휨모멘트를 상호 전달할 수 있도록 한 접합형식

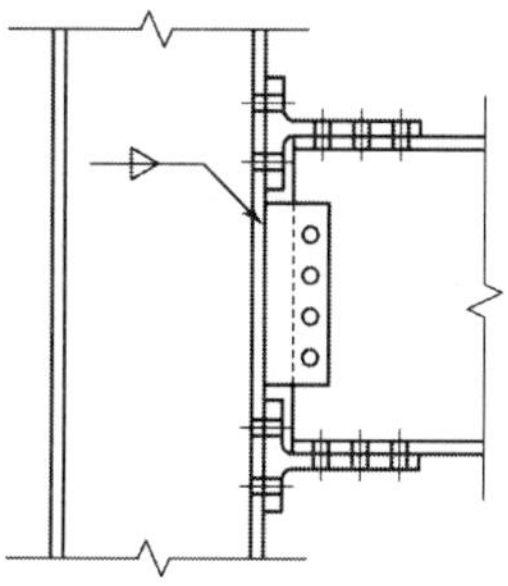

나. 전단접합 : 보의 웨브만을 기둥과 접합하여 접합부에서 전단력만을 상호 전달할 수 있도록 한 접합형식

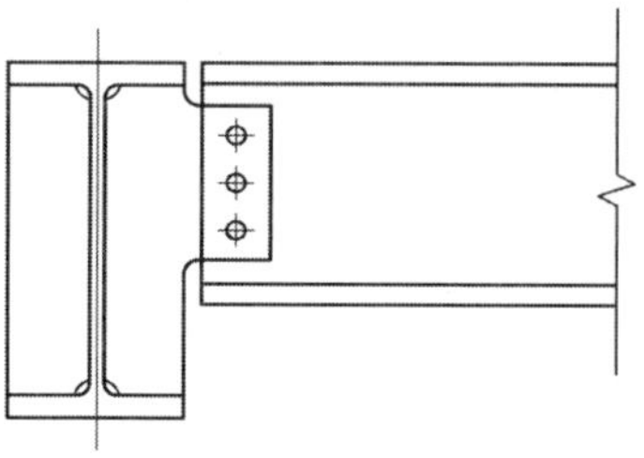

18 파이프 단부의 밀폐방법

가. 스피닝에 의한 방법

나. 원판이나 반구형 판을 용접

다. 관 끝을 압착하여 용접으로 밀폐

19 블록벽의 습기 침투 원인

가. 재료 자체의 방수성 결여

나. 물흘림, 물끊기, 빗물막이의 불안전 시공

다. 치장줄눈의 불완전 시공 및 균열

라. 개구부, 창호재 접합부의 시공 불량

20 전달 모멘트 구하기

(1) AD 부재의 분배 모멘트 → 분배율 = $\dfrac{\text{강비}}{\text{총 강비}}$

$M_{DA} = \dfrac{1}{4} \times (10) = 2.5\text{kN}\cdot\text{m}$

(2) A지점의 전달 모멘트 → 전달률 = $\dfrac{1}{2}$

$M_A = \dfrac{1}{2}(M_{DA}) = \dfrac{2.5}{2} = 1.25\text{kN}\cdot\text{m}$

21 공정표 및 공기단축

가. 표준 네트워크 공정표

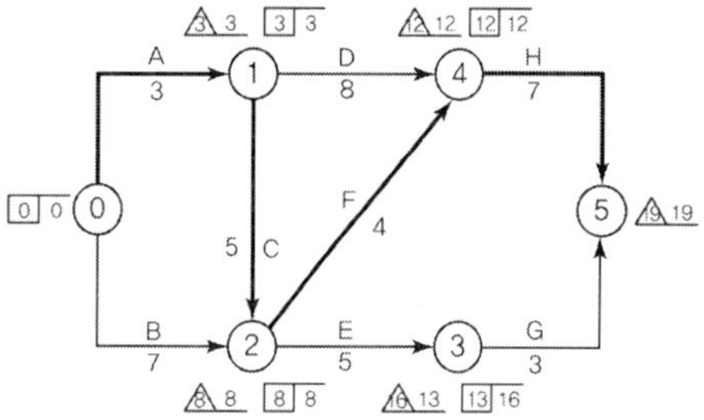

A
3
D
8
H
7
F
4
5
C
B
7
E
5
G
3
0
1
2
3
4
5

2015

나. 공기단축

	일수	단.가.일	비용구배	1차	2차	3차
A	3	1	6,000		1	
B	7	2	5,000			1
C	5	2	7,000			1
D	8	1	10,000			1
E	5	1	9,000			
F	4	1	5,000	1		
G	3					
H	7					

1. 표준상태 총공사비 = 280,000원
2. 단축 시 증가 비용
   1) 1차 : F작업 1일 = 1×5,000 = 5,000원
   2) 2차 : A작업 1일 = 1×6,000 = 6,000원
   3) 3차 : B작업 1일 = 1×5,000 = 5,000원
   C작업 1일 = 1×7,000 = 7,000원
   D작업 1일 = 1×10,000 = 10,000원
   ∴ 1) + 2) + 3) = 33,000원
3. 공기단축 시 총공사비 = 1 + 2 = 280,000 + 33,000
   = 313,000원
4. 단축 공정표

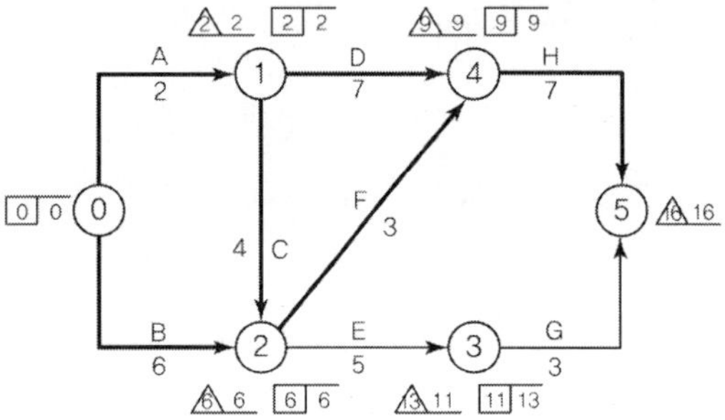

2 2
2 2
9 9
9 9
A
2
D
7
H
7
1
4
0 0
0
5
16 16
F
3
4
C
B
6
2
E
5
3
G
3
6 6
6 6
13 11
11 13

22 탄성 좌굴하중 구하기

$$P_{cr} = \frac{\pi^2 EI}{(2.0L)^2} = \frac{3.14^2 \times 205,000 \times 783,000}{(2.0 \times 2,500)^2}$$

$$= 63,304.5\text{N} ≒ 63\text{kN}$$

23 벽면적 산출하기

1 : 224 = X(m^2) : 1,000

$$\therefore X = \frac{1,000}{224} = 4.46\text{m}^2$$

24 콘크리트 압축강도 구하기

$$\frac{P}{A} = \frac{450 \times 1,000}{\frac{\pi D^2}{4}} = \frac{450 \times 1,000\text{N}}{\left(\frac{3.14 \times 150 \times 150}{4}\right)}$$

$$= 25.478\,(\text{N/mm}^2)$$

25 용어

조절줄눈

26 용어 설명 – 온도조절 철근

온도 변화와 콘크리트 수축에 의한 균열 저감을 위해 배근되는 철근

27 지내력 시험의 종류

가. 평판재하시험
나. 말뚝재하시험

28 아스팔트 방수 공법의 시공순서

① 아스팔트 프라이머
② 아스팔트
③ 아스팔트 펠트
④ 아스팔트
⑤ 아스팔트 루핑
⑥ 아스팔트
⑦ 아스팔트 루핑
⑧ 아스팔트

2015년 4회 해설 및 정답

01 작업소요일

1) $1,000m^2 \times 0.05인/m^2 = 50인$

2) 소요일수 $= \dfrac{50인}{10인} = 5일$

02 탄성계수 및 탄성계수비

가. 콘크리트 탄성계수

$$E_c = 8,500\sqrt[3]{f_{cm}} = 8,500\sqrt[3]{(24+4)} = 25,811\text{MPa}$$

나. 탄성계수비

$$n = \frac{E_s}{E_c} = \frac{200,000}{25,811} = 7.748$$

03 레미콘 주문 표시

가. 25 : 굵은 골재 최대 치수(mm)
나. 30 : 호칭강도(MPa)
다. 210 : 슬럼프치(mm)

04 용어 설명 – 크리프

일정한 하중을 가했을 때 시간이 지남에 따라 하중의 증가가 없어도 변형이 증가하는 콘크리트 소성 변형 현상

05 콘크리트 비파괴 시험의 종류

가. 초음파법
나. 슈미트해머법
다. 공진법

06 백화현상

가. 정의 : 벽표면에서 침투하는 빗물에 의해 모르타르 중의 석회분이 유출되어 공기 중의 탄산가스와 결합하여 벽돌벽의 표면에 하얀 물질이 생기는 현상

나. 방지대책
① 소성이 잘된 벽돌을 사용한다.
② 줄눈 모르타르에 방수제를 혼합하고 밀실하게 사춤시킨다.
③ 벽면에 비막이를 설치한다.
④ 벽면에 파라핀 도료 등을 발라 방수 처리를 한다.

07 용어 설명 – BTO(Build – Transfer – Operate)

사회간접시설 확충을 위해 민간 투자금으로 건설하고 발주처에 소유권을 미리 이전하고 약정기간 동안 운영하여 투자금을 회수하는 방법

08 알칼리 골재 반응과 방지대책

가. 반응
시멘트 내의 알칼리 성분과 골재의 실리카 성분이 화학반응을 일으켜 실리카 겔 등을 만들어 콘크리트가 팽창·균열하는 현상

나. 방지대책
① 저 알칼리 시멘트 사용
② 비반응성 골재 사용
③ 포졸란 반응 사전 유발

09 강재의 명칭

가. SM : 용접구조용 압연강재
나. 490 : 인장강도(490MPa)

10 공정표 작성 / 여유시간 산정

가. 공정표

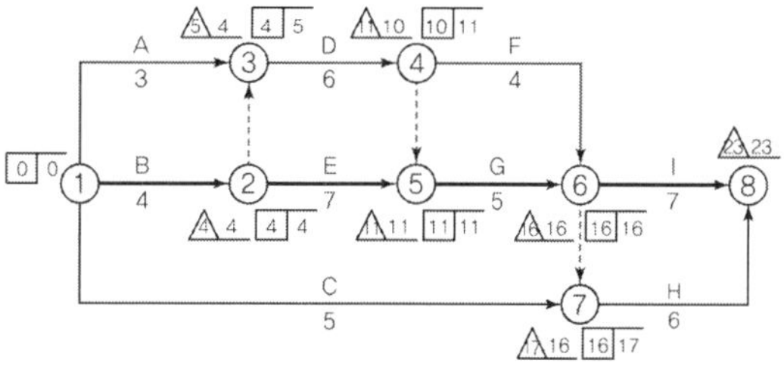

A 3
B 4
C 5
D 6
E 7
F 4
G 5
H 6
I 7
0 0
5 4 / 4 5
11 10 / 10 11
4 4 / 4 4
11 11 / 11 11
16 16 / 16 16
16 16 / 16 17
23 23

나. 여유시간

작업명	TF	FF	DF	CP
A	2	1	1	
B	0	0	0	※
C	12	11	1	
D	1	0	1	
E	0	0	0	※
F	2	2	0	
G	0	0	0	※
H	1	1	0	
I	0	0	0	※

11 품질관리 계획서 내용

가. 품질관리 조직
나. 시험 설비
다. 시험담당자
라. 품질관리 항목
마. 빈도
바. 규격
사. 품질관리 실시방법

12 용어 설명 – 잭 서포트(Jack Support)

건축물 상판 구조물에 작용하는 과다한 하중 및 진동으로 인한 균열, 붕괴의 위험을 방지하기 위해 보나 슬래브 밑에 세워 하중을 지지하는 역할을 하는 동바리

13 계측관리

가. ④ 나. ①
다. ③ 라. ②

14 콘크리트의 종류

가. 외장용 노출 콘크리트 나. 매스 콘크리트
다. 고강도 콘크리트

15 용어 – 철골공사

가. 스캘럽 나. 메탈터치
다. 엔드탭

16 실적률

① 공극률 $= \left(\dfrac{G-M}{G}\right)\times 100 = \left(\dfrac{2.65-1.8}{2.65}\right)\times 100$

$= 32.08\%$

② 실적률 $= 100\% - 32.08\% = 67.92\%$

17 TQC 수법

가. 히스토그램 나. 파레토도
다. 특성요인도 라. 층별

18 철골 습식 내화피복공법의 종류

가. 뿜칠공법 나. 미장공법
다. 타설공법 라. 조적공법

19 용접 결함

가. 언더 컷 나. 블로홀
다. 슬래그 감싸들기

20 용접기호

가. 45 : V형, 45도 나. 3 : 루트 간격 3mm
다. 16 : 홈깊이 16mm 라. 지시방향
마. 맞댐용접

21 토량 환산계수

(1) $30m^2$ 면적에 60cm 두께로 돋우기 한 다짐상태의 체적
$30m^2 \times 0.6m = 18m^3$

(2) 다짐상태의 흙 $18m^3$를 흐트러진 상태로 환산

$18m^3 \times \dfrac{1.2}{0.9} = 24m^3$

(3) 시공 완료된 후 흐트러진 상태로 남는 흙의 양
$30m^3 - 24m^3 = 6m^3$

22 거푸집 측압 증가 원인

가. 타설속도가 빠를수록 크다.
나. 온도가 낮고 습도가 높을수록 크다.
다. 슬럼프 값이 클수록 크다.
라. 물–시멘트비가 클수록 크다.

23 할증률

가. 유리 : 1% 나. 시멘트 벽돌 : 5%
다. 붉은 벽돌 : 3% 라. 단열재 : 10%

24 VE 공식

가. V : 가치 나. F : 기능
다. C : 비용

25 장방형 기초판의 철근량 구하기

(1) 변장비 $\beta = \dfrac{3}{2} = 1.5$

(2) 유효 배근폭의 철근량($A_s{}'$)

$= \text{전체 철근량}(A_s) \times \dfrac{2}{1+\text{변장비}}$

$= A_s \times \dfrac{2}{1+\beta} = 3{,}000 \times \dfrac{2}{1+1.5} = 2{,}400\text{mm}^2$

26 고력볼트의 설계미끄럼강도 구하기

(1) 고력볼트 1개의 미끄럼 강도
$\phi R_n = \phi \cdot \mu \cdot h_{sc} \cdot T_0 \cdot N_s$
$= 1.0 \times 0.5 \times 1.0 \times 200 \times 1.0 = 100\text{kN}$

(2) 고력볼트가 4개이므로 $100\text{kN} \times 4 = 400\text{kN}$

27 보의 설계용 전단력 구하기

(1) 계수하중 $w_u = 1.2 \times 15 + 1.6 \times 12 = 37.2\text{kN/m}$

(2) 최대 전단력 $V_{\max} = \dfrac{w_u \cdot l}{2} = \dfrac{37.2 \times 6}{2} = 111.6\text{kN}$

(3) d만큼 떨어진 단면에서의 설계용 최대 전단력
$V_u = V_{\max} - w_u \cdot d = 111.6 - 37.2 \times 0.5$
$= 93.0\text{kN}$

2014년 1회

해설 및 정답

01 구조물의 판별

(1) 반력수 $r=3$

(2) 부재수 $m=8$

(3) 절점수 $j=5$

$\therefore r+m-2j=3+8-2\times5=1$ → 1차 부정정 구조물

(4) 힘의 평형조건식을 만족하고 삼각형 형태로 큰 변형이 발생하지 않으므로 안정구조이다.

02 단면 2차 모멘트 계산

$$I_x=\frac{bh^3}{3}$$

중첩의 원리 적용

$$I_x=\frac{B}{3}(H^3-h^3)=\frac{600}{3}(300^3-100^3)=52\times10^8\text{mm}^4$$

03 하중 구하기

(1) $\dfrac{wl^2}{8}=\dfrac{PL}{4}$

(2) $\dfrac{(10)(8)^2}{8}=\dfrac{P(8)}{4}$에서

$\therefore P=40\text{kN}$

04 등가직사각형 응력분포 변수 값

f_{ck}(MPa)	≤40	50	60	70	80	90
β_1	0.80	0.80	0.76	0.74	0.72	0.70

f_{ck} ≤40MPa이므로 0.80

05 기둥의 띠근 간격

가. 16　　　나. 48

06 형강의 치수 도시

①

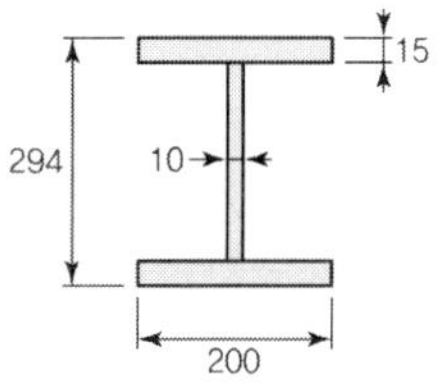
15
294
10
200

②

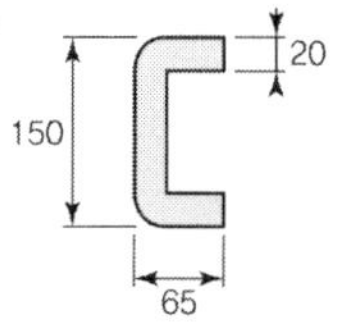
20
150
65

③

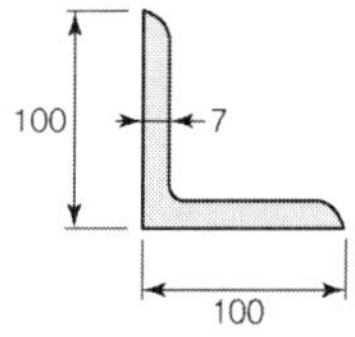
100
7
100

07 공정표 작성 및 여유시간

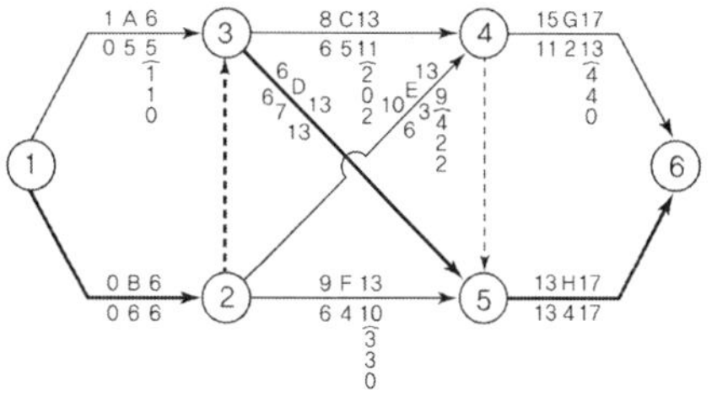
1 A 6
0 5 5
8 C13
6 5 11
15 G17
11 2 13
0 B 6
0 6 6
9 F 13
6 4 10
13 H17
13 4 17

가. 공정표 작성

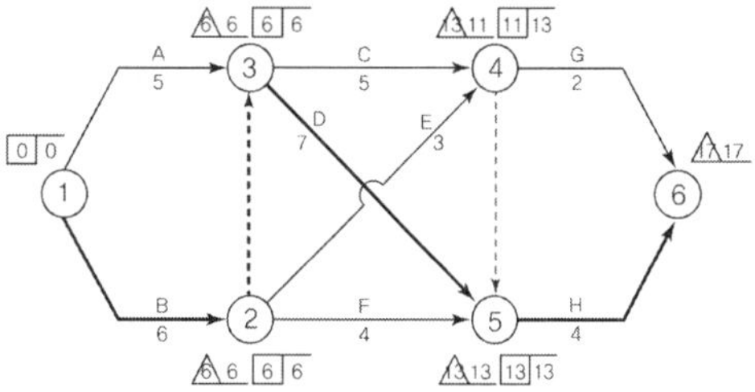
A
5
C
5
G
2
D
7
E
3
B
6
F
4
H
4
0 0
17

나. 작업의 여유시간

작업	TF	FF
A	1	1
B	0	0
C	2	0
D	0	0
E	4	2
F	3	3
G	4	4
H	0	0

08 TQC 수법

가. 히스토그램

나. 파레토도

다. 특성요인도

09 품질관리 계획서 항목

가. 품질 방침 및 목표

나. 품질관리 절차

다. 품질관리 검사 및 시험계획

라. 품질관리 부적격 판정 및 처리계획

10 적산 – 보 콘크리트량과 거푸집량

콘크리트량 산출 시 보 단일문제로 보의 두께에서 슬래브 두께를 공제하지 아니한다.

가. 콘크리트량

① 보부분 $=0.4\times0.8\times8.5=2.72\text{m}^3$

② 헌치부분 $=0.3\times1\times0.4\times0.5\times2$개소 $=0.12\text{m}^3$

$\therefore$ ①+② $=2.72+0.12=2.84\text{m}^3$

나. 거푸집량

① 보옆 = $0.68 \times 8.5 \times 2$(양면) = $11.56m^2$

② 헌치 = $0.3 \times 1 \times 0.5 \times 2$(양면) $\times 2$(양쪽) = $0.6m^2$

③ 보밑 = $0.4 \times 6.5 + 0.4 \times \sqrt{0.3^2 + 1^2} \times 2$(양쪽)
= $3.435m^2$

∴ ① + ② + ③ = $11.56 + 0.6 + 3.435 = 15.595m^2$

11 용어 설명 – BOT

공공시설물의 건축을 활성화하기 위하여 민간자본을 유지하기 위한 방안으로써 민간자본에 의하여 건설된 시설물을 투자자가 일정기간 소요·운영한 뒤 시설물의 소유권을 발주자에게 이전하는 방식이다.

12 용어 설명 – 기준점

건축물 시공 시 기준위치를 정하는 원점으로 공사 중 높이의 기준이 되는 것

13 건물부상 방지대책

가. 자중(옥상정원 등) 증가
나. 락 – 앵커 사용
다. 유입 지하수 배수 철저
라. 이중 지하실 설치하여 지하수 채움

14 철근 간격 설치 목적

가. 콘크리트 시공성 확보
나. 재료분리방지
다. 소요강도 유지 및 확보

15 측정기기별 용도

가. Washington Meter : 콘크리트 내 공기량 측정기구
나. Piezo Meter : 간극 수압 측정기구
다. Earth Pressure Meter : 토압 측정기구
라. Dispenser : AE제 계량장치

16 용어

콜드 조인트(Cold Joint)

17 한중콘크리트의 문제점에 대한 대책 고르기

가, 다, 라

18 용어 설명 – 콘크리트 폭렬현상

화재 시 콘크리트 내부가 고열로 인하여 생성된 수증기가 밖으로 분출되지 못해 수증기의 압으로 콘크리트가 떨어져 나가는 현상으로 고강도 콘크리트에서 발생된다.

19 녹막이 칠을 하지 않는 부분

가. 고장력 볼트 접합부의 마찰면
나. 콘크리트에 밀착되거나 매입되는 부분
다. 조립에 의해 맞닿는 면

20 용접접합의 장점

가. 이음과 응력 전달이 확실
나. 강재량의 절약
다. 무소음, 무진동
라. 일체성, 수밀성 확보

21 용접부 비파괴시험의 종류

가. 방사선 투과시험
나. 초음파 탐상법
다. 자기분말 탐상법

22 러핑 크레인(Luffing Crane) 사용 이유

가. 주변 건물에 방해되는 경우
나. 타 대지에 침범하게 되는 경우

23 내화공법공법의 종류

가. 조적공법
나. 타설공법
다. 미장공법
라. 뿜칠공법

24 목구조 횡력 보강부재

가. 가새
나. 버팀대
다. 귀잡이

25 알루미늄 창호 장점

가. 비중이 철의 $\frac{1}{3}$로 가볍다.
나. 녹슬지 않고 수명이 길다.
다. 공작이 자유롭고 기밀성이 있다.
라. 여닫음이 경쾌하고 미려하다.

26 용어 설명

가. 스캘럽(Scallop) : 철골부재 용접 시 이음 및 접합부 위의 용접선이 교차되어 재용접된 부위가 열영향을 받아 취약해지기 때문에 모재에 부채꼴 모양의 모따기를 한 것
나. 뒷댐재(Back Strip) : 한면 맞댐용접 시 용융금속의 녹아 떨어짐(용락)을 방지하기 위해 루트(Root) 간격 하부에 대어 주는 받침쇠를 말함

2014년 2회

해설 및 정답

01 석재 물갈기 공정 순서

① 거친갈기 ② 물갈기
③ 본갈기 ④ 정갈기

02 철근선조립 공법

가. 시공 정밀도가 높아 안전율이 높다.
나. 철근의 피복이 정확하다.
다. 재료량 및 노무량을 줄일 수 있다.
라. 굵은 철근의 사용이 가능하여 고층 건물에 유리하다.

03 용어 설명

가. 손질 바름 : 콘크리트, 콘크리트 블록 바탕에서 초벌바름 전에 마감두께를 균등하게 할 목적으로 모르타르 등으로 미리 요철을 조정하는 것
나. 실러 바름 : 바탕의 흡수 조정, 바름재와 바탕과의 접착력 증진 등을 위하여 합성수지, 에멀션, 희석액 등을 바탕에 바르는 것

04 용어 설명 – 소성수축균열

굳지 않은 콘크리트에서 발생되는 초기균열로서 콘크리트 타설 후 블리딩의 속도보다 표면의 증발속도가 빠른 경우 표면 수축에 의해 발생되는 불규칙 균열

05 콘크리트 타설 시 현장 가수의 문제점

가. 콘크리트 강도 저하 나. 재료분리현상 유발
다. 수밀성 저하 라. 응결 지연

06 공사비 비목

가. 공사원가 나. 일반관리비
다. 직접노무비

07 제재치수

가. 호칭 나. 실제(마감)

08 숏크리트의 정의와 장단점

가. 정의 : 모르타르를 압축공기로 분사하여 바르는 뿜칠 콘크리트 공법으로 건나이트라고도 한다.
나. 장점 : 시공성이 좋고 가설공사비 감소
다. 단점 : 건조수축, 균열이 크고, 숙련공을 필요로 함

09 콘크리트 현장 품질관리 항목

가, 라, 마

10 내화피복공법의 재료

공법	재료	
타설공법	콘크리트	경량콘크리트
조적공법	벽돌	블록
미장공법	철망 모르타르	철망 펄라이트 모르타르

11 적산 – RC조

1. 기둥(C_1)
   1) 콘크리트량
      ① 1층 = 0.3×0.3×3.17×9개소 = 2.568m^3
      ② 2층 = 0.3×0.3×2.87×9개소 = 2.325m^3
   2) 거푸집량
      ① 1층 = (0.3+0.3)×2×3.17×9 = 34.236m^2
      ② 2층 = (0.3+0.3)×2×2.87×9 = 30.996m^2

2. 보(G_1)
   3) 콘크리트량
      ① 1층 = 0.3×0.47×5.7×6개소 = 4.822m^3
      ② 2층 = 0.3×0.47×5.7×6개소 = 4.822m^3
   4) 거푸집량
      ① 1층 = 0.47×2×5.7×6개소 = 32.148m^2
      ② 2층 = 0.47×2×5.7×6개소 = 32.148m^2

3. 보(G_2)
   5) 콘크리트량
      ① 1층 = 0.3×0.47×4.7×6 = 3.976m^3
      ② 2층 = 0.3×0.47×4.7×6 = 3.976m^3
   6) 거푸집량
      ① 1층 = 0.47×2×4.7×6개소 = 26.508m^2
      ② 2층 = 0.47×2×4.7×6개소 = 26.508m^2

4. 슬래브(S_1)
   7) 콘크리트량 = 12.3×10.3×0.13×2개층 = 32.939m^3
   8) 거푸집량
      ① 밑면 = 12.3×10.3×2개층 = 253.38m^2
      ② 측면 = (12.3+10.3)×2×0.13×2개층 = 11.752m^2

∴ Con' c = 1)+3)+5)+7) = 55.428m^3 ≒ 55.43m^3
거푸집 = 2)+4)+6)+8) = 447.676m^2 ≒ 447.68m^2

12 언더피닝 공법의 목적과 종류

가. 목적(이유) : 기존 건축물 가까이에서 신축공사를 할 때 기존 건물의 지반과 기초를 보강하는 공법
나. ① 하부에 약액이나 모르타르 주입하여 보강
   ② 기성말뚝(강재, RC)으로 보강
   ③ 갱 피어 설치하여 보강

13 보링공법

가. 충격식
나. 회전식
다. 오거식
라. 수세식

14 골재의 공극률

$$공극률(\%) = \left(\frac{G-M}{G}\right)\times 100$$
$$= \left(\frac{2.65-1.6}{2.65}\right)\times 100$$
$$= 39.62\%$$

15 SPS(Struct as Permanent System) 공법의 특징

가. 가설재(버팀대) 감소
나. 채광, 환기 등이 불필요
다. 공기단축(지하, 지상 동시 작업)
라. 굴착작업이 용이

16 디젤해머의 장단점

(1) 장점
① 큰 타격력이 얻어지며 시공능률이 우수
② 말뚝 두부 손상이 적다.
③ 타격의 정밀도가 우수하다.
④ 장비의 조립 · 해체가 용이하다.

(2) 단점
① 해머(램)의 낙하고 조절이 어려움
② 소음, 진동이 크고 기름, 연기의 비산 등 공해가 큼
③ 연약지반에서는 시공능률이 떨어짐

17 목재의 방부처리법

가. 표면탄화법 : 목재표면 3~4mm 정도를 태워 수분을 제거하는 방법
나. 방부제법 : 방부제를 칠하거나 뿌리거나 가압주입시키는 방법
다. 일광직사법 : 목재에 30시간 이상 햇빛을 쪼이는 방법

18 공정표 작성 및 여유계산

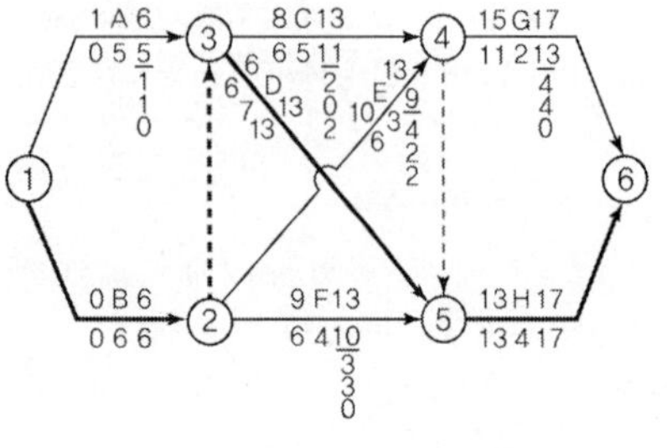

가. 공정표 작성

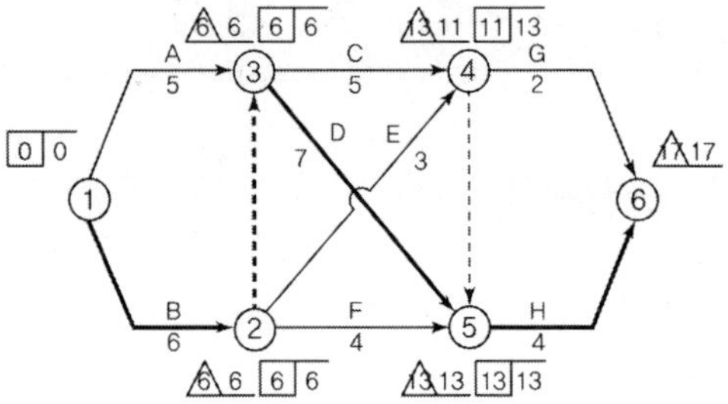

나. 작업의 여유시간

작업	TF	FF
A	1	1
B	0	0
C	2	0
D	0	0
E	4	2
F	3	3
G	4	4
H	0	0

19 평균 기대시간

$$T_e = \frac{t_o + 4\times t_m + t_p}{6} = \frac{4+4\times 7+8}{6} = 6.67$$

20 단순보 계수집중하중

(1) $a = \dfrac{A_S \cdot f_y}{\eta(0.85 f_{ck})b} = \dfrac{(1,500)(400)}{0.85(28)(300)} = 84.03\text{mm}$

$\eta = 1.0$

(2) $\phi M_n = \phi A_S \cdot f_y \cdot \left(d - \dfrac{a}{2}\right)$

$= (0.85)(1,500)(400)\left(550 - \dfrac{84.03}{2}\right)$

$= 259,072,350\text{N} \cdot \text{mm}$

$= 259\text{kN} \cdot \text{m}$

(3) $M_u = \dfrac{P_u \cdot L}{4} + \dfrac{w_u \cdot L^2}{8} = \dfrac{P_u(6)}{4} + \dfrac{(5)(6)^2}{8}$

(4) $M_u \le \phi M_n$ 으로부터

$\dfrac{P_u(6)}{4} + \dfrac{(5)(6)^2}{8} \le 259$에서

$\therefore P_u \le 157.66\text{kN} \cdot \text{m}$

21 T형보 중립축 위치

(1) T형보로 가정하고 등가응력 블록의 깊이 산정

$$a = \frac{A_S \cdot f_y}{\eta(0.85 f_{ck})b} = \frac{(2{,}000)(400)}{0.85(30)(1{,}500)} = 20.92\text{mm}$$

$\eta = 1.0$

(2) $a(=20.92\text{mm}) \le t_f(=200\text{mm})$이므로

폭 $b = 1{,}500\text{mm}$ 높이 h =650mm인 단철근 직사각형보로 해석한다.

(3) $f_{ck} \le 40$

$\beta_1 = 0.8$

(4) $a = \beta_1 \cdot c$으로부터

$$c = \frac{a}{\beta_1} = \frac{(20.92)}{(0.8)} = 26.15\text{mm}$$

22 캔틸레버 하중 구하기

(1) 등분포하중 w에 의한 처짐 $\delta_{B1} = \dfrac{wL^4}{8EI}$(하향)

(2) 집중하중 P=3kN에 의한 처짐 $\delta_{B2} = \dfrac{PL^3}{3EI}$(상향)

(3) $\delta_{B1} + \delta_{B2} = 0$이므로

$$\frac{wL^4}{8EI} - \frac{PL^3}{3EI} = 0$$

$$3wL^4 = 8PL^3$$

$$\therefore\ w = \frac{8PL^3}{3L^4} = \frac{8 \times 3 \times 8^3}{3 \times 8^4} = 1\text{kN/m}$$

23 콘크리트 탄성계수 구하기

(1) $f_{ck} \le 40\text{MPa} : \Delta f = 4\text{MPa}$

(2) $E_c = 8{,}500 \cdot \sqrt[3]{f_{ck} + \Delta f}$

$= 8{,}500 \cdot \sqrt[3]{(30+4)}$

=27,536.7MPa

24 맞댐용접 기호

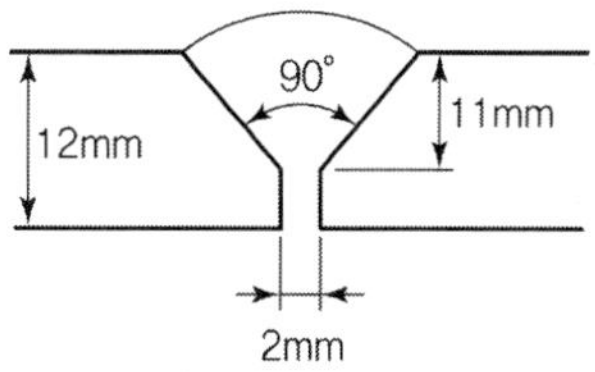

90°
12mm
11mm
2mm

① V형 홈용접(맞댐용접)

② 홈각 : 화살표쪽 90°

③ 루트 간격 : 2mm

④ 모재두께(목두께) : 12mm

⑤ 홈 깊이 : 11mm

25 볼트 개수 구하기

(1) 사용성 한계상태이므로 $\phi = 1.0$

(2) 미끄럼계수 $\mu = 0.5$

(3) 표준구멍이므로 $h_{sc} = 1.0$

(4) $T_o = 200\text{kN}$

(5) 1면 전단이므로 $N_s = 1$

(6) 고력볼트 1개의 설계 미끄럼강도

$\phi R_n = 1.0 \times 0.5 \times 1.0 \times 200 \times 1$

$= 100\text{kN}$

(7) 고력볼트는 5개이므로

∴ 100kN×5개=500kN

(8) 450kN<500kN이므로 볼트개수는 적절하다.

2014

2014년 4회 해설 및 정답

01 적산 – RC조

부재별로 콘크리트량과 거푸집량을 산출한 후 재료별로 합산한다.

(1) 기둥(C_1)

① 콘크리트량 : 0.5×0.5×3.48×10개 = $8.7m^3$

② 거푸집량 : (0.5+0.5)×2×3.48×10개 = $69.6m^2$

(2) 보(G_1)

③ 콘크리트량 : 0.4×(0.6−0.12)×8.4×2개 = $3.226m^3$

④ 거푸집량 : (0.6−0.12)×2×8.4×2개 = $16.128m^2$

(3) 보(G_2 : 5.45m)

⑤ 콘크리트량 : 0.4×(0.6−0.12)×5.45×4개 = $4.186m^3$

⑥ 거푸집량 : (0.6−0.12)×2×5.45×4개 = $20.928m^2$

(4) 보(G_2 : 5.5m)

⑦ 콘크리트량 : 0.4×(0.6−0.12)×5.5×4개 = $4.224m^3$

⑧ 거푸집량 : (0.6−0.12)×2×5.5×4개 = $21.12m^2$

(5) 보(G_3)

⑨ 콘크리트량 : 0.4×(0.7−0.12)×8.4×3개 = $5.846m^3$

⑩ 거푸집량 : (0.7−0.12)×2×8.4×3개 = $29.232m^2$

(6) 보(B_1)

⑪ 콘크리트량 : 0.3×(0.6−0.12)×8.6×4개 = $4.954m^3$

⑫ 거푸집량 : (0.6−0.12)×2×8.6×4개 = $33.024m^2$

(7) 슬래브 : 가로 = (24+0.2×2) = 24.4m
세로 = 9+0.2×2 = 9.4m

⑬ 콘크리트량 : 24.4×9.4×0.12 = $27.523m^3$

⑭ 거푸집량

- 밑면 : 24.4×9.4 = $229.36m^2$
- 측면 : (24.4+9.4)×2×0.12 = $8.112m^2$

∴ 콘크리트량 = ①+③+⑤+⑦+⑨+⑪+⑬ = $58.659m^3$
거푸집량 = ②+④+⑥+⑧+⑩+⑫+⑭ = $427.504m^2$

02 용어 설명 – TQC 수법

가. 파레토도 : 불량 등 발생건수를 분류 항목별로 나누어 크기 순서대로 나열해 놓은 그림

나. 특성요인도 : 결과에 원인이 어떻게 관계하고 있는가를 한 눈에 알 수 있도록 작성한 그림

다. 층별 : 집단을 구성하는 많은 데이터를 어떤 특징에 따라 몇 개의 부분 집단으로 나눈 것

라. 산점도 : 서로 대응되는 2개의 짝으로 된 데이터를 그래프에 점으로 나타낸 그림

03 패스너(Fastener) 긴결방식

가. 슬라이드 방식
나. 고정방식
다. 회전방식

04 VE 사고방식

가. 고정관념의 제거
나. 조직적 노력
다. 사용자 중심의 사고
라. 기능 중심의 접근

05 강도감도계수

최외단 인장 철근 순인장 변형률 ε_t가
$0.002 < \varepsilon_t < 0.005$이므로 변화구간 단면이며,

$$\phi = 0.65 + (\varepsilon_t - 0.002) \times \frac{200}{3}$$
$$= 0.65 + (0.004 - 0.002) \times \frac{200}{3}$$
$$= 0.783$$

06 용어 설명 – BOT

사회간접시설의 확충을 위해서 민간자본으로 시설물을 완성(Build)하고, 그 시설을 일정기간 동안 운영(Operation)하여 투자자금을 회수한 후 발주자에게 그 시설을 양도(Transfer)하는 방식

07 Pre – tension 공법과 Post – tension 공법의 차이점

① 프리텐션 : PC강재 긴장 → 콘크리트 타설 → PC강재와 콘크리트 접합 후 Pre – stress 도입

② 포스트텐션 : 덕트(쉬스관) 설치 → 콘크리트 타설 → PC강재 삽입·긴장·고정 → 그라우팅 후 콘크리트에 Pre – stress 도입

08 주열식 지하연속벽 공법의 특징

가. 소음, 진동이 적다.
나. 신속한 시공이 가능하다.
다. 지하연속벽에 비해 가격이 저렴하다.
라. 차수성이 크다.
마. 벽체 강성이 높아 인접건물 근접시공이 가능하다.

09 계측기기

가. ⑥	나. ④
다. ①	라. ⑤
마. ③	바. ②

10 지반의 허용지지력

가. ① 4,000　　② 2,000
　③ 200　　④ 100

나. 1.5

11 벽타일 붙이기 시공순서

나. 타일 나누기　　다. 벽타일 붙이기

라. 치장줄눈　　마. 보양

12 용어 설명 – 거푸집의 종류

가. 슬라이딩 폼(Sliding Form) : 콘크리트를 부어 넣으면서 거푸집을 연속적으로 끌어올려 Silo, 굴뚝 등 단면 형상의 변화가 없는 구조물에 사용되는 거푸집

나. 워플 폼(Waffle Form) : 무량판 구조 또는 평판 구조에서 2방향 장선(격자보) 바닥판 구조가 가능한 특수 상자모양의 기성재 거푸집

다. 터널 폼(Tunnel Form) : 벽과 바닥의 콘크리트 타설을 일체화하기 위한 ㄱ자 또는 ㄷ자 형의 기성재 거푸집으로 아파트공사에 주로 사용되는 거푸집

13 매스콘크리트의 수화열 저감 대책

가. 수화열이 적은 시멘트(중용열 시멘트) 사용

나. 단위시멘트량 저감

다. Pre – cooling, Post – cooling 이용

14 용접 결함

가. 슬래그 감싸들기　　나. 언더컷

다. 용입 부족　　라. 크레이터

마. 오버 랩　　바. 블로홀

사. 크랙　　아. 피트

15 철골 보 – 기둥 접합부 용어

가. 스티프너(Stiffener)

나. 하부 플랜지 플레이트

다. 전단 플레이트

16 블록구조의 외부벽체 직접 방수처리방법

가. 피막도료칠(합성수지도료)

나. 타일·판돌붙임

다. 방수모르타르 바름

17 용어 설명

가. 블리딩 : 아직 굳지 않은 시멘트풀, 모르타르 및 콘크리트에 있어서 물이 윗면에 스며오르는 현상

나. 레이턴스 : 콘크리트를 부어넣은 후 블리딩 수의 증발에 따라 그 표면에 발생하는 백색의 미세한 물질

18 용어 설명 – 샌드 드레인

점토질 지반의 대표적인 탈수공법으로 지반지름 40~60cm 구멍을 뚫고 모래를 넣은 후, 성토 및 기타 하중을 가하여 점토질 지반을 압밀함으로써 탈수하는 공법

19 포틀랜드 시멘트 종류

가. 보통 포틀랜드 시멘트

나. 중용열 포틀랜드 시멘트

다. 내황산염 포틀랜드 시멘트

라. 조강 포틀랜드 시멘트

마. 저열 포틀랜드 시멘트

20 공정표 작성 및 여유시간

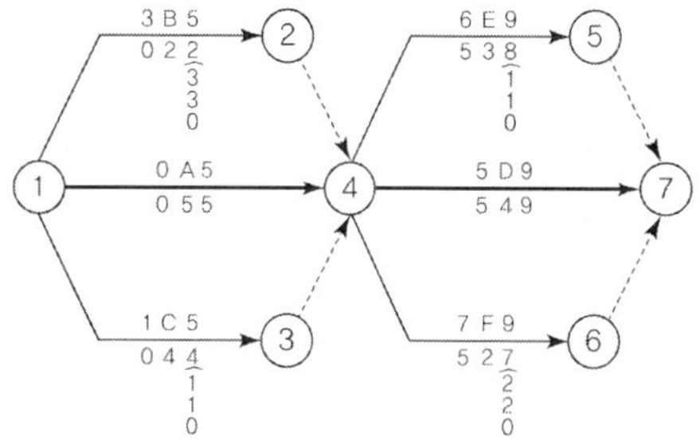
3 B 5
0 2 2
6 E 9
5 3 8
0 A 5
0 5 5
5 D 9
5 4 9
1 C 5
0 4 4
7 F 9
5 2 7

가. 공정표 작성

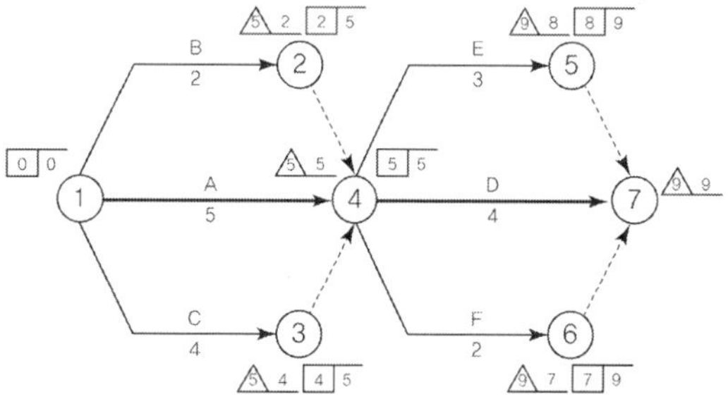
B
2
E
3
A
5
D
4
C
4
F
2

나. 작업의 여유시간

작업명	EST	EFT	LST	LFT	TF	FF	DF	CP
A	0	5	0	5	0	0	0	※
B	0	2	3	5	3	3	0	
C	0	4	1	5	1	1	0	
D	5	9	5	9	0	0	0	※
E	5	8	6	9	1	1	0	
F	5	7	7	9	2	2	0	

21 평판구조 2방향 전단보강방법

가. 슬래브 두께 증가

나. 전단머리(Shear Head) 보강

다. 지판 또는 주두 사용

라. 기둥열 철근을 스터럽으로 보강

22 단순보 최대 휨응력 구하기

(1) $M_{max} = \dfrac{wl^2}{8} = \dfrac{30 \times 8^2}{8} = 240\text{kN} \cdot \text{m}$

$= 240 \times 10^6 \text{N} \cdot \text{mm}$

(2) $S = \dfrac{bh^2}{6} = \dfrac{200 \times 300^2}{6} = 3 \times 10^6 \text{mm}^3$

(3) $\sigma_{max} = \dfrac{M_{max}}{S} = \dfrac{240 \times 10^6}{3 \times 10^6} = 80\text{N/mm}^2 = 80\text{MPa}$

23 단면 2차 모멘트 구하기

$$I_X = I_{x_0} + A \cdot e^2$$

$$= \left\{ \frac{400 \times 100^3}{12} + (400 \times 100) \times (300 + 50)^2 \right\}$$

$$+ \left\{ \frac{200 \times 300^3}{12} + (200 \times 300) \times 150^2 \right\}$$

$$= 6,733,333,333.33\text{mm}^4$$

$$= 6.73 \times 10^9 \text{mm}^4$$

24 볼트 접합 파괴 명칭

가. 1면 전단파괴
나. 2면 전단파괴
다. 볼트 인장파괴

2013년 1회 해설 및 정답

01 공정표 작성 및 여유시간

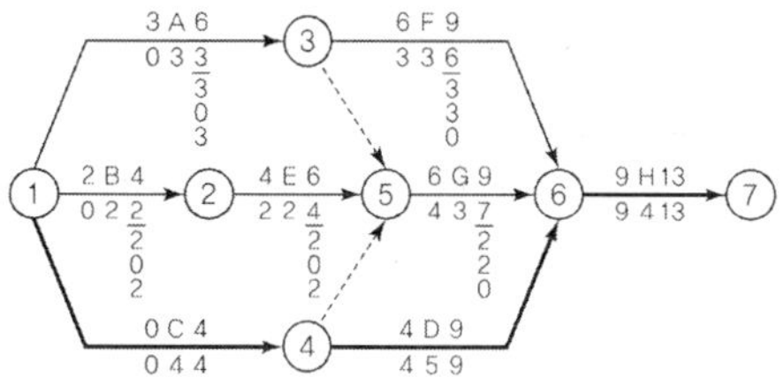

3 A 6
0 3 3
6 F 9
3 3 6
2 B 4
0 2 2
4 E 6
2 2 4
6 G 9
4 3 7
9 H 13
9 4 13
0 C 4
0 4 4
4 D 9
4 5 9

가. 공정표 작성

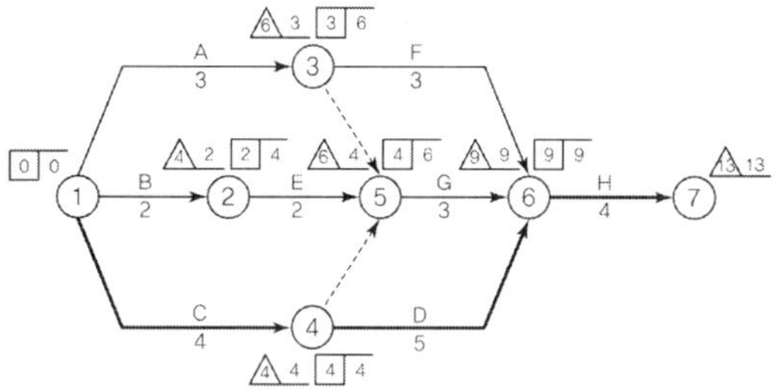

A
3
F
3
B
2
E
2
G
3
H
4
C
4
D
5

나. 각 작업의 여유시간

작업명	TF	FF	DF	CP
A	3	0	3	
B	2	0	2	
C	0	0	0	※
D	0	0	0	※
E	2	0	2	
F	3	3	0	
G	2	2	0	
H	0	0	0	※

02 중량콘크리트의 용도 및 사용골재

가. 용도 : 방사선 차단

나. 사용골재

① 중정석(Barite)

② 철광석(자철광 : Magnetite)

03 바나나 곡선 활용

공사의 진척 상황을 파악하는 데 활용된다.

04 용접 착수 전 용접부 검사항목

가. 트임새 모양　　나. 모아대기법

다. 구속법　　라. 자세의 적부

05 시멘트 창고 저장 및 관리방법

가. 마루 높이는 지면에서 30cm 이상 높여 방습처리에 유의한다.

나. 창은 채광용으로 두고 여름철의 습기·외기의 침입을 막기 위해 환기창은 두지 않는다.

다. 반입구와 반출구는 별도로 두고 반입 순서대로 사용한다.

라. 지붕은 경사지붕으로 하고, 창고 주위에 배수도랑을 설치한다.

06 철근 방청법

가. 철근에 아연도금하거나 에폭시 코팅철근 사용

나. 콘크리트에 방청제 혼입

다. 골재에 제염제 혼합사용

라. 철근피복두께 확보

07 적산 – 벽돌량 / 미장면적

가. 벽돌량

① 외벽 : $[(20+6.5)\times2\times3.6-\{(2.2\times2.4)+(0.9\times2.4)+(1.8\times1.2\times3)+(1.2\times1.2)\}]\times224\times1.05$
$=41.264$장

② 내벽 : $\{(6.5-0.29)\times3.6-(0.9\times2.1)\}\times149\times1.05$
$=3.202$장

∴ ①+②=44,466장

나. 미장면적

① 외벽 : $\{(20+0.29)+(6.5+0.29)\}\times2\times3.6-\{(2.2\times2.4)+(0.9\times2.4)+(1.8\times1.2\times3)+(1.2\times1.2)\}=179.62\text{m}^2$

② 내벽

㉠ 창고 A : $[\{5-(\frac{0.29}{2}+\frac{0.19}{2})\}+(6.5-\frac{0.29}{2}\times2)]\times2\times3.6-\{(0.9\times2.4)+(0.9\times2.1)+(1.2\times1.2)\}$
$=73.494\text{m}^2$

㉡ 창고 B : $[15-(\frac{0.19}{2}+\frac{0.29}{2})+(6.5-\frac{0.29}{2}\times2)]\times2\times3.6-\{(2.2\times2.4)+(1.8\times1.2\times3)+(0.9\times2.1)\}$
$=137.334\text{m}^2$

∴ ①+②=390.448m^2

08 토공기계 시간당 작업량 구하기

(1) 1회 작업량=0.6×0.7×0.9=0.378m^3

(2) 전체 작업횟수=2,000÷0.378=5,291.005

∴ 5,292회

(3) 2대 작업횟수=5,292÷2=2,646회

(4) 전체 작업시간=2,646×15분÷60분=661시간 30분

09 매스콘크리트 온도균열의 기본대책

㉯, ㉰, ㉲

10 도급비용 구하기

① 실비비율보수 가산식(A+Af)으로 계산
(A : 공사실비, f : 비율)
② 도급비용=90,000,000+(90,000,000×0.05)
=94,500,000<100,000,000

∴ 도급비용 : 94,500,000원

11 기성콘크리트 말뚝 간격

가. 2.5 나. 750

12 계측기기 설치 위치

가. 토압계 : 흙막이 나. 하중계 : 띠장 / 앙카
다. 경사계 : 인접건물 라. 변형률계 : 어미말뚝, 띠장

13 용어-거푸집 부속재

가. 스페이서 나. 세퍼레이터
다. 와이어 클리퍼 라. 인서트
마. 폼타이

14 기둥-설계축하중 구하기

$$\phi P_{n(\max)} = 0.80\phi\,[0.85 f_{ck}\cdot(A_g - A_{st}) + f_y \cdot A_{st}]$$
$$= 0.80\times0.65\,[0.85\times24\times(500\times500-3{,}096) + 400\times3{,}096]\times10^{-3}$$
$$= 3{,}263\text{kN}$$

15 트러스-인장재 / 압축재 고르기

문제에 제시된 트러스에 수직하중이 작용하면, 상현재는 압축재, 하현재는 인장재가 된다. 수직재와 경사재는 경사재의 방향에 따라 인장 또는 압축이 된다. 절단법을 이용하여 부재력을 구하면, 왼쪽의 Howe 트러스는 수직재가 인장재, 경사재가 압축재가 되고, 오른쪽의 Pratt 트러스는 수직재가 압축재, 경사재가 인장재가 된다.
가. 인장재 : ③, ④, ⑥, ⑧
나. 압축재 : ①, ②, ⑤, ⑦

16 표준볼트장력을 설계볼트장력과 비교하여 설명

설계볼트장력은 고력볼트의 설계 시 허용전단력을 구하기 위한 기준값이며, 표준볼트장력은 설계볼트장력에 10%를 할증한 값으로 현장시공의 기준값으로 쓰인다.

17 콘크리트 공시체의 압축강도 구하기

(1) 단면적 $A = \dfrac{\pi d^2}{4} = \dfrac{3.14\times150^2}{4} = 17{,}662.5\text{mm}^2$

(2) 압축강도 $f_{ck} = \dfrac{400\times1{,}000}{17{,}662.5} = 22.65\text{N/mm}^2$

18 인장재 순단면적 구하기

정렬배치이므로,
L-100×100×7의 전체 단면적은 1,362mm²
(1) $d_0 = d + 2.0 = 20 + 2 = 22\text{mm}$
(2) $A_n = A_g - n d_0 t = 1{,}362 - 2\times22\times7 = 1{,}054\text{mm}^2$

19 기둥길이 구하기

(1) $I_x = \dfrac{b^3 h}{12}$, $r = \sqrt{\dfrac{I}{A}} = \dfrac{b}{2\sqrt{3}}$
(2) 양단힌지 $l_k = kl = l(k=1.0)$
(3) $\lambda = \dfrac{l_k}{r_{\min}} = \dfrac{kl}{\dfrac{b}{2\sqrt{3}}} = \dfrac{2\sqrt{3}\,l}{b}$

$$l = \frac{\lambda\cdot b}{2\sqrt{3}} = \frac{(150)(150)}{2\sqrt{3}} = 6{,}495.19\text{mm} \fallingdotseq 6.5\text{m}$$

20 기초 저항면적 구하기

(1) 위험단면의 둘레길이
$b_0 = 2(60+70) + 2(60+70) = 520\text{cm}$
(2) 위험단면의 면적
$A = b_0 \times d = 520\times70 = 36{,}400\text{cm}^2$

21 철근이음 방식

가. 겹침이음 나. 가스압접이음
다. 기계적 이음 라. 용접이음

22 볼트 설계 전단 강도 구하기

(1) 고력볼트의 단면적
$A_b = \dfrac{\pi d^2}{4} = \dfrac{3.14\times22^2}{4} = 380\text{mm}^2$
(2) 고력볼트 1개의 설계전단강도
$\phi R_n = \phi\cdot A_b\cdot f_{nv}$
$= 0.75(380)(500) = 142{,}500\text{N} = 142.5\text{kN}$
(3) 고력볼트는 4개이므로, $142.5\times4 = 570\text{kN}$

23 창호 기호표

구분	창	문
목재	1 / WW	2 / WD
철재	3 / SW	4 / SD
알루미늄재	5 / AW	6 / AD

24 갱폼의 장점

가. 인력 및 비용절감
나. 거푸집 이음부위 감소에 따른 마감작업 단순화
다. 기능공 영향을 덜 받음

25 용어 설명

가. 복층 유리 : 이중유리 사이에 공기, 진공상태가 되어 있는 유리
나. 배강도 유리 : 판유리보다 2배 정도 강도를 증가시킨 유리

26 콘크리트용 착색제

가. 초록색 : ④
나. 빨간색 : ⑤
다. 노란색 : ③
라. 갈색 : ⑥

2013년 2회 해설 및 정답

01 알칼리 골재반응

가. 저알칼리시멘트를 사용한다.
나. 반응성 골재 사용을 금지한다.
다. 포졸란 반응을 사전에 촉진시킨다.

02 지반개량공법 중 탈수공법

가. 샌드 드레인 공법　　나. 페이퍼 드레인 공법
다. 웰 포인트 공법　　라. 생석회 말뚝공법

03 주각부 시공순서

④-①-⑤-②-③-⑥

04 용어 설명 – 페이퍼 조인트

서류상으로는 여러 회사의 공동도급 형태지만 실제로는 한 회사가 공사를 주도적으로 진행하고 다른 건설사는 하도급 형태로 이루어지거나, 단순한 이익배당에만 관여하는 공사도급 형태이다.

05 압접이음 안 되는 경우

가. 철근의 지름 차이가 6mm 초과하는 경우
나. 철근의 재질이 서로 다른 경우
다. 항복점 강도가 서로 다른 경우

06 시트 방수순서

⑥-①-②-⑦-⑤-③-④

07 보링의 종류

가. 회전식　　나. 충격식　　다. 수세식

08 비계면적 산출방법

가. 외부 쌍줄비계 : 건물 벽 외면에서 90cm 이격시킨 둘레길이에 건물 높이를 곱하여 계상
나. 외줄비계 : 건물 벽 외면에서 45cm 이격시킨 둘레길이에 건물 높이를 곱하여 계상

09 스페이서 용도

철근의 간격, 피복두께 유지

10 적산 – 강판 소요량 / 스크랩량

가. 강판의 소요량
$0.6 \times 0.5 \times 0.004 \times 7.85 \times 1{,}000 \times 30 = 282.6\text{kg} \times 1.1$
$= 310.86\text{kg}$
나. 스크랩 발생량
$0.5 \times 0.25 \times 0.5 \times 0.004 \times 7.85 \times 1{,}000 \times 30$
$= 58.88\text{kg}$

11 공정표 작성 및 여유시간

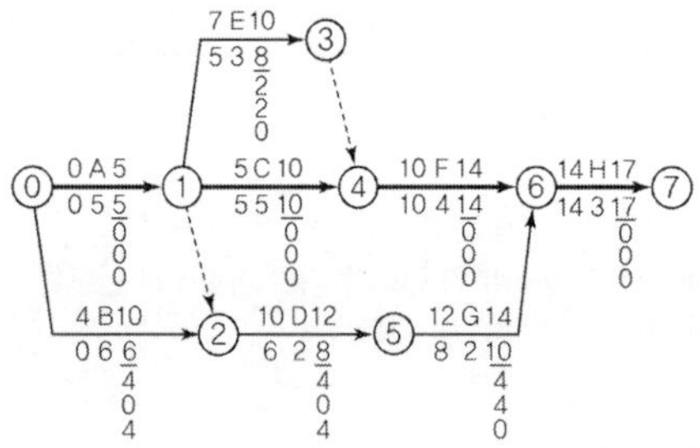

7 E10
5 3 8
0 A 5
0 5 5
5 C 10
5 5 10
10 F 14
10 4 14
14 H 17
14 3 17
4 B10
0 6 6
10 D12
6 2 8
12 G 14
8 2 10

1. 네트워크 공정표

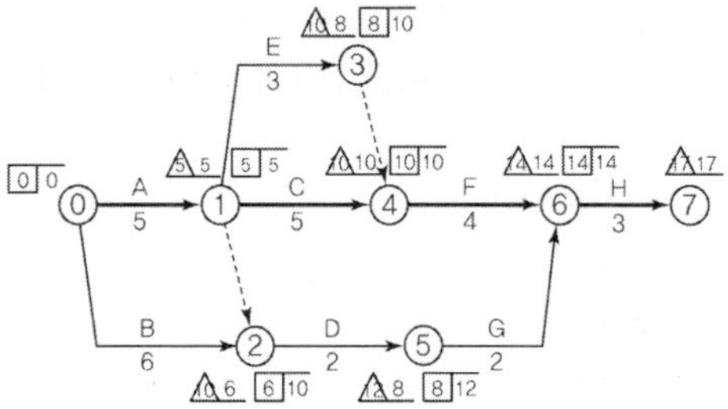

E
3
A
5
C
5
F
4
H
3
B
6
D
2
G
2

2. 각 작업의 여유시간

작업명	TF	FF	DF	CP
A	0	0	0	※
B	4	0	4	
C	0	0	0	※
D	4	0	4	
E	2	2	0	
F	0	0	0	※
G	4	4	0	
H	0	0	0	※

12 가치공학의 기본추진절차

가. 정보수집단계　　나. 기능분석단계
다. 대체안 개발단계　　라. 실시단계

13 커튼월 외관상 종류

가. 멀리온　　나. 스팬드럴
다. 그리드　　라. 시스형

14 히빙 / 보일링 방지 대책

가. 히빙파괴 방지 대책 : 흙막이 벽을 깊게 시공한다.
나. 보일링파괴 방지 대책 : 배수공법으로 지하수위를 낮춘다.

15 처짐량 구하기

(1) $\lambda = \dfrac{\xi}{1+50\rho'} = \dfrac{2.0}{1+50\times 0} = 2.0$

(2) 장기 처짐 = 장기처짐계수 × 순간처짐
= 2.0 × 5mm = 10mm

(3) 총처짐량 = 순간처짐 + 장기처짐 = 5 + 10 = 15mm

16 보의 최소폭(시방서 기준)

(1) a=피복두께 + 늑근직경=40 + 13=53mm
(2) $nd = 4\times 25 = 100$mm
(3) 순간격 p
① 25mm 이상
② 1.0d 이상 : 25mm × 1.0=25mm
$\therefore\ p = 25$mm
(4) 보 폭 산정
$b = 2a + nd + (n-1)p$
$= 2\times 53 + 4\times 25 + (4-1)\times 25$
$= 281$mm

17 1방향 슬래브와 2방향 슬래브를 구분 기준

슬래브에 작용하는 힘의 흐름이 1방향으로 전달되는 슬래브를 1방향 슬래브라 하며, 힘의 흐름이 2방향으로 전달되는 슬래브를 2방향 슬래브라 한다. 4변 지지된 슬래브의 경우 변장비(=장변 순스팬 / 단변 순스팬)에 따라 다음과 같이 구분된다.

(1) 1방향 슬래브
변장비가 2를 초과하여 힘의 흐름이 단변방향으로만 전달되는 것으로 간주하는 슬래브

(2) 2방향 슬래브
변장비가 2 이하로서 힘의 흐름이 양 방향으로 전달되는 슬래브

18 용어

데크 플레이트

19 용어

가. 트렌치 컷 공법 나. 아일랜드 공법

20 용어 설명

가. Closed Joint : 커튼월과 접하는 부분을 Seal재로 완전히 밀폐시켜 틈 없이 비처리하는 방식
나. Open Joint : 벽의 외측면과 내측면 사이에 공간을 두어 옥외의 기압과 같은 기압을 유지하여 비처리하는 방식

21 철근 정착길이 구하기

$$l_{db} = \frac{0.6\, d_b f_y}{\lambda\sqrt{f_{ck}}} = \frac{0.6\times 22.2\times 400}{\sqrt{30}} = 972.755\text{mm}$$

22 최대 전단응력 구하기

(1) 최대 전단력 $V_{max} = 100\text{kN} = 100{,}000\text{N}$
(2) 단면적 $A = 300\times 500 = 150{,}000\text{mm}^2$
(3) 최대 전단응력

$$v_{max} = k\frac{V_{max}}{A} = 1.5\times\frac{100{,}000}{150{,}000} = 1\text{N/mm}^2$$

23 최대 계수 휨모멘트 구하기

(1) 계수하중 $P_u = 1.2\times 20 + 1.6\times 30 = 72\text{kN}$
(2) 최대 계수 휨모멘트

$$M_u = \frac{P_u\, l}{4} = \frac{72\times 8}{4} = 144\text{kN}\cdot\text{m}$$

24 용어 설명 – 지정 및 기초공사

가. 재하시험 : 재하판이나 말뚝에 하중을 실어 침하량을 측정하여 지반의 지내력을 파악하는 토질 시험
나. 합성말뚝 : 강관충진 콘크리트 말뚝과 같이 2개 이상의 재료로 구성되는 말뚝

25 Hook 설치 철근

①, ②, ③, ⑤

26 용어 및 용도(혼화재(混和材)와 혼화제(混和劑))

가. 혼화재 : 시멘트 중량의 5% 이상으로 사용하는 혼화재료로 시멘트의 성질을 개량한다.
예) 포졸란
나. 혼화제 : 시멘트 중량의 5% 이하로 사용하는 혼화재로 약품적 성질을 갖고 있다.
예) AE제

27 용어 설명

가. 적산 : 공사에 필요한 재료, 품의 수량, 즉 공사량을 산출하는 기술 활동
나. 견적 : 산출된 공사량에 단가를 곱하여 총공사비를 산출하는 기술 활동

2013년 4회 해설 및 정답

01 부재력 구하기

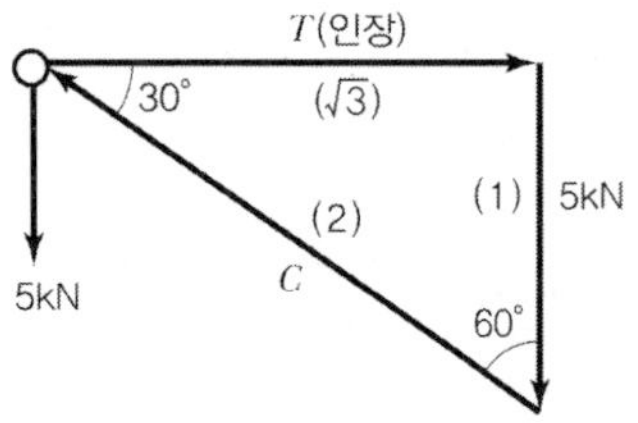
T(인장)
30°
(√3)
(1)
5kN
(2)
5kN
C
60°

(1) $\dfrac{T}{\sqrt{3}}=\dfrac{5}{1}$　　$\therefore\ T=5\sqrt{3}\,\text{kN}=8.66\text{kN}$(인장)

(2) $\dfrac{C}{2}=\dfrac{-5}{1}$　　$\therefore\ C=-5\times2=-10\text{kN}$(압축)

02 용어

BTL

03 적산-조적

가. 시멘트 벽돌 소요량 : 12×3×149=5,364×1.05
=5,632.2

∴ 5,633장

나. 모르타르량 : 5,364÷1,000×0.33=1.77m^3

※ 모르타르 단위 수량은 개정되었으나 이 문제는 문제조건에서 단위 수량이 제시되었기에 제시된 조건으로 풀이함

04 공정표 작성 및 여유시간

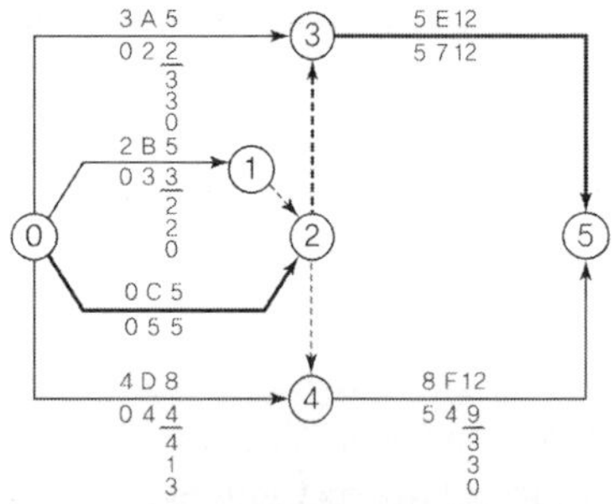
3 A 5
0 2 2
5 E 12
5 7 12
2 B 5
0 3 3
0 C 5
0 5 5
4 D 8
0 4 4
8 F 12
5 4 9

가. 네트워크 공정표 작성

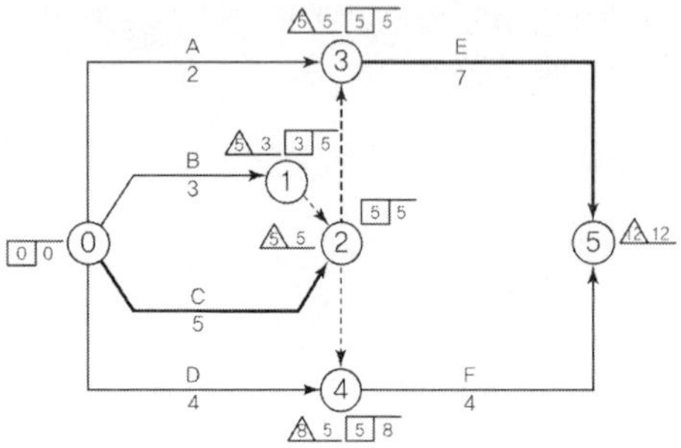
A
2
E
7
B
3
C
5
D
4
F
4

나. 각 작업의 여유시간

작업명	TF	FF	DF	CP
A	3	3	0	
B	2	2	0	
C	0	0	0	※
D	4	1	3	
E	0	0	0	※
F	3	3	0	

05 용접부위 설계강도

(1) $a=0.7s=0.7\times6=4.2\text{mm}$

(2) $l_e=(l-25)\times2=(150-2\times6)\times2=276\text{mm}$

(3) $A_w=a\cdot l_e=4.2\times276=1,159.2\text{mm}^2$

(4) $F_w=0.6F_y=0.6\times235$
$=141\text{N/mm}^2$

(5) $\phi P_w=0.9F_wA_w$
$=0.9\times141\times1,159.2$
$=147,102.48\text{N}=147.102\text{kN}$

06 용접부 검사항목

가. 용접 착수 전 검사 : ①, ④, ⑦
나. 용접 작업 중 검사 : ②, ③, ⑧
다. 용접 완료 후 검사 : ⑤, ⑥

07 적산 온통기초 토공사 수량 구하기

가. 터파기량=(15+1.3×2)×(10+1.3×2)×6.5
=1,441.44m^3

나. 되메우기량=터파기량-기초구조부 체적
∴ 기초구조부 체적
① 잡석 : 15.6×10.6×0.24=39.69m^3
② 버림 : 15.6×10.6×0.06=9.92m^3
③ 지하실 용적 : 15.2×10.2×6.2=961.25m^3
∴ 되메우기량=1,441.44-1,010.86=430.58m^3

다. 잔토처리량=기초구조부 체적×토량환산계수
=1,010.86×1.2=1,213.03m^3

08 커튼월 조립방식

가. ①　　나. ②
다. ③

09 골재의 함수량

가. ③　　나. ④
다. ⑤　　라. ①
마. ②

10 줄눈 명칭

가. 조절줄눈　　나. 슬라이딩 조인트
다. 시공줄눈　　라. 신축줄눈

11 용어 설명

가. 기준점(Bench Mark) : 건축물 시공 시 기준위치를 정하는 원점으로 공사 중 높이의 기준이 되는 것
나. 방호선반 : 주출입구 및 리프트 출입구 상부 등에 설치한 낙하방지 안전시설

12 백화현상 방지법

가. 벽체방수
나. 줄눈 밀실하게 시공
다. 구조적인 비막이 설치(차양)

13 흙막이벽 공사에서 발생되는 현상

가. 히빙
나. 보일링
다. 파이핑

14 탈수공법

가. 사질토 : 웰포인트
나. 점성토 : 샌드 드레인
※ 웰포인트 공법은 배수공법이나 문제에서 사질토 탈수공법을 쓰라고 함

15 철근의 주철근 간격 유지 목적

가. 콘크리트 시공성 확보
나. 재료분리방지
다. 소요강도 유지

16 휨모멘트도

오른쪽 단의 지지조건이 제시된 그림처럼 이동단이면, 본 구조물은 불안정 구조물이며 휨모멘트는 발생하지 않는다.
오른쪽 지지조건을 힌지로 수정하여 3회전단에 대한 휨모멘트를 작성하면 다음과 같다.

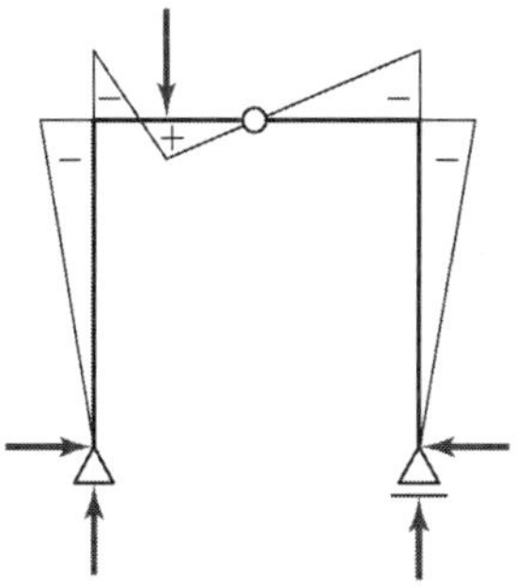

−
+
−
−
−

17 미장재료

가. 수경성 재료
① 시멘트 모르타르
② 소석고 플라스터
③ 무수석고 플라스터
④ 인조석 갈기
나. 기경성 재료
① 돌로마이트 플라스터
② 회반죽
③ 진흙

18 용어

실리카 퓸(흄)

19 휨 균열 강도 구하기

(1) 최대 휨모멘트
M_{max} = 12kN × 150mm = 1,800kN · mm
= 1,800,000N · mm

(2) 탄성단면계수 $Z = \frac{bh^2}{6} = \frac{150 \times 150^2}{6} = 562,500\text{mm}^3$

(3) 휨 파괴계수 $f_r = \frac{M_{max}}{Z} = \frac{1,800,000}{562,500} = 3.2\text{N/mm}^2$

20 특명입찰(수의계약)의 장단점

가. 장점
① 양질의 시공 기대
② 입찰 수속 간단
나. 단점
① 공사비 증대
② 시공자의 독선 우려

21 최대 압축 응력도 구하기

(1) P = 36kN = 36,000N
(2) M = 36,000N × 1,000mm = 36,000,000N · mm
(3) $A = 600 \times 600 = 360,000\text{mm}^2$
(4) $S = \frac{600 \times 600^2}{6} = 36,000,000\text{mm}^3$
(5) $\sigma_{max} = -\frac{P}{A} - \frac{M}{S} = -\frac{36,000}{360,000} - \frac{36,000,000}{36,000,000}$
$= -1.1\text{N/mm}^2$

22 커튼월 시험 항목

가. 기밀시험
나. 수밀시험
다. 풍압시험
라. 층간변위시험

23 용접결함

가. 블로우 홀　　나. 언더컷
다. 오버랩　　라. 슬래그 감싸들기

24 용어 – 프리스트레스트 콘크리트

가. 포스트 텐션
나. 덕트(쉬스관)

25 흙막이 공법(흙막이 및 버팀대 역할을 하는 공법)

②, ⑤, ⑥

26 균형철근비 / 최대 철근량 구하기

가. 균형철근비

$$\rho_b = (0.85\beta_1)\frac{f_{ck}}{f_y}\frac{660}{660+f_y}$$

$$= (0.85\times0.8)\times\frac{27}{300}\times\frac{660}{660+300} = 0.0421$$

나. 최대 철근량

f_y = 300MPa인 경우, $\epsilon_{a,\min} = 0.004$

$$\frac{\rho_{\max}}{\rho_b} = 0.658 \rightarrow \rho_{\max} = 0.658\rho_b$$

$$\therefore \rho_{\max} = 0.658\times0.0421 = 0.0277$$

$$A_{s,\max} = \rho_{\max}\times b\times d = 0.0277\times550\times750$$

$$= 11,427.0\text{mm}^2$$

2012년 1회 해설 및 정답

01 변형량

$$\Delta L = \frac{P \cdot L}{E \cdot A} = \frac{(80\times10^3)(4\times10^3)}{(205{,}000)(10\times10^2)}$$
$$= 1.56098\text{mm}$$

02 장주 좌굴길이

① $KL = (0.7)(2a) = 1.4a$
② $KL = (0.5)(4a) = 2.0a$
③ $KL = (2.0)(a) = 2.0a$
④ $KL = (1.0)(\frac{a}{2}) = 0.5a$

03 보 처짐각 / 처짐량 구하기

(1) A지점 처짐각

$$\theta_A = -\frac{1}{16}\cdot\frac{PL^2}{EI} = -\frac{1}{16}\cdot\frac{(30\times10^3)(6\times10^3)^2}{(206\times10^3)(1.6\times10^8)}$$
$$= -0.002048\text{rad}(\curvearrowright)$$

(2) 중앙 C점의 처짐

$$\delta_C = +\frac{1}{48}\cdot\frac{PL^3}{EI} = +\frac{1}{48}\cdot\frac{(30\times10^3)(6\times10^3)^3}{(206\times10^3)(1.6\times10^8)}$$
$$= +4.09587\text{mm}(\downarrow)$$

04 보의 지배단면 – 최외단 인장철근의 순인장변형률(ε_t)

① $a = \dfrac{A_S \cdot f_y}{\eta(0.85 f_{ck})b} = \dfrac{(1{,}927)(400)}{0.85(24)(250)} = 151.137\text{mm}$

$\eta = 1.0$

② $f_{ck} \le 40\text{MPa}$

$\beta_1 = 0.80$

③ $a = \beta_1 \cdot c$에서 $c = \dfrac{a}{\beta_1} = \dfrac{151.137}{0.80} = 188.921\text{mm}$

④ 최외단 인장철근의 변형률

$$\varepsilon_t = \frac{(d_t - c)}{c}\cdot\varepsilon_c = \frac{(450-188.921)}{188.921}\times0.0033$$
$$= 0.00456$$

∴ 최외단 인장철근의 순인장변형률이 0.004와 0.005 사이값을 가지므로 이 보는 변화구간 단면이다.

05 용어

① PERT
② ADM(Arrow Diagram Method)
③ PDM(Precedence Diagram Method)

06 균형철근보의 정의

압축연단 콘크리트의 최대변형률이 0.003에 도달할 때 인장철근의 최대변형률이 항복점변형률($\varepsilon_s = \varepsilon_y = f_y/E_s$)에 도달

07 메탈터치의 정의 및 도해

가. 정의 : 철골 수직 부재에서 맞닿는 면을 정밀하게 가공하여 밀착시켜 축방향력을 직접 전달하기 위한 가공

나. 도해 :

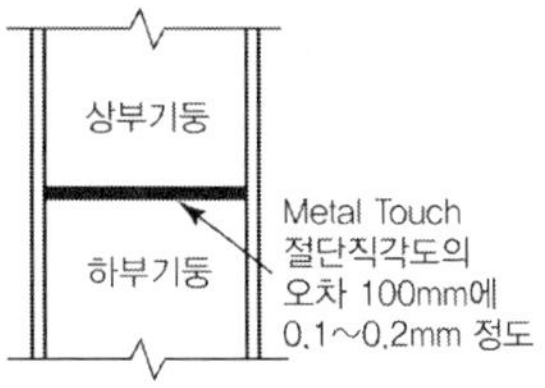
상부기둥
하부기둥
Metal Touch
절단직각도의
오차 100mm에
0.1~0.2mm 정도

08 강관 충진 구조(CFT)의 정의 및 장단점

가. 정의 : 원형 또는 사각형의 강관기둥 내부에 고강도 콘크리트를 충전하여 만든 구조
나. 장점 : ① 휨강성 증대
② 거푸집 불필요로 인한 공사비 감소
다. 단점 : ① 고품질 콘크리트 요구
② 콘크리트 시공 확인이 어려움

09 용어

철골철근콘크리트 구조

10 캔틸레버 보의 반력 구하기

(1) $\Sigma H = 0 : H_A = 0$

(2) $\Sigma V = 0 : -\left(\frac{1}{2}\times2\times3\right) + (V_A) = 0$

$\therefore V_A = +3\text{kN}(\uparrow)$

(3) $\Sigma M_A = 0 : +(M_A) + (12)$

$$-\left(\frac{1}{2}\times2\times3\right)\left(3+3\times\frac{1}{2}\right) = 0$$

$\therefore M_A = 0$

11 용어 – 통합공정관리(EVMS)

가. CA(Control Account) : ⑦
나. CV(Cost Variance) : ⑥
다. ACWP(Actual Cost for Work Performed) : ⑤

12 용어 설명

가. 히빙(Heaving) 현상 : 흙막이벽 좌측과 우측의 토압차로써 흙막이 뒷부분의 흙이 기초파기하는 공사장으로 흙막이벽 밑을 돌아서 미끄러져 올라오는 현상
나. 보일링(Boiling) 현상 : 모래질 지반에서 흙막이 벽을 설치하고 기초파기할 때의 흙막이벽 뒷면수위가 높아서 지하수가 흙막이 벽을 돌아서 모래와 같이 솟아오르는 현상

13 설계·시공 일괄계약(Design−Build) 장단점

가. 장점
① 설계와 시공의 의사소통이 개선
② 공기단축과 공사비 절감이 가능
나. 단점
① 건축주의 의도 반영의 어려움
② 대규모회사에 유리하고, 중소기업은 불리

14 진동기 과다 사용 시 현상

① 재료분리
② 공기량

15 철근 시험 종류

가. 인장강도 시험
나. 휨강도 시험

16 매스콘크리트 수화열 저감 대책

가. 프리쿨링(재료 냉각) 적용
나. 포스트쿨링(Pipe + 냉각수) 적용
다. 수화열이 작은 시멘트 사용

17 시트 방수공법의 장단점

가. 장점
① 한 번의 시공으로 공기단축이 가능하다.
② 방수층의 두께가 균일하다.
나. 단점
① 온도에 따른 영향이 크다.
② 복잡한 부위 시공이 곤란하다.

18 수평규준틀 설치 목적

가. 건물의 각부 위치를 정확하게 표시
나. 건물의 높이, 기초나비, 길이 등을 정확하게 결정

19 내화피복공법의 재료

공법	재료	
타설공법	콘크리트	경량콘크리트
조적공법	벽돌	블록
미장공법	철망 모르타르	철망 펄라이트 모르타르

20 비계면적 산출

$\{(18+12)\times 2+8\times 0.9\}\times 13.5=907.2m^2$

21 균열 보강공법

가. 강판접착 공법
나. 단면증가 공법
다. 앵커접합 공법

22 시멘트 성분

가. 주요 화합물
① $2CaO \cdot SiO_2$(규산이석회)
② $3CaO \cdot SiO_2$(규산삼석회)
③ $3CaO \cdot Al_2O_3$(알루민산삼석회)
④ $4CaO \cdot Al_2O_3 \cdot Fe_2O_3$(알루민산철사석회)
나. 콘크리트의 28일 이후의 장기강도에 관여하는 화합물
$2CaO \cdot SiO_2$(규산이석회)

23 금속기와 설치 순서

③ → ④ → ⑤ → ① → ② → ⑥

24 용어 설명

가. 압밀 : 외력을 받은 흙의 내부 간극에 물이 빠져나가면서 흙입자의 간격이 좁아지는 현상
나. 예민비 : 점토에 있어서 함수율을 변화시키지 않고 이기면 약해지는데 그 정도를 나타내는 것이 예민비이다.

25 용어−한식기와 잇기

① 알매흙
② 아귀토

26 T/S(Torque Shear)형 고력볼트의 시공순서

④ → ② → ③ → ①

27 SPS(Strut as Permanent System) 공법의 특징

가. 가설재(버팀재) 감소
나. 채광, 환기 등이 불필요
다. 공기 단축(지하, 지상 동시 작업)
라. 굴착작업이 용이

28 부상(浮上) 방지대책

가. Rock Anchor 공법 등 지반정착 공법 사용
나. 배수 공법 사용

29 공정표 및 공기단축

가. 표준 네트워크 공정표

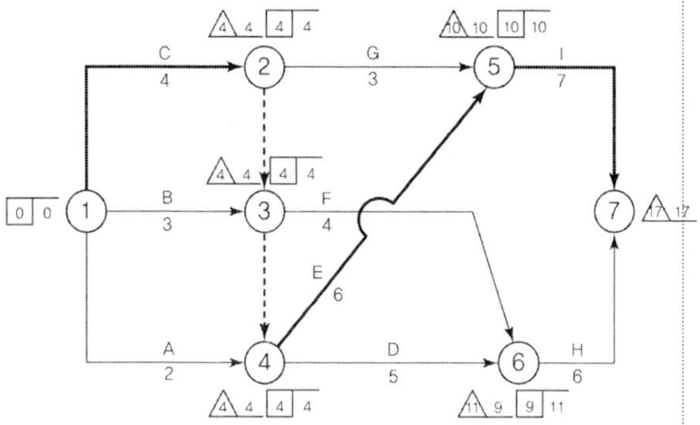

C
4
G
3
I
7
B
3
F
4
E
6
A
2
D
5
H
6

나. 공기단축된 공정표

1) 데이터 정리

명	비용 구배	단축 가능일수	1차	2차	3차	4차	5차	6차
A	50,000	1						
B	40,000	1				1		
C	30,000	2		1		1		
D	20,000	2			1		1	
E	10,000	3	2		1			
F	15,000	2					1	
G	23,000	1						
H	37,000	3						1
I	45,000	3					1	1

2) 공기단축 시 증가 비용

① 1차 단축 E작업 2일 단축 ∴ 2×10,000=20,000원
② 2차 단축 C작업 1일 단축 ∴ 1×30,000=30,000원
③ 3차 단축 D작업 1일 단축 ∴ 1×20,000=20,000원
3차 단축 E작업 1일 단축 ∴ 1×10,000=10,000원
④ 4차 단축 B작업 1일 단축 ∴ 1×40,000=40,000원
4차 단축 C작업 1일 단축 ∴ 1×30,000=30,000원
⑤ 5차 단축 D작업 1일 단축 ∴ 1×20,000=20,000원
5차 단축 F작업 1일 단축 ∴ 1×15,000=15,000원
5차 단축 I작업 1일 단축 ∴ 1×45,000=45,000원
⑥ 6차 단축 H작업 1일 단축 ∴ 1×37,000=37,000원
6차 단축 I작업 1일 단축 ∴ 1×45,000=45,000원

∴ ①+②+③+④+⑤+⑥=312,000원

3) 공기단축된 공정표(전부가 주공정선임)

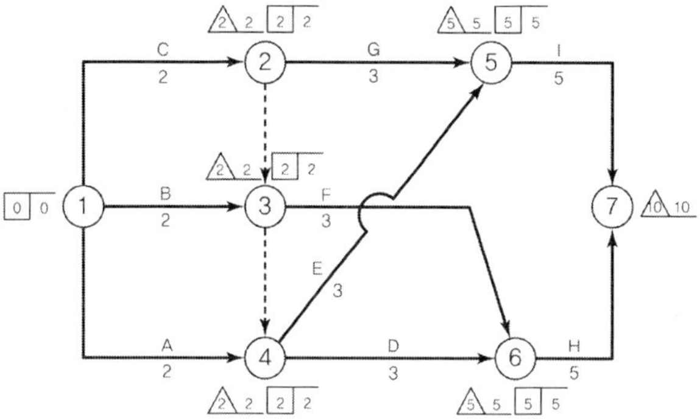

C
2
G
3
I
5
B
2
F
3
E
3
A
2
D
3
H
5

2012년 2회 해설 및 정답

01 공정표 작성 – 네트워크 공정표

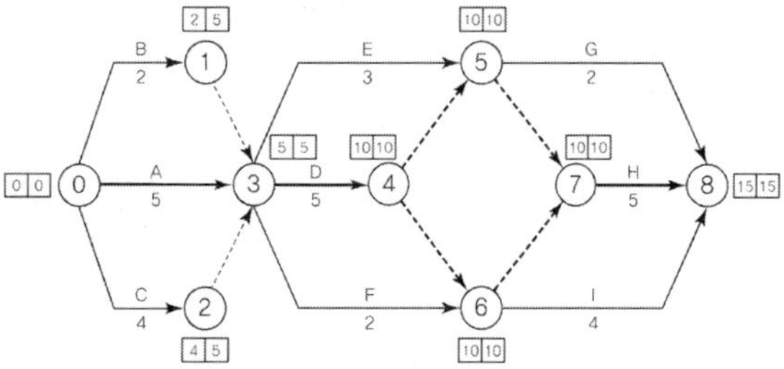

0 0
0
A 5
B 2
C 4
1
2 5
2
4 5
3
5 5
D 5
4
10 10
E 3
F 2
5
10 10
6
10 10
G 2
I 4
7
10 10
H 5
8
15 15

02 탑다운 공법(Top – down Method)

1층 바닥판을 선시공하여 이것을 작업장으로 활용하므로 협소한 대지에서도 효율적인 공간 활용이 가능한 공법

03 계측기기의 종류

가. 하중계(Load Cell)
나. 변형계(Strain Gauge)
다. 토압계(Soil Pressure Gauge)

04 철근 간격 유지 목적

가. 콘크리트의 유동성(시공성) 확보
나. 재료분리 방지
다. 소요강도 확보

05 부동침하 방지 대책(구조적)

가. 기초를 경질지반에 지지시킬 것
나. 다짐말뚝을 사용할 것
다. 지하실을 설치할 것
라. 복합기초를 사용할 것

06 절단 방법의 종류

가. 기계절단
나. 플라즈마 절단
다. 가스절단
라. 레이저 절단

07 측압 요인

가. 콘크리트 타설높이
나. 콘크리트 타설속도
다. 진동기 사용 유무

08 공사내용의 분류(Breakdown Structure)

가. 작업분류체계(WBS ; Work Breakdown Structure)
나. 조직분류체(OBS ; Organization Breakdown Structure)
다. 원가분류체계(CBS ; Cost Breakdown Structure)

09 AE제의 Entrained Air의 목적

가. 시공연도 증진
나. 내구성 증진
다. 동결융해 저항성 증진
라. 단위수량 감소

10 용접접합과 고장력볼트 접합의 장점

가. 용접
① 강재의 양을 절약할 수 있다.
② 접합부의 일체성과 수밀성이 확보된다.
나. 고장력볼트
① 현장 시공설비가 간단하다.
② 불량부분의 수정이 쉽다.

11 용어 설명 – 샌드 드레인

점토지반에 모래말뚝을 형성하여 지반의 간극수를 모래를 통해 제거하는 지반 개량공법

12 용어 설명 – 특성요인도

결과에 원인이 어떻게 관계하고 있는가를 한눈에 알 수 있도록 작성한 그림

13 적산 – 벽면적

$1m^2$: 224장 = $x\,m^2$: 1,000장
$\therefore x = 4.46m^2$

14 서중 콘크리트 문제점

③, ④, ⑤

15 거푸집 존치기간

① 2　　② 3
③ 4　　④ 8

16 미장재료 종류

가. 기경성 미장재료[경화성]
　① 회반죽
　② 돌로마이트 플라스터
나. 수경성 미장재료
　① 석고 플라스터
　② 시멘트 모르타르

17 강도 감도 계수 구하기

① 최외단 인장철근의 변형률 : 0.002 < $\varepsilon_t(\varepsilon_t = 0.004)$
　0.005이므로 변화구간 단면의 부재이다.

②

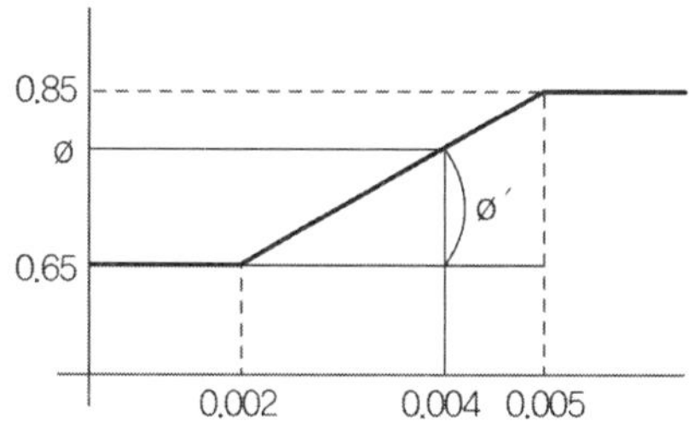
0.85
ø
0.65
ø´
0.002
0.004
0.005

$\phi = 0.65 + \phi'$

0.0033 : 0.2 = 0.002 : ϕ'

$\phi' = \dfrac{0.2 \times 0.002}{0.0033} \fallingdotseq 0.1212$

$\phi = 0.65 + 0.1212 = 0.7712$

18 용어 설명 – 프리스트레스트 콘크리트

가. 프리텐션 방식 : 강현재에 인장력을 가한 상태로 콘크리트를 부어 놓고 경화 후 단부에서 인장력을 풀어 완성한다.
나. 포스트텐션 방식 : 쉬스를 설치하고 콘크리트를 경화시킨 뒤 쉬스 구멍에 강현재를 삽입·긴장시키고, 시멘트 페이스트로 그라우팅한 후 인장력을 완성한다.

19 안방수와 바깥방수 차이점

가. 안방수는 수압이 적은 얕은 지하에 사용, 바깥방수는 수압이 큰 깊은 지하에 사용
나. 안방수는 시공이 간단, 바깥방수는 시공이 난이함
다. 안방수는 비교적 저렴함, 바깥방수는 비교적 고가임
라. 안방수는 보호누름 필요, 바깥방수는 불필요

20 커튼월 종류

가. 패널방식, 샛기둥방식
나. Unit – Wall 방식, Stick – Wall 방식

21 베이스플레이트(Base Plate) 충전재 명칭

무수축 모르타르

22 용어 – 유효 흡수량

표면건조 내부포화상태의 중량과 기건상태의 중량의 차

23 철골 보–기둥 접합부 명칭

가. 스티프너
나. 하부 플랜지 플레이트
다. 전단 플레이트

24 용어 설명

가. 바탕처리 : 바름 바탕을 고르게 덧먹임하거나 깎아내고 면은 거칠게 만들고 수경성 재료인 경우 물축임을 하는 일련의 과정
나. 덧먹임 : 바르기의 접합부 또는 균열의 틈새, 구멍 등에 반죽된 재료를 넣어 때우는 것

25 띠철근 최대 간격

① 주철근 직경의 16배 : 22mm × 16 = 352mm
② 띠철근 직경의 48배 : 10mm × 48 = 480mm
③ 기둥의 최소폭 : 300mm
∴ ①, ②, ③ 중 최소값인 300mm

26 철근 정착 길이 구하기

① $l_{db} = \dfrac{0.25 d_b \cdot f_y}{\sqrt{f_{ck}}} = \dfrac{0.25(22)(400)}{\sqrt{24}} = 449.07$mm

② $l_{db} = 0.043 d_b \cdot f_y = 0.043(22)(400) = 378.40$mm

∴ ①, ② 중 큰 값인 449.07mm

27 탄성좌굴하중 구하기

$$P_{cr} = \frac{\pi^2 EI_{\min}}{(KL)^2} = \frac{\pi^2 (200,000)(798,000)}{(2.0 \times 2,500)^2}$$

$$= 63,007\text{N} = 63.007\text{kN}$$

28 단면 2차 모멘트 구하기

$$I_x = I_{도심} + A \cdot e^2 = \frac{bd^3}{12} + (bd)\left(\frac{d}{4}\right)^2$$

$$= \frac{bd^3}{12} + \frac{bd^3}{16} = \frac{(4+3)bd^3}{48} = \frac{7bd^3}{48}$$

29 부정정 차수 구하기

① $N_e = r - 3 = (3+3+3) - 3 = 6$

② $N_i = (+3) \times 4$개 $= 12$

$\therefore N = N_e + N_i = 6 + 12 = 18$차

※ 추가 풀이

N=9+17+20−2×14=18차 부정정구조물

(6차 외적, 12차 내적)

30 전단 위치 중심 표기

전단중심 : 부재의 비틀림이 생기지 않고 휨변형만 발생하는 위치

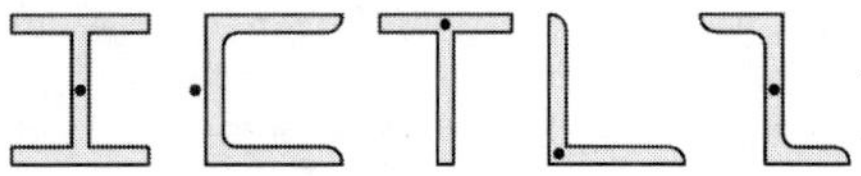

2012년 4회 해설 및 정답

01 지내력 시험방법

가. 평판 재하시험
나. 말뚝의 재하시험

02 콘크리트 혼화 재료 명칭

가. 공기연행제(AE제)
나. 방청제
다. 기포제, 발포제

03 내력벽 구조기준

가. 10　　　　나. 80

04 터파기 시 인접건물 침하 원인

가. Heaving 파괴에 의한 경우
나. Boiling 파괴에 의한 경우
다. Piping에 의한 침하
라. 널말뚝의 저면타입 깊이를 작게 했을 경우
마. 뒤채움 불량에 의한 침하

05 철골 중량 계산

5m×2개×13.3=133kg

06 용어 – 수장 철물

가. 와이어라스 : ①　　나. 메탈라스 : ⑤
다. 와이어메시 : ⑥　　라. 펀칭메탈 : ②

07 균열모멘트 구하기

① 보통중량콘크리트이므로 $\lambda = 1.0$

② $M_{cr} = f_r \cdot Z = 0.63\lambda\sqrt{f_{ck}} \cdot \frac{bh^2}{6}$

$= 0.63(1.0)\sqrt{(24)} \cdot \frac{(300)(500)^2}{6}$

$= 38,579,463\text{N} \cdot \text{mm}$

$= 38.579\text{kN} \cdot \text{m}$

08 용어 설명

가. 이음 : 두 부재를 길이 방향으로 길게 접합하는 것
나. 맞춤 : 두 부재를 서로 직각 또는 일정한 각도로 접합하는 것
다. 쪽매 : 두 부재의 옆면을 섬유방향과 평행으로 옆대어 붙이는 것

09 용어

가. 히빙(Heaving) : 시트 파일 등의 흙막이벽 좌측과 우측의 토압차로써 흙막이 뒷부분의 흙이 기초파기하는 공사장으로 흙막이벽 밑을 돌아서 미끄러져 올라오는 현상
나. 보일링(Boiling) : 모래질 지반에서 흙막이 벽을 설치하고 기초파기 할 때의 흙막이벽 뒷면수위가 높아서 지하수가 흙막이 벽을 돌아서 모래와 같이 솟아오르는 현상
다. 흙의 휴식각 : 흙입자 간의 응집력·부착력을 무시한 채, 즉 마찰력만으로 중력에 대해 정지하는 흙의 사면각도이다.

10 용어 설명 – LCC

건축물의 초기 기획단계에서 설계, 시공, 유지관리, 해체에 이르는 일련의 과정에 소요되는 비용을 분석하는 원가관리기법

11 단주 최대 설계 축하중

$\phi P_n = \phi(0.80)[0.85f_{ck} \cdot (A_g - A_{st}) + f_y \cdot A_{st}]$

$= (0.65)(0.80)[0.85(27) \cdot (300 \times 400 - 3,096 + (400)(3,096)]$

$= 2,039,100\text{N} = 2,039.1\text{kN}$

12 적산 – 온통터파기량

(1) 온통파기

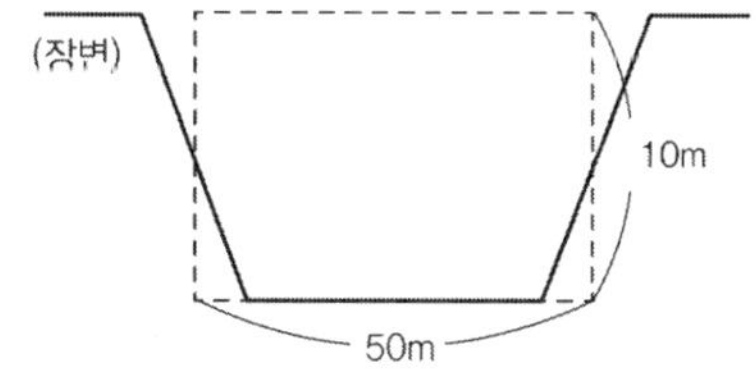

(장변)
10m
50m

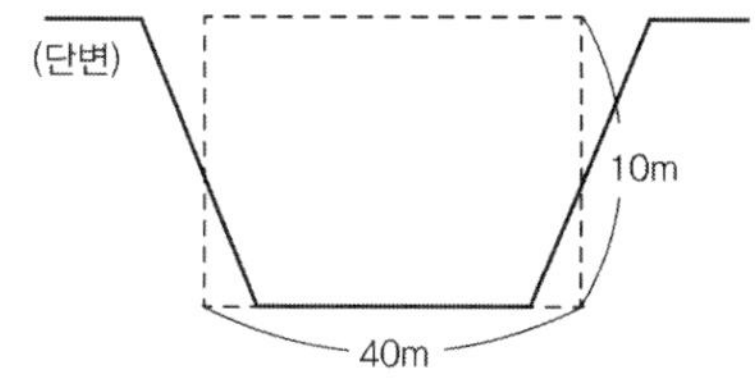

(단변)
10m
40m

가. 터파기량 = 50×40×10 = 20,000m^3
나. 운반대수
　① 운반량 = 20,000×1.3 = 26,000m^3
　② 운반대수 = 26,000÷12 = 2,166.67

2012

∴ 2,167대

다. 성토높이(다짐상태)

① 터파기량을 다짐상태로 부피 환원

20,000×0.9 = 18,000m^3

② 성토높이 = 18,000÷5,000 = 3.6m

(2) 독립기초 공식 사용(별해)

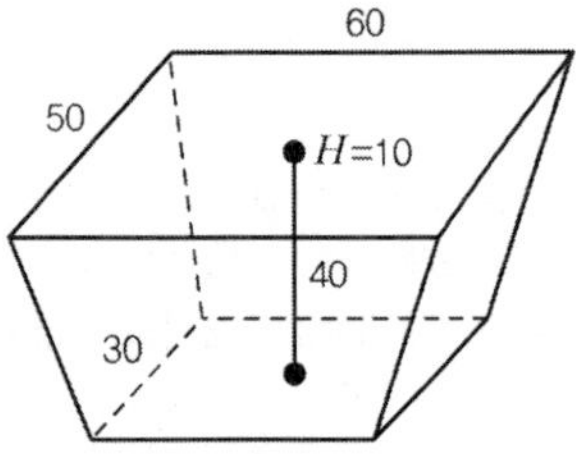

60
50
H=10
40
30

a = 60, b = 50

a' = 40, b' = 30

H = 10

가. 터파기량 = $\frac{H}{6}\{(2a+a')\times b+(2a'+a)\times b'\}$

$= \frac{10}{6}\left\{\begin{matrix}(2\times 60+40)\times 50\\ +(2\times 40+60)\times 30\end{matrix}\right\}$

$= 20,333.33\text{m}^3$

나. 운반대수

① 운반량 = 20,333.33×1.3 = 26,433.33m^3

② 운반대수 = 26,433.33÷12 = 2,202.77

∴ 2,203대

다. 성토높이(다짐상태)

① 터파기량을 다짐상태로 환산 = 20,333.33×0.9

= 18,299.99m^3

② 성토높이 = 18,299.99÷5,000≒3.66m

13 용접봉 피복재 역할

가. 함유원소를 이온화해 아크를 안정시킨다.

나. 용착금속에 합금원소를 가한다.

다. 용융금속의 탈산 정련을 한다.

14 탄성 좌굴 하중 구하기

$$P_{cr} = \frac{\pi^2 EI_{\min}}{(KL)^2} = \frac{\pi^2(205,000)(134\times 10^4)}{(2.0\times 2.5\times 10^3)^2}$$

= 108,447N = 108.447kN

15 용어 - TQC 도구

가. 파레토도 : 불량, 결점, 고장 등의 발생건수를 분류항목별로 나누어 크기 순서대로 나열해 놓은 것

나. 특성 요인도 : 결과에 원인이 어떻게 관계하고 있는가를 한눈에 알아보기 위하여 작성한 그림

다. 층별 : 집단을 구성하고 있는 많은 데이터를 어떤 특징에 따라 몇 개의 부분집단으로 나눈 것

라. 산점도 : 서로 대응되는 두 개의 짝으로 된 데이터를 그래프용지에 점으로 나타낸 것

16 공정표 작성

(1) 공정표 작성

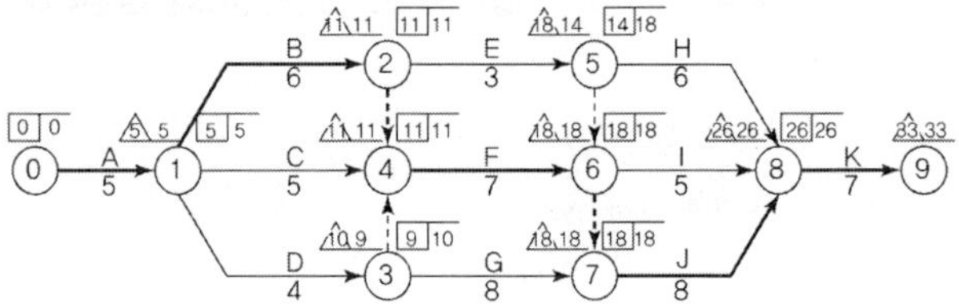

0 0
A 5
5 5
5 5
B 6
11 11
11 11
C 5
11 11
11 11
D 4
10 9
9 10
E 3
18 14
14 18
F 7
18 18
18 18
G 8
18 18
18 18
H 6
I 5
J 8
26 26
26 26
K 7
33 33

(2) 여유시간 계산

작업기호	TF	FF	DF
A	0	0	0
B	0	0	0
C	1	1	0
D	1	0	1
E	4	0	4
F	0	0	0
G	1	1	0
H	6	6	0
I	3	3	0
J	0	0	0
K	0	0	0

17 알칼리 골재반응 방지대책

가. 저알칼리 시멘트 사용

나. 무반응 골재의 사용

다. 포졸란 반응 사전 유도

18 거푸집 용어

가. 페코 빔(Pecco Beam)

나. 와플 폼(Waffle Form)

다. 터널 폼(Tunnel Form)

19 녹막이용 도장재료

가. 광명단 도료　　나. 알루미늄 도료

20 보링의 종류

가. 회전식　　나. 충격식

다. 오거식

21 기초와 지정의 차이점

가. 건축물의 최하부에서 상부구조의 하중을 받아서 지반에 안전하게 전달시키는 구조부분

나. 기초밑면을 보강하거나 지반의 지지력을 보강해주기 위한 부분

22 용어 설명

가. 콜드조인트(Cold Joint) : 콘크리트 시공 과정 중 휴식시간 등으로 응결이 시작된 콘크리트에 새로운 콘크리트를 이어 칠 때, 일체가 저하되어 생기는 줄눈

나. 블리딩(Bleeding) : 아직 굳지 않은 시멘트풀, 몰탈 및 콘크리트에서 물이 윗면에 스며 오르는 일종의 재료분리 현상

23 트러스 부재력 구하기(절단법)

(1) $V_A = \dfrac{40+40+40}{2} = +60\text{kN}(\uparrow)$

(2) $\sum M_F = 0 : +(60)(6)-(40)(3)+(U_2)(3)=0$

$\therefore U_2 = -80\text{kN}$(압축)

(3) $\sum M_E = 0 : +(60)(3)-(L_2)(3)=0$

$\therefore L_2 = +60\text{kN}$(인장)

24 단면 2차 모멘트 구하기

(1) $I_x = \dfrac{(300)(600)^3}{12} + (300\times600)(300)^2$

$= 2.16\times10^9\text{mm}^4$

(2) $I_y = \dfrac{(600)(300)^3}{12} + (600\times300)(150)^2$

$= 5.4\times10^9\text{mm}^4$

(3) $\dfrac{I_x}{I_y} = \dfrac{2.16\times10^9}{5.4\times10^9} = 4$

25 겔버보 휨모멘트 구하기

$M_{A,right} = -[+(4)(1)] = -4\text{kN}\cdot\text{m}(\curvearrowleft)$

$M_A + 4\times1 = 0$

$\therefore M_A = -4\text{kN}\cdot\text{m}(\curvearrowleft)$

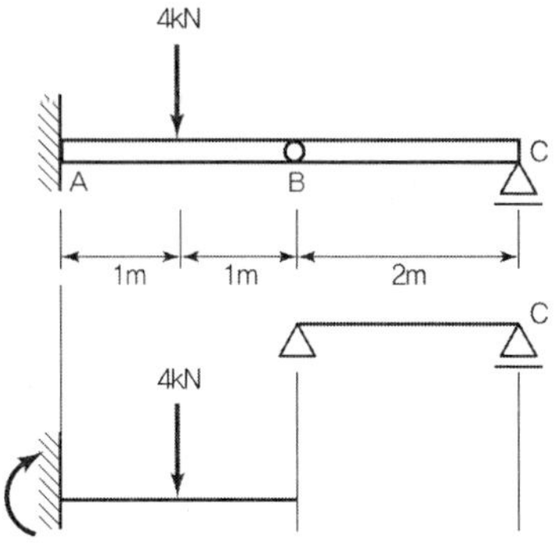
4kN
A
B
C
1m
1m
2m
C
4kN

26 용어 - 어스앵커공법

흙막이 설치 후 흙막이 배면을 천공하여 인장재와 Mortar를 주입 경화 시킨 후 버팀대 대신 강재의 인장력을 이용하여 흙막이 배면의 토압을 지지하게 하는 방식

27 네트워크 공정표 용어

(1) (나) (2) (가) (3) (라) (4) (다)

28 용접 결함

가. 슬래그 감싸들기

나. 언더컷(Under Cut)

다. 오버랩(Overlap)

2011년 1회 해설 및 정답

01 철골공사 – 습식공법

가. 뿜칠공법　　나. 미장공법
다. 타설공법　　라. 조적공법

02 커튼월 공사 긴결방식

가. 회전방식(Locking Type)
나. 슬라이딩방식(Sliding Type)
다. 고정방식(Fixed Type)

03 1방향 슬래브와 2방향 슬래브를 구분하는 기준

변장비(λ) = 장변 Span/단변 Span
(1) 1방향 슬래브 : $\lambda > 2$
(2) 2방향 슬래브 : $\lambda \leq 2$

04 블록 압축 강도

(1) $A = 390 \times 150 = 58{,}500\text{mm}^2$
(2) 붕괴시간 = 10÷0.2 = 50초(sec)

05 콘크리트 중성화

(1) ① 수산화칼슘, ② 탄산칼슘
(2) ③ $Ca[OH]_2$, ④ $CaCO_3$

06 용접부 비파괴검사 방법

가. 방사선 투과시험
나. 초음파 탐상법
다. 자기분말 탐상법

07 철골 주각부 현장 시공순서

④ → ⑥ → ① → ⑤ → ② → ③ → ⑦
※ 공법에 따라 다른 순서로 정답이 될 수 있음

08 흙의 함수량 – 한계상태

① 소성한계　　② 액성한계

09 형강 표시법

(1) H – 294×200×10×15
(2) C – 150×65×20

10 용어

면진 구조

11 침투식 액상하드너 시공 시 유의사항

가. 바닥 오염제거 및 평활하게 시공
나. 5℃ 이하 작업 중지

12 크리프 현상

(1) ×　　(2) ○
(3) ○　　(4) ×
(5) ○

13 유동화콘크리트 제조방법

가. 배처플랜트에서 운반한 베이스 콘크리트에 공사 현장에서 트럭교반기(에지테이터 트럭)에 유동화제를 첨가하여 균일하게 될 때까지 교반하여 유동화시킨다.
나. 레디믹스트 콘크리트 공장에서 트럭교반기(에지테이터 트럭)의 베이스 콘크리트에 유동화제를 첨가하여 즉시 고속으로 교반하여 유동화시킨다.
다. 레디믹스트 콘크리트 공장에서 트럭교반기(에지테이터 트럭)의 베이스 콘크리트에 유동화제를 첨가하여 저속으로 교반하면서 운반하고 공사 현장 도착 후에 고속으로 교반하여 유동화시킨다.

14 기준점(Bench Mark)의 정의 및 설치 시 주의사항

가. 정의 : 건축물 시공 시 기준위치를 정하는 원점으로 공사 중 높이의 기준을 정하고자 설치한다.
나. 설치 시 주의사항
　① 이동의 염려가 없는 곳에 설치한다.
　② 2개소 이상 설치한다.
　③ 지면에서 0.5m~1.0m 정도 바라보기 좋고, 공사에 지장이 없는 곳에 설치한다.

15 용어 설명

가. 잔골재율(S/A) : 전골재에 대한 잔골재의 용적 백분율
나. 조립률(FM) : 골재의 입도를 체가름시험을 통하여 간단한 수치로 나타낸 것

16 모접기의 종류

가. 실모접기　　나. 둥근모접기　　다. 티미리접기

17 점토지반 개량공법

가. 샌드 드레인, 페이퍼드레인
나. 샌드 드레인 : 점토지반에 모래를 삽입하여 지반 내의 간극수를 모래를 통해서 제거하는 방법

18 커튼월 종류(외관)

가. 격자 방식(Grid Type)
나. 샛기둥 방식(Million Type)

다. 피복 방식(Sheathed Type)
라. 스팬드럴 방식(Spandrel Type)

19 라멘 휨모멘트도

오른쪽 단의 지지조건이 제시된 그림처럼 이동단이면, 본 구조물은 불안정 구조물이며 휨모멘트는 발생하지 않는다.
오른쪽 지지조건을 힌지로 수정하여 3회전단에 대한 휨모멘트를 작성하면 다음과 같다.

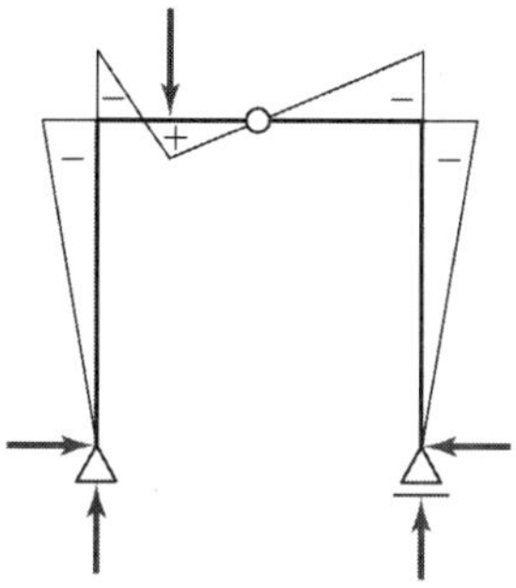

−
+
−
−
−

20 구조물 판별

(1) 외적차수 : $N_e = r - 3 = (3+3+3) - 3 = 6$차
(2) 내적차수 : $N_i =$ 힌지 1개 $= -1$
(3) 전체차수 : $N = N_e + N_i = 6 + (-1) = 5$차 부정정
※ 추가 풀이
N=반력수+부재수+강절점수−2×(지점, 절점, 자유단)
$N = 9+5+3-2\times6 = 5$차 부정정

21 설계시공 일괄계약(Design－Build Contract)의 장점

가. 설계와 시공의 의사소통 개선
나. 책임시공으로 책임한계 명확
다. 공기단축 및 공사비 절감노력

22 시멘트 종류

가. 조강 시멘트
나. 백색 시멘트
다. 중용열 시멘트

23 역타설공법(Top－Down Method)의 장점

가. 1층 바닥판이 선시공되어 우기 시에도 공사가 가능하다.
나. 지상, 지하 동시작업으로 공기가 단축된다.
다. 1층 바닥판을 작업장으로 활용이 가능하다.

24 금속재 바탕처리법(화학적 처리)

가. 용제에 의한 방법
나. 인산피막법(파커라이징법, 본더라이징법)
다. 워시프라이머법(에칭프라이머법)

25 용어－강구조 볼트접합

가. 볼트 중심 사이의 간격 : 피치(Pitch)
나. 볼트 중심 사이를 연결하는 선 : 게이지라인(Gauge Line)
다. 볼트 중심 사이를 연결하는 선 사이의 거리 : 게이지(Gauge)

26 커튼월 분류(조립방식)

가. ③　　나. ①　　다. ②

27 부재력 구하기

(1) 방법 1 : 경사부재를 C라고 하면
$\Sigma V = 0 : -(5) - (C \cdot \sin30°) = 0$
$\therefore C = -10\text{kN}$(압축)
$\Sigma H = 0 : +(T) + (C \cdot \cos30°) = 0$
$\therefore T = +8.66\text{kN}$(인장)
(2) 방법 2 : sin법칙을 이용
$5/\sin30° = T/\sin60°$
$\therefore T = +8.66\text{kN}$(인장)

28 용어 설명

가. 부대입찰제도 : 하도급업체의 보호육성 차원에서 입찰자에게 하도급자의 계약서를 입찰서에 첨부하도록 하여 하도급의 계열화를 유도하는 입찰방식
나. 대안입찰제도 : 처음 설계된 내용보다 기본방침의 변경 없이 공사비를 낮추면서 동등 이상의 기능과 효과를 갖는 방안을 시공자가 제시할 경우 이를 검토하여 채택하는 입찰방식

29 용어－거푸집 종류

가. 길이 조절이 가능한 무지주공법의 수평지지보 : 페코빔(Pecco Beam)
나. 무량판 구조에서 2방향 장선 바닥판 구조가 가능하도록 된 특수상자 모양의 기성재 거푸집 : 워플폼(Waffle Form)
다. 벽식 철근콘크리트 구조를 시공할 때 한 구획 전체의 벽판과 바닥판을 일체로 제작하여 한 번에 설치·해체할 수 있도록 한 거푸집 : 터널폼(Tunnel Form)

30 중립축 거리 구하기

(1) $a = \dfrac{A_s \cdot f_y}{\eta(0.85 f_{ck})b} = \dfrac{(2{,}028)(400)}{0.85(35)(350)} = 77.91\text{mm}$
$\eta = 1.0$
(2) $f_{ck} \leq 40\text{MPa}$
$\beta_1 = 0.80$
(3) $a = \beta_1 \cdot c$에서 $c = \dfrac{\alpha}{\beta_1} = \dfrac{77.91}{0.80} = 97.3875\text{mm}$

2011년 2회

해설 및 정답

01 주근 철근량 구하기

(D22) : 4개×{3.6+(25+10.3×2)×0.022}
　　= 18.41m×3.04 = 55.966kg
(D19) : 8개×{3.6+(25+10.3×2)×0.019}
　　= 35.73m×2.25 = 80.392kg
∴ 계 : 55.966+80.392 = 136.358
　　→ 136.36kg

02 응력－변형률 곡선

가. 비례한계점　　나. 탄성한계점
다. 상(위) 항복점　　라. 하(위) 항복점
마. 인장강도점　　바. 파단점 또는 파괴점
사. 탄성영역　　아. 소성영역
자. 변형도경화영역　　차. 파괴영역

03 용어－VH(Vertical Horizontal) 분리 타설

하프 슬래브공법과 같이 수직부재와 수평부재를 나누어 콘크리트를 타설하는 공법

04 시트방수 시공순서

가. ③　　나. ②
다. ④　　라. ①

05 용어－거푸집 부속재료

가. 스페이서(Spacer)
나. 세퍼레이터(Separater)
다. 칼럼밴드(Column Band)
라. 박리제

06 용어－크리프(Creep) 현상

Concrete에 일정하중을 계속 주면 하중의 증가 없이도 시간의 경과에 따라 변형이 증가하는 소성변형 현상

07 보링의 종류

가. 회전식 보링(Rotary Boring)
나. 충격식 보링(Percussion Boring)
다. 수세식 보링(Wash Boring)

08 기준점(Bench Mark)의 설치 시 주의사항

가. 이동의 염려가 없는 곳에 설치한다.
나. 바라보기 좋고 공사에 지장이 없는 곳에 2곳 이상 설치한다.

09 백화현상의 정의와 발생방지 대책

가. 정의 : Mortar 중의 석회분이 공기 중 CO_2 가스와 결합하여 탄산석회로 유출되어 조적 벽면에 흰가루가 돋는 현상
나. 방지대책 : ① 줄눈을 밀실하게 시공
　② 벽면에 파라핀도료 등을 발라 방수
　③ 파라펫과 같은 비막이 설치

10 용어－벽돌쌓기

가. 창대쌓기
나. 영롱쌓기

11 한중 콘크리트

가. 5
나. 60

12 커튼월의 정의와 시험항목

가. 정의 : 풍동시험을 근거로 3개의 실물모형을 만들어 건축예정지의 최악조건으로 시험하여 재료품질, 구조계산치 등을 수정할 목적으로 행하는 실물대 모형시험
나. 시험항목 : 예비시험, 기밀시험, 정압수밀시험, 동압수밀시험, 구조시험

13 용어

조절줄눈(Control Joint)

14 실비정산 보수가산식 종류 기호 표기

가. 실비비율 보수 가산식 : A+A×f
나. 실비한정비율 보수 가산식 : A′+A′×f
다. 실비정액 보수 가산식 : A+F

15 측정기별 용도

가. Washington Meter : 콘크리트의 공기량 측정 기구
나. Piezo Meter : 간극수압 측정
다. Earth Pressure Meter : 토압 측정
라. Dispenser : AE제 계량장치

16 방부제 처리법

가. 도포법(방부제칠)
나. 표면탄화법
다. 침지법
라. 주입법(상압주입법, 가압주입법)

17 TQC 도구

가. 히스토그램　　　　나. 특성요인표
다. 파레토도　　　　　라. 그래프

18 휨강도/전단강도

(1) 소요공칭 휨강도

$M_u \leq M_d = \phi M_n$

$M_n \geq \dfrac{M_u}{\phi} = \dfrac{1.2M_d + 1.6M_r}{\phi}$

$= \dfrac{1.2\times150 + 1.6\times130}{0.85} ≒ 456.5\text{kN}\cdot\text{m}$

(2) 소요공칭 전단강도

$V_u \leq V_d = \phi V_n$

$V_n \geq \dfrac{V_u}{\phi} = \dfrac{1.2V_d + 1.6V_r}{\phi}$

$= \dfrac{1.2\times120 + 1.6\times110}{0.75} ≒ 426.7\text{kN}$

19 BOT(Build – Operate – Transfer contract) 방식 및 유사방식

가. BOT 방식 : 발주자 측이 프로젝트 공사비를 부담하는 것이 아니라 민간부분 수주 측이 설계, 시공 후 일정기간 시설물을 운영하여 투자금을 회수하고 시설물과 운영권을 발주 측에 이전하는 방식

나. 유사한 방식 : BTO 방식, BOO 방식, BTL 방식

20 겔버보 부재력

가. 반력구하기

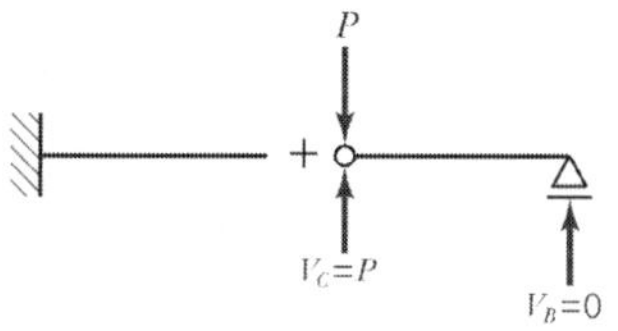

P
+
$V_C=P$
$V_B=0$

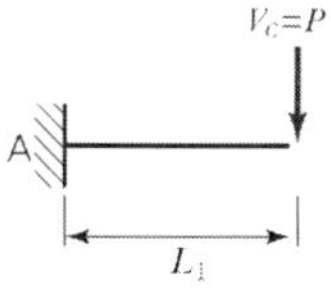

$V_C=P$
A
L_1

$\sum V = 0 \rightarrow V_A - P = 0$

$V_A = P$

$\sum H = 0 \rightarrow H_A = 0$

$\sum H = 0 \rightarrow M_A = P\times L_1 + RM_A = 0$

$RM_A = -PL_1$

나. 전단력도(SFD), 휨모멘트도(BMD)

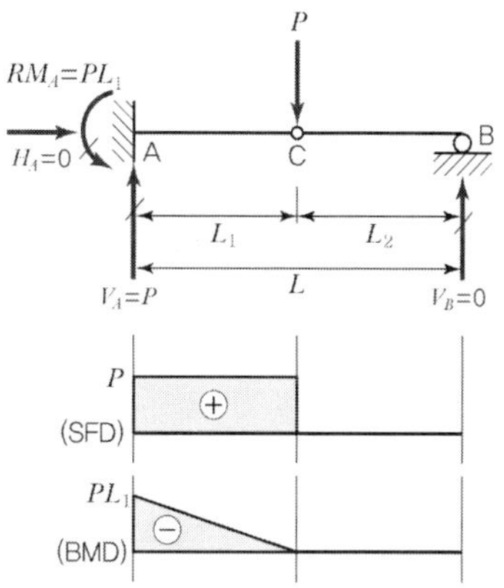

P
$RM_A=PL_1$
$H_A=0$
A
C
B
L_1
L_2
L
$V_A=P$
$V_B=0$
P
(SFD)
PL_1
(BMD)

21 강도 감소 계수

(1) $a = \dfrac{A_s\cdot f_y}{\eta(0.85f_{ck})b} = \dfrac{(3\times387)(400)}{0.85(21)(300)} = 86.72\text{mm}$

$\eta = 1.0$

(2) $M_n = T\cdot(d - \dfrac{a}{2} = A_s\cdot f_y\cdot(d - \dfrac{a}{2})$

$= (3\times387)(400)(550 - \dfrac{86.72}{2})$

$= 235,283,616\text{N}\cdot\text{mm}$

$= 235,283\text{kN}\cdot\text{m}$

(3) $f_{ck} \leq 40\text{MPa}$

$\beta_1 = 0.80,\ a = \beta_1\cdot c$에서

$c = \dfrac{a}{\beta_1} = \dfrac{86.72}{0.80} = 108.4\text{mm}$

(4) $\varepsilon_t = \dfrac{(d_t - c)}{c}\cdot\varepsilon_c$

$= \dfrac{(550 - 108.4)}{108.4}\times0.0033$

$= 0.01344 > 0.005$

∴ 이 보는 인장지배단면 부재이며 $\phi = 0.85$를 적용함이 적합

22 겔버보 반력

(1) DC 구간

$V_c = V_D = (30\times6)/2 = 90\text{kN}(\uparrow)$

(2) D점은 지점이 아니기 때문에 반력이 존재할 수 없으므로 V_D를 90kN(↓)의 하중으로 다시 작용시킨다.

(3) AD 내민보 구간

$\Sigma M_B = 0\quad V_A\times6 - 40\times3 + 90\times3 = 0$

$\therefore\ V_A = -25\text{kN}(\downarrow)$

(4) $\Sigma V = 0\ :\ V_A + V_B - 40 - 90 = 0$이므로

$V_B = 155\text{kN}(\uparrow)$

단순보

$V_c = 90\text{kN}(\uparrow)$

B점에서 $\Sigma M = 0$

$6V_A - 40\times3 + 90\times3 = 0$

$V_A = -\dfrac{150}{6} = -25\text{kN}(\downarrow)$

$\Sigma V = 0$

$-25 - 40 + V_B - 90 = 0$

$V_B = 155\text{kN}(\uparrow)$

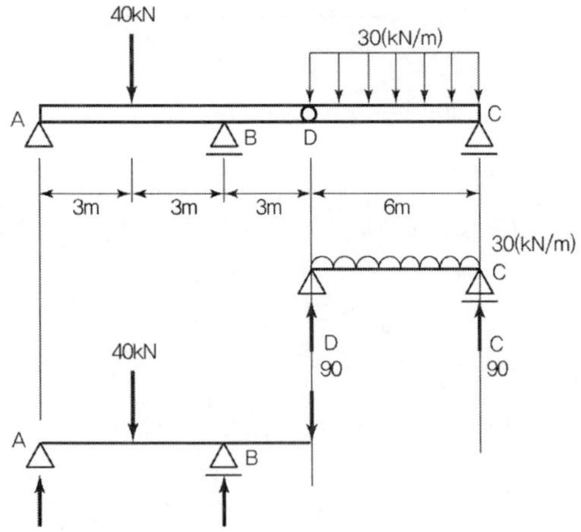
40kN
30(kN/m)
A
B
D
C
3m
3m
3m
6m
30(kN/m)
C
40kN
D
90
C
90
A
B

23 용접부의 검사 항목

가. 용접 착수 전 : ①, ⑤, ⑦

나. 용접 작업 중 : ②, ④, ⑧

다. 용접 완료 후 : ③, ⑥, ⑨, ⑩

24 기초 상부 고름질

가. 전면 바름법

나. 나중채워넣기 중심바름법

다. 나중채워넣기 십자바름법

라. 나중채워넣기

25 공정표 – 일정계산

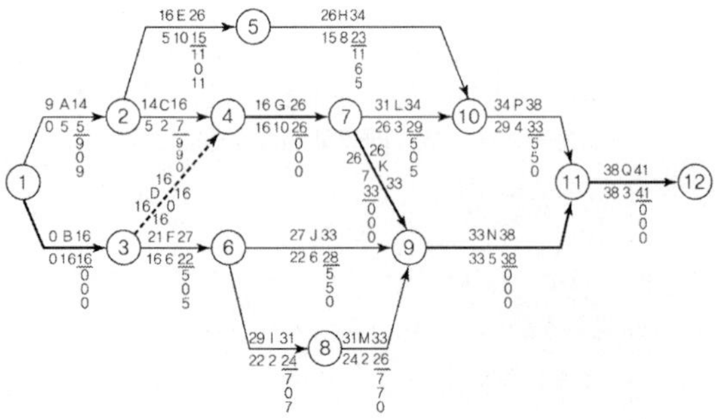

작업명	EST	EFT	LST	LFT	TF	FF	DF	CP
A	0	5	9	14	9	0	9	
B	0	16	0	16	0	0	0	*
C	5	7	14	16	9	9	0	
D	16	16	16	16	0	0	0	*
E	5	15	16	26	11	0	11	
F	16	22	21	27	5	0	5	
G	16	26	16	26	0	0	0	*
H	15	23	26	34	11	6	5	
I	22	24	29	31	7	0	7	
J	22	28	27	33	5	5	0	
K	26	33	26	33	0	0	0	*
L	26	29	31	34	5	0	5	
M	24	26	31	33	7	7	0	
N	33	38	33	38	0	0	0	*
P	29	33	34	38	5	5	0	
Q	38	41	38	41	0	0	0	*

26 굵은골재 비중

가. 흡수율 : $\dfrac{B-A}{A}\times100 = \dfrac{3.95-3.60}{3.60}\times100 = 9.72$

나. 표건밀도 : $\dfrac{B}{B-C}\times P_w = \dfrac{3.95}{3.95-2.45}\times1 = 2.63$

다. 겉보기밀도 : $\dfrac{A}{A-C}\times P_w = \dfrac{3.60}{3.60-2.45}\times1 = 3.13$

라. 절건밀도 : $\dfrac{A}{B-C}\times P_w = \dfrac{3.60}{3.95-2.45}\times1 = 2.4$

27 설계인장강도

$\phi_t P_n = 0.9F_yA_g$〈총단면의 항복〉
$0.75F_uA_e$〈유효 순단면의 파단〉] 중 작은 값

$0.75F_uA_e$는 값이 주어지지 않아 $0.9F_yA_g$로만 계산

$\phi A_g \cdot F_y = 0.9\times5{,}624\times325$

$= 1{,}645{,}020\text{N}$

$= 1{,}645.02\text{kN}$

2011년 4회 해설 및 정답

01 적산

(1) 옥상방수면적
$(7\times7)+(4\times5)+\{(11+7)\times2\times0.43\}=84.48m^2$

(2) 누름콘크리트량
$\{(7\times7)+(4\times5)\}\times0.08=5.52m^3$

(3) 보호벽돌 소요량
$\{(11-0.09)+(7-0.09)\}\times2\times0.35\times75$매$\times1.05$
$=982.3\rightarrow983$매

02 흙의 성질 – 공식

가. 함수비 : $\dfrac{\text{물의 중량}}{\text{흙입자의 중량}}=\dfrac{W_w}{W_s}$

나. 간극비 : $\dfrac{\text{간극의 용적}}{\text{흙입자의 용적}}=\dfrac{V_v}{V_s}$

다. 포화도 : $\dfrac{\text{물의 용적}}{\text{간극부분의 용적}}\times100(\%)$
$=\dfrac{V_w}{V_v}\times100(\%)$

03 용어 설명 – 헛응결

시멘트에 가수 후 10~20분 정도 지나면 응결이 되었다가 다시 묽어지는데 이때 응결을 말한다.

04 도막방수와 시트방수의 형성 원리

가. 도막방수 : 도료상태의 방수제를 바탕에 여러 번 도포하여 방수막을 형성하는 방법
나. 시트방수 : 합성고무계와 염화비닐 등을 1개 Sheet로 하여 바탕에 접착제로 접착시켜서 방수효과를 기대하는 방법

05 갱폼의 장단점

가. 장점 ① 조립 해체가 불필요하여 비용절감
② 이음새가 발생하지 않아 마감유리
나. 단점 ① 대형 양중장비 필요
② 초기 투자비 과다

06 언더피닝 공법의 종류

가. 이중 널말뚝 설치공법
나. 현장 타설 콘크리트 말뚝설치 보강공법
다. Mortar 및 약액주입법 등 지반안정공법

07 더미의 종류

가. 넘버링(Numbering) 더미
나. 로지컬(Logical) 더미
다. 커넥션(Connection) 더미

08 토량환산계수 산출

가. 시공되는 다짐 상태의 흙량 $=30\times0.6=18m^3$
나. 시공되는 다짐 상태의 흙량을 흐트러진 상태로 환산
$18\times\dfrac{L}{C}=18\times\dfrac{1.2}{0.9}=24m^3$
∴ 시공 후 흐트러진 상태로 남는 흙량$=30-24=6m^3$

09 공동도급의 장점

가. 위험의 분산
나. 자본력, 융자력 증대
다. 공사이행의 확실성 보장
라. 공사도급경쟁의 완화수단

10 용어 – 콘크리트 헤드

수직거푸집에 타설된 콘크리트 윗면으로부터 최대측압면까지의 거리

11 보링의 정의와 종류

가. 정의 : 지반을 천공하고, 토질의 시료를 채취하여 지층상황을 판단하는 방법
나. 종류 : ① Auger Boring
② 수세식 보링(Wash Boring)
③ 충격식 보링(Percussion Boring)
④ 회전식 보링(Rotary Boring)

12 ALC 패널 설치공법

가. 수직철근 보강 공법
나. 슬라이드(Slide) 공법
다. 볼트 조임 공법
라. 커버플레이트 공법

13 숏크리트의 정의 및 장단점

가. 정의 : 모르타르를 압축공기로 분사하여 바르는 것으로 일명 건나이트라고도 한다.
나. 장점 : 재료 표면의 강도, 수밀성, 내구성 증진
다. 단점 : 다공질이고 외관이 거칠고 균열발생 우려

14 용어 – 철골 용접 부위의 명칭

가. 스캘럽(Scallop, 곡선모따기)
나. 엔드탭(End Tap, 단부 보조강판)
다. 뒷댐재(Back Strip, 하부 보조강판)

15 VE 사고방식

가. 고정관념의 제거
나. 사용자 중심의 사고(고객본위)
다. 기능중심의 접근(기능중심)
라. Team Design의 조직적 노력(집단사고)

16 분말도 시험의 종류

가. 표준체의 체가름 방법
나. 브레인법

17 띠철근 역할

가. 기둥 주철근의 좌굴 방지
나. 수평력에 대한 전단 보강

18 Network 공정표의 최장 소요일수 및 CP 표기

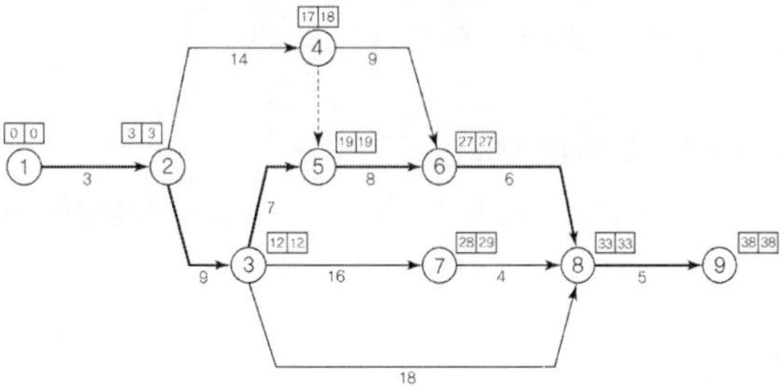

0 0
3 3
17 18
19 19
27 27
12 12
28 29
33 33
38 38
1
2
3
4
5
6
7
8
9
3
14
9
8
6
7
9
16
4
5
18

최장 소요일수 : 38일

19 온도철근 배근 목적

온도변화에 따라 콘크리트의 수축으로 생기는 균열을 방지하기 위하여 배근하는 철근

20 입찰방법 설명

가. 공개경쟁입찰 : 최소한의 자격을 가진 모든 업체가 참가하는 방식
나. 지명경쟁입찰 : 3~7개의 업체를 선정하여 입찰하는 방식
다. 특명입찰 : 1개의 회사와 단독으로 입찰하는 방식

21 어스앵커 공법의 특징

가. 버팀대가 불필요하여 깊은 굴착 시 버팀대공법보다 경제적이다.
나. 넓은 작업장 확보가 가능하다.
다. 부분굴착이 가능하고, 공구분할이 용이하다.
라. 지반변화에 따른 설계변경이 용이하다.

22 용어

드라이브 핀(Drive Pin)

23 탄성계수/탄성계수비 구하기

가. $E_c = 8,500 \cdot \sqrt[3]{f_{cm}} = 8,500 \cdot \sqrt[3]{f_{ck}+4}$

$= 8,500 \cdot \sqrt[3]{28} = 25,811\text{MPa}$

나. $n = \dfrac{E_s}{E_c} = \dfrac{200,000}{8,500 \cdot \sqrt[3]{24+4}} = \dfrac{200,000}{25,811}$

$= 7.7486$ → 8(계산된 값에서 가까운 정수값)

24 T형보 유효폭 산출

가. $16t_f + b_w$
나. 양쪽 슬래브의 중심 간 거리
다. 보 경간의 $\dfrac{1}{4}$

※ 반 T형보
가. $6t_f + b_w$
나. 인접보와 내측 거리의 $\dfrac{1}{2} + b_w$
다. 보 경간의 $\dfrac{1}{12} + b_w$

25 지판의 크기와 두께 산정

가. 지판의 최소 크기($b_1 \times b_2$) : 기둥이나 벽체 등 받침부의 중심선에서 각 방향 받침부 중심간, 경간의 1/6 이상

① $b_1 = \dfrac{6,000}{6} + \dfrac{6,000}{6} = 2,000\text{mm}$

② $b_2 = \dfrac{4,500}{6} + \dfrac{4,500}{6} = 1,500\text{mm}$

$\therefore\ b_1 \times b_2 = 2,000\text{mm} \times 1,500\text{mm}$

나. 지판의 최소 두께
슬래브 아래로 돌출한 지판의 두께는 슬래브 두께의 1/4 이상

$\therefore\ h_{\min} = \dfrac{t_s}{4} = \dfrac{200}{4} = 50\text{mm}$(돌출된 두께)

200 + 50 = 250mm 이상
(슬래브 두께)

26 토압 구하기

가. 흙과 철근콘크리트의 단위무게 계산
① 흙의 단위무게 : $2,082\text{kg/m}^3 \times 9.81\text{m/sec}^2$
$= 20,424\text{N/m}^3$
② 철근콘크리트의 단위무게
$2,400\text{kg/m}^3 \times 9.81\text{m/sec}^2 = 23,544\text{N/m}^3$

나. 기초판의 바닥에 작용하는 모든 하중 계산
① 기초의 고정하중
$(1.8\text{m} \times 1.8\text{m} \times 0.5\text{m})(23,544\text{N/m}^3)$
$= 38,070\text{N} = 38.07\text{kN}$
② 기둥의 고정하중
$(0.35\text{m} \times 0.35\text{m} \times 1\text{m})(23,544\text{N/m}^3)$
$= 2,884.14\text{N} = 2.89\text{kN}$

③ 흙의 무게

(1m)(1.8m×1.8m − 0.35^{2}m^2)(20,424N/m^3)

= 63,671.82N = 63.67kN

④ 사용하중

900kN + 500kN = 1,400kN

⑤ 총하중

38.07 + 2.89 + 63.67 + 1,400 = 1,504.63kN

다. 총토압 계산

q_{gr}

$$= \frac{P}{A} = \frac{1,504.63\text{kN}}{1.8\text{m} \times 1.8\text{m}} = 464.39\text{kN/m}^2 = 464.39\text{kPa}$$

27 모살용접부 설계강도 구하기

가. $\phi = 0.90$

나. $F_w = (0.60F_y) = 0.6 \times 235 = 141\text{N/mm}^2$

다. 유효목두께 $a = 0.7 \times 6 = 4.2\text{mm}$

라. 유효길이 $l_e = 2 \times (120 - 2 \times 6) = 216\text{mm}$

마. $A_w = a \times l_e = 4.2 \times 216 = 907.2\text{mm}^2$

$\phi P_w = 0.9 \times 141 \times 907 \times 10^{-3} = 115.12\text{kN}$

2010년 1회 해설 및 정답

01 용어 – 콘크리트의 종류

가. 서머콘(Thermo – con)
나. 진공콘크리트
다. 프리플레이스트 콘크리트

02 측압 증가 요인

가. 콘크리트 타설속도가 빠를수록
나. Slump값이 클수록
다. 콘크리트의 비중이 클수록
라. 부배합의 콘크리트일수록
마. 온도가 낮고 습도가 높을수록
바. 바이브레이터를 사용하여 다질수록
사. 거푸집의 강성이 클수록
아. 철골 또는 철근 사용량이 적을수록

03 벽타일 붙이기 시공순서

⑤ → ② → ① → ④ → ③

04 용어 설명 – Life Cycle Cost(L.C.C)

건설물의 초기 투입비 및 유지관리, 해체에 이르는 전 과정에 소요되는 비용을 뜻하며, 생애비용을 분석하여 비용을 절감하고자 하는 원가관리 기법이다.

05 용어 설명 – 표준관입시험

선단에 샘플러를 부착하고 63.5kg의 추를 76cm 높이에서 낙하시켜 30cm 관입시키는 데 필요한 타격회수 N치를 구하여 모래지반의 상대밀도를 파악하는 사운딩 시험

06 알칼리 골재반응 정의 및 방지대책

가. 정의 : 시멘트 중의 알칼리성분과 골재 중에 포함된 실리카성분이 결합하여 화학반응을 일으켜 팽창을 유발하는 균열이 발생한다.
나. 대책
① 저알칼리성 시멘트 사용
② 무반응골재 사용
③ 포졸란 반응 촉진

07 용어 설명

가. 코너비드 : 미장공사에서 모서리를 보호하는 기성제 철물
나. 차폐용 콘크리트 : 중량골재를 사용하여 만든 콘크리트로 방사선 차폐를 목적으로 한다.

08 목재의 방부처리법

가. 표면탄화법 : 목재의 표면 3~4mm 정도를 태워 수분을 제거하는 방법
나. 일광직사법 : 목재에 30시간 이상 햇빛을 쐬이는 방법
다. 방부제법 : 방부제를 칠하거나 뿌리거나 가압 주입시키는 방법

09 용어 설명 – CALS(Computer Aided Logistic Support)

기획부터 유지관리에 이르는 건설물의 전 과정의 정보를 데이터화하여 발주자 및 건설 관련자가 정보네트워크를 통하여 신속하게 정보를 교환, 공유하고자 하는 통합정보시스템

10 적산 레미콘 배차간격 구하기

가. 콘크리트량 : $6 \times 0.15 \times 100 = 90\text{m}^3$
나. ① 레미콘 차량대수 : $90 \div 7 = 12.85$ ∴ 13대
② 배차간격 : $\dfrac{8 \times 60}{12} = 40$ ∴ 40분

11 공기단축기법 중 MCX(Minimum Cost Expediting) 순서

마 → 라 → 가 → 나 → 다 → 바 → 사

12 조적구조의 안전규정

① 10m
② 80m^2

13 아스팔트 방수순서

가. 1층 : 아스팔트 프라이머　나. 2층 : 아스팔트
다. 3층 : 아스팔트 펠트　라. 4층 : 아스팔트
마. 5층 : 아스팔트 루핑　바. 6층 : 아스팔트
사. 7층 : 아스팔트 루핑　아. 8층 : 아스팔트

14 아스팔트방수 영문기호

가. Pr(Protected) : 보행 등에 견딜 수 있는 보호층이 필요한 방수층
나. Mi(Mineral Surfaced) : 최상층에 모래 붙은 루핑을 사용한 방수층
다. Al(Alc) : 바탕이 ALC 패널용의 방수층
라. Th(Thermal Insulated) : 방수층 사이에 단열재를 삽입한 방수층
마. In(Indoor) : 실내용 방수층

15 S – Curve(바나나곡선)

S – Curve는 공사의 진행현황을 파악할 수 있는 곡선으로 상향과 하향허용선을 표시하여 현재까지 공사의 진척상황을 알 수 있다.

16 PQ제도의 장단점

가. 장점
  ① 부실시공 방지
  ② 입찰자 감소로 입찰시 소요시간과 비용 감소
  ③ 우량업체시공으로 양질시공 기대

나. 단점
  ① 자유경쟁 원리에 위배
  ② 대기업에 유리한 제도
  ③ 평가의 공정성 확보 문제
  ④ 신규참여 업체에 장벽으로 간주
  ⑤ PQ 통과 후 담합 우려

17 용어 설명 – 터널 폼

대형 형틀로서 슬래브와 벽체의 콘크리트 타설을 일체화하기 위한 것으로 한 구획 전체의 벽판과 바닥판을 ㄱ자형 또는 ㄷ 자형으로 짜서 아파트 공사 등에 사용하는 거푸집

18 실링방수제의 품질성능 요소

가. 접착성능
나. 내구성능
다. 비오염성능(오염방지성능)

19 철근의 간격을 일정하게 유지하는 이유

가. 콘크리트 유동성(시공성) 확보
나. 재료분리 방지
다. 소요강도 확보

20 언더피닝 공법의 종류

가. 이중널말뚝 공법
나. 현장타설 콘크리트 말뚝공법
다. 강재 말뚝 공법
라. 약액주입 공법

21 콘크리트 균열 보수방법

가. 표면처리법 : 보통 진행정지된 0.2mm 이하의 경미한 균열에 폴리머시멘트나 Mortar로 보수하는 방법

나. 주입공법 : 주입구멍을 천공하고 주입 파이프를 20~30cm 간격으로 설치하여 깊이 20mm 정도로 저점도의 에폭시 수지를 밀봉재로 주입하는 공법

22 공정표 작성

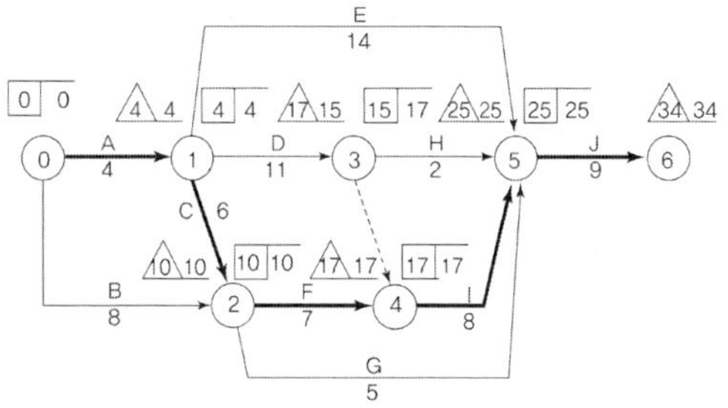

E
14
0 0
4 4
4 4
17 15
15 17
25 25
25 25
34 34
A
4
D
11
H
2
J
9
0
1
3
5
6
C 6
10 10
10 10
17 17
17 17
B
8
F
7
I
8
2
4
G
5

23 적산 – 온통기초 토공사 수량

가. 터파기량 = (15 + 1.3 × 2) × (10 + 1.3 × 2) × 6.5
  = 1,441.44m^3

나. 되메우기량 = 터파기량 – 기초구조부 체적
  ∴ 기초구조부 체적
  ① 잡석 : 15.6 × 10.6 × 0.24 = 39.69m^3
  ② 버림 : 15.6 × 10.6 × 0.06 = 9.92m^3
  ③ 지하실 용적 : 15.2 × 10.2 × 6.2 = 961.25m^3
  ∴ 되메우기량 = 1,441.44 – 1,010.86 = 430.58m^3

다. 잔토처리량 = 기초구조부 체적 × 토량환산계수
  = 1,010.86 × 1.2 = 1,213.03m^3

24 블록의 종류(명칭)

가. 기본블록	나. 양마구리 평블록
다. 인방블록	라. 한마구리 평블록
마. 창대블록	바. 창쌤블록
사. 가로근용 블록	아. 반블록

25 용어 설명 – 샌드 드레인

지름 40~60cm 정도의 철관을 이용해 모래말뚝을 형성하고 성토하중을 가하여 연약한 점토층을 탈수하여 지반을 강화하는 지반개량공법

26 용어 설명

가. 기준점 : 공사 진행 시 건물의 높이를 파악하는 기준점

나. 방호선반 : 주 출입구 및 리프트 출입구 상부 등에 설치한 낙하물방지 안전시설

2010년 2회 해설 및 정답

01 공정표 작성

가. 네트워크 공정표

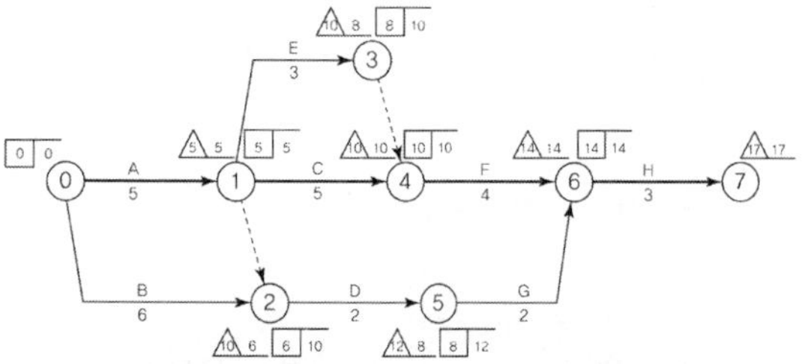
A
5
B
6
C
5
D
2
E
3
F
4
G
2
H
3

나. 여유시간 계산

작업명	TF	FF	DF	CP
A	0	0	0	*
B	4	0	4	
C	0	0	0	*
D	4	0	4	
E	2	2	0	
F	0	0	0	*
G	4	4	0	
H	0	0	0	*

다. 횡선식 공정표(Bar Chart)

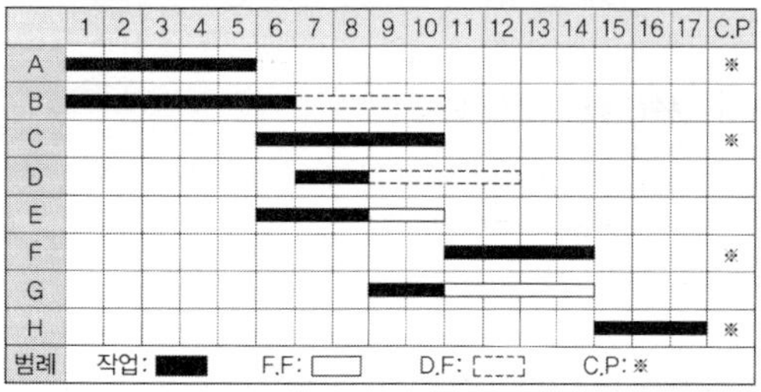
1 2 3 4 5 6 7 8 9 10 11 12 13 14 15 16 17 C.P
A
B
C
D
E
F
G
H
범례
작업:
F.F:
D.F:
C.P: ※

02 벽체 전용 거푸집의 종류

가. 갱폼(Gang Form)
나. 클라이밍폼(Climbing Form)
다. 대형 패널폼

03 적산 – 콘크리트량과 거푸집량 산출

1. 기둥
   1) 콘크리트량
      ① 1층 = (0.3 × 0.3 × 3.17) × 9개소 = 2.567m^3
      ② 2층 = (0.3 × 0.3 × 2.87) × 9개소 = 2.324m^3
   2) 거푸집량
      ① 1층 = (0.3 + 0.3) × 2 × 3.17 × 9 = 34.236m^2
      ② 2층 = (0.3 + 0.3) × 2 × 2.87 × 9 = 30.996m^2
2. G_1보
   3) 콘크리트량
      ① 1층 = (0.3 × 0.47 × 5.7) × 6개소 = 4.822m^3
      ② 2층 = (0.3 × 0.47 × 5.7) × 6개소 = 4.822m^3
   4) 거푸집량
      ① 1층 = (0.47 × 2 × 5.7) × 6개소 = 32.148m^2
      ② 2층 = (0.47 × 2 × 5.7) × 6개소 = 32.148m^2
3. G_2보
   5) 콘크리트량
      ① 1층 = (0.3 × 0.47 × 4.7) × 6 = 3.976m^3
      ② 2층 = (0.3 × 0.47 × 4.7) × 6 = 3.976m^3
   6) 거푸집량
      ① 1층 = (0.47 × 2 × 4.7) × 6개소 = 26.508m^2
      ② 2층 = (0.47 × 2 × 4.7) × 6개소 = 26.508m^2
4. 슬래브
   7) 콘크리트량 = (12.3 × 10.3 × 0.13) × 2개층
      = 32.939m^3
   8) 거푸집량
      ① 밑면 = (12.3 × 10.3) × 2개층 = 253.38m^2
      ② 측면 = (12.3 + 10.3) × 2 × 0.13 × 2개층
      = 11.752m^2

∴ Con'c = 1) + 3) + 5) + 7) = 55.428m^3 ≒ 55.43m^3
거푸집 = 2) + 4) + 6) + 8) = 447.676m^2 ≒ 447.68m^2

04 온도 변화에 따른 길이 변화량

길이변화 = 10 × 100 × 10 × 10^{-5} = 0.1cm

05 과대전류에 따른 용접결함

②, ⑤, ⑧

06 슈미트 해머 강도 보정 방법

가. 타격각도 보정
나. 응력상태에 따른 보정
다. 콘크리트 재령에 따른 보정

07 용어 설명

가. 레이턴스 : 블리딩으로 인한 수분이 상승한 뒤 물의 증발 후에 콘크리트 표면에 남는 이물질로 부착력을 저하시킨다.
나. 콜드조인트 : 콘크리트 작업 중에 이미 경화된 콘크리트 위에 새로 콘크리트를 타설하였을 경우에 생기는 불연속적인 면
다. 모세관 공극 : 콘크리트 내의 재료들 입자 사이에 물이 모세관현상이 발생한 뒤 모세관수가 증발하여 생긴 공극
라. 크리프 : 콘크리트에 하중의 증가 없이 일정한 하중이 계속 작용하여 시간과 더불어 변형이 증가하는 현상

08 KS 속 빈 블록 치수

가. 390×190×190
나. 390×190×150
다. 390×190×100

09 갱폼(Gang Form)의 장단점

가. 장점
① 조립과 해체 작업이 생략되어 설치시간이 단축된다.
② 거푸집의 처짐량이 작고 외력에 대한 안전성이 높다.
나. 단점
① 중량물이므로 운반 시 대용량 중장비가 필요하다.
② 거푸집 제작 비용이 크므로 초기 투자비용이 증가된다.

10 적산 – 벽돌량

$20m^2 \times 224 \times 1.03 = 4{,}614.1$매
∴ 4,615매

11 입찰의 종류

가. 지명경쟁입찰
나. 공개경쟁입찰
다. 특명입찰(수의계약)

12 슬러리 월 특징

가. 형상 치수가 자유롭다.
나. 차수성이 우수하다.
다. 강성이 커서 지반 침하가 적다.
라. 소음 및 진동이 적다.

13 피복두께의 정의와 유지목적

가. 정의 : 콘크리트 표면에서 단면 내 가장 근접한 철근의 표면까지의 순간격
나. 유지목적 : 내구성 확보, 내화성 확보, 콘크리트의 시공성 확보

14 중량콘크리트 용도 및 사용골재

가. 용도 : 방사선 차단
나. 사용골재 : 중정석(Barite)
철광석(자철광 : Magenetite)

15 벽타일 붙이기 공법의 종류

가. 떠붙임공법　　나. 압착공법
다. 개량압착공법　　라. 밀착공법(동시줄눈공법)

16 용어 – 물시멘트비

중량

17 공사관리 계약방식

가. CM for Fee 방식 : 관리자가 발주자의 대행인으로서 업무를 수행하는 방식
나. CM at Risk 방식 : 관리자가 직접 계약에 참여하여 시공에 대한 책임을 지는 방식

18 PS 콘크리트 강선의 종류

가. PC 강선
나. PC 강봉
다. PC 강연선(PC 꼬은 선)

19 엑세스플로어 지지방식

가. 장선 방식
나. 공통독립 다리방식
다. 지지부 부착 패널방식

20 용어 설명 – CIC(Computer Integrated Construction)

컴퓨터를 통한 건설통합 System으로서 컴퓨터, 정보통신 및 자동화 조립기술을 토대로 건설생산에 기능, 인력들을 유기적으로 연계하여 각 건설업체의 업무를 각 사의 특성에 맞게 최적화하는 개념

21 용어 설명 – 히빙

흙막이 배면의 중량을 흙막이 하부가 이기지 못하여 터파기 하부로 밀려들어 솟아오르는 현상

22 고력볼트 종류

가. 볼트축 전단형 고력 Bolt
나. 너트 전단형 고력 Bolt
다. Grip형 고력 Bolt
라. 지압형 고력 Bolt

23 허용응력도

가. 장기허용 지내력도
  ① 경암반 : 4,000kN/m^2
  ② 연암반 : 2,000kN/m^2
  ③ 자갈과 모래의 혼합물 : 200kN/m^2
  ④ 모래 : 100kN/m^2
나. 단기허용 지내력도
  = 장기허용 지내력도 × 1.5배

24 적산 – 변전소 면적 산출

① 20HP 전동기 : 20 × 0.746 × 5 = 74.6kW
② 5HP 윈치 : 5 × 0.746 × 2 = 7.46kW
③ 150W 전등 : 0.15 × 10 = 1.5kW
∴ ① + ② + ③ = 83.56kW

가. 변전소 면적 = $3.3 \times \sqrt{83.56} = 30.165$m^2
나. 1개월 소요 전력량 = 83.56 × 10 × 30 = 25,068kWh

25 말뚝 시공방법 중 무소음, 무진동 공법

가. Pre – Boring 공법 : 말뚝구멍을 선 굴착 후 말뚝을 매입하거나 타입, 압입을 병용하는 방법
나. 압입공법 : 유압 Jack을 이용하여 회전압입과 병행하여 말뚝을 눌러 매입하는 방법
다. 중굴공법 : 말뚝의 가운데 빈 부분을 이용하여 굴착하고, 말뚝을 매입하는 방법

2010년 4회 해설 및 정답

01 시멘트 풍화작용

① $Ca(OH)_2$(수산화칼슘)
② CO_2(이산화탄소)
③ $CaCO_3$(탄산칼슘)

02 앵커볼트 매입공법 종류

가. 고정매입 공법　나. 가동매입 공법　다. 나중매입 공법

03 기둥축소 현상의 원인과 영향

가. 원인 : 구조의 차이, 재료의 재질에 따른 응력차이, Creep 변형 등
나. 기둥축소에 따른 영향
　① 기둥의 축소 변위 발생
　② 철골구조재의 변형, 조립불량 발생

04 용어 설명

가. LCC(Life Cycle Cost) : 건축물의 초기투자비용과 설계, 시공, 유지관리, 해체 전 과정에 필요한 제 비용을 합한 전 생애 주기비용을 말함
나. VE(Value Engineering) : 발주자가 요구하는 기능, 성능을 보정하면서 가장 저렴한 비용으로 공사를 수행하는 대안 창출을 통한 원가절감기법(가치공학)
다. Task Force 조직 : 건축공사, 중요공사에서 전문가들이 모여 사업수행 기간 동안만 한시적으로 운영하는 건설관리조직을 말함

05 알칼리 골재반응 방지 대책

가. 저알칼리성 시멘트 사용
나. 무반응골재 사용
다. 포졸란 반응 촉진

06 공정표 작성

가. 네트워크 공정표

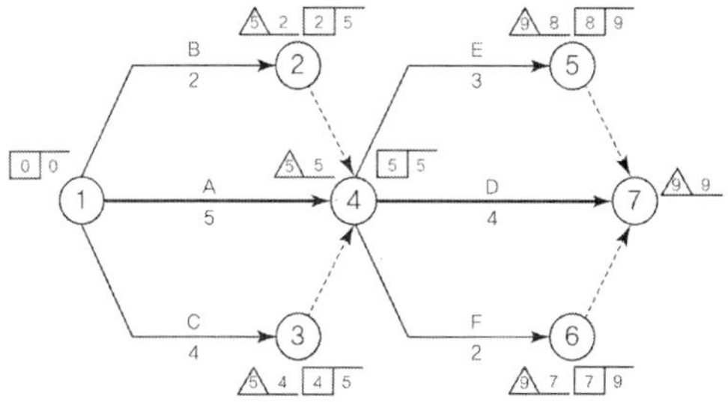

0 0
1
A
5
B
2
C
4
2
3
4
5 5
5 2 2 5
5 5
6 4 4 5
D
4
E
3
F
2
5
6
7
9 8 8 9
9 7 7 9
9 9

나. 여유시간 작업

작업명	EST	EFT	LST	LFT	TF	FF	DF	CP
A	0	5	0	5	0	0	0	*
B	0	2	3	5	3	3	0	
C	0	4	1	5	1	1	0	
D	5	9	5	9	0	0	0	*
E	5	8	6	9	1	1	0	
F	5	7	7	9	2	2	0	

※ 위 작업의 여유는 실제작업의 여유임

07 표준볼트장력과 설계볼트장력의 비교

설계볼트장력은 고력볼트의 설계 시 허용전단력을 구하기 위한 기준값이며, 표준볼트장력은 설계볼트장력에 10%를 할증한 값으로 현장시공의 기준값으로 쓰인다.

08 토공사 정지용 장비 종류 및 특성, 용도

가. 불도저(Bulldozer) : 운반거리 50~60m, 최대 100m 정도의 배토, 운반용
나. 그레이더(Grader) : 정지작업, 도로정리 등에 사용
다. 스크레이퍼(Scraper) : 최대 1,500m 거리의 중·장거리 배토, 정지, 운반용 기계

09 서중 콘크리트 시공 시 문제점

가. 단위수량의 증가로 인한 내구성·수밀성 저하
나. 슬럼프 저하 발생으로 충전성 불량, 표면마감 불량 발생
다. 초기발열 증대에 따른 온도 균열 발생
라. 장기강도 저하
마. 초기의 급격한 수분 증발로 초기 건조수축 균열 발생

10 레미콘 현장 검사 항목

①, ④, ⑤

11 용어 설명 – 백화현상

벽에 침투하는 물에 의해 모르타르 중의 석회성분이 벽면에 노출되어 공기 중의 탄산가스와 결합하여 벽면이 하얗게 되는 현상

12 용어 설명

가. 최장패스(Longest Path) : 임의결합점에서 임의의 결합점에 이르는 경로 중 소요시간이 가장 긴 경로
나. 주공정선(Critical Path) : 최초 개시결합점에서 최종 종료결합점에 이르는 경로 중 소요시간이 가장 긴 경로
다. 급속(특급)점 : 더 이상 단축이 불가능한 절대공기
라. 비용구배(Cost Slope) : 비용의 기울기로 1일 단축 시 증가되는 직접공사비용

13 용어 – 계약방식 종류

가. BOT(Build – Operate – Transfer) 방식
나. BTO(Build – Transfer – Operate) 방식
다. BOO(Build – Operate – Own) 방식
라. 성능발주방식

14 벽타일 붙이기 공법

가. 떠붙임 공법
나. 압착 공법 혹은 밀착 공법

15 용어 설명

가. 다시비빔 : 아직 엉기지 않은 콘크리트를 시간 경과 또는 재료 분리된 경우에 다시 비벼 쓰는 것
나. 되비빔 : 콘크리트가 응결하기 시작한 것을 다시 비비는 것

16 용어 설명

가. TF(전체여유) : 작업을 EST로 시작하고 LFT로 완료할 때 발생하는 전체여유
나. FF(자유여유) : 작업을 EST로 시작한 다음 후속작업도 EST로 시작하여도 존재하는 자유여유

17 용어

적산온도

18 용어 – 시험방법

가. ② 나. ③
다. ① 라. ④

19 용어 설명 – PMIS

사업의 전 과정에서 건설 관련 주체 간 발생되는 각종 정보를 체계적·종합적으로 관리하여 최고 품질의 사업목적물을 건설하도록 지원하는 전산시스템

20 슬러리월 – 안정액 역할

가. 굴착공 내의 붕괴 방지
나. 지하수 유입방지(차수역할)
다. 굴착부의 마찰저항 감소

21 용어 설명

가. 페이퍼 드레인(Paper Drain) 공법 : 모래 대신 합성수지로 된 카드보드를 지반에 삽입하여 점토지반의 배수를 촉진하는 지반개량 압밀공법
나. 생석회 말뚝(Chemico Pile) 공법 : 모래 대신 석회를 넣어 탈수 및 지반압밀을 증진시키는 점토지반 개량공법

22 품질관리 순서

⑦ – ⑥ – ⑤ – ④ – ③ – ② – ①

23 석고보드의 장단점

가. 장점
① 방화성능, 단열성능 우수
② 시공이 용이함, 공기단축 가능
나. 단점
① 습기에 취약, 지하공사나 덕트 주위에 사용금지
② 접착제 시공 시 온도, 습도변화에 민감하여 동절기 사용이 어려움

24 포틀랜드 시멘트 종류

가. 보통 포틀랜드 시멘트
나. 중용열 포틀랜드 시멘트
다. 조강 포틀랜드 시멘트
라. 저열 포틀랜드 시멘트
마. 내황산염 포틀랜드 시멘트

25 적산 – 독립기초

가. 철근량(간격이 주어지지 않아서 도면의 개수로 적용)
① 가로근(D16) : 4×9개 = 36m
② 세로근(D16) : 4×9개 = 36m
③ 대각선근(D13) : $\sqrt{4^2+4^2}$ ×3×2개 = 33.94m
∴ D13 = ③ = 33.94m×0.995kg/m = 33.77kg
D16 = ① + ② = 72m×1.56kg/m = 112.32kg
∴ 총중량 = D13 + D16 = 146.09kg

나. 콘크리트량
① 수평부 = 4×4×0.4 = 6.4m^3
② 경사부
$= \frac{0.4}{6} \times \{(2\times4+0.6)\times4+(2\times0.6+4)\times0.6\}$
= 2.5m^3
∴ ① + ② = 8.9m^3

2025 건축기사 실기시험 완벽대비

미듬 건축기사 실기 과년도 기출문제

10+5개년

발행일 | 2023. 2. 20 초판 발행
2025. 2. 25 개정2판 발행

편저자 | 임근재 · 김진우
펴낸이 | 홍성근

펴낸곳 | **멘토스**
등록번호 | 제2022-000194호
주 소 | 경기도 고양시 일산동구 무궁화로 43-33
TEL | 031) 994 - 3434
도서 분의 및 기타 문의 | mentors_easy@naver.com

정가 : 28,000원

ISBN 979-11-93772-05-8 **13540**